AF861914

Jens - Peter Schlee

Planung und Ausführung von wärmegedämmten Parkdächern, Hofkellerdecken und Verkehrsflächen

Ausführungsbeispiele, Last- und Bemessungsansätze, Bauphysikalische Anforderungen

Springer Vieweg

Jens - Peter Schlee
Ingenieur-Büro für Fachplanung GmbH
Hamburg, Deutschland

ISBN 978-3-658-51925-4 ISBN 978-3-658-51926-1 (eBook)
https://doi.org/10.1007/978-3-658-51926-1

Die Deutsche Nationalbibliothek verzeichnet diese Publikation in der Deutschen Nationalbibliografie; detaillierte bibliografische Daten sind im Internet über https://portal.dnb.de abrufbar.

© Der/die Herausgeber bzw. der/die Autor(en), exklusiv lizenziert an Springer Fachmedien Wiesbaden GmbH, ein Teil von Springer Nature 2026

Das Werk einschließlich aller seiner Teile ist urheberrechtlich geschützt. Jede Verwertung, die nicht ausdrücklich vom Urheberrechtsgesetz zugelassen ist, bedarf der vorherigen Zustimmung des Verlags. Das gilt insbesondere für Vervielfältigungen, Bearbeitungen, Übersetzungen, Mikroverfilmungen und die Einspeicherung und Verarbeitung in elektronischen Systemen.
Die Wiedergabe von allgemein beschreibenden Bezeichnungen, Marken, Unternehmensnamen etc. in diesem Werk bedeutet nicht, dass diese frei durch jede Person benutzt werden dürfen. Die Berechtigung zur Benutzung unterliegt, auch ohne gesonderten Hinweis hierzu, den Regeln des Markenrechts. Die Rechte des/der jeweiligen Zeicheninhaber*in sind zu beachten.
Der Verlag, die Autor*innen und die Herausgeber*innen gehen davon aus, dass die Angaben und Informationen in diesem Werk zum Zeitpunkt der Veröffentlichung vollständig und korrekt sind. Weder der Verlag noch die Autor*innen oder die Herausgeber*innen übernehmen, ausdrücklich oder implizit, Gewähr für den Inhalt des Werkes, etwaige Fehler oder Äußerungen. Der Verlag bleibt im Hinblick auf geografische Zuordnungen und Gebietsbezeichnungen in veröffentlichten Karten und Institutionsadressen neutral.

Planung/Lektorat: Ralf Harms
Springer Vieweg ist ein Imprint der eingetragenen Gesellschaft Springer Fachmedien Wiesbaden GmbH und ist ein Teil von Springer Nature.
Die Anschrift der Gesellschaft ist: Abraham-Lincoln-Str. 46, 65189 Wiesbaden, Germany

Wenn Sie dieses Produkt entsorgen, geben Sie das Papier bitte zum Recycling.

Vorwort

zur 1. und 2. Auflage. (ursprünglich „Wärmegedämmtes Parkdach, Hofkellerdecke, Wärmegedämmte Verkehrsfläche")

Parkdächer sind Flachdächer mit druckfester, stabiler Dämmung und einer Stahlbetonfahrbahnplatte. Diese Betrachtungsweise ist grundsätzlich nicht falsch, aber auch nicht umfassend. Als Angestellter[1] im Technischen Büro eines Baukonzerns oder in einem Ingenieurbüro für Tragwerksplanung hat man sicherlich, basierend auf obiger Grundlage, verschiedentlich die Bemessung der Fahrbahnplatte nach den Formeln von Westergaard, sinngemäß wie für Industriefußböden, durchgeführt. Für die konstruktiven Einzelheiten, die Abstimmung des Bauablaufes mit den unterschiedlichen Gewerken und letztendlich die Vergabe an einen Subunternehmer sind dann Mitarbeiter aus anderen Abteilungen oder zusätzlich eingeschaltete Planungsbüros zuständig.

Während des Studiums gehören wärmegedämmte Parkdächer nicht zum üblichen Vorlesungsstoff. Dazu ist das Bauteil Parkdach anscheinend zu unbedeutend. Geht man von der Menge der Parkdächer, bzw. wärmegedämmter Hofkellerdecken aus, so mag dies stimmen. Betrachtet man aber die Qualität der Anforderungen, die an die Konstruktion gestellt werden, so bietet dieses Bauteil den damit Beschäftigten die Möglichkeit, einmal über den Rand der eigenen Fachdisziplin zu schauen und die Wünsche und Probleme benachbarter Sparten kennenzulernen.

Es sind geeignete Baustoffe auszuwählen, die Belange der Bauphysik – Wärme- und Feuchteschutz, Schallschutz, Brandschutz und Abdichtungstechnik – genauso wie die Anforderungen an die Tragfähigkeit und Dauerhaftigkeit zu berücksichtigen. Außerdem soll das Bauteil wirtschaftlich hergestellt werden und selbstverständlich über den gesamten Zeitraum der Nutzung funktionieren.

Insbesondere das zum Ende der Bauzeit geschrumpfte Budget führt dann bei der Vergabe der wärmegedämmten, befahrenen Dachkonstruktion oft zu „weichen" Kompromissen, anstatt zu „harten" Dachflächen.

Aufgrund der inzwischen gesammelten Erfahrungen komme ich zu der Auffassung, dass Mängel oder Bauschäden an befahrbaren, dachähnlichen Baukonstruktionen in der Regel ihren Ursprung in vermeidbaren Ausführungs- oder

[1] *Im gesamten Text wird zum Zweck einer einheitlichen Lesbarkeit das generische Maskulinum verwendet. Dieses ist jedoch inklusiv zu lesen und schließt ausdrücklich alle Geschlechter und Transpersonen mit ein.*

Planungsfehlern oder einer Kombination davon haben. Hierzu gehört auch die falsche Angabe über die spätere Nutzung durch den Bauherrn.

Dieses Buch soll dem versierten Planer oder Bauherrn die Möglichkeit geben, sein Wissen aufzufrischen oder zu ergänzen, und dem jungen Architekten oder Bauingenieur beim Einstieg in die Materie eine Hilfestellung liefern. Im Einzelfall sind der Ausführung die aktuellen Rahmendaten und Materialkennwerte zugrunde zu legen, da auch im Bereich des Parkdachbaus die Entwicklung ständig voranschreitet und somit in dieses Buch nur die zum Zeitpunkt der Manuskriptabfassung bekannten Verfahren und gültigen Materialkennwerte eingeflossen sind.

Hamburg, Deutschland
Januar 1998

Jens-Peter Schlee

Vorwort zur 3. Auflage

Im Laufe der letzten Jahre gab es eine Vielzahl von Änderungen mit Bezug zur Planung und Ausführung von wärmegedämmten Parkdächern, z. B. die Umstellung auf die Eurocodes und die Fortschreibung der EnEV. Neue Anforderungen, verbesserte Bearbeitungsmöglichkeiten und geänderter Materialeinsatz haben den Erfahrungsschatz um mehr als 25 Jahre erweitert. Aus diesem Grund halte ich es für sinnvoll, die gewonnenen Erkenntnisse in einer neuen, überarbeiteten Auflage zu veröffentlichen.

Anders als in den vorherigen Auflagen wird auf die beispielhafte Darstellung von Schadensfällen weitgehend verzichtet. Für die Beurteilung von schadhaften Parkdachkonstruktionen stehen diverse Veröffentlichungen [1, 2, 3, 4, 5, 6] zur Verfügung und bedürfen nicht noch meiner zusätzlichen Beurteilung ähnlicher Situationen. Ersatzweise wird intensiver auf Konstruktionsdetails, auch im Zusammenhang mit der Sanierung bereits bestehender Parkdächer, eingegangen.

Hamburg, Deutschland
Dezember 2025

Jens-Peter Schlee

Die in diesem Buch textlich und bildlich dargestellten Lösungen und Beispiele entbinden den Leser nicht von der sorgfältigen Prüfung, ob die Randbedingungen auf sein jeweiliges Projekt übertragbar sind. Die Anwendung der dargestellten Lösung berechtigt bei einem eventuellen Schadensfall zu keinerlei Regressansprüchen gegenüber dem Verfasser. Andererseits gilt uneingeschränkt das Urheberrecht.

Interessenskonflikt Der/die Autor*in hat keine relevanten Interessenskonflikte im Zusammenhang mit dieser Publikation.

Inhaltsverzeichnis

Über den Autor

Jens-Peter Schlee studierte an der TU Braunschweig Bauwesen mit Schwerpunkt in den konstruktiven Fächern Statik, Massivbau und industrialisiertes Bauen. Nach dem Diplom arbeitete er 10 Jahre als Statiker und Projektleiter in den Technischen Büros der Hamburger Niederlassungen zweier deutscher Bauaktiengesellschaften. Seit 1989 führte er sein Ingenieur-Büro für Fachplanung GmbH, IFF. Neben der Tragwerksplanung und Energieberatung, vorwiegend für den allgemeinen Hochbau, spezialisierte er sich auf die Konstruktionsberatung zu Parkdächern und wärmegedämmten Verkehrsflächen. Seine Beratungsleistungen wurden von Marktführern der Branche abgefordert. Die 35-jährige Beschäftigung mit diesem Thema führte zu verschiedenen Veröffentlichungen und Vorträgen. Die gesammelten Erfahrungen werden in diesem Buch zusammengefasst.

Allgemeines 1

Inhaltsverzeichnis

1.1 Schaffung von Parkflächen als Teil der Verkehrsplanung

Eindeutig bemerkbar ist, dass im Zuge der fortschreitenden Überbauung – vornehmlich im Innenstadtbereich – und gleichzeitig infolge des Bedürfnisses nach stets steigender Mobilität, die Verkehrsprobleme immer größere Ausmaße annehmen. Nebst der stets steigenden Verkehrsdichte ist auch der ruhende Verkehr bei der Konzeption der Verkehrsströme wesentlich. Parkflächen werden verlangt. Dies gilt sowohl für den Bereich der öffentlichen Bebauung bzw. Verkehrsplanung als auch für private, gewerblich, wirtschaftlich oder industriell genutzte Bauvorhaben. Das Parkproblem ist eine Kernaufgabe, die es zu lösen gilt.

Ein Element der kommunalen Steuerung ist die Erhebung von Ablösebeträgen für im Rahmen einer Neubaumaßnahme nicht nachgewiesener, notwendiger Kfz- oder Fahrradstellplätze. Diese Gebühr liegt, in Abhängigkeit von der örtlichen Situation und der politischen Ausrichtung der Verwaltung, derzeit zwischen ca. 2000 € bis ca. 25.000 € und kann bei Schaffung von Wohnraum in einigen Großstädten ganz entfallen z. B. [7, p. §§ 48 u. 49]. Der Ablösebetrag sollte ca. 60–80 % der geschätzten Herstellkosten für einen Stellplatz nicht überschreiten und zur Schaffung von öffentlichen Parkplätzen, Radwegen etc. eingesetzt werden. Demgegenüber

© Der/die Autor(en), exklusiv lizenziert an Springer Fachmedien Wiesbaden GmbH, ein Teil von Springer Nature 2026

J. -. P. Schlee, *Planung und Ausführung von wärmegedämmten Parkdächern, Hofkellerdecken und Verkehrsflächen*, https://doi.org/10.1007/978-3-658-51926-1_1

stehen je nach Ausführungsart, Größe der Anlage und Region folgende Herstellkosten, ohne Grunderwerb, für einen Stellplatz (siehe auch [8]):

Ebenerdig	1500,- bis	3000,- €
Parkdeck	8000,- bis	15.000,- €
Parkdach	10.000,- bis	20.000,- €
Tiefgarage	13.000,- bis	40.000,- €

Obige Angaben stammen noch aus der Zeit vor der Material- und Personalverknappung durch die Coronapandemie, sowie den Auswirkungen des Ukrainekriegs. Sie können nur noch als grobe Orientierungsgröße gesehen werden.

In letzter Zeit ist der kommunale Verzicht auf die Forderung nach Stellplätzen und deren Ablöse zu beobachten. Parkplätze werden zu Gunsten von „Velorouten" zurückgebaut. Besucher der Innenstadt sollen vorrangig den öffentlichen Nahverkehr oder alternative Verkehrsmittel nutzen. Rekorde an Fahrradzählstationen wurden trotz der Pandemie euphorisch gefeiert, ohne die Einbußen bei U- und S-Bahn zu berücksichtigen. Die Verkehrspolitik ist stellenweise ideologisch überlastet und wird der vorhandenen Altersstruktur nicht immer gerecht.

Sicher ist es sinnvoll, im Hinblick auf die Schaffung von preisgünstigem Wohnraum, nicht in jedem Fall die Baukosten durch unnötige Stellplatzablösekosten in die Höhe zu treiben, zumal, wenn zu erwarten ist, dass der größte Teil der Mieter nicht über ein Auto verfügen wird. Bei dem Angebot hochpreisiger Wohnungen wird derzeit aber noch ein Stellplatz in örtlicher Nähe erwartet. Bei minimalem Gewinn wäre bei augenblicklichen Konditionen eine Finanzierung aus den Mieterträgen bzw. dem Kaufpreis möglich.

In vielen Fällen führen aber nicht nur Kostenbetrachtungen zu Stellplätzen, sondern die Nutzung, z. B. als Einkaufs-Center o. Ä., erfordern ein ortsnahes Parkplatzangebot. Hierdurch ergeben sich auch für den zukünftigen Nutzer infolge kurzer Wege Vorteile. Das Gebäude wird aus verkehrstechnischer Sicht attraktiver.

Diese grundsätzlichen Betrachtungsweisen und Einsichten werden allerdings besonders dann für jeden einzelnen spürbar, wenn ein Schaden an Parkflächen vorliegt. An und für sich paradox, aber dennoch bestätigt ist, dass häufig erst der „Chaoszustand" die Bedeutung der Parkflächen widerspiegelt, und zwar zum einen für den Verkehrsteilnehmer, zum anderen aber auch für den Gewerbetreibenden bzw. Betreiber der Parkfläche.

Aus betriebswirtschaftlichen Gründen sind **Parkdächer** sinnvolle Bauteile, da die Grundstücksflächen entsprechend teurer, der Baugrund zunehmend knapp werden und die Kosten für eine Dachdecke, Dämmung und Abdichtung sowieso zum Teil anfallen. Es gilt den Baukörper sowohl in Form von Tiefgeschossen als auch mit genutzten Dachflächen oder Hofkellerdecken optimal auszunutzen. Es wird also vom Gebäude eine „Doppelnutzung" verlangt: Nutzung im Innenraum; Parken oberhalb der Dachfläche.

Beispiele für die Bedeutung von Parkdächern sind die folgenden:

1. Ein Großraumkino oder eine Veranstaltungshalle kann die mit Pkws eintreffenden Besucher nicht in ausreichender Anzahl aufnehmen.
2. Ein Shopping-Center verliert seine Attraktivität wegen mangelnder Parkmöglichkeiten.
3. Ein Kaufhaus muss die Nutzung einer Geschossfläche einstellen, weil bauphysikalische Schäden und Feuchteprobleme aus der Dachkonstruktion in die Verkaufsfläche übergreifen.
4. Ein Einkaufsmarkt wird durch Parkverkehr auf der Dachfläche belästigt; „Klappergeräusche" sind im Inneren wahrzunehmen.

Als Kundenservice Parkflächen anzubieten ist insofern für Kaufhäuser, Einkaufszentren sowie Freizeitanlagen nicht außer Acht zu lassen. Die Akzeptanz und Beliebtheit hängen oft von reibungslosem Parken (auf dem Dach) ab. Auf engstem Raum gibt es nämlich keine Umleitungen; man kann den Problemen – sofern sie einmal eintreten – und dies gilt ebenfalls bildhaft, auf Parkflächen nicht ausweichen.

Der Frage einer notwendigen Wärmedämmung müssen Betreiber bzw. Planer von Parkdächern aufgrund zweier Gesichtspunkte nachgehen:

Zum einen ist der Wärmeschutz aus Energie-Einsparungsgründen unabdingbar. Für Neubau oder Sanierungsmaßnahmen gelten die Vorgaben der novellierten Energieeinsparverordnung [9] bzw. des GEG ebenso wie die Mindestanforderungen nach DIN 4108 (Tauwasserfreiheit im Bauteilquerschnitt) [10].

Darüber hinaus ist dem konstruktiven Wärmeschutz Beachtung zu schenken. Aufgabe des konstruktiven Wärmeschutzes ist es, den Beton aufgrund thermischer Beanspruchung vor zu großer Längenänderung (Zwangsbeanspruchung) zu schützen. Anderenfalls sind vermehrt Fugen und ein erhöhter Bedarf an Bewehrungsstahl vorzusehen wie z. B. bei Dächern von Tiefgaragen.

Die Wirtschaftlichkeitskomponente von Parkdächern wird allerdings nicht nur durch die reinen Baukosten und durch die Kosten der Energieeinsparung beschrieben, sondern zusätzlich durch die Langzeiteigenschaften. Werden Parkflächen vermietet, sind bei Ausfällen finanzielle Verluste sofort spürbar. Darüber hinaus sind insbesondere bei Parkdächern Mängel bei der Planung und Ausführung, Mängel durch unterlassene Instandhaltung, Mängel durch verstärkte Alterung und durch ungünstige Umwelteinflüsse überproportional kostenwirksam.

1.2 Vom Planungsfehler zum Bauschaden

Die Schaffung von Verkehrsflächen über Räumen hochwertiger Nutzung gehört nicht zu den alltäglichen Aufgaben eines Planers. Aus diesem Grund kommen Informationen zu dem Bauteil **Parkdach** oder **wärmegedämmte Hofkellerdecke** in der Ausbildung sowie den Standardwerken zur Planung und Konstruktion [11–14] relativ kurz. Eine übergreifende DIN-Norm gibt es nicht. Im Rahmen der Entwurfsplanung ist dann meist auch nicht ausreichend Zeit vorhanden, die fehlenden Kenntnisse durch spezielle Fachbücher, Produktunterlagen oder Herstellerhinweise zu ergänzen. In diesem Planungsstadium erscheint es ausreichend, einen Aufbau von ca. 20 bis 30 cm (10–20 cm Wärmedämmung und 10 cm Nutzschicht) vorzusehen. Weitere Überlegungen werden auf den Zeitraum der Ausführungsplanung oder noch schlimmer in die Bauphase verlegt.

Durch dieses Vorgehen werden Randbedingungen, wie z. B. Rohbauhöhen, geschaffen, die sich, wenn überhaupt, nur noch durch schlechte Kompromisse beheben lassen. Es zeigt sich dann später, dass die Planung der Entwässerung und des zugehörigen Gefälles höhere Anschluss- und Abschlusshöhen erfordert, allein für eine funktionierende Gefälleausbildung werden meistens Höhendifferenzen von 20 cm und mehr erforderlich. Dies kann dann z. B. zu folgenden Zwangspunkten führen:

- Geländerhöhen und Türschwellen stimmen nicht mit den bauaufsichtlichen Forderungen überein und müssen geändert werden.
- Das Planungsraster der Fassade muss der neuen Brüstungshöhe angepasst werden.
- Die Rampenneigung muss Übergänge erhalten, damit die Fahrzeuge nicht aufsetzen. Die Differenzhöhen müssen im Nutzbelag ausgebildet werden.
- Durchfahrtshöhen sind nicht mehr ausreichend und bringen eine Einschränkung der vorgesehenen Nutzung mit sich.
- Ein Gefälleestrich war in der Planung nicht vorgesehen und wurde somit in der Genehmigungsstatik bei der Deckenlast nicht berücksichtigt. Die Nutzlasten sind entsprechend zu reduzieren.
- Die zulässigen Gesamtgewichte der Fahrzeuge werden niedriger beschränkt als ursprünglich vorgesehen, um die lastverteilende Nutzschicht möglichst dünn auszuführen.
- Die Dicke der Wärmedämmung wird gegenüber dem genehmigten EnEV-Nachweis verringert und Ersatzmaßnahmen werden erforderlich.
- Bei der Ausbildung der tragenden Deckenkonstruktion wurden die Anforderungen aus dem Parkdachaufbau nicht vollständig berücksichtigt. Es sind z. B. Zusatzmaßnahmen bei der Abdichtung erforderlich.

Um trotzdem noch eine nutzbare Parkebene zu erhalten, wird möglichst auf Gefälle verzichtet, oder dieses mit einem kurzen Gegengefälle zu den Rändern bzw. zum Bauwerksinneren hin ausgeführt. Die Dämmstoffdicke wird teilweise in unvertretbarem Maße zurückgenommen. Die Stärke des Nutzbelages wird reduziert. Dieser Maßnahmenkatalog widerspricht den „anerkannten technischen Regeln der Baukunst" und führt üblicherweise zu einem Mangel oder Bauschaden mit den eingangs erläuterten Konsequenzen.

1.3 Planung von Stellflächen

Die grundlegenden Angaben für die Planung von Parkplätzen werden in der Garagenverordnung [13] gemacht. In [11, 14, 15, 16, 17] werden zusätzliche Hinweise für die Planung von Parkhäusern gegeben. So wird dort z. B. der Flächenausnutzungsgrad bei Senkrechtaufstellung bzw. Schrägparkern unter verschiedenen Winkeln aufgezeigt. Die günstigste Ausnutzung ergibt sich hiernach für die Senkrechtparker.

Da aber Parkdächer meistens eine Art „Abfallprodukt" der bestimmenden Gebäudekubatur sind, ist es hier wichtig, die vorgegebene Geometrie möglichst günstig mit dem Entwurfsfahrzeug zu belegen. Anders als bei Tiefgaragen, sind in der Regel meist keine aufgehenden Stützen zu beachten.

Besonders wichtig ist es, eine nutzer- bzw. kundenfreundliche Stellplatzanordnung anzustreben. Hierzu gehört auch die Abstimmung der Verkehrswege mit den Zufahrten und Treppenhäusern, sowie die Beachtung der erforderlichen Gefällesituation. Für Behinderte und Familien mit Kleinkindern werden verschiedentlich größere, zugangsnahe Parkplätze vorgesehen. Vereinzelt gibt es auch „Premium-Bereiche", in denen für einen Aufpreis breitere und längere Stellplätze angeboten werden.

Für industriell genutzte Flächen (Hofkellerdecken) sind unbedingt die Erfordernisse des Nutzers zu erkunden und zu beachten.

Parkdächer werden üblicherweise über Rampen erschlossen. Auch hier sind die Angaben der Garagenverordnung zugrunde zu legen (siehe Abschn. 7.5).

Die technische Ausrüstung eines Parkdaches sollte, soweit sie die Dämmung und Abdichtung durchdringen muss, rechtzeitig festgelegt werden. Hiermit sind z. B. Beleuchtungsmasten, die in der tragenden Konstruktion zu verankern sind, gemeint. Ähnliches gilt für Schrankenanlagen, Ladestationen, Flaggenmasten, Geländer und Absturzsicherungen.

Zur Auflockerung der Stell- und Verkehrsflächen werden verschiedentlich auch Grünzonen angeordnet. Für diese Bereiche sind die Planungsgrundsätze für begrünte Dächer zu beachten. Abb. 7.53 stellt den Übergang von der Verkehrsfläche zur Grünzone dar.

Auf einfache Art und Weise kann auf den Standort des Parkautomatens hingewiesen werden Abb. 1.1.

Abb. 1.1 Einbetonierte Münzen als Hinweis auf den Parkautomaten

Beanspruchungen und Anforderungen 2

Inhaltsverzeichnis

Die Parkdachkonstruktion, bzw. die wärmegedämmte Verkehrsfläche wird durch bauphysikalische, statische, biologische und chemische Einwirkungen beansprucht. In besonderen Gebäudesituationen (z. B. Grenzbebauung) sind auch noch Brandschutzanforderungen zu beachten. Wesentlich für die richtige Dimensionierung des Aufbaus und Wahl der Baustoffe ist die Kenntnis der möglicherweise schädlichen Einwirkungen sowie der wärmetechnischen Anforderungen und der Ansatz einer wirklichkeitsnahen Belastung. Aus diesem Grund wird zuerst eine Übersicht der Beanspruchungen gegeben (Abb. 2.1).

© Der/die Autor(en), exklusiv lizenziert an Springer Fachmedien Wiesbaden GmbH, ein Teil von Springer Nature 2026

J. -. P. Schlee, *Planung und Ausführung von wärmegedämmten Parkdächern, Hofkellerdecken und Verkehrsflächen*,
https://doi.org/10.1007/978-3-658-51926-1_2

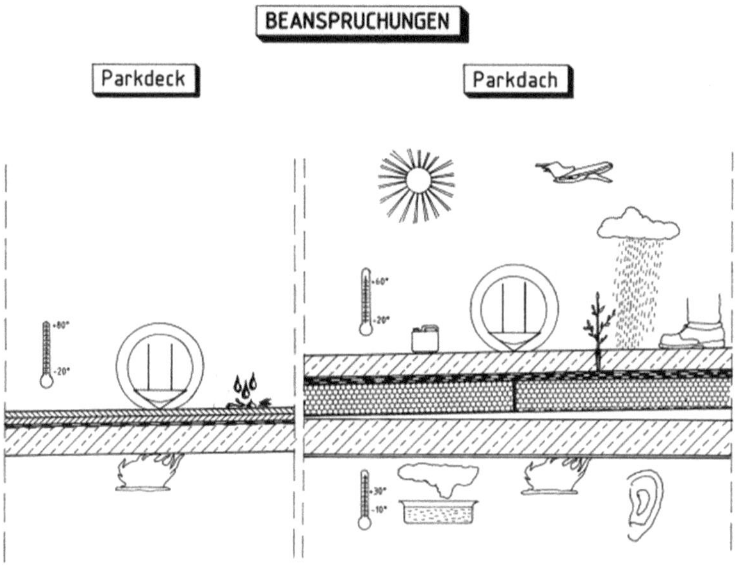

Abb. 2.1 Beanspruchungen auf einem Parkdach

2.1 Mechanische Beanspruchungen und Belastungen

Die Oberfläche eines Parkdaches wird durch die vorgesehene Nutzung mechanisch, statisch und dynamisch beansprucht. Die üblichen Abdichtungs- und Dämmstoffe sind nicht in der Lage, diesen Einwirkungen ohne Schutz- bzw. Lastverteilungsschichten zu widerstehen. Aus diesem Grund werden die Beanspruchungen mittels einer Nutzschicht übertragen.

Zur Dimensionierung der druckverteilenden Nutzschicht und zum Nachweis der Druckspannung und Stauchung in der Dämmung, ist die Angabe einer Einzellast und der zugehörigen Aufstandsfläche erforderlich (Rad- oder Achslast). Erst auf der Grundlage dieser Bemessungsgröße und der bauphysikalischen Randbedingungen ist eine sichere Aussage zur Konstruktionsart und zur Baustoffwahl zu machen. Diese Angabe muss für den Hersteller des Parkdaches aus der Ausschreibung hervorgehen (z. B. befahrbar durch Pkws bis 3,0 t oder Feuerwehrzufahrt – Lkw 16 nach DIN 1072). Anderenfalls sollte die Dimensionierung durch einen Fachplaner vorgenommen werden, der dann auch für die Tragfähigkeit verantwortlich ist.

Die Art der Nutzung und Belastung einer Deckenkonstruktion ist vom Bauherrn bzw. dessen Vertreter festzulegen. Hierbei sollten die Vorstellungen des Nutzers und der Genehmigungsbehörden berücksichtigt werden. Auch der Planungshorizont, d. h. die vorgesehene Nutzungsdauer und -intensität der Parkfläche, ist eine Bestimmungsgröße.

Inzwischen wurden die maßgebenden Normen auf das semiprobabilistische Bemessungskonzept umgestellt, sodass die im Folgenden angegebenen charakteristischen Lastgrößen mit einem Teilsicherheitsbeiwert ($\gamma_Q \leq 1{,}5$, bzw. 1,35) zu vervielfachen sind. Da es sich bei den Schutzschichten nicht um tragende Bauteile im Sinne der Bauordnung handelt,[1] und beim Versagen keine Gefahr für Leib und Leben besteht, liegt der Ansatz eines modifizierten Teilsicherheitsbeiwertes im Verantwortungsbereich des Planers und/oder Bauherren.

Bei der Formulierung der Belastung sind folgende Anforderungen zu berücksichtigen:

Nutzung
- Grünfläche
- Begehbare Terrasse, Schneeräum- und Reinigungsfahrzeug
- Parkfläche für Pkws (Mischnutzung)
- Nutzfläche für Liefer- und Schwerlastverkehr, (LKWs, SLWs, LM 1)
- Industriebetrieb, Güterumschlag (Gabelstapler)
- Hubschrauberlandeplatz
- Sonderlasten, Spezialtransporte etc.

Öffentliche Belange
- Krankenwagenzufahrt
- Feuerwehrzufahrt
- Müllfahrzeuge

Nachbarrecht
- Grundstücksüberfahrt für Privat- und Lieferverkehr,
- Rettungsfahrzeuge,
- Ver- und Entsorgungsbetriebe

Spezielle nutzerdefinierte Lastansätze
- Fassadenreinigungsgerät
- Rückkühlgerät
- Regalfüße, Stapellast
- betriebsspezifische Lasten

Im Folgenden werden Hinweise auf Regelwerke gegeben, aus denen die Lastangaben zu entnehmen sind.

2.1.1 Belastung durch Personenkraftwagen

Für Parkdächer, die ausschließlich durch Pkws mit einer Gesamtlast von bis zu 30 kN (3,0 t) genutzt werden, ist DIN EN 1991-1-1/NA, Abs. 6.3.3 [18] maßgebend. Hier wird für die Kategorie F eine Radlast von $Q_k = 10$ kN auf eine Fläche von 20 * 20 cm^2 (NA, Tab. 6.8DE) angegeben. In Abhängigkeit von der Lasteinzugsfläche liegt die Gleichlast zwischen 2,5 bis 3,5 kN/m^2, für Zufahrtsrampen zwischen 3,5 und 5,0 kN/m^2. Die Lasten gelten als vorwiegend ruhend. Die Zugänge zu Flächen

[1] Auslegungen NABau, lfd. Nr. 60 zu DIN EN 1992-1-1, EC 2.

der Kategorie F sollten durch geeignete bauliche Maßnahmen begrenzt sein, die die Durchfahrt schwererer Fahrzeuge verhindern.

Bei Decken, die durch Personenwagen befahren werden, ist an den Einfahrten das zulässige Gesamtgewicht anzugeben.

Besteht die Möglichkeit einer gemischten Nutzung, wie z. B. bei ebenerdigen Hofkellerdecken, gelten die Radlasten für die Brückenklasse 16/16 bis 30/30 nach DIN 1072 (DIN EN 1991-1-1, NA.3.3.3, früher genügte nach DIN 1055 BK 6/6) (Abb. 2.2).

Da die frühere Ausgabe der DIN 1055 keine Angabe zur Radlast eines Pkws machte, wurde für den Nachweis der Beanspruchung durch Einzellasten infolge Raddruck bis 2006 die Regelung der DIN 1055 von 1963 beibehalten (siehe auch alte DIN 1045, 19.7) und für Pkws mit einem zulässigen Gesamtgewicht von G = 2,5 t eine Radlast von F_{Rmax} = 0,75 t = 7,5 kN berücksichtigt. Diese Annahme ist besonders bei der Instandsetzung bzw. Sanierung bestehender Parkdächer aus der Zeit vor Einführung der EC's zu beachten.

Mit Einführung der EC's bzw. mit der Anpassung der DIN 1055 hat sich auch der Verkehrslastansatz der gleichmäßig verteilten Flächenlasten für Pkw-befahrbare Park- und Verkehrsflächen geändert. Trotz zunehmender Fahrzeuggewichte wurde die Flächenlast von 5,0 bzw. 3,5 kN/m^2 auf 3,0 bis 2,5 kN/m^2 reduziert. Unter Berücksichtigung der modifizierten Teilsicherheitsbeiwerte kann im Sanierungsfall eines vor 2002 errichteten Parkdaches ein Statiker Lastreserven für den Einsatz stabilerer Parkdachaufbauten herausarbeiten.

Als Beispiel werden die Lasten eines schadhaften Umkehrdaches mit Fertigteilbelag mit denen für ein Warmdach mit Ortbetonfahrbahnplatten verglichen (Tab. 2.1).

Im Fall einer Parkdachsanierung mit Erhöhung der Aufbaulasten ist ein entsprechender Lastvergleich von einem Statiker zu erstellen und den Bauvorlagen anzufügen. Eine weitere Lastreserve bietet sich durch Ersatz des Gefälleestrichs durch Gefälledämmung an.

Abb 2.2 Dieses Fahrzeug überschreitet wahrscheinlich das ursprünglich vorgegebene Gesamtgewicht von 2,5 t nach DIN 1055

Tab. 2.1 Lastzusammenstellung für den Sanierungsfall, Gegenüberstellung der Bemessungslast nach DIN 1055 und EC 1

Vergleich Bestandslasten nach DIN 1055 / charakteristische Last nach EC 1						
Bestandsaufbau			Sanierungsaufbau			
FT-Platten 8 cm		2,00	Fahrb.-Platte 12 cm		3,00	kN/m²
Dämmg. XPS 10 cm +			Dämmung CG 18 cm +			
Abdichtung		0,15	Abdichtung		0,32	kN/m²
Gef.-Estrich		1,70	Gef.-Estrich		1,70	kN/m²
StB-Decke+Putz+Inst.		5,50	StB-Decke+Putz+Inst.		5,50	kN/m²
Ständige Last	g =	9,35	Ständige Last	g_k =	10,52	kN/m²
Verkehrslast	p =	3,50	Verkehrslast	p_k =	2,50	kN/m²
Bestandslast	q =	12,85	char. Last	q_k =	13,02	kN/m²
Vergleich mit Bemessungslasten nach EC 1, $\gamma_G = 1{,}35$, $\gamma_Q = 1{,}5$						
$g_d = 1{,}35 * g$ =		12,62	$g_d = 1{,}35 * g_k$ =		14,20	kN/m²
$p_d = 1{,}50 * p$ =		5,25	$p_d = 1{,}50 * p_k$ =		3,75	kN/m²
Bemessungslast q_d =		**17,87**	Bemessungslast q_d =		**17,95**	kN/m²

Abb. 2.3 Unbewehrte Betonfertigteilplatten auf einem als Parkdach genutzten Umkehrdach, überhöhte Radlasten sind häufig die Ursache der Zerstörung

Durch eine inzwischen überholte Regelung der Kfz-Steuer, die gewerblich genutzte Pkws mit einem zulässigen Gesamtgewicht über 2,8 t als LKW günstiger besteuerte, und die Obergrenze des zulässigen Gesamtgewichts von 3,5 t für die Führerscheinklasse B (früher 3), hat sich der Anteil schwerer SUVs an den Gesamtzulassungen deutlich erhöht [19, 20]. Aus diesem Grund sollte im Einzelnen überlegt werden, die Konstruktion mindestens für Brückenklasse 3/3 unter Berücksichtigung eines Schwingbeiwertes oder Lastwiederholungsfaktors auszulegen.

Bei großen Verkehrsflächen, die Geschwindigkeiten über 20 km/h zulassen, wird empfohlen, die Radlast mit einem Schwingbeiwert zu erhöhen.

Die Anforderungen im Leistungsverzeichnis sollten wie folgt definiert werden:

„… befahrbar für Pkws mit einem zulässigen Gesamtgewicht von 3,0 t., entsprechend DIN EN 1991-1-1/NA …“

Die ausschließliche Pkw-Nutzung ist durch geeignete Maßnahmen, wie z. B. eine KI-gesteuerte Fahrzeugerkennung oder lastabhängige Schranke sicherzustellen. Zusätzlich sind gewichts- und geschwindigkeitsbeschränkende Hinweisschilder anzuordnen. Wird eine derartige Begrenzung nicht vorgenommen, kann es zu weitaus schlimmeren Schäden als in Abb. 2.3 gezeigt, kommen.

Auch wenn nur manchmal Schneeräumfahrzeuge mit höheren Radlasten eingesetzt werden, ist dies bei der Dimensionierung des Dachaufbaus zu berücksichtigen. In der Praxis sollte sicherheitshalber von Mischbetrieb (Lieferverkehr) für die Ausbildung der Konstruktion ausgegangen werden.

2.1.2 Belastung durch LKWs und Schwerlastverkehr

Für wärmegedämmte Hofkellerdecken oder ähnliche Verkehrsflächen, die von Lastkraftwagen bzw. Bussen befahren werden, sollten derzeit die Lastansätze nach der DIN 1072 [21], Straßen und Wegbrücken, Lastannahmen, entnommen werden. Die Belastung ist mit dem Tragwerksplaner für die tragende Konstruktion abzustimmen. Die hier gewählten Lastansätze sollten auch für die Dimensionierung der Nutzfläche herangezogen werden.

Nach Absatz 3.3.4 der DIN 1072 sind die Lasten der Hauptspur mit einem Schwingbeiwert von $\varphi = 1{,}4$ zu erhöhen. Da auf eng begrenzten Hofflächen häufig nur mit niedrigen Geschwindigkeiten gefahren werden kann, und vielfach nur eine geringe Nutzungsfrequenz zu erwarten ist, liegt es im Ermessen des Bauherrn, unter der Voraussetzung einer relativ ebenen Verkehrsfläche, für den Nutzbelag eine reduzierte Lastwechselzahl anzugeben und damit eine geringere Aufbaustärke zu erhalten.

Brücken werden seit 2003 nach den Lastangaben der DIN EN 1991-2, EC 1-Teil 2 [22] (bzw. Fachbericht 101) dimensioniert. Wenn für Gebäudeteile ebenfalls die Anforderungen nach den Brückenbaunormen gefordert werden, könnte dies wahrscheinlich in Zukunft auch für die Dämmung und Nutzschicht verbindlich werden, allerdings wurde im Nationalen Anhang (NA) zum Teil 2 des EC 1, abweichend vom früheren DIN-Fachbericht 101, das Lastmodell 2 der Einzelachse für den lokalen Nachweis ausgeschlossen. Für den Fall, dass die Bemessung des Dachaufbaus nach EC 1 erfolgen soll, ist eine relativ hohe Radlast von $Q_{Rad} = 300/2 = 150$ kN auf eine Fläche von 40 * 40 cm^2 in ungünstigster Stellung anzusetzen. Die Last enthält bereits den Schwingbeiwert. Zusätzlich ist eine durchgehende Verkehrslast von $q_{ik} \times \alpha_{ik} = 1{,}33 \times 9{,}0 = 12{,}0$ kN/m^2 zu berücksichtigen. Weitere Lastmodelle für den lokalen Nachweis einer Fahrbahnplatte auf Dämmung gehen aus dem EC 1, Teil 2 nicht hervor.

In der Ausschreibung bzw. dem Leistungsverzeichnis sollten die Anforderungen wie folgt definiert werden:

> „... befahrbar für schwere LKWs der Brückenklasse 30. Der Belag ist für eine Achslast von 130 kN nach DIN 1072 zu bemessen. Aufgrund der erzwungenen Langsamfahrt kann mit einem auf $\varphi = 1{,}2$ reduzierten Schwingbeiwert gerechnet werden. ...“

oder, sofern durch die vorgesehene Nutzung ein Befahren durch Fahrzeugkombinationen, wie z. B. Sattelfahrzeuge, ausgeschlossen werden kann und die erhöhte Achslast nicht zu berücksichtigen ist:

> „... befahrbar für SLW 30. Der Belag ist nur für eine Radlast von 50 kN nach DIN 1072 zu bemessen. Aufgrund der erzwungenen Langsamfahrt kann mit einem auf φ = 1,2 reduzierten Schwingbeiwert gerechnet werden. ...“

In Zukunft wird wahrscheinlich im Leistungsverzeichnis verstärkt auf das Lastmodell LM 1 von EC 1-2 zurückgegriffen und die Anforderungen wie folgt definiert:

> „... befahrbar für schwere LKWs nach LM 1, EC 1, Teil 2. Der Belag ist für eine Doppelachse mit Achslasten von jeweils 300 kN und eine durchgehende Gleichlast von 12 kN/m² zu bemessen. ...“

Aus Brems-, Anfahr- und Rangiervorängen ergeben sich für die Nutzschicht Horizontallasten, die ggf. durch spezielle Einbauteile (Telleranker o. ä.) an das Tragwerk zu übergeben sind, ohne auf die Abdichtung und Dämmung einzuwirken. Die Größenordnung ist im Einzelfall zu bestimmen, da meistens vom Brückenbau abweichende Nutzungen vorliegen (Abb. 2.4).

Die DIN 1072 gibt auch Horizontallasten aus Bremsen und Anfahren an. Hiernach ist mindestens $^1/_3$ der Last des Regelfahrzeugs und höchstens jedoch 900 kN in Höhe der Straßenoberkante anzusetzen. Im EC 1-2/NA werden ähnliche Regelungen detaillierter aufgeführt. Horizontallasten sind besonders bei der Ausbildung von Rampen, aber auch im Bereich von Schranken zu berücksichtigen. Der Einfluss aus wiederholten Brems- und Anfahrvorgängen sowie Kurvenfahrten zeichnet sich verstärkt bei gepflasterten Oberbelägen ab (Abb. 2.5).

Abb. 2.4 Kopfbolzen mit Festflansch (und Losflansch) zur Aufnahme von Horizontalkräften aus einer Fahrbahnplatte

Abb. 2.5 Pflasterverschiebung auf einem Umkehrdach infolge unstetiger Belagsausbildung

2.1.3 Feuerwehrüberfahrten und Hofkellerdecken

Im Rahmen der Baugenehmigung sind auch die von Feuerwehrfahrzeugen zu nutzenden Flächen festzulegen. Häufig fallen diese Bereiche mit unterkellerten Grundstücksteilen zusammen, sodass diese Decken entsprechend EC 1-1/NA als Hofkellerdecken mindestens für Brückenklasse 16/16 nach DIN 1072 zu bemessen sind.

DIN EN 1991-1-1/NA3.3.3 [18]: Zusätzliche Regeln für Fahrzeugverkehr auf Hofkellerdecken und planmäßig befahrbaren Deckenflächen

Hofkellerdecken, die nur im Brandfall von Feuerwehrfahrzeugen befahren werden, sind für die Brückenklasse 16/16 nach DIN 1072: 1985-12 Tab. 2 zu berechnen .... Der geforderte Nachweis für eine einzelne Achslast von 110 kN darf entfallen. Die Nutzlast darf als vorwiegend ruhend eingestuft werden und braucht auch nicht mit einem Schwingbeiwert vervielfacht zu werden.

Bei einem Feuerwehreinsatz handelt es sich normalerweise um einen einmaligen Katastrophenfall, somit erscheint es nicht sinnvoll, wenn die vorgesehene Fläche ausschließlich für diesen Einsatz dimensioniert wird, und für den Fahrbahnbelag die höchsten Anforderungen gestellt werden. Einerseits müssen die Feuerwehrfahrzeuge während des Einsatzes sicher rangieren und auch im Betrieb standfest sein. Andererseits handelt es sich um einen Einzelfall, der möglicherweise weitgehendere Gebäudeschäden als Eckabbrüche von Fahrbahnplatten mit sich bringt. Aus wirtschaftlichen Überlegungen sollten eventuell die Bemessungsanforderungen für den Lastfall „Feuerwehr" reduziert werden (Bemessung als außergewöhnlicher Lastfall nur für Zustand II, siehe Dimensionierung der Ortbetonnutzschicht).

Da für die Dimensionierung der **Fahrbahnplatten und der** Wärmedämmung die maximale Einzellast (Radlast) maßgebend ist, und in besonderen Fällen auf den Ansatz eines Schwingbeiwertes sowie auf die Berücksichtigung der erhöhten Achs-

Tab. 2.2 Zusammenstellung der charakteristischen Radlasten nach DIN 1072*, DIN EN 1991-1-1 und DIN EN 1991-2 mit nationalen Anhängen (früher DIN 1055)

Fahrzeug	Radlast Q_k kN (N/mm²)	Q_k * 1,4 kN (N/mm²)	Brückenkl. nach DIN 1072	½ Achslast kN (N/mm²)	Q_k * 1,4 kN (N/mm²)	Nutzungsklasse nach DIN 18532-1	Druckfestigkeit nach DIN 4108-10
Pkw nach DIN DIN 1055 (63)	7,5 *(0,19)*	[10,5]				N2-V	ds
Pkw DIN EN 1991-1-1	10,0 *(0,25)*						
LKW 3*	10,0 *(0,25)*	14,0 *(0,35)*	3 / 3*	15,0 *(0,38)*	21,0 *(0,53)*	N3-V	
LKW 6*	20,0 *(0,50)*	28,0 *(0,70)*	6 / 6*	30,0 *(0,58)*	42,0 *(0,82)*		dx
LKW 9*	30,0 *(0,58)*	42,0 *(0,81)*	9 / 9*	45,0 *(0,75)*	63,0 *(1,05)*		
LKW 12*	40,0 *(0,67)*	56,0 *(0,93)*	12 / 12*	55,0 *(0,68)*	77,0 *(0,96)*		
LKW 16* Feuerwehr	50,0 *(0,63)*	70,0 *(0,88)*	16 / 16*	55,0 *(0,68)*	77,0 *(0,96)*		
SLW 30*	50,0 *(0,63)*	70,0 *(0,88)*	30 / 30*	65,0 *(0,71)*	91,0 *(0,99)*	N4-V	
SLW 60*	100,0 *(0,83)*	140,0 *(1,17)*	60 / 30*	100,0 *(0,83)*	140,0 *(1,17)*		
Lastmodell 1 DIN EN 1991-2	Q_{ik} / 2 = 150		q_{ik} = 12 kN/m² *(0,94+0,012)*	Q_{ik} = 300			

Klammerwerte geben den Kontaktdruck in N/mm² für die vorgeschriebene Radaufstandsfläche an

last verzichtet werden kann, lassen sich die Bemessungslasten für Fahrzeuge tabellarisch auflisten (Tab. 2.2).

2.1.4 Belastung durch Gabelstaplerbetrieb

Häufig werden wärmegedämmte Hofkellerdecken oder ähnliche Verkehrsflächen zusätzlich zum LKW- Verkehr durch Gabelstapler belastet. Grundsätzlich besteht die Möglichkeit, die Radlasten aus dem Typenblatt des eingesetzten Gerätes zu entnehmen. Andererseits ist in der Planungsphase ein spezieller Staplertyp noch nicht bekannt oder soll nicht auf Dauer festgeschrieben werden. Aus diesem Grund ist es zweckmäßig, zunächst die Lastangaben der DIN EN 1991-1-1/NA [18] heranzuziehen. Hier werden in Abschn. 6.3.2.3, Tab. 6.5 und 6.6 die Achslasten der Gabelstaplerklassen FL1 bis FL6 angegeben (Tab. 2.3).

Je nach Bereifung sind die Radlasten zu erhöhen bzw. die Aufstandsflächen anzupassen. In EC 1 (nicht/NA) wird für Luftbereifte Gabelstapler ein dynamischer

Tab. 2.3 Lastansätze für Gabelstapler und Nutzlasten zugehöriger Lagerflächen [18]

Nutzungs-kategorie		Gabelstapler Klasse	Eigen-gewicht	Hub-lasten	Achs-last Q_k	Dyn. Rad-last Q_k* $\varphi/2$	Kontakt-pressung	Nutz-last q_k
			kN	kN	kN	kN	N/mm^2	kN/m^2
E2	**E2.2**	**FL1**	21	10	26	18,2	0,46	12,5
	E2.3	**FL2**	31	15	40	28,0	0,70	15,3
	E2.4	**FL3**	44	25	63	44,1	1,10	17,5
	E2.5	**FL4**	60	40	90	63,0	1,58	20,0
		FL5	90	60	140	98,0	2,45	
		FL6	110	80	170	119,0	2,98	

Vergrößerungsfaktor von $\varphi = 1,40$ angegeben. Für Stapler mit Vollgummireifen sollte dieser Wert auf $\varphi = 2,00$ erhöht werden. Bei gleichbleibender Aufstandsfläche von $20 \times 20\ cm^2$ ist dann von einer größeren Radlast auszugehen. Tatsächlich ist aber bei härteren Rädern nicht von einer höheren Last, sondern von einer größeren Spannung auf einer kleineren Aufstandsfläche auszugehen (Abb. 2.6).

Falls aus betrieblichen Gründen abzusehen ist, dass ein Gabelstapler, ein Hubstapler oder ein Flurförderfahrzeug mit speziellen Rädern oder Rollen, z. B. aus Kunststoff, ausgerüstet wird, sind zusätzlich das Material und die Abmessungen der Bereifung anzugeben.

Die Aufstandsfläche ist dann stark reduziert, und lässt sich mit den Formeln von Hertz bestimmen [23, 24].

Im Folgenden wird ein Beispiel für die belasteten Kunststoffrollen eines Hubwagens berechnet. Auf Grund der hohen Kontaktpressungen ist eine höhere Betongüte als sonst üblich zu wählen. Zum Vergleich wird von einer Achslast der Nutzungskategorie E2.2, FL1, $Q_k = 26,0$ kN ausgegangen. Der Nachweis der erhöhten Radpressung wird im Anschluss nach EC 2 [25, 26] als Teilflächenpressung geführt.

Berechnung der Aufstandsfläche mittels Hertzscher Radpressung

Radlast $Q_k = \frac{26}{2} = 13,0\,kN$

Schwingbeiwert oder
Lastwiederholungsfaktor $\varphi_n = 1,4$
Sicherheitsbeiwert $\gamma_Q = 1,5$
Bemessungswert der Radlast

$$Q_d = Q_k \times \varphi_n \times \gamma_Q = 27,3\,kN$$

Raddurchmesser $d = 80,0\ mm$

Radius $r = \frac{d}{2} = \frac{80,0}{2} = 40,0\,mm$

Radbreite $b = 90,0\ mm$

Elastitätsmodul des PU-Reifens

$$E_M = 800 \frac{N}{mm^2}$$

Vorberechnungen zeigen, dass mindestens Beton der Festigkeit C 45/55 gewählt werden muss. Da es sich um eine Kurzzeitfestigkeit handelt, darf nach EC 2, 3.1.6 (1) folgender Beiwert eingesetzt werden $\alpha_{cc} = 1{,}0$

Sicherheitsbeiwert $\gamma_C = 1{,}5$

Betondruckfestigkeit $f_{ck} = 45 \frac{N}{mm^2}$

Bemessungswert der Betondruckfestigkeit

$$f_{cd} = \frac{f_{ck}}{\alpha_{cc} \times \gamma_C} = \frac{45{,}0}{1{,}0 \times 1{,}5} = 30{,}0 \frac{N}{mm^2}$$

E-Modul Beton C 45/55: $E_{Cm} = 36000 \frac{N}{mm^2}$

Für die Berechnung der Aufstandsfläche wird von einem gemittelten E-Modul ausgegangen.

$$E = \frac{2 \times E_M \times E_{Cm}}{E_M + E_{Cm}} = \frac{2 \times 800 \times 36000}{800 + 36000} = 1565{,}2 \frac{N}{mm^2}$$

Unter Ansatz einer Querdehnzahl von $\nu = 0{,}3$ ergibt sich eine kleine Aufstandsfläche mit der halben Aufstandsbreite

$$a = \sqrt{\frac{8000 \times Q_d \times r \times \left(1 - \nu^2\right)}{\pi \times E \times b}} = 4{,}238\, mm$$

Die Radpressung verteilt sich halbkreisförmig mit dem folgenden Maximum in der Symmetrieachse

$$\sigma_{z,\max} = \sqrt{\frac{Q_d \times 1000 \times E}{2 \times \pi \times r \times b \times \left(1 - \nu^2\right)}} = 45{,}56 \frac{N}{mm^2}$$

Nachweis der maximalen Kontaktpressung zur Betondruckspannung

$$\frac{\sigma_{z,\max}}{f_{ck}} = \frac{45{,}56}{45{,}0} = \mathbf{1{,}01 \approx 1}$$

Dieser Wert zeigt, dass für Hartstoffbereifung meist eine erhöhte Betonfestigkeit und/oder eine Hartstoffeinstreuung[2] erforderlich ist. Allerdings ist auch zu berücksichtigen, dass die zugehörigen Querzugspannungen direkt unter der Fahrbahnober-

[2] Auf eine Hartstoffeinstreuung im frei bewitterten Bereich sollte bei LP-Beton verzichtet werden.

fläche eine schädigende Wirkung haben können. Auf jeden Fall sollte der Einsatz von Stahlrollen vermieden werden.

Zum Vergleich: Mittlere Pressung

$$\sigma_M = \frac{Q_d \times 10^3}{2 \times a \times b} = \frac{27,3 \times 10^3}{2 \times 4,238 \times 90} = 35,787 \frac{N}{mm^2}$$

Dieser Wert ist den Nachweisen der Teilflächenpressung nach EC 2 zu Grunde zu legen.

Nachweis der Teilflächenpressung nach EC 2, 6.7

In Anlehnung an die Bemessung der Platte auf elastischer Bettung nach Westergaard werden die Lastfälle „Rad in Plattenmitte", „Rad am Plattenrand" und „Rad auf der Plattenecke" unterschieden.

Plattendicke $h = 160\ mm$

Aufstandsfläche

$$A_{c0} = b \times 2 \times a = 90 \times 2 \times 4,238 = 762,8\,mm$$

Rad in Plattenmitte

Verteilungsfläche

$$A_{c1} = 2 \times (a + h) \times (b + 2 \times h)$$

$$= 2 \times (4,238 + 160) \times (90 + 2 \times 160) = 134675,2\,mm^2$$

Erhöhte Betondruckspannung

$$f_{cd,m} = f_{cd} \times MIN\left[3,;0,;\sqrt{A_{c1}/A_{c0}}\right] = 90 \frac{N}{mm^2}$$

$$\frac{\sigma_m}{f_{cd,m}} = \frac{35,787}{90} = \mathbf{0,40 < 1}$$

Rad am Rand

Verteilungsfläche

$$A_{c1} = (2 \times a + h) \times (b + 2 \times h)$$

$$= (2 \times 4,238 + 160) \times (90 + 2 \times 160) = 69075,2\,mm^2$$

Erhöhte Betondruckspannung

$$f_{cd,m} = f_{cd} \times MIN\left[3,;0,;\sqrt{A_{c1}/A_{c0}}\right] = 90 \frac{N}{mm^2}$$

$$\frac{\sigma_m}{f_{cd,m}} = \frac{35,787}{90} = \mathbf{0,40 < 1}$$

Rad auf der Ecke
Verteilungsfläche

$$A_{c1} = (2 \times a + h) \times (b + h)$$

$$= (2 \times 4,238 + 160) \times (90 + 160) = 42119,0\,mm^2$$

Erhöhte Betondruckspannung

$$f_{cd,m} = f_{cd} \times MIN\left[3,;0,;\sqrt{A_{c1} / A_{c0}}\right] = 90\frac{N}{mm^2}$$

$$\frac{\sigma_m}{f_{cd,m}} = \frac{35,787}{90} = \mathbf{0,40 < 1}$$

Die Forderung nach EC 2, dass die Flächenschwerpunkte senkrecht übereinanderliegen sollen, wird vernachlässigt, anderenfalls ergäbe sich für die Platten-

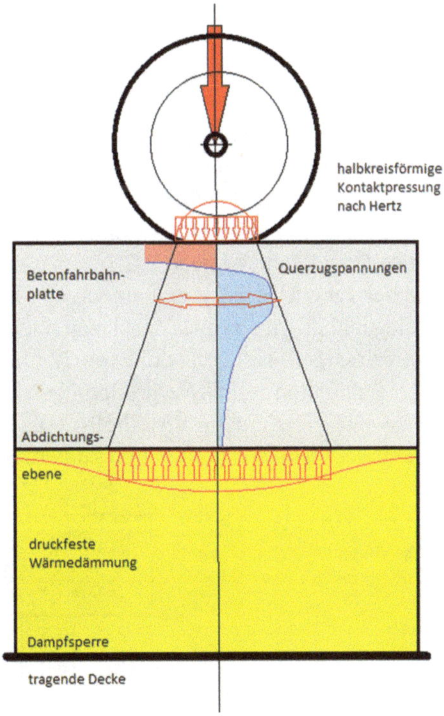

Abb. 2.6 Hertzsche Radpressung

ecke eine deutliche Spannungsüberschreitung. Dem könnte durch eine umlaufende Stahlzarge begegnet werden.

Für Verkehrsflächen mit Gabelstaplerbetrieb ist besonders auf die Ebenheit der Fahrgassen zu achten. Höhenversetzte Fugenränder führen insbesondere bei harter Bereifung mit kleinen Raddurchmessern zu störenden Schlägen und einer frühzeitigen Beschädigung der Fugenflanken. Während in früheren Ausgaben von Abdichtungsnormen [DIN 18195] noch eine Plattenverdübelung für Lkw Verkehr vorgeschrieben war, wird in der neuen DIN 18532-1 [27], Abs. 8.5.3.2, c) 1) für Ortbetonplatten der Nutzungsklassen N3-V und N4-V nur noch eine Verdübelung der Fahrbahnplatten empfohlen, um Höhenunterschiede zwischen unterschiedlich belasteten Plattenrändern zu vermeiden (siehe Fugenverdübelung).

Die Verkehrsflächen sollten ggf., ähnlich wie Industrieböden, mit einem Hartstoffestrich, am besten Frisch in Frisch, versehen werden. Sinnvollerweise sind Bauweisen des Industriebodenbaus anzuwenden, wobei die zusätzlichen Anforderungen an gedämmte Dachkonstruktionen zu beachten sind.

Die Anforderung sollte in der Ausschreibung wie folgt definiert werden:

„... zusätzlich zu den oben angegebenen Lkw's wird die Fläche noch durch Gabelstapler mit einem zulässigen Gesamtgewicht von ...... t befahren. Der Gabelstapler ist luftbereift. Die Lagerfläche ist nach EC 1 in die Nutzungskategorie E2 .... einzustufen ....“

Horizontallasten aus Beschleunigung und Bremsen sind mit 30 % der jeweiligen vertikalen Achslast anzusetzen.

2.1.5 Hubschrauberlandeplätze

Bei Krankenhäusern, Polizei- und Bundeswehrbauten und anderen Gebäuden der öffentlichen Hand kann es vorkommen, dass die Dachfläche auch als Hubschrauberlandeplatz ausgelegt wird. In diesem Fall ist die Nutzfläche für Einzellasten aus dem Hubschrauber zu dimensionieren.

Die Dachfläche ist nach EC 1 in die Kategorie K einzuordnen. Die Einzellasten sind der Tabelle 6.11DE zu entnehmen (Tab. 2.4).

Gegenüber früheren Lastansätzen nach DIN 1055 ist die Kategorie HC3 mit einem zulässigen Abfluggewicht von 12 t hinzugekommen. Die Abfluglasten Q_k sind mit einem dynamischen Vergrößerungsfaktor von $\varphi = 1{,}4$ zu multiplizieren. Weiterhin ist eine gleichmäßig verteilte Nutzlast von $q_k = 5{,}0$ kN/m², feldweise veränderlich in ungünstiger Kombination zu berücksichtigen.

Tab. 2.4 Nutzlasten für Hubschrauber

Kategorie		zul. Abfl. Gewicht	Hubschrauberlast Q_k	Aufstandslänge	Pressung
		t	kN	mm	N/mm²
HC	HC1	3	30	200	0,75
	HC2	6	60	300	0,67
	HC3	12	120	300	1,33

Zudem ist in der Start- und Landefläche eine horizontale Nutzlast in Größe der Hubschrauber-Regellast Q_k jeweils an ungünstiger Stelle der zu untersuchenden Bauteile anzusetzen.

Die Anforderung sollte wie folgt definiert werden:

„… Die Dachfläche wird als Hubschrauberlandeplatz genutzt. Entsprechend DIN EN 1991-1-1, ist der Belag für Hubschrauber mit einem maximalen Abfluggewicht von …… t zu bemessen …“

Weitere Auflagen, hinsichtlich Absturzsicherung, Befeuerung, Brandschutz etc. ergeben sich aus einer luftverkehrsrechtlichen Genehmigung. Wenn die Visionen des Bundesverkehrsministeriums (2018–2021) Wirklichkeit werden, dann sind wahrscheinlich noch ergänzende Anforderungen für Dachlandeplätze von Lufttaxis erforderlich.

2.1.6 Beanspruchungsart/Lastwechsel

Zusätzlich zur Lastgröße sind noch die Unterschiede in der Art der Belastung für die Auswahl der Baustoffe zu berücksichtigen.

Anders als Biegeträger werden elastisch gebettete Platten nicht in Schwingungen versetzt, sodass nach Lohmeyer/Ebeling [24] die Lasten nicht mit einem Schwingbeiwert, sondern in Abhängigkeit von der Nutzungsfrequenz n mit einer Lastwechselzahl φ_n zu vervielfachen sind. Für den Teilsicherheitsbeiwert wird entgegen der DIN EN 1990/NA:2010-12 ein Wert von $\gamma_Q = 1{,}35$ anstatt $\gamma_Q = 1{,}5$ vorgeschlagen. Somit ergeben sich folgende Werte aus [24] (siehe Tab. 2.5).

Tab. 2.5 Lastwechselzahlen/dynamischer Faktor

Anzahl Lastwechsel	φ_n	$\varphi_n * \gamma_Q$ $\gamma_Q = 1{,}35$
$n \leq 1 * 10^3$	1,07	1,45
$n \leq 5 * 10^3$	1,11	1,50
$n \leq 1 * 10^4$	1,15	1,55
$n \leq 5 * 10^4$	1,19	1,60
$n \leq 1 * 10^5$	1,22	1,65
$n \leq 1 * 10^6$	1,26	1,70
$n > 1 * 10^6$	1,30	1,75

Üblicherweise wird eine Parkfläche täglich durch eine Vielzahl von Fahrzeugen benutzt (z. B. Einkaufszentrum, $n > 1 * 10^6$). Die Fahrzeuge wechseln etwa in stündlicher Frequenz. Aus Sicht der Dämmstoffe handelt es sich um eine Kurzzeitbelastung (dynamische Belastung). Für die Stellplätze ist von einer deutlich geringeren Nutzungsfrequenz als für die Fahrgassen auszugehen.

Werden die Stellplätze vermietet, oder handelt es sich um eine Ausstellungsfläche, so ist eine Dauerbeanspruchung eher möglich. Bei der Dimensionierung der Nutzplatte kann in diesem (Dauer)-Lastfall der Lastwiederholungsfaktor vernachlässigt werden.[3] Die Druckspannungen sind den Dauerlastwerten des Dämmstoffes gegenüberzustellen. Eine bituminöse Verschleißschicht weicht der Dauerbeanspruchung aus. Es kann zu Muldenbildung unter den Radaufstandsflächen kommen (insbesondere bei hohen Temperaturen).

Auf Hofkellerdecken mit Be- und Entladebetrieb, möglicherweise noch unter Zuhilfenahme eines Gabelstaplers, wird die Oberfläche durch Rangiervorgänge besonders auf Abrieb oder Verschiebung beansprucht (Rollen und Schleifen). Wiederholt auf der Stelle drehende Räder führen insbesondere bei gepflasterten Flächen zu Fugenverschiebungen. Derartige Fugenverschiebungen sind auch im Bereich von Schranken, die zu Brems- und Anfahrvorgängen führen, zu beobachten.

Selbstverständlich sind die Einflüsse aus Dauerlast und Rangierbetrieb auch von der Lastgröße und der Art der Bereifung abhängig. Eine unebene Oberfläche verstärkt dynamische Einflüsse.

2.1.7 Beschilderung

Wird eine wärmegedämmte Verkehrsfläche durch Fahrzeuge beansprucht, so genügt es nicht nur die zulässigen Lasten im Rahmen der Ausschreibung dem Hersteller mitzuteilen, sondern auch jeder Nutzer muss informiert werden. Sofern die Decke nicht für das Lastmodell LM 1 nach EC 1-2 [22] oder Brückenklasse 30/30 oder höher ausgelegt ist, muss eine gewichtsbeschränkende Beschilderung vor der Auffahrt montiert werden. Die Lastmodelle des EC 1, Teil 2 (früher BK 30/30 nach DIN 1072, zwischenzeitlich DIN-Fachbericht 101) stellen den heutigen Standard dar. Eine gewichtsbeschränkende Beschilderung ist daher nicht erforderlich. Bei allen anderen Lastansätzen ist die zulässige Belastung durch eine entsprechende Beschilderung anzuzeigen (Abb. 2.7, 2.8).

Es sind zwei Fälle zu unterscheiden:

Variante 1: Begrenzung des tatsächlichen Fahrzeuggewichtes. Sattelfahrzeuge gelten als 2 Fahrzeuge.

Variante 2: Begrenzung des zulässigen Gesamtgewichts. Sattelfahrzeuge gelten als 1 Fahrzeug.

Wurde im Rahmen der Lastfestlegung auch der Schwingbeiwert bzw. dynamische Vergrößerungsfaktor aufgrund erzwungener Langsamfahrt reduziert, oder ist

[3] Bei ausschließlicher Pkw-Nutzung kann meistens auf einen Lastwiederholungsfaktor verzichtet werden.

Abb. 2.7 Schilderbrücke über der Auffahrt zum Parkdach [MdB]

Abb. 2.8 Beschilderung Variante 1 und 2

wegen vorgeschriebener niedriger Geschwindigkeit von geringeren Anprall- bzw. Horizontallasten auszugehen, so sollte auch ein geschwindigkeitsbegrenzendes Verkehrsschild angeordnet werden (Abb. 2.8).

2.2 Chemisch- biologische Beanspruchung

Zusätzlich zu den lastabhängigen Beanspruchungen können die einzelnen Bauteilschichten durch chemische und biologische Einflüsse geschädigt werden.

Unabhängig von der Art der Nutzung wird die Dachfläche durch Niederschläge und die darin gelösten Stoffe, wie z. B. CO_2 beaufschlagt. Die somit im Regenwasser enthaltenen anorganischen Säuren führen bei der Abdichtung und Dämmung im Allgemeinen nicht zu Schäden. Bei zementgebundenen Nutzschichten können diese durch kalklösende Kohlensäure oder Sulfate mehr oder weniger angegriffen werden. Einen wesentlichen Einfluss auf die Größe der chemischen Beanspruchung hat die Einwirkungszeit. Auch aus diesem Grund ist durch ausreichendes Gefälle

(≥ 2,0 %) dafür zu sorgen, dass das Oberflächenwasser keine Pfützen bildet und rasch abgeführt wird (siehe Abschn. 7.4)

Handelt es sich bei der Nutzschicht um eine stahlbewehrte Betonplatte, so gehen auf Parkflächen insbesondere von Tausalzen schädigende Einflüsse aus. Durch zu hohen Chloridgehalt im Beton wird der Korrosionsschutz der Bewehrungsstähle unabhängig von der Karbonatisierung depassiviert. Bei entsprechend eingestellten Betonrezepturen und einer Betonüberdeckung nach DIN 1992-1-1 [25] ist dieses Problem für Parkdächer beherrschbar.

Mangelnde Wartung im Zusammenspiel mit geschädigten Betonflächen, unzureichendem Gefälle und offenen Fugen kann zu ungewolltem Bewuchs führen. Durch Wind und Regen werden Samen und humose Stoffe eingetragen, die sich dann in Rissen, Fugen und Pfützen ansammeln und in wenig befahrenen Bereichen zu einer Vegetation ähnlich einem Gründach führen können (Abb. 2.9, 2.10).

Verständlicherweise ist damit zu rechnen, dass oben gezeigter Bewuchs zu Schäden führen kann. Grundsätzlich ist die Durchwurzelungsgefahr für Parkdächer eher geringer als auf normalen, bekiesten Flachdächern. Trotzdem sollte einer möglichen Schädigung infolge von Pflanzenwuchs durch regelmäßige Reinigung und Wartung [28] vorgebeugt werden. Ein besonderer Nachweis der Eignung als Durchwurzelungsschutz (z. B. FLL-Untersuchungsverfahren) ist im Allgemeinen für die Dachabdichtungsbahnen nicht erforderlich. Eine doppellagige PE-Folie als Trenn- und Gleitschicht, wie sie beim konventionellen Parkdach mit Betonfahrbahnplatten üblich ist, bildet im Sinne der FLL-Richtlinie keinen ausreichenden Durchwurzelungsschutz, stellt aber bei einer reichlichen Stoßüberlappung eine zusätzliche Barriere dar.

Bei durch Kraftfahrzeuge genutzten Dächern besteht die Gefahr, dass die Dachfläche und die darunterliegende Konstruktion durch Öle oder Kraftstoffe angegriffen wird. Bituminöse Nutz- oder Abdichtungsschichten sind gegen Schmier- oder Kraftstoffe nicht in jedem Fall beständig. Mechanische Eigenschaften der Bitumenprodukte, wie z. B. Erweichungspunkt (RuK), werden geringfügig verändert. Aufgrund der Verdunstungsprozesse bleibt die Dichtfunktion im Allgemeinen vollständig erhalten. Auch beim Einsatz von Kunststoffabdichtungsbahnen, wie z. B. EPDM

Abb. 2.9 Gering frequentiertes Parkdach mit Fugenbegrünung und Eissee

Abb. 2.10 Begrünter Notablauf [MdB]

oder PVC, kann eine Schädigung durch Kraftstoff auftreten. Die Kunststoffbahnen quellen in der Regel auf; die Gefügeveränderungen sind nicht reversibel.

Kraftstoffe und Öle dringen in das Betongefüge von Betonverbundsteinen und Betonfahrbahnplatten ein, führen aber bei den üblicherweise ausreichenden Betonfestigkeiten zu keiner nennenswerten Schädigung (außer Verschmutzung).

Werden Plattenfugen mit dauerelastischen Dichtstoffen verfugt, so ist unbedingt ein Material einzusetzen, das Kraftstoff- und UV- beständig ist.

Dämmstoffe aus Schaumkunststoff, wie Polystyrol und Polyurethan, sind nicht treibstoffbeständig. Da sie üblicherweise, mit Ausnahme des Umkehrdaches [3, pp. Betonverbundstein-Pflasterdecke auf Umkehrdach – Verformung des Pflasters; 2/90], unter der Abdichtungsebene liegen, ist der schädigende Einfluss im Allgemeinen nicht von Bedeutung. Beim Umkehrdach können allerdings Gefügeveränderungen des XPS-Dämmstoffes infolge von Treibstoffeinwirkungen zu Schäden führen.

Bei der zu erwartenden Umstellung der Fahrzeugflotte auf E-Mobile ist zu erwarten, dass mittelfristig die Gefahr einer kraftstoffbedingten Schädigung reduziert wird. Nach EU-Beschluss ist bis 2035 die Fahrzeugherstellung auf klimaneutrale Antriebe umzustellen.

Zur Auswirkung von synthetischen Kraftstoffen, wie Wasserstoff bzw. e-Fuels liegen derzeit keine Erfahrungen vor. Die Auswirkungen auf Dämmungen, Abdichtungen, Beschichtungen etc. ist noch nicht erforscht und sollte ggf. in Lieferverträgen entsprechend berücksichtigt werden.

Grundsätzlich sollte bei betrieblicher Nutzung der wärmegedämmten Verkehrsfläche geprüft werden, inwieweit mit Chemikalienangriff auf die Konstruktion zu rechnen ist. Auch wenn für benachbarte Bauteile chemische Behandlungen, wie z. B. Absäuern oder Hydrophobieren einer Fassade vorgesehen sind, so sollte die Verträglichkeit der Behandlungsmittel auf die eingebauten Materialien abgestimmt sein. Anderenfalls sind geeignete Schutzmaßnahmen zu ergreifen.

Den flachdachüblichen Beanspruchungen, wie Verschlammung (Ansammlung von Staub und Feuchtigkeit) und Bewuchs ist durch eine regelmäßige Pflege und Wartung zu begegnen [27, 28]. Wie in [29] gezeigt wird, hat eine Verschlammung von Filtervliesen bzw. Drainageschichten bei Umkehrdächern eine negative Wirkung auf das bauphysikalische Verhalten des Dämmstoffes (siehe Wärmetechnische Dimensionierung).

Bei dem Entwurf von Betonplatten als Nutzschicht, muss den betontechnologischen Prozessen wie Schwinden und Quellen Rechnung getragen werden. Die hieraus resultierenden Zwangskräfte sind durch eine Fugenteilung und eine Trenn- und Gleitschicht gering zu halten (siehe Abschn. 3.5 + 7.2).

2.3 Bauphysikalische Anforderungen

Da das Parkdach oder die wärmegedämmte Hofkellerdecke einen Teil der Gebäudehülle darstellt, sind die für ein Flachdach üblichen klimatischen Einwirkungen sowie sonstige Umwelteinflüsse aufzunehmen. Anforderungen an den Wärme- und Feuchteschutz sind zu erfüllen. Darüber hinaus sind die Bedingungen des Schall- und Brandschutzes zu beachten.

Die **Wärmedämmung** ist ein wesentliches Element des Parkdaches oder der wärmegedämmten Hofkellerdecke. Da die Wärmedämmung einen großen Teil der Aufbaustärke ausmacht und entsprechend den jeweiligen Produkteigenschaften im Verhältnis zum tragenden Untergrund und dem Fahrbelag relativ weich, elastisch oder plastisch deformierbar, aber auch hoch druckfest sein kann, wird hierdurch die Dimensionierung des Oberbelages maßgebend beeinflusst.

In der DIN 18 532, Teil 1 [27] wird gefordert, dass die Dämmschichten den statischen und dynamischen Anforderungen genügen müssen.

Die Art und Anordnung der Wärmedämmung kennzeichnen in den meisten Fällen das zur Ausführung kommende System. In erster Linie soll der unkontrollierte Zutritt und Abfluss von Wärmeenergie in oder aus dem Gebäude verhindert werden. Außerdem werden thermische Beanspruchungen in der Tragkonstruktion reduziert (konstruktive Wärmedämmung). Die Anforderungen werden an verschiedenen Stellen wie folgt definiert:

DIN 18 530: (1987 – Massive Deckenkonstruktionen für Dächer – 2014 zurückgezogen) Der Wärmedurchlasswiderstand der Dämmschicht auf der Dachdecke muss mindestens

$$R = \sum_{i=1}^{n} \frac{d_i}{\lambda_i} \geq 1{,}0 \frac{m^2 K}{W}$$

erfüllen. Der Wärmedurchlasswiderstand aller Konstruktionsteile unter der Wärmedämmschicht soll höchstens 20 % des gesamten Wärmedurchlasswiderstandes betragen.

Aus obiger Gleichung ergibt sich, dass die Dicke der konstruktiven Wärmedämmschicht etwa dem Wert ihrer Wärmeleitfähigkeit in m entsprechen, und somit mindestens 3,5 cm bis 6,0 cm dick sein muss, um thermische Beanspruchungen durch die Massivdecken in beherrschbarer Größenordnung zu halten. Eine besondere Regelung für Umkehrdächer war in der DIN 18 530 nicht vorgesehen.

Auf die inzwischen zurückgezogene DIN 18 530 wird hier nur noch eingegangen, um den Sinn eventuell vorhandener Dämmungen auf Dachdecken in Bestandsbauten zu erläutern. Grundsätzlich sind auch heute Maßnahmen zur Vermeidung schädlicher Deckenverformungen zu ergreifen.

DIN 4108-2 [10]: (Wärmeschutz und Energie-Einsparung in Gebäuden, Mindestanforderungen an den Wärmeschutz) Der Mindestwert des Wärmedurchlasswiderstands für Dachdecken über beheizten Räumen soll mindestens

$$R \geq 1{,}2 \frac{m^2 K}{W}$$

betragen. Diese Forderung führt ebenfalls zu Mindestdämmstoffdicken von 4,0 bis 6,0 cm. Bei der Berechnung des Wärmedurchgangs dürfen nur die Schichten innerhalb der Abdichtung angerechnet werden.

Bei einer Ausführung als Umkehrdach, wobei hier über eine Zulassung geregelt wird, dass die Wärmedämmung außerhalb der Abdichtung im feuchten Bereich liegen darf, ist der errechnete Wärmedurchgangskoeffizient U um einen Zuschlagswert ΔU (0,0 bis 0,05 W/m^2K) zu erhöhen (siehe Abschn. 5.1).

Weiter werden in diesem Teil der Norm die Randbedingungen für die Luftdichtigkeit, den sommerlichen Wärmeschutz und die Nachweise von Wärmebrücken geregelt. Obwohl als Ziel dieser Norm der Gesundheitsschutz, ein hygienisches Raumklima und der Schutz der Baukonstruktion vor klimabedingten Feuchteeinwirkungen und damit verbundenen Folgeschäden hervorgehoben wird, hat es doch gegenüber früheren Ausgaben geringe Verschärfungen der Anforderungen gegeben, der Wärmedurchlasswiderstand ist von R = 1,1 m^2K/W um 9 % auf R = 1,2 m^2K/W angehoben worden. Es handelt sich nicht mehr um einen Mittelwert, der an der ungünstigsten Stelle auf R_{min} = 0,80 m^2K/W unterschritten werden durfte.

Gebäudeenergiegesetz – GEG [30]: Mit der 1995 eingeführten „Verordnung über einen energiesparenden Wärmeschutz bei Gebäuden" und den dann folgenden Energieeinsparverordnungen (EnEV) wurde die Begrenzung des Jahres-Primärenergiebedarfs und des zulässigen Transmissionswärmeverlustes in regelmäßigen Abständen den politischen Forderungen angepasst. Ab 2020 werden die Anforderungen im Gebäudeenergiegesetz (GEG) zusammengefasst [31]. Es werden beheizte (≥ 19 °C) und gering beheizte (12 bis < 19 °C) Wohn- und Nichtwohngebäude im Bestand oder als Neubau unterschieden. Da der Energiebedarf von vielen Faktoren wie z. B. Ausrichtung, Kubatur, Bauweise, technischer Ausrüstung etc. abhängig ist, erfolgt der Nachweis im Vergleich zum jeweils zugehörigen Referenzgebäude (GEG, Anlagen 1, 2, 3, 7, beachte Novellierung 2023 – „Heizungsgesetz", lag bei der Manuskriptabfassung noch nicht vor).

In Anlehnung an die Vorgaben für das passende Referenzgebäude kann der Wärmedurchgangskoeffizient für Dachdecken wie folgt abgeschätzt werden:

Wohngebäude GEG-Anlg. 1:
$U \leq 0{,}20\ W/m^2K$
Nichtwohngebäude ≥ 19 °C GEG-Anlg. 2:
$U \leq 0{,}20\ W/m^2K$
Nichtwohngebäude < 19 °C GEG-Anlg. 2:
$U \leq 0{,}35\ W/m^2K$
Höchstwerte für Nichtwohngebäude nach Anlg. 3:
≥ 19 °C, GEG-Anlg. 3: $\bar{U} = 0{,}28\ W/m^2K$
< 19 °C, GEG-Anlg. 3: $\bar{U} = 0{,}50\ W/m^2K$
Höchstwerte bei Änderung oder Erneuerung bestehender Gebäude nach Anlage 7:
Dachdecke ≥ 19 °C GEG-Anlg. 7: $U \leq 0{,}20\ W/m^2K$
Dachdecke < 19 °C GEG-Anlg. 2: $U \leq 0{,}35\ W/m^2K$
Nachrüstung bestehender Gebäude nach GEG § 47
Dachdecke ≥ 19 °C GEG-§ 47: $U \leq 0{,}24\ W/m^2K$

Mit Ausgabe der EnEV 2016 wird gefordert, dass der Jahres-Primärenergiebedarf eines zu errichtenden Gebäudes nur das 0,75-fache des entsprechenden Referenzgebäudes beträgt (GEG § 15, § 18). Für den Transmissionswärmeverlust wird weiterhin der 1,0-fache Vergleichswert des Referenzgebäudes gefordert (GEG § 16). Um den 0,75-fachen Anforderungswert des Referenzgebäudes ausschließlich durch baulichen Wärmeschutz zu erreichen, müssten obige Wärmedurchgangswerte jeweils um 25 % reduziert werden. Im Hinblick auf die Verformung der Dämmschicht und darüberliegender Parkdachschichten ist es nicht ratsam, abhängig vom eingesetzten Dämmstoff, die Dämmstoffdicke unnötig zu vergrößern [32]. Es kann wirtschaftlicher sein, die GEG-Anforderungen durch Anlagentechnik, regenerative Energie und/oder Erhöhung des Wärmeschutzes in anderen Bauteilen wie Wänden und Fenstern zu erfüllen.

Die Forderung kann in Abhängigkeit von der jeweiligen Wärmeleitfähigkeit λ und den Konstruktionsrandbedingungen zu Dämmschichtstärken von ca. 10,0 cm bis über 25,0 cm führen. (In Hamburg wurde bereits seit 1992 für das Dach, unabhängig von der Gebäudegröße, ein U-Wert von $U = 0{,}20\ W/m^2K$ gefordert) (Abb. 2.11 und 2.12).

Mit Ausnahme des Umkehrdaches (Zulassung erforderlich) sind nur die auf der Innenseite der Abdichtung liegenden Schichten bei der Berechnung des Wärmedurchlasswiderstandes zu berücksichtigen (in obigem Beispiel Ersatz-Wärmeleitwert für Betonfahrbahnplatte, überhöht).

Zusammen mit den allgemeinen Gebäudedaten sind die Grundlagen und Nachweise der Berechnung in einem Energiebedarfsausweis nach Teil 5 GEG, §§ 79–88 anzugeben. Auf Grund der Komplexität der Energieeinsparvorschriften ist der Energieausweis von einem ausstellungsberechtigten Energieberater auszustellen.

Als Folge des Urteils des Bundesverfassungsgerichtes vom April 2021 ist auch damit zu rechnen, dass die Anforderungen des GEG spätestens bei einer Überarbeitung gegen 2023 verschärft werden. Inwieweit die dann zu erwartenden Dämmstoffdicken im Parkdach noch durch „weiche" Materialien realisiert werden können, ist abzuwarten.

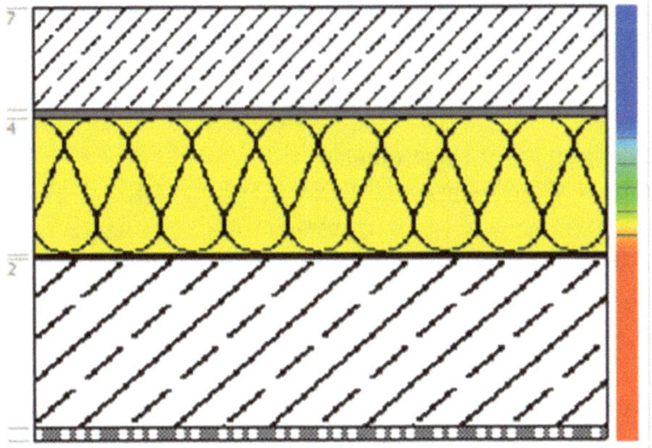

Abb. 2.11 Schichtaufbau aus U-Wertberechnung

Abb. 2.12 Ausschnitt U-Wertnachweis, Programm U-Therm von Hottgenroth

Schichtenaufbau (von warm nach kalt)

Nr.	Bezeichnung	Dicke cm	λ W/m*K	R m²K/W	μ_1 -	μ_2 -	ρ kg/m³	c_p kJ/kg*K
1	Putzmörtel aus Kalkgips, Gips, Anhydrit und Kalkanhydrit	1,50	0,700	0,02	10	10	1400	1,00
2	Beton nach EN 12524, armiert mit 2% Stahl	20,00	2,500	0,08	130	130	2400	1,00
3	Bitumen-Dampfsperrbahn mit Alueinlage	0,40	0,170	0,02	400000	400000	1200	1,50
4	Polystyrol PS -Partikelschaum (WLG 035 - > 30 kg/m³)	16,00	0,035	4,57	40	100	30	1,50
5	Bitumendachbahnen DIN 52128	0,90	0,170	0,05	10000	80000	1200	1,50
6	Polyethylenfolie 2 x 0,2 mm	0,04	0,200	0,00	500000	500000	960	1,50
7	Beton Ersatzwert, da über Abdichtung	12,00	50,000	0,00	130	130	2400	1,00

U-Wert-Berechnung nach DIN EN ISO 6946

Wärmedurchgangswiderstand $R_T = R_{si} + R_1 + R_2 + \ldots + R_7 + R_{se} = 4{,}89$ m²K/W
Wärmedurchgangskoeffizient $U = 1/R_T = 0{,}20$ W/(m²K)

Instandsetzung und Erneuerung bestehender Parkdächer

Wird bei mehr als 10 % der Bauteilgruppe „Dachflächen …“ die Abdichtung erneuert, oder das Gebäude um mindestens einen beheizten Raum erweitert, so ist für die betroffene Dachfläche entsprechend der Anlage 7, GEG [30] der Wärmedurchlasskoeffizient in Abhängigkeit von der Raum-Solltemperatur auf

$U \leq 0{,}20\ \mathrm{W/m^2K}$ ($\geq$ 19 °C) bzw
$U \leq 0{,}35\ \mathrm{W/m^2K}$ (12 < 19 °C) zu begrenzen.

Im Teil 3 des derzeit zu berücksichtigenden GEG 2020 werden in den §§ 46–56 genauere Regelungen für den Fall einer Erneuerung oder Ergänzung eines Außenbauteils bzw. des Parkdachbelags aufgeführt. So kann auch für das teilweise erneuerte Gebäude nachgewiesen werden, dass der Jahres-Primärenergiebedarf den des entsprechenden Referenzgebäudes um nicht mehr als 40 % überschreitet. Dies gilt auch für den nachzuweisenden Transmissionswärmeverlust der wärmeübertragenden Umfassungsflächen. Bei einem Nichtwohngebäude darf der um 25 % erhöhte mittlere Wärmedurchgangskoeffizient nach GEG, Anlage 3 ebenfalls um 40 % überschritten werden. Es wird empfohlen, rechtzeitig einen zertifizierten Energieberater einzuschalten, insbesondere wenn beabsichtigt ist, die Investitionen zum Teil über Fördermaßnahmen zu finanzieren. Ein Ansatz, der sich trotz des damit verbundenen bürokratischen Aufwands lohnen kann.

Zunächst ist eine Bestandsaufnahme sowie ggf. eine Schadensanalyse erforderlich. Üblicherweise führen sichtbare Schäden an dem Nutzbelag oder Durchfeuchtungen infolge einer schadhaften Abdichtung zur Sanierung einer Parkdachfläche. Eine reduzierte Dämmwirkung infolge Feuchtigkeitsanreicherung (siehe Umkehrdach) wird meistens erst im Zusammenhang mit Durchfeuchtungen augenfällig, da eine Kontrolle der abfließenden Wärmeenergie nur schwer möglich ist. Ein Hinweis auf erhöhten Heizenergiebedarf kann sich aus dem Vergleich der jährlichen Abrechnungen der Energieversorger ergeben.

Im Rahmen eines Sanierungsgutachtens sollte untersucht werden, ob der vorhandene Dämmstoff gegen ein neues Material mit niedrigerer Wärmeleitzahl ausgetauscht werden kann, um so die Forderungen des GEG ohne zusätzliche Aufbaudicke zu erfüllen. In diesem Zusammenhang ist auch die Umweltverträglichkeit des ausgebauten Dämmstoffes und dessen Entsorgung zu klären.

Eine Oberflächenversiegelung mit einem Wunderdichtstoff aus einem Zaubertopf der chemischen Industrie schont nur in den ersten Tagen das Portemonnaie des Bauherrn, führt aber meistens nicht zu langfristiger Freude. Hinzu kommt, dass in dem in Abb. 2.13 gezeigten Fall der Wärmeschutz nicht erhöht werden konnte und somit gegen die damalige WSchV, heute GEG, verstoßen wurde.

Eine Vergrößerung der Dämmstoffdicke oder der zusätzliche Einbau einer Dämmschicht bringt meistens eine Vergrößerung der Anschluss- und Brüstungshöhen mit sich.

Die erforderliche Erhöhung des Wärmedurchlasskoeffizienten kann möglicherweise dadurch erreicht werden, dass auch ein vorhandener Gefälleestrich gegen Gefälledämmung ausgetauscht wird.

Die Sanierung eines schadhaften Parkdaches oder einer wärmegedämmten Hofkellerdecke sollte mit dem gleichen Anspruch wie ein Neubauvorhaben geplant werden, wobei unbedingt die Schadensursache als eine Grundlage für die Planung bekannt sein muss.

Abb. 2.13 Betonplatten mit Kunststoffbeschichtung

Temperaturbeanspruchungen
Aufgrund der Wärmedämmung unter der Nutzschicht kann es in dieser in den Sommermonaten zu einer Art Wärmestau kommen.

In [33] wird eine Temperaturverlaufskurve für geschützte und ungeschützte Flachdächer angegeben. Die Maximaltemperaturen liegen zwischen 85 °C und 50 °C. Für die durch eine Kiesschicht geschützte Dachabdichtung wird die maximale Oberflächentemperatur mit 35 °C angegeben. In [34] werden vergleichende Messungen für ein Parkdach mit Betonnutzplatte und ein bituminös abgedichtetes Flachdach mitgeteilt. Die gemessene Oberflächentemperatur der 8–10 cm dicken Betonplatte beträgt 30–36 °C. Die Temperaturdifferenz in der Betonplatte liegt bei 2 K. Im Winter ist in Abhängigkeit vom jeweiligen Standort mit deutlich niedrigeren Temperaturen zu rechnen. In [35] wurde mit einem instationären FEM-Programm die mittlere Plattentemperatur und die lineare Temperaturdifferenz für unterschiedliche Parkdachaufbauten an heißen Sommer- und kalten Wintertagen berechnet. Hiernach liegt die mittlere Plattentemperatur im Sommer zwischen 39 °C und 44,5 °C. Der lineare Temperaturunterschied liegt bei 3,5 °C bis 4 °C. Die Autoren von [24, 36] kommen zu vergleichbaren Ergebnissen.

Dieser Temperaturunterschied und die Temperaturdifferenzen im Aufbau beanspruchen z. B. durch Zwangskräfte die Konstruktion. Auf die Auswirkungen wird im Abschnitt Fugen, näher eingegangen.

Feuchteschutz
Nach DIN 4108-3 [10] werden drei Stufen für den Nachweis der feuchtetechnischen Unbedenklichkeit der Parkdachkonstruktion angeboten.

Stufe 1: Kriterien einer nachweisfreien Konstruktion
Stufe 2: Ebenes Periodenbilanzverfahren (Glaser)
Stufe 3: Hygrothermische Simulation (z. B. WUFI)

Stufen 1 und 2 sind nur auf nicht klimatisierte Räume mit einer wohngebäudeähnlichen Nutzung anzuwenden. Unter der Voraussetzung, dass die Abdichtungen, die An- und Abschlüsse und Durchdringungen wasserdicht sind, ist für folgende Parkdachaufbauten bei Einhaltung der vorgegebenen Randbedingungen kein rechnerischer Tauwassernachweis erforderlich:

- Belüftete „Kaltdächer" mit einer Dachneigung < 5°, Luftraumlänge ≤ 10 m, Mindestlüftungsquerschnitt gegenüberliegender Öffnungen ≥ 200 cm^2/m oder 2 %0 der geneigten Dachfläche, Höhe des freien, durchgehenden Lüftungsquerschnittes über der Dämmung ≥ 5 cm oder 2 %0 der geneigten Dachfläche, Schicht zur Begrenzung des Diffusionsstroms und zur Sicherung der Luftdichtigkeit unter der Dämmung.
- Nicht belüftete Dächer mit diffusionssperrender Schicht ($s_{d,i}$ ≥ 100 m), Wärmedurchlasswiderstand unter der Dampfsperre höchstens 20 % des Gesamtwertes und Umkehrdächer (Zulassung erforderlich).

Das unter Stufe 2 aufgeführte Periodenbilanzverfahren nach Glaser ist u. a. für Dachkonstruktionen mit Plattenbelägen, wie z. B. bei Parkdächern üblich, nicht anzuwenden. In diesem Fall lässt sich das reale Temperatur- und Feuchteverhalten, insbesondere wegen der Schichten oberhalb der Abdichtung, nur ungenügend abbilden.

Genügt der Parkdachaufbau nicht den Anforderungen der Stufe 1, ist, mit Ausnahme des belüfteten Kaltdaches, ein rechnerischer Tauwassernachweis nach Stufe 3 mit einem speziellen Simulationsprogramm (z. B. WUFI/Delphin) zu führen.

Bei einer Wasserdampf-Diffusionswiderstandszahl von μ = 20.000 (Bitumendachbahn nach DIN 52143 z. B. V 13) ist mindestens eine Sperrschicht von 0,5 cm erforderlich. Üblicherweise werden besondere Dampfsperrbahnen, z. B. mit Metalleinlagen, angeordnet. Dies ist auf Grund des hohen Diffusionswiderstands der Abdichtung und Trenn- und Gleitlage, insbesondere bei Dämmstoffen, wie Polystyrol, Polyurethan oder mineralisch gebundenen Materialien, zu empfehlen. Wird Schaumglas als Dämmstoff eingesetzt, so kann wegen der Diffusionsdichte dieses Systems auf eine Dampfsperre unterhalb der Dämmebene verzichtet werden. Kommt eine Umkehrdachkonstruktion zur Ausführung, fallen Abdichtung und Dampfsperre im Allgemeinen zusammen. Es kann davon ausgegangen werden, dass die Massivdecke zusammen mit der Dampfsperre die Luftdichtigkeitsanforderungen erfüllt.

Durch die aufgebrachte Wärmedämmung soll nicht nur das übermäßige Abfließen von Wärmeenergie aus den Innenräumen verhindert werden, sondern auch das Auftreten von schimmelpilzbildender Feuchtigkeit auf der Bauteiloberfläche. Liegt die Oberflächentemperatur auf der Innenseite in der Größenordnung der Taupunktstemperatur schlägt sich Wasser in flüssiger Form an der Bauteiloberfläche nieder. Auf Grund der im Bauwesen üblichen Oberflächenstruktur ist von einem Schimmelpilzschwellenwert von 80 % relativer Luftfeuchtigkeit auszugehen. Dies führt beispielsweise bei einer Innentemperatur von Θ_i = 20 °C und einer relativen Luftfeuchtigkeit von φ_i = 50 % zu einer kritischen Oberflächentemperatur von Θ_{si} = 12,6 °C [12].

Bei Einhaltung der Mindestwerte des Wärmedurchlasswiderstandes nach DIN 4108-2 und üblicher Raumnutzung werden Schäden durch Tauwasserbildung im Allgemeinen vermieden. In Sonderfällen, z. B. bei dauernder hoher Raumluftfeuchte oder bei Wärmebrücken, kann ein besonderer Nachweis erforderlich werden.

Wie oben schon erläutert, bedarf eine unterseitige Wärmedämmung eines besonderen Nachweises des Tauwasseranfalls. Auch hinsichtlich des Brandschutzes ist die Zulässigkeit zu prüfen.

2.4 Abdichtung

2017 wurden die Normen der Abdichtungstechnik neu geregelt [37, 38, 39]. Mit der DIN 18532 – 1 bis 6 [27] wurden die Dachaufbauten befahrbarer Dächer aus Sicht der unterschiedlichen Abdichtungsbauweisen übersichtlich katalogisiert. Im Teil 1 werden Anforderungen, Planungs- und Ausführungsgrundsätze beschrieben. In obiger Norm werden die Abdichtungsbauweisen von Flächen mit (2) und ohne (1)

Abb. 2.14 Bauweise 2a – Umkehrdach

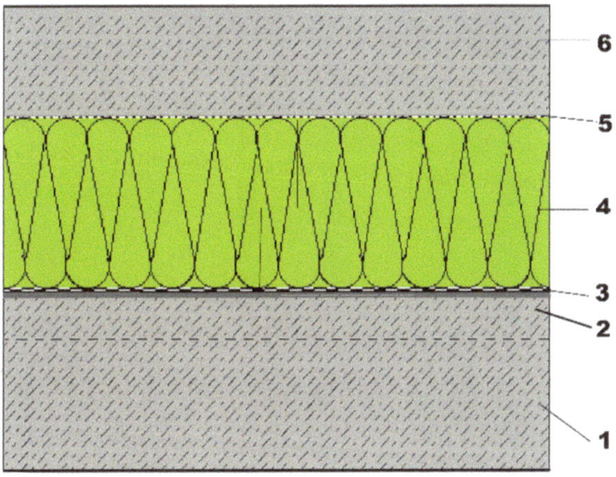

Dämmung unterschieden. Die ungedämmten Abdichtungen werden hier nicht weiter behandelt.

Bei den gedämmten Verkehrsflächen werden die Aufbauten

2a – Abdichtungsschicht auf dem Konstruktionsbeton unter einer Wärmedämmschicht (Umkehrdach) und
2b – Abdichtungsschicht auf der Wärmedämmschicht unter einer Lastverteilungsschicht (Warmdach)

unterschieden.

Legende zu Abb. 2.14*:*

1) *Tragender Konstruktionsbeton*
2) *Untergrundvorbehandlung, Flächenausgleich, Gefälleschicht*
3) *Abdichtungsschicht, ggf. Ausgleichsschicht, Voranstrich, Grundierung*
4) *UK-Wärmedämmschicht, Zulassung erforderlich z. B. XPS*
5) *ggf. Schutzlage, z. B. diffusionsoffenes Polypropylenvlies*
6) *Lastverteilungsschicht/Nutzschicht*

Legende zu Abb. 2.15*:*

1) *Tragender Konstruktionsbeton*
2) *Untergrundvorbehandlung, Flächenausgleich, Gefälleschicht*
3) *Dampfsperre, Voranstrich, Grundierung.*
4) *Wärmedämmschicht*
5) *Abdichtungsschicht, ggf. Ausgleichsschicht, Schutzschicht, Trenn- u. Gleitschicht*
6) *Lastverteilungsschicht/Nutzschicht*

Die unterschiedlichen Abdichtungsarten werden in den jeweiligen Normteilen aufgeführt:

Abb. 2.15 Bauweise 2b – Warmdach

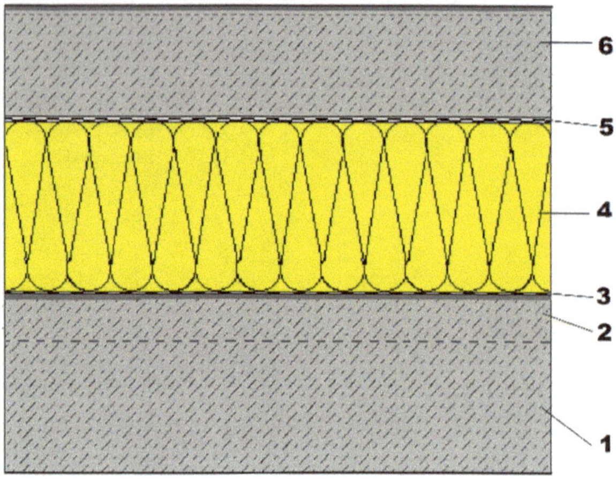

- 2 *Eine Lage Polymerbitumenbahn und eine Lage Gussasphalt*
- 3 *Zwei Lagen Polymerbitumenbahnen*
- 4 *Eine Lage Kunststoff- oder Elastomerbahn*
- 5 *Eine Lage Polymerbitumenbahn und eine Lage Kunststoff- oder Elastomerbahn*
- 6 *Flüssig zu verarbeitende Abdichtungsstoffe.*

In der Tab. 5 der DIN 18532 – 1 werden die Abdichtungsarten den Nutzungsklassen und Bauweisen zugeordnet. Die folgende Tab. 2.6 stellt nur die gedämmten Bauweisen auszugsweise dar.

Das Duo- oder Plus-Dach, bestehend aus einer Kombination von Warm- und Umkehrdach, wird bei den genormten Bauweisen nicht mit aufgeführt. Bei den zukünftig zu erwartenden Wärmeschutzanforderungen bzw. Dämmstoffdicken ist u. U. diese Bauweise häufiger zu erwarten. Ein hochpreisiger, steifer Dämmstoff (z. B. Schaumglas) als Gefälledämmung unter der Abdichtung wird oberseitig durch ein Umkehrdach (XPS) geschützt. Die Abdichtungsanforderungen sind in diesem Fall der Tab. 2.6 anzupassen. Ebenso sind die Vorgaben der bauaufsichtlichen Zulassung für den UK-Dämmstoff zu beachten. Auch das belüftete Kaltdach ist nicht Gegenstand der DIN 18532. Für die befahrbare Oberfläche sind in diesem Fall die Vorgaben der Abdichtungsbauweise 1, ungedämmt, anzuwenden. Allerdings handelt es sich bei dieser Konstruktion wahrscheinlich um ein, wegen der Vielzahl der damit verbundenen Wärmebrücken, selten anzutreffendes Prinzip, das möglicherweise nur noch bei Bestandsparkdächern vorzufinden ist.

Derzeit werden bevorzugt bituminöse Abdichtungsbauweisen nach Teil 2 und 3 eingesetzt. Weiter sind die flüssig zu verarbeitenden Kunststoffe (FLK) unter Umkehrdächern nach Bauweise 2a auf wasserundurchlässigen Betondecken vorzufinden [8, 37].

Die Abdichtung ist nach der DIN 18 532 Teil 1 bis 6 [27] (früher DIN 18 195-5), zu planen und herzustellen. Darüber hinaus werden Abdichtungen in den Flachdachrichtlinien [28] und dem ABC der Bitumen-Bahnen [40] geregelt.

Tab. 2.6 Zuordnung der Abdichtungsbauweisen nach DIN 18532-

Zuordnung der Abdichtungsbauarten zu Nutzungsklassen, Verkehrsflächen und Abdichtungsbauweisen		Bauweise		Abdichtungsart nach DIN 18 532				
		2a	2b	- 2	- 3	- 4	- 5	- 6
Nutzungsklasse	Verkehrsfläche	Umkehrdach	Warmdach	PY_ + AS	2 x PY_	1 x PVC o. EPDM	PY_ + EPDM	FLK
N1-V	Fußgänger- und Radwegbrücken							
N2-V Pkw bis 3,0 t	Zwischendecks von Parkhäusern für PKW-Vekehr	x	x	x				
		x	x		x	x	x	
		x						x
	Freidecks von Parkhäusern für PKW-Verkehr							
	Parkdächer für PKW-Verkehr	x	x	x	x	x	x	
		x						x
	Hofkellerdecken und Durchfahrten für PKW-Verkehr	x	x	x	x	x	x	
		x						x
N3-V LKW bis 16,0 t	Zwischend. von Parkh. für PKW- und leichten LKW-Verkehr	-	x	x	x	x	x	
	Freid. v. Parkhs. f. PKW- u. leichten LKW-Verkehr							
	Parkdächer für PKW- und leichten LKW-Verkehr	-	x	x	x	x	x	
	Rampen u. Spindeln f. PKW- u. leichten LKW-Verkehr	-	x	x	x	x	x	
	Anlieferzonen, Feuerwehrzufahrten, schwerer LKW-Verkehr	-	x	x	x	x	x	
	Hofkellerdecken, Durchfahrten schwerer LKW-Verkehr	-	x	x	x	x	x	
N4-V	Fahrbahntafeln von Brücken für Fahrzeuge aller Art			Nach Regelungen der ZTV-ING				

x	Bauweise ist zulässig
-	Bauweise ist nicht zulässig
	Bauweise per Definition nicht vorgesehen

Die Abdichtung muss dauerhaft das Eindringen von Wasser in das zu schützende Bauwerk oder Bauteil verhindern. Sie ist für die thermischen und statischen Beanspruchungen auszulegen. Kräfte parallel zur Abdichtungsebene dürfen planmäßig nicht eingeleitet werden, allerdings ist anzumerken, dass im Brückenbau die Bremskräfte der Fahrzeuge auf der Belagsoberfläche anzusetzen sind, und ohne zusätzliche Nachweise in den tragenden Überbau durch Haftverbund übertragen werden. Unter Abschn. 8.6 der DIN 18532 – 1 werden Hinweise zur Aufnahme und Weiterleitung von Schubkräften gegeben. Die Abdichtung muss in der Lage sein,

Risse und Versätze in einem geringen Maß zu überbrücken (früher DIN 18 195, Teil 5). Auf der Abdichtung stehendes Wasser ist durch konstruktive Maßnahmen (Gefälle) zu vermeiden. Die Flachdachrichtlinien [28, 40] fordern ein Mindestgefälle von 2,0 %, DIN 18532 – 1 [27] empfiehlt ein Gefälle von 2,5 %.

Häufig werden für die Abdichtung von Parkdächern auch **Z**usätzliche **T**echnische **V**orschriften (ZTV-), die im Straßen- oder Brückenbau Vertragsbestandteil sind, herangezogen. Aus der Anwendung dieser Vorschriften ergeben sich für die Betonkonstruktion Forderungen, die im Allgemeinen Hochbau üblicherweise nicht erfüllt werden. Es ist zu bedenken, dass Wärmedämmschichten unter der Fahrbahn im Brückenbau nicht vorkommen.

Soll anstatt der Abdichtung eine wasserundurchlässige Betonkonstruktion (Sperrbeton) ausgeführt werden, so sind außer der Betonrezeptur (WU-Beton) besondere Nachweise zur Beschränkung der Rissbreite nach DIN EN 1992-1-1 [25], Abs. 7 zu führen. Grundsätzlich ist festzustellen, dass eine „wasser*undurchlässige*“ Konstruktion qualitativ nicht mit einem „wasser*dichten*“ Bauteil zu vergleichen ist.

2.5 Entwässerung

Verkehrsflächen müssen ausreichend entwässert werden. Hierzu ist einerseits ein wirksames Gefälle erforderlich und andererseits sind genügend Abläufe zur Sammlung des Regenwassers vorzusehen (siehe Abschn. 7.4).

Die Vorgaben sind der DIN 1986-100 zu entnehmen. Die maßgebende Regenwasserspende für ein 5-minütiges Regenereignis mit einem Wiederholungsfaktor von 5 Jahren kann aus Veröffentlichungen des Deutschen Wetterdienstes, KOSTRA-DWD 2010, für verschiedene Orte abgelesen werden. Näherungsweise kann für die Dimensionierung der Abflussleitungen von einer Regenspende $r_{5,02} = 300 \; {}^{l}\!/_{(s * ha)}$ ausgegangen werden.

Bei Berücksichtigung eines Abflussbeiwertes von
$\psi = 1{,}0$ ergibt sich für eine Fläche von 225 m² ein Regenwetterabfluss von

$$Q_R = \frac{225 \times 300}{10^4} \approx 6{,}8 \; {}^{l}\!/_{s} < 8{,}1 \; {}^{l}\!/_{s}.$$

Es ist ein Abflussrohr mit einem Innendurchmesser von $d_i \geq 90$ mm erforderlich [12].

Nach DIN 18532-1, Abs. 8.7.3 sollte auf frei bewitterten Parkflächen mindestens ein Ablauf DN 100 auf 150 m², jeweils im Tiefpunkt und mit einem Mindestabstand der Flansche von 30 cm zu aufgehenden Bauteilen oder Bauwerksrändern angeordnet werden. Zu Bauwerksfugen ist ein Abstand von 50 cm einzuhalten.

Die Erfahrungen mit Starkregenereignissen der letzten Jahre zeigen, dass man obige Vorgaben besser großzügig auslegt.

Die Entwässerung kann über Einzelabläufe oder Rinnen erfolgen. Die Länge der Entwässerungswege vom Hochpunkt zum Einzelablauf bzw. zur Rinne sollte 7,50 m nicht überschreiten, nach Norm sind sogar 20 m zulässig (Abb. 2.16). Ent-

Abb. 2.16 Dem Fugenverlauf angepasste Entwässerungsrinne [MdB]

wässerungsrinnen sollten ein Gefälle von 1,0 % zu den Abläufen haben. Für den Fall, dass die Entwässerung nicht wie vorgesehen funktioniert, sind entsprechende Notabläufe (siehe Abb. 2.10), unabhängig von den planmäßigen Regenfallrohren anzuordnen.

Es wird dringend empfohlen, ein Planungsbüro für TGA hinzuzuziehen.

2.6 Schallschutz

Bei den meisten Objekten, wie Einkaufs-, Logistikcentern o. ä. sind keine bauaufsichtlichen Schallschutzanforderungen zu berücksichtigen. Wenn sich aber unter dem Parkdach Wohn-, Arbeits-, Praxis- oder ähnlich schutzbedürftige Räume befinden, wird es kompliziert. Es wird dringend empfohlen, in diesem Fall einen Fachplaner für Schallschutz hinzuzuziehen und rechtzeitig, während der Planungsphase, die schalltechnischen Anforderungen mit dem Bauherren bzw. dem Auftraggeber zu fixieren.

Die Maßnahmen und Nachweise sowie die bauaufsichtlichen Anforderungen an den Schallschutz werden durch die DIN 4109, Schallschutz im Hochbau [41], in mehreren Teilen, geregelt. Hiermit wird lediglich der bauaufsichtlich geforderte Mindestschallschutz behandelt. Für die zivilrechtlich zu erbringende und mit den Bauherren zu vereinbarende geforderte Qualität stehen diverse Regelwerke zur Verfügung (z. B. VDI 4100, DEGA-Empfehlungen, DIN 4109-5). Unter bestimmten Bedingungen bestehen keine bauaufsichtlichen Anforderungen an den Schallschutz. Dies liegt z. B. bei Aufenthaltsräumen, in denen nahezu ständig ein Grundgeräuschpegel von $L_{AF,95} \geq 40$ dB vorhanden ist, vor. Dies betrifft z. B. Schwimmbäder, Lager- und Verkaufsräume, Messe- und Sporteinrichtungen und ähnliche Bereiche.

Für das Parkdach bzw. vergleichbar genutzte Decken über geschützten Räumen ist der Luftschall- und der Trittschallschutz von Bedeutung. Mit dem üblicherweise schweren Dachaufbau und der Masse einer ca. 18 cm dicken, tragenden Stahlbetondecke ergibt sich meistens ein bewertetes Schalldämm-Maß R'_w, das der Anforderung an den bauaufsichtlichen Mindestluftschallschutz nach DIN 4109-1, Tab. 2 genügt. Der geforderte Maximalwert für den Trittschallschutz eines Parkdaches ist sinnvoll nicht allein über die Bauteilmasse zu erbringen. Der Fahrbahnbelag auf der Dämmschicht ist wie ein schwimmender Estrich als Deckenauflage nach DIN 4109-34 anzusetzen. Die Wirkung ist u. a. von der dynamischen Steifigkeit s' der Dämmschicht, die sich aus dem Quotienten des dynamischen Elastizitätsmduls E_{Dyn} [12] und der Dämmstoffdicke ergibt, abhängig (Tab. 2.7).

Je geringer E_{Dyn}, desto weicher ist der Dämmstoff, und desto höher ist die Wirkung. Allerdings widerspricht der Einbau einer weichen Dämmschicht den Anforderungen an die Tragfähigkeit. Weiter ist zu beachten, dass schallharte Verbindungen zwischen der tragenden Decke und der Fahrbahnplatte eine Schallbrücke darstellen und möglichst vermieden oder entkoppelt werden sollten. Schallbrücken können aus Horizontalankern, Geländern/Absturzsicherungen und Einbauten wie z. B. Schranken, Lichtmasten und Ladestationen etc. entstehen.

Nach DIN 4109-1, Tab. 2, Zeile 7 ist das Parkdach vergleichbar mit einer Decke unter einer Terrasse oder Loggia über Aufenthaltsräumen von Mehrfamilienhäusern, Bürogebäuden oder gemischt genutzten Gebäuden. Die Trittschalldämmung $zulL'_{nw}$

Tab. 2.7 Dynamische Elastizitätsmodule gebräuchlicher Dämmstoffe

Dämmstoff	E_{Dyn} MN/m²
EPS-Hartschaum	2 bis 4
XPS-Hartschaum	30
PUR-Hartschaum	1 bis 6
Korkplatte	10 bis 30
Gummischrotplatten	0,63
Schaumglas	1300 bis 1600

soll gleich oder kleiner 50 dB sein. Die Luftschalldämmung $erfR'_w$ ergibt sich nach Abschn. 7 der DIN 4109-1 aus den Anforderungen an Außenbauteile. Der geforderte Mindestwert ist durch Subtraktion eines von der Raumart abhängigen Betrags (25 dB bis 35 dB) von dem maßgeblichen Außenlärmpegel zu berechnen. Je nach Lärmpegelbereich (DIN 4109-1, Tab. 7, I bis VII) und Ausrichtung der Lärmquelle liegt der maßgebliche Außenlärmpegel zwischen L_a = 55 dB und L_a > 80 dB. Vereinfacht ist somit von einem Anforderungswert von 30 dB $\leq erfR'_{w,ges} \leq$ 55 dB auszugehen.

Der erforderliche Mindestschallschutz ist durch den gesamten Dachaufbau zu erbringen und den jeweiligen Randbedingungen anzupassen. Auch wenn in der DIN 4109-32, Daten für die rechnerischen Nachweise (Bauteilkatalog) – Massivbau, der Abschn. „Flachdächer" derzeit noch nicht bearbeitet ist, wird im Folgenden zur Verdeutlichung der Nachweisthematik, der Luft- und Trittschallschutz für eine Parkdachdecke über Büroräumen in Anlehnung an ein Beispiel für eine massive Wohnungstrenndecke berechnet (DIN 4109-2, Anlage D, Beispiel D.2.1 und D.3.1).

Beispiel

Parkdachaufbau über Büro von oben nach unten:
Fahrbahnplatte C 30/37, bewehrt, h = 12,0 cm
Trenn- und Gleitschicht, 2 Lagen PE-Folie
Abdichtung, 2 Lagen Polymerbitumenbahnen
Dämmung 12 cm Polyurethan PUR, dx
Bitumen-Dampfsperrbahn
Gefälleestrich, ≈ 2,5 %, d ≈ 2,0 bis 20 cm, $d_m = 11$ *cm*
18 cm Stahlbetondeckenplatte C 30/37, bewehrt
1,5 cm Putz
Wärmedurchgangskoeffizient $U \approx 0{,}2$ W/m^2K
Schallschutzanforderungen, DIN 4109-1, Tab. 2, Terrasse
Luftschallschutz: DIN 4109-1, Abs. 7, Tab. 7
Lärmpegelbereich IV ⇒ $L_a = 70$ *dB*
Für Büros ⇒ $K_{Raumart} = 35$ *dB*
Erf. Schalldämmg. $erfR_{w,ges} \geq L_a\text{-}K_{Raumart} = 70\text{-}35 \geq 35$ *dB*
Trittschschallschutz: Tab. 7, Zeile 7 $zulL'_{n,w} \leq 50$ *dB*
Abmessungen Büroraum:
Länge a = 7,50 m; Breite b = 5,00 m; Höhe h = 2,60 m
Deckenfläche $S_s = a \times b = 7{,}50 \times 5{,}00 = 37{,}50\ m^2$
Masse der Decke mit Gefälleestrich und Putz
$m'_{Decke} = 0{,}18*2400 + 0{,}11*2000 + 0{,}015*1600 = 676\ kg/m^2$
Beispiele für Massivdecken, z. B. Stahlbetonhohldielen siehe DIN 4109-32, Tab. 5
Bewertetes Schalldämm-Maß, DIN 4109-32, Formel (13)

$$R_{wd} = 30{,}9 \times \lg\left(\frac{m'_{Decke}}{m'_0}\right) - 22{,}2 =$$

$R_{wd} = 30{,}9*lg(676/1{,}0) -22{,}2 = 65{,}2$ *dB*

Flankierende Bauteile
Außenwände 1 u. 2, KS 24 cm, innen verputzt, Eckstoß

$$\rho_{w,Aw} = 900 * 1,4 + 100 = 1360 \frac{kg}{m^3}$$

$$m'_{f1} = m'_{f2} = 0,24 \times 1360 + 10 = 336 \frac{kg}{m^2}$$

$$R_{w,f1} = R_{w,f2} = 30,9 \times \lg\left(\frac{336}{1,0}\right) - 22,2 = 55,9\,dB$$

Stoßstellen-Dämm-Maß, Ecke, DIN 4109-32, 5.2.4.1.2

$$M_1 = M_2 = \lg\left(\frac{m'_{Rohdecke}}{m'_{f1,2}}\right) = 0,304$$

$$K_{Df} = 2,7 + 2,7 \times M^2_{(1,2)} = 2,95\,dB$$

Innenwände 3 u. 4, Leichtbausteine 11,5 cm, beidseitig verputzt, T-Stoß

$$\rho_{w,Iw} = 900 * 0,6 + 50 = 590 \frac{kg}{m^3}$$

$$m'_{f3} = m'_{f4} = 0,115 \times 590 + 20 = 88 \frac{kg}{m^2}$$

$$R_{w,f3} = R_{w,f4} = 32,6 \times \lg\left(\frac{88}{1,0}\right) - 22,5 = 40,9\,dB$$

Stoßstellen-Dämm-Maß, T-Stoß, DIN 4109-32, 5.2.4.1.4

$$M_3 = M_4 = \lg\left(\frac{m'_{Rohdecke}}{m'_{f3,4}}\right) = 0,885$$

$$K_{Df} = 4,7 + 5,7 \times M^2_{(3,4)} = 9,16\,dB$$

Kopplungslängen: $l_{f1} = l_{f3} = a = 7,5\ m$; $l_{f2} = l_{f4} = b = 5,0\ m$
Berechnung der Luftschallverbesserung durch die Dämmung und die Fahrbahnplatten nach DIN 4109-34, Abs. 4.1.2 Formel (1)
Dynamisches E-Modul PUR: $E_{Dyn,PUR} = 6\ MN/m^2$
Dynamische Steifigkeit:

$$s' = \frac{E_{Dyn.PUR}}{d_{PUR}} = \frac{6}{0{,}12} = \frac{50{,}0MN}{m^3}$$

$m'_{Fahrbahn} = 0{,}12 * 2350 = 283\ kg/m^2$
Resonanzfrequenz:

$$f_0 = 160 \times \sqrt{s' \times \left(\frac{1}{m'_{Rohdecke}} + \frac{1}{m'_{Fahrbahn}} \right)}$$

$$f_0 = 160 \times \sqrt{50{,}0 \times \left(\frac{1}{676} + \frac{1}{282} \right)} = 80{,}2\,Hz$$

Aus DIN 4109-34, Tab. 1, Spalte 2

$$\Delta R_w = 74{,}4 - 20 \times \lg(f_0) - \frac{R_{w,d}}{2}$$

$$\Delta R_w = 74{,}4 - 20 \times \lg(80{,}2) - \frac{65{,}2}{2} = 3{,}7\,dB$$

Tabellarische Auswertung der Formel (1), DIN 4109-2

$$R'_w = -10 \times \lg \left[10^{\frac{R_{Dd,w}}{10}} + \sum_{f=1}^{n} 10^{\frac{R_{Df,w}}{10}} \right] (dB)$$

Da sich die flankierenden Wände über der Dachebene nicht fortsetzen, entfallen 8 Übertragungswege der 13 möglichen (4x$R_{w,Ff}$ und 4x$R_{w,Fd}$) (Tab. 2.8).

Aus obiger energetischer Addition nach Gleichung (1) ergibt sich $R'_w = 65{,}6\,dB$

Unter Berücksichtigung des Sicherheitsbeiwertes von 2 dB wird der bauaufsichtliche Luftschallschutz eingehalten $R'_w - 2 = 65{,}2 - 2 = 63{,}2dB > 35dB$.

Auf Grund der großen Masse der Dachdecke, würde diese auch der höheren Anforderung für Decken unter Dachräumen von erf$R'_w \geq 53$ dB (DIN 4109-1, Tab. 2, Zeile 1) genügen.

Tab. 2.8 Berechnung der Luftschalldämmung

Bauteil	Übertragungsweg	$\frac{R_{i,w}}{2}$	$\frac{R_{j,w}}{2}$	K_{ij}	$10log\left(\frac{S_s}{l_0 \times l_f}\right)$	$\Delta R_{ij,w}$	$R_{ij,w}$	$10^{-0,1R_{ij,w}}$
		dB	dB	dB	dB	dB	dB	dB
Trenndecke	$R_{Dd,w}$	32,60	32,60			3,7	68,90	1,288E-07
Flanke 1	$R_{D1,w}$	32,60	27,95	2,95	6,99	3,7	74,19	3,811E-08
Flanke 2	$R_{D2,w}$	32,60	27,95	2,95	8,75	3,7	75,95	2,541E-08
Flanke 3	$R_{D3,w}$	32,60	20,45	9,16	6,99	3,7	72,90	5,129E-08
Flanke 4	$R_{D4,w}$	32,60	20,45	9,16	8,75	3,7	74,66	3,419E-08
								2,778E-07
				$R'_{w,ges}$	$10 \times log \sum_{1}^{n} 10^{-0,1 \times R_{ij,w}} =$			**65,6**

Nachweis der Trittschalldämmung in Anlehnung an Beispiel D.3.1, DIN 4109-2, Anlage D

Bewerteter Norm-Trittschallpegel der Massivdecke nach DIN 4109-32, Abs. 4.8.4.4, Gleichung (21)

$$L_{n,eq,0,w} = 164 - 35 \times \lg\left(\frac{m'_{Rohdecke}}{1{,}0}\right)$$

$$L_{n,eq,0,w} = 164 - 35 \times \lg\left(\frac{676}{1{,}0}\right) = 64{,}95\,dB$$

Bewertete Trittschallminderung durch schwimmenden Mörtelestrich nach DIN 4109-34, Abs. 4.5.4.2.1, Gleichung (3). Die flächenbezogene Masse der Fahrbahnplatte überschreitet den Gültigkeitsbereich der Formel (3). Ausgehend von dem Nomogramm, Bild 1, DIN 4109-34, kann angenommen werden, dass die höhere Masse einen positiven Einfluss auf die Trittschallminderung hat.

$$\Delta L_w = 13 \times \lg\left(m'_{Fahrbahn}\right) - 14 \times \lg\left(s'\right) + 20{,}8$$

$$\Delta L_w = 13 \times \lg\left(282\right) - 14{,}2 \times \lg\left(50\right) + 20{,}8 = 28{,}53\,dB$$

Korrekturwert für die Trittschallübertragung flankierender Bauteile nach DIN 4109-2, Abs. 4.3.2.1.1, Glg. (26)

Mittlere flächenbezogene Masse flankierender Bauteile

$$m'_{mittel} = \frac{m'_{f1} + m'_{f2} + m_{f3} + m'_{f4}}{4}$$

$$m'_{mittel} = \frac{336 + 336 + 88 + 88}{4} = 212\,\frac{kg}{m^2}$$

$$K = 0{,}6 + 5{,}5 \times \lg\left(\frac{m'_{Rohdecke}}{m'_{mittel}}\right)$$

$$K = 0{,}6 + 5{,}5 \times \left(\frac{676}{212}\right) = 3{,}4\,dB$$

Resultierender Norm-Trittschallpegel nach Gleichung 25

$$L'_{n,w} = L_{n,eq,0,w} - \Delta L_w + K = 64{,}95 - 28{,}53 + 3{,}4 = 39{,}8\,dB$$

Unter Berücksichtigung eines Sicherheitsbeiwertes von 3 dB erfüllt das Parkdach die Anforderung an den bauaufsichtlichen Trittschallschutz.

$$L'_{n,w} + 3{,}0 = 39{,}8 + 3{,}0 = 42{,}8\,dB < 50\,dB$$

Dachaufbau eines Sondervorschlags:

Die Dämmung wird gegen Schaumglas-Gefälledämmung, d_{min} = 15 cm, d_{max} = 33 cm, getauscht, dafür entfällt der Gefällestrich.

Wärmedurchgangskoeffizient $U \approx 0{,}2\ W/m^2K$

Durch den fehlenden Gefälleestrich wird die Deckenmasse von $m'_{Rohdecke}$ = 676 kg/m² auf 456 kg/m² reduziert. Damit ergibt sich $R_{w,d} = 60{,}0\ dB < 65{,}2\ dB$.

Der hohe dynamische E-Modul von 1600 MN/m² führt trotz der großen Dicke zu einer dynamischen Steifigkeit s' = 6400 MN/m³. Dieser Wert liegt außerhalb des Gültigkeitsbereiches der Formeln der DIN 4109. Der Luftschallschutz kann auf Grund der großen Deckenmasse noch als erfüllt angesehen werden. Der Trittschallschutz ist rechnerisch nicht nach DIN 4109 nachzuweisen.

Eventuell kann eine bauakustische Prüfung vor Ort nach DIN 4109-4 den bauaufsichtlich geforderten Trittschallschutz nachweisen. Eine Asphaltdeckschicht kann ggf. auch zur Verbesserung des Trittschallschutzes beitragen.

Das vorstehende Beispiel soll den erforderlichen Aufwand für einen händischen Schallschutznachweis zeigen. Die Baustoffindustrie stellt einen Schallschutzrechner zur Verfügung, der kostenlos aus dem Internet geladen werden kann, und im Rahmen der Vorplanung ergänzende Informationen liefert. Weiter zeigt das Beispiel, dass im Zusammenhang mit schutzbedürftigen Räumen unter der Parkdachdecke, bei Sondervorschlägen auch der Schallschutz zu berücksichtigen ist.

Die normalerweise im Parkdach eingebauten Dämmstoffe sind aus statischen Gründen zu hart, um als schallweiche Schicht den Trittschall, wie beim schwimmenden Estrich, zu reduzieren, was meistens auch nicht gefordert wird. Um in den eingangs erläuterten Fällen den Ansprüchen der DIN 4109 oder erhöhten Anforderungen zu genügen, wird manchmal vorgeschlagen, zwischen Nutzschicht (Trennlage) und Abdichtung eine Gummigranulatmatte anzuordnen. Da in diesem Fall die Produkteigenschaften der Trittschallschutzmatte zu einer weicheren Bettung führen, muss die Nutzschicht aufgrund der geänderten Steifigkeitsverhältnisse entsprechend stärker dimensioniert werden. Für Fertigteilplatten, die auf Gummitellern gelagert werden, stellt sich dieses Problem zunächst nicht. Allerdings ist es kontraproduktiv, wenn ein solcher Parkdachbelag, z. B. durch mangelhafte Verspannungen, zu Klappergeräuschen führt. Eine Möglichkeit, den Schalleintrag in die unter dem Parkdach liegenden Räume zu reduzieren, besteht in der Anordnung einer abgehängten Unterdecke. Die Flankenübertragung durch die Wände kann durch elastische Lagerungen unterbrochen werden.

2.7 Brandschutz

Bei größeren Projekten, wie sie meistens im Zusammenhang mit Parkdächern vorliegen, werden die erforderlichen Brandschutzanforderungen, wie z. B. Flucht- und Rettungswegverläufe, Entrauchungsöffnungen, Feuerwehraufstellflächen, Feuerwiderstandsklassen der Bauteile etc. in einem umfassenden Brandschutzkonzept von einem Sachverständigen für Brandschutz zusammengestellt und mit den entsprechenden Genehmigungsbehörden abgestimmt.

Im Rahmen der Genehmigungsstatik ist auch die Tragfähigkeit im Brandfall, z. B. nach EC 2, Teil 2 [25], nachzuweisen. Weitere Ausführungshinweise sind auch der DIN 4102 [42], insbesondere Teil 4 sowie der jeweiligen Bauordnung, z. B. [7] zu entnehmen. Wenn im Rahmen des Genehmigungsverfahrens keine ergänzenden Anforderungen gestellt werden, sind Parkdächer mit einem mineralischen oder bituminösen Fahrbelag ausreichend widerstandsfähig gegen strahlende Wärme und Brandbeanspruchung durch Flugfeuer. Befinden sich über der Dachdecke keine Räume zum dauernden Aufenthalt von Personen, so werden in der Bauordnung keine Feuerwiderstandsklassen für die Decke vorgeschrieben.

Insbesondere vor Bauteilübergängen zu aufgehenden Bauten oder an Grundstücksgrenzen und Brandwänden ist zu beachten, dass im Dach keine brennbaren Materialien eingebaut werden dürfen.

Werden unter der tragenden Decke, zur nachträglichen Erfüllung der Wärmeschutzanforderungen, brennbare Schaumkunststoffe eingebaut, so ist zu prüfen, ob diese Erhöhung der Brandlast zulässig ist.

3 Funktionsebenen

Inhaltsverzeichnis

Wie bereits im Kap. 2 erläutert, sind zur Bewältigung der unterschiedlichen Beanspruchungen bzw. Anforderungen, die an das Parkdach gestellt werden, mehrere Schichten erforderlich (siehe Abb. 3.1). Entsprechend der DIN 18 338 (Dachdeckungs- und Dachabdichtungsarbeiten, VOB) ist über der tragenden Deckenkonstruktion folgender Aufbau anzuordnen:

Voranstrich/Dampfsperre
Wärmedämmung
(Dampfdruck-Ausgleich)
Dachabdichtung
Oberflächenschutz (Nutzschicht)

Je nach eingesetzten Materialien bzw. ausgeführtem System können Schichten entfallen, hinzugefügt oder vertauscht (UK-Dach) werden. Unabhängig von obiger Reihenfolge sind von jedem System unter Berücksichtigung der tragenden Deckenkonstruktion einige konstruktive Merkmale zu erfüllen.

Entsprechend der Forderung des BGB oder der VOB sollten diese Funktionsschichten im einzelnen und/oder im ganzen einer Reihe von Vorschriften genügen. Laut BGB, § 633, muss eine Werkleistung die zugesicherten Eigenschaften haben

© Der/die Autor(en), exklusiv lizenziert an Springer Fachmedien Wiesbaden GmbH, ein Teil von Springer Nature 2026

J. -. P. Schlee, *Planung und Ausführung von wärmegedämmten Parkdächern, Hofkellerdecken und Verkehrsflächen*,
https://doi.org/10.1007/978-3-658-51926-1_3

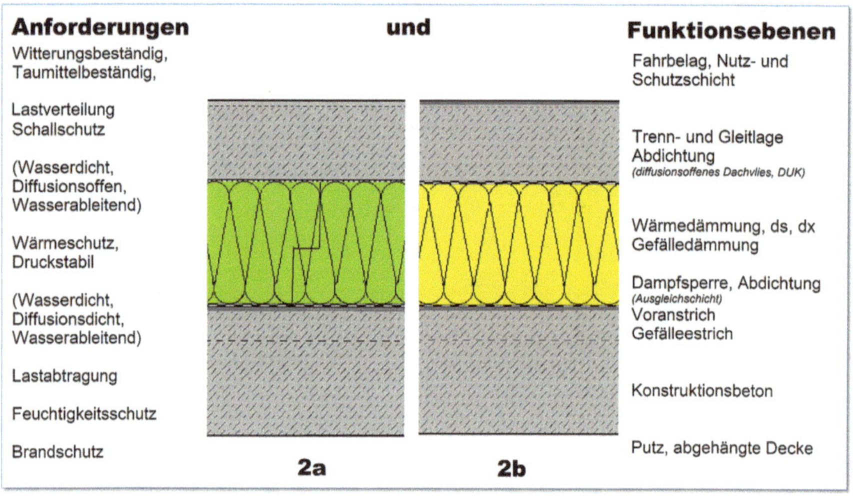

Abb. 3.1 Mögliche Anforderungen und Funktionsebenen

und darf nicht mit Fehlern behaftet sein, die Wert oder Tauglichkeit bei vertragsgemäßem Gebrauch aufheben oder mindern. Diese Forderung wird in der VOB, Teil B, § 13 aufgenommen und um den Zusatz, dass die Leistung den **anerkannten Regeln der Technik** entsprechen muss, ergänzt.

Als anerkannte Regeln der Bautechnik *können* in absteigender Reihenfolge nachstehend Erkenntnisquellen gelten:

- DIN-Normen
- Technische Baubestimmungen
- Technische Regeln oder Richtlinien von Fachverbänden oder entsprechenden Ausschüssen
- Bauaufsichtliche Zulassungen, Allgemeine Bauartgenehmigungen
- Zusätzliche Technische Vorschriften (ZTV-)
- Statistisch abgesicherter Nachweis eines langfristig erfolgreichen Einsatzes (mehr als 10 Jahre schadensfreie Nutzung)
- Fachveröffentlichungen anerkannter Institutionen

Für das Parkdach bzw. die wärmegedämmte Hofkellerdecke können folgende Eigenschaften erwartet werden:

- Schutz der darunter liegenden und eventuell angrenzenden Räume gegen Witterungseinflüsse, wie Niederschlagsfeuchtigkeit (Regen, Schnee), Wind, hohe und tiefe Temperaturen.
- Aufnahme der Beanspruchungen aus der Nutzung als Parkebene oder Verkehrsfläche sowie die dauernde Möglichkeit eines ordnungsgemäßen und ungestörten Betriebes.

- Einhaltung bauphysikalischer Erfordernisse, wie Wärme- und Feuchtigkeitsschutz, Brandschutz etc. insbesondere gegen die Einwirkungen aus der planmäßigen Nutzung.
- Beibehaltung der ursprünglich vereinbarten optischen Beschaffenheit der Parkebene sowie der angrenzenden Flächen unter der Voraussetzung einer vertragsgemäßen Nutzung.

Bei der Planung und Ausführung eines Parkdaches (genutzten Daches) kann bei Beachtung folgender Hinweise, Normen und Richtlinien erwartet werden, dass die Ausführung den anerkannten Regeln der Bautechnik entspricht.

3.1 Vorschriften und Richtlinien

Im Folgenden werden die wesentlichen Funktionen der einzelnen Schichten eines Parkdaches bzw. einer wärmegedämmten Verkehrsfläche aufgeführt. Soweit möglich, wird jeweils ein Bezug zu vorhandenen Regelwerken angezeigt. Da das Parkdach nicht durch *eine* übergreifende Norm geregelt ist, sind verschiedene Vorschriften zu berücksichtigen (siehe Kap. 2). Es ist in jedem Fall sicherzustellen, dass die ausgewählten Baustoffe miteinander verträglich sind und als gesamter Aufbau die erwarteten Eigenschaften der Konstruktion erfüllt werden.

3.2 Tragende Dach- bzw. Deckenkonstruktion

Im Allgemeinen besteht die tragende Deckenkonstruktion aus Stahlbeton oder Spannbeton. Somit sind die hierfür zum Herstellzeitpunkt gültigen Normen, früher DIN 1045, Beton und Stahlbetonbau und DIN 4227, Spannbeton, maßgebend. Inzwischen, mit Anfang dieses Jahrhunderts, sind im Rahmen der Harmonisierung der europäischen Bauvorschriften alle wesentlichen Normen auf Eurocodes umgestellt. Für Bauwerke, die nach 2010 errichtet wurden, kann angenommen werden, dass diese unter Berücksichtigung der Eurocodes geplant, bemessen und ausgeführt wurden. Ab 2001 wurden bereits die heute gebräuchlichen Betonfestigkeitsklassen eingeführt [12].

Auch die Kombination von Stahl- und Stahlbeton, der Stahlverbundbau, ist als tragende Unterkonstruktion denkbar. Stahlverbundkonstruktionen wurden vor Einführung der Eurocodes hauptsächlich über Richtlinien und Zulassungen geregelt. Seit 2004 sind die wesentlichen Grundlagen der Bemessung und Konstruktion des Verbundbaus im EC 4 [43] festgeschrieben. Der Vorteil des Stahlverbundbaus, weitgespannte und schlanke Konstruktionen zu erzeugen, kann sich aufgrund der damit verbundenen Durchbiegungen und Schwingungen negativ auf den Oberbelag (Pflasterverschiebungen) auswirken.

Darüber hinaus kann noch die inzwischen zurückgezogene DIN 18 530 [44], Massive Deckenkonstruktionen für Dächer, Planung und Ausführung, insbesondere bei Bestandsausführungen, Hinweise geben.

Die tragende Rohbaudecke hat in erster Linie die Aufgabe, die Vertikal- und Horizontalkräfte auf die stützenden Bauteile abzutragen. Wesentlich für den Dachaufbau ist die Begrenzung der Verformung. Es sind folgende Verformungseinflüsse zu unterscheiden und, soweit erforderlich, bei der Parkdachplanung zu berücksichtigen:

- Durchbiegung senkrecht zur Deckenebene: Begrenzung der Verformung nach EC 2, Abs. 7.4 und EC 4, Abs. 7.3. Früher, ab 1972, nach DIN 1045, Abs. 17.7, davor vereinfachte Nachweise nach DIN 1045, § 22 und Runderlass der Länder. Vorgespannte Deckenkonstruktionen können im Bauzustand auch negative Durchbiegungen, also Hebungen, aufweisen, die sich im Laufe der Zeit durch Schwinden und Kriechen, sowie das Aufbringen der Ausbaulasten abbauen können. Dies ist insbesondere beim Abdichtungsanschluss an aufgehende Bauteile zu beachten.
  Die Durchbiegung unter „quasi ständiger" Einwirkungskombination sollte auf 1/500-stel der Stützweite begrenzt werden. Bei einer Biegeschlankheit von

$$d \geq \frac{l^2}{K^2 \times 150}\left(\textit{statische Nutzhöhe}\right)$$

- kann für gelenkig gelagerte Einfeldträger (K = 1,0) angenommen werden, dass obige Begrenzung annähernd eingehalten wird. Genauere Angaben sind in EC 2 aufgeführt.
- Durchbiegungsunterschiede an Fertigteilfugen: Erforderliche Querverbindung von Fertigteilen nach EC 2, Abs. 10.9.3. Früher, ab 1972, nach DIN 1045, Abs. 19.7.5. Für die auf Parkdächern mindestens anzusetzende Verkehrslast von 3,5 kN/m^2 wurde ein durchgehender, bewehrter Aufbeton von mindestens 4,0 cm Dicke vorgeschrieben. In den Vorläufernormen gab es keine speziellen Regelungen zu Fertigteilplatten.
  Die Forderung nach einem bewehrten Aufbeton wurde auch in die DIN 18195, [45], Teil 5, Abs. 6.3 übernommen und ist auch in der neuen DIN 18532-1, [27], Abs. 6.3 enthalten. Häufig wird auf Aufbeton als zusätzliche Schicht verzichtet, dann sind andere Maßnahmen, wie z. B. Nachweis der Querkraftübertragung über spezielle Fugenausbildung zulässig, z. B. DIN EN 1168, Abs. 4.3.3.2.3 [46].
- Drehwinkelunterschiede an End- und Mittelauflagern von Fertigteildecken (Kopffugen) sind nach DIN 18532-1, Abs. 6.3 wie Bewegungsfugen nach Abs. 8.4.9.3 zu behandeln. Danach sind die Bewegungsfugen an gleicher Stelle in allen Schichten der Fahrbahnkonstruktion auszubilden. Die Flächenabdichtung darf aber auch unter Verwendung ergänzender Komponenten durchgeführt werden. Dies entspricht in etwa den Flachdachrichtlinien [28], Abs. 2.3.2, wo ein mindestens 20 cm breiter, loser Schleppstreifen über den Kopf- und Längsfugen gefordert wird.
- Längenänderung infolge von Temperaturänderung, Schwinden und Kriechen: Die Anordnung von Dehnungsfugen wurde früher in der DIN 1045, Abs. 14.4

beschrieben. Unter Berücksichtigung der Längenänderung im Brandfall sollte der Dehnfugenabstand a ≤ 30 m betragen und die Fugenweite mindesten a/1200 sein. Der Hinweis wurde abgeschwächt in den EC 2, Abs. 2.3.3 übernommen und im DAfSt-Heft 600 ergänzt. Dehnungs- und Setzungsfugen sind auf jeden Fall in die Dachkonstruktion zu übernehmen und entsprechend DIN 18532-1, Abs. 6.5 und 8.4.9.3 auszubilden. Bei der Ausbildung der Rohbaukonstruktion sollte das komplette Detail der Fugenausbildung berücksichtigt werden. Abstände zu aufgehenden Bauteilen sind zu beachten (Abb. 3.2 und 3.3).

Zu Abb. 3.3*:*
Auflagerdrehwinkel aus Überhöhung [ü]

$$\tan w_{ü} = \frac{2 \times ü}{L/2} = \frac{4 \times ü}{L}$$

Auflagerdrehwinkel aus Last, Schwinden und Kriechen [f]

$$\tan w_f = \frac{2 \times f}{L/2} = \frac{4 \times f}{L}$$

Klaffung der Kopffuge [s]

$$s = h \times \tan\left(w_{ü} + w_f\right)$$

In den vorstehenden Abschnitten wird bewusst auf frühere Vorschriften hingewiesen, da diese bei der Instandsetzungsplanung von Bestandsbauwerken bekannt sein sollten. So gab es Zeiten, zu denen der Durchbiegungsunterschied benachbarter Fertigteilplatten nicht in dem erforderlichen Maß beachtet wurde, mit entsprechenden Konsequenzen für direkt aufgebrachte Dichtschichten. Bei dem Setzen z. B. neuer Horizontalanker, oder dem nachträglichen Bohren von Decken-

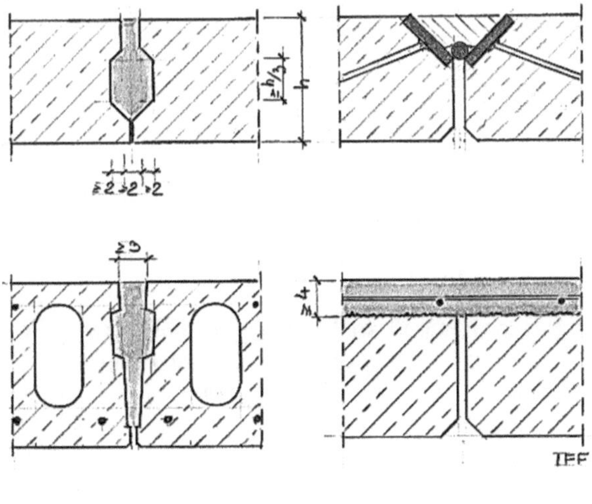

Abb. 3.2 Normierte Fugenausbildung zur Querkraftübertragung

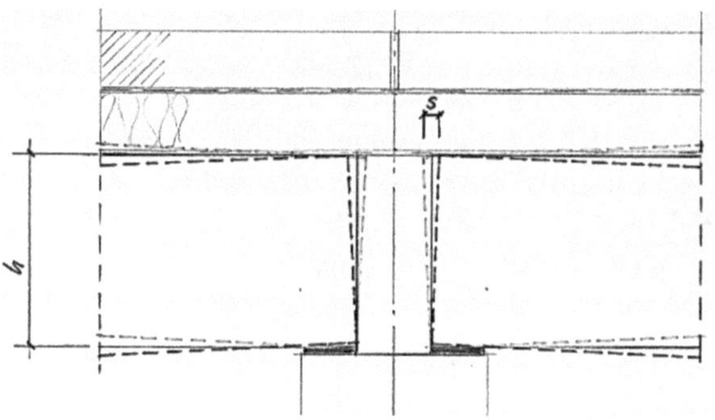

Abb. 3.3 Auswirkung von Auflagerdrehwinkelunterschieden

durchbrüchen für neue Abläufe, ist bei Spannbetonhohldielen die zum Herstellzeitpunkt gültige Zulassung zu beachten.

Die Art der Deckenbauweise hat erheblichen Einfluss auf die Wärmespeicherfähigkeit und ggf. den Schallschutz des gesamten Parkdachaufbaus. Da die Deckenkonstruktion im Allgemeinen nicht mit dem erforderlichen Gefälle hergestellt wird, ist meistens noch ein zusätzlicher Gefälleestrich aufzubringen. (Ausnahme: Gefälledämmplatten) Das Deckensystem muss für die Verkehrslasten geeignet bzw. zugelassen sein.

Wird die Abdichtung oder Dampfsperre direkt auf die tragende Dachdecke geklebt, so sind an die Rohbaukonstruktion weitere Anforderungen zu stellen. **Z**usätzliche **T**echnische **V**orschriften (ZTV-), die im Straßen- oder Brückenbau Vertragsbestandteil sind, können dann herangezogen werden. Für den hier zugrunde gelegten Anwendungsfall ist die Forderung nach einer Mindesthaftzugfestigkeit von 1,5 N/mm^2 und der Freiheit von Vertiefungen, Nestern, klaffenden Rissen und Graten hervorzuheben. Die DIN 18532-1 definiert die Rissklassen R0-V, keine Risse, und R1-V, rechnerische Rissbreite bis 0,3 mm. Die Forderung der rechnerischen Rissweite von $w_{k,max}$ = 0,3 mm wird nach EC 2 [25] durch Anordnung einer Mindestbewehrung oder Begrenzung der Stabdurchmesser oder der -abstände erfüllt. Inzwischen sind die Anforderungen an die Haftzugfestigkeit bzw. Abreißfestigkeit auch in die Flachdachrichtlinien [28] und die DIN 18532-1 [27] in abgeschwächter Form eingeflossen, und somit auch Bestandteil des allgemeinen Hochbaus. Die Ebenheitsanforderungen werden durch die DIN 18202 ([47] Toleranzen im Hochbau) geregelt.

Im Regelfall genügt die Rohbauoberfläche der Betondecke nicht den Ebenheitsanforderungen der DIN 18532-1, Abs. 6.2 oder der Flachdachrichtlinien, sodass eine Ausgleichsspachtelung oder ein Gefälleestrich die Klebefläche für die Folgeschichten bildet.

Wird z. B. aus Gewichts- und Termingründen auf einen Gefälleestrich verzichtet, so ist entweder die Rohbaukonstruktion mit Gefälle auszubilden, was im Allgemeinen an der Grundrissgeometrie scheitert, oder besser eine Gefälledämmung anzuordnen (siehe Abschn. 6.1.2). Die wasserführende Abdichtungsebene sowie nutzbare Oberfläche sollen nach DIN 18532-1 [27], Abs. 8.7.2 ein Gefälle von

2,5 % erhalten (2 % nach, [28, 40]). Die Gefällerichtung orientiert sich an den Entwässerungspunkten, Abläufen bzw. Rinnen. Abläufe sollten an den Punkten maximaler Deckendurchbiegung, also in Feldmitte und nicht neben einer Stütze oder Wand (Auflager) angeordnet werden.

Deckendurchbrüche für Abläufe und andere Durchdringungen sind möglichst schon im Rahmen der Rohbauplanung, bei Fertigung der Schal- und Bewehrungspläne festzulegen. Das gleiche gilt für die Anordnung von Einbauteilen für Lampenbefestigungen und Tellerankern im Bereich von Rampen zur Abtragung der Horizontalkräfte aus dem Nutzbelag. Weiter sollte aus den Architekten-Ausführungsplänen die Höhendifferenz zwischen OK Rohfußboden Innen und Außen unter Berücksichtigung der Aufbaustärken und der Gefällesituation hervorgehen. Es ist zu klären, ob im Übergangsbereich ein Überzug angeordnet wird, der gleichzeitig die Rücklage für die 15 cm über die Nutzfläche hochzuziehende Abdichtung bildet. Bei schwellenlosen Türen sind Sondermaßnahmen erforderlich. Wird das Parkdach über eine Rampe erschlossen, so ist die Kuppe bzw. Wanne im Anschlussbereich, sofern der Neigungswechsel mehr als 10 % beträgt, unter Berücksichtigung der Belagsausbildung auszurunden [11, 15, 16, 17]. Auf die Detailausbildung wird unter Abschn. 7.5 näher eingegangen.

Da jede Funktionsebene mit einem eigenen Arbeitsgang verbunden ist, und somit eine Kosten- und Fehlerquelle darstellt, ist man bemüht die Anzahl der Schichten eines Dachaufbaus zu reduzieren. In [2, 11] wird ein Konzept vorgestellt, bei dem die Abdichtung durch eine wasserundurchlässige Betonkonstruktion (Sperrbeton) ersetzt wird. In diesem Fall ist eine besondere Betonrezeptur für WU-Beton erforderlich. Grundsätzlich ist eine rissweitenbegrenzende Bewehrung, die über die Forderungen des EC 2 [25], Abs. 7.3 hinausgeht, einzubauen [14, 48, 49, 50] und/oder eine Vorspannung aufzubringen. Für die, für Parkdecks mit Chloridbeanspruchung, übliche Expositionsklasse XD3 werden in der Fußnote „b" zu Tab. 4.1 bei direkter Befahrung zusätzliche Maßnahmen, wie z. B. eine rissüberbrückende Beschichtung [8], gefordert. Durch die Oberflächenschutzschicht (OS) bzw. Flüssigkunststoffabdichtung (FLK) wird die Dichtfunktion, die eigentlich der WU-Betondecke zugedacht ist, zu weiten Teilen übernommen [37]. Anders kann dies bei einer gedämmten Konstruktion gesehen werden, da hier die Betondecke nicht direkt befahren wird, und somit die Forderung der Fußnote „b", nach einer Beschichtung entfällt. Dieser Dachaufbau ist nicht durch die Abdichtungsnorm DIN 18532 geregelt. In den Dämmstoffzulassungen für das befahrbare Umkehrdach wird davon ausgegangen, dass sich der Dämmstoff (XPS) oberhalb einer „Dachabdichtung" befindet, eine WU-Konstruktion ist nicht Gegenstand des Zulassungstextes.

Eine derartige WU-Konstruktion wird sinnvollerweise nur dann eingesetzt, wenn die unter dieser Decke liegenden Räume nicht hochwertig genutzt werden, da *undurchlässig* qualitativ nicht mit *dicht* gleichzusetzen ist. Dieser Unterschied sollte unbedingt dem Bauherrn vor Planungsbeginn verdeutlicht werden. Bei einer wasserundurchlässigen Betondecke sind besondere Planungen für die Wärmedämmung, Durchdringungen und Fugen erforderlich.

Um Schädigungen durch Chloridangriff zu vermeiden, wird empfohlen, auf der Betondecke einen Oberflächenschutz (OS) oder eine Flüssigkunststoffabdichtung (FLK) aufzubringen. In diesem Fall ist von der Ausführungsvariante 2a nach DIN 18532-6, Umkehrdach, auszugehen. Je nach Qualität der Abdichtung bzw. Schutzschicht ergibt sich eine geringere Betondeckung der oberen Stahleinlagen.

Die tragende Betonkonstruktion muss die Anforderungen an den Brandschutz erfüllen. Dies wird im Regelfall über den Nachweis ausreichender Bauteilabmessungen und Betonüberdeckungen sowie Mindestbewehrungen erreicht. Bei einer statisch unbestimmt gelagerten, unbekleideten Deckenplatte mit schwimmendem Estrich (Nutzbelag) und einer Dämmung, die mindestens der Baustoffklasse B2 angehört und eine Rohdichte $\geq$30 kg/m^3 aufweist, muss die Plattendicke mindestens d = 8,0 cm betragen, damit das Bauteil in die Feuerwiderstandsklasse R 90 einzuordnen ist. Ohne Berücksichtigung des Oberbelags ist für die Feuerwiderstandsklasse R 90 eine Mindestdicke von 10 cm erforderlich. Dieser Wert kann bei punktförmig gestützten Platten auf 18,0 cm mit Stützenkopfverstärkung, bzw. 20,0 cm ohne Verstärkung anwachsen.

Offene Fugen zwischen Fertigteilplatten erfordern auf der Oberseite einen bewehrten Betonbelag und/oder eine Dämmschicht der Baustoffklasse A (z. B. Schaumglas). Die Fugenweite ist auf 2,0 cm bzw. 3,0 cm zu begrenzen. Es ist empfehlenswert, bei Dehnungs- oder Setzungsfugen, den Fugenspalt mindestens auf halbe Höhe mit einem elastischen, nichtbrennbaren Baustoff der Klasse A dauerhaft auszufüllen und an der Unterseite mit einer nichtbrennbaren Platte abzudecken. Wahrscheinlich hatte die Brandkatastrophe am Flughafen Düsseldorf vom 11. April 1996 an einer derartigen, allerdings durchlässigen, Fuge ihren Ursprung (Abb. 3.4).

Aufgrund der vorhandenen Masse werden die Mindestanforderungen [12, 41] für einen bauaufsichtlichen Luftschallschutznachweis im Allgemeinen erfüllt. Noch Anfang dieses Jahrhunderts konnte eine Luftschalldämmung von $\min R'_w \geq 54$ dB bei einer einschaligen Massivdecke über eine flächenbezogene Masse von 450 kg/m^2 für Normalbeton mit einer Rohdichte von 2300 kg/m^3 (heute 2400 kg/m^3) nachgewiesen werden. Wurde der Nutzbelag, Deckenputz und/oder Gefälleestrich vernachlässigt, so führte diese Forderung zu einer Deckendicke von 19,5 cm. Flankierende Bauteile (Wände etc.) wurden mit einer mittleren flächenbezogenen Masse von etwa 300 kg/m^2 berücksichtigt. Inzwischen sind die Schallschutznachweise unter Berücksichtigung der flankierenden Bauteile aufwendiger und differenzierter geworden. Im Anhang D zum Teil 2 der DIN 4109 wird ein Rechenbeispiel zur Luftschalldämmung einer 20 cm dicken Stahlbetondecke gezeigt (siehe Abschn. 2.6). Für die Vorentwurfsplanung sollte diese Abschätzung als Mindestdicke genügen. Spätestens im Rahmen der Genehmigungsplanung sollte ein Sachverständiger für Schallschutz, nicht nur wegen der unterschiedlichen Qualitätsanforderungen und damit verbundener möglicher Rechtsstreitigkeiten, hinzugezogen werden.

Zur Erbringung des Trittschallschutzes reicht die Rohbaukonstruktion in der Regel nicht aus. Der Parkdachaufbau, bestehend aus druckfester Dämmung, Abdichtung und Nutzschicht bringt im Sinne eines schwimmenden Estrichs, wegen der hohen dynamischen Steifigkeit der Dämmung, wenn überhaupt, nur einen un-

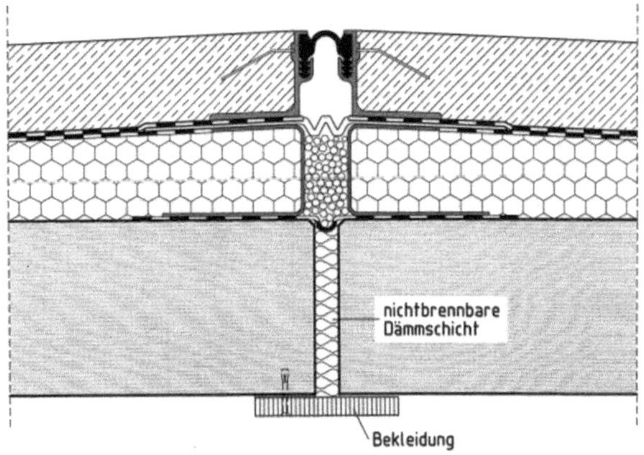

Abb. 3.4 Schemaskizze Dehnungsfuge R90

bedeutenden Beitrag zum Trittschallschutz. Es sind Zusatzmaßnahmen, wie z. B. der Einbau einer abgehängten Decke erforderlich. Die Anordnung einer „weichen" Schallschutzmatte unter der Nutzschicht ist im Allgemeinen kontraproduktiv, die Steifig- und Druckfestigkeit genügt üblicherweise nicht den Anforderungen aus dem Fahrbelag. Die Beanspruchungen in der lastverteilenden Fahrbahnplatte werden unverhältnismäßig groß.

Werden im Zusammenhang mit einer Unterdecke zusätzliche Dämmstoffschichten unter der Decke angebracht, so sind zum einen die Auswirkungen auf den Feuchteschutz zu prüfen (siehe Abschn. 2.3 und 5.1), und zum anderen brandschutztechnische Aspekte zu beachten. Aus den Untersuchungen der Brandkatastrophe vom Flughafen Düsseldorf geht hervor, dass die 17 Opfer an Kohlenmonoxid erstickt sind. Aluminiumbeschichtete Polystyrolplatten, die unter die Decke geklebt waren, machten ca. 50 % der verbrannten Materialien aus. Der Ersatz nichtbrennbarer Dämmstoffe (A1 und A2) durch schwerentflammbare (Klasse B1) stellt ein „nicht tolerierbares Risiko" dar [VDI nachrichten Mai 97, Nr. 18].

3.3 Wärmedämmung

Die Wärmedämmung soll den unkontrollierten Zutritt und Abfluss von Wärmeenergie in oder aus dem Gebäude verhindern. Thermische Beanspruchungen in der Tragkonstruktion können durch eine konstruktive Wärmedämmung reduziert werden. Die Anforderungen werden ausführlich unter Abschn. 2.3 und 5.1 beschrieben. Die Wärmeleitzahlen der im Parkdach einsetzbaren Dämmstoffe liegen zwischen $\lambda = 0{,}032$ bis $\lambda = 0{,}070$ W/mK. Somit ergibt sich für den nach DIN 4108-2 [10] geforderten Mindestwert des Wärmedurchlasswiderstandes der Dachdämmung von $R_t = \sum_{i=1}^{n} \frac{d_i}{\lambda_i} \geq 1{,}2\, m^2K/W$ eine Mindestdämmstoffdicke von ca. $d_{min} \cong 1{,}2 \times (0{,}032\ bis\ 0{,}07) + x \cong 8$ cm.

Mit Ausnahme des Umkehrdaches sind nur die auf der Innenseite der Abdichtung liegenden Schichten auf den Wärmedurchlasswiderstand anzurechnen.

Um Tauwasserausfall in der Konstruktion, insbesondere in der Wärmedämmung, zu vermeiden, ist unterhalb dieser eine Dampfsperre anzuordnen, deren diffusionsäquivalente Luftschichtdicke $s_{di} \geq 100$ m betragen sollte. Anderenfalls ist ein rechnerischer Nachweis nach DIN 4108-3 des Tauwasseranfalls infolge Dampfdiffusion erforderlich.

Bei einer Wasserdampf-Diffusionswiderstandszahl von $\mu = 20.000$ (Bitumendachbahn nach DIN 52143 z. B. V 13) ist eine Sperrschicht von 0,5 cm erforderlich. Üblicherweise werden besondere Bitumenschweißbahnen mit Aluminiumeinlage, oder anderen besonders dampfundurchlässigen Schichten, wie Kupfer, punktweise verklebt [40]. Durch die punktweise Verklebung soll ein Ausgleich des Dampfdruckes unterhalb der Sperre erreicht werden.

Wird Schaumglas als Dämmstoff eingebaut, so kann wegen der Dampfdichtigkeit dieses Systems auf eine Dampfsperre verzichtet werden [51]. Dies führt zu Vereinfachungen in der Bauausführung, allerdings wird häufig während der Bauzeit eine Notabdichtung vollflächig aufgebracht, die dann im Endzustand wie eine Dampfbremse wirkt.

Bei einer Ausführung als Umkehrdach fällt die Dampfsperre mit der Abdichtung zusammen. Es sind die Anforderungen für eine Abdichtung zu beachten. Die Dämmstoffdicke ist entsprechend Abschn. 2.3 und 5.1.1 zu erhöhen. Die Oberfläche der Abdichtungsebene muss den Ebenheitsanforderungen der Zulassung genügen [52]. Es ist ein Wasseranstau auf der Abdichtungsfläche zu vermeiden.

Da die Wärmedämmung einen großen Teil der Aufbaustärke ausmacht, wird bei niedrigem Steifemodul der Dämmschicht die Dimensionierung des Oberbelages maßgebend beeinflusst (siehe Abschn. 5.2).

In der DIN 18 532, Teil 1, Abs. 4.6 [27] wird gefordert, dass die Dämmschichten für die jeweilige Nutzungsklasse, N2-V bis N4-V, und Bauweise eine ausreichende Festigkeit aufweisen muss.

Diese Forderung wird in der DIN 4108-10, Abs. 4.1 [10] genauer definiert. Bezogen auf das Parkdach wird dort festgelegt, dass bei vorwiegend ruhender Einwirkung die Langzeit-Dickenminderung der Dämmschicht auf 2 % zu begrenzen ist. Es sind Dämmstoffe mit dem Kurzzeichen „**ds**“, sehr hohe Druckbelastbarkeit, oder „**dx**“ zu verwenden. Von 10 dort aufgeführten Dämmstoffen werden 7 Produkte unter der Kurzbezeichnung ds eingestuft, und nur für extrudiertes Polystyrol (XPS) und Schaumglas (CG) werden die Mindestanforderungen für extrem hohe Druckbelastbarkeit (dx) definiert.

In der folgenden Tab. 3.1 werden die Mindestanforderungen an die Druckfestigkeit der nach DIN 4108-10 für das Parkdach geeigneten Dämmstoffe aufgelistet.

Im Rahmen der Sanierung bestehender Parkdächer kann in alten Ausschreibungen oder Baubeschreibungen auf den vergleichbaren Grenzwert für die Einstufung ***WS***, ***W***ärmedämmstoffe mit erhöhter Belastbarkeit für ***S***ondereinsatzgebiete, z. B. Parkdecks der früheren Stoffnorm DIN 18 164 – Schaumkunststoffe als Dämmstoffe für das Bauwesen – hingewiesen werden. Hier wurde die zulässige Druckspannung bei einer Stauchung von 10 % auf 0,15 N/mm^2 begrenzt. Die inzwischen zurück-

Tab. 3.1 Mindest-Druckfestigkeit von im Parkdach einsetzbaren Dämmstoffen nach DIN 4108-10

Ausgewählte Mindestanforderungen nach DIN 4108-10, Tab. 4 bis 13						
Dämmstoff-kürzel	Produktnorm	nach Tabelle	Druckfestig-keit [kPa]	Langzeit-Druckfestigkeit	Anwendungs-gebiet	Kurzbezeich-nung
			CS(10)i	CC(2/1,5/50) σχ		
EPS	DIN EN 13163	4	**200**		DAA	**ds**
XPS	DIN EN 13164	5	**500**	**150**	DAA/DUK	**ds**
			700	**200**	DAA/DUK	**dx**
PU/PIR	DIN EN 13165	6	**150**		DAA	**ds**
PF	DIN EN 13166	7	**120**		DAA	**ds**
CG	DIN EN 13167	8	**600**	**200**	DAA	**ds**
			700	**300**	DAA	**dx**
EPB	DIN EN 13169	11	**200**		DAA	**ds**
WF	DIN EN 13171	13	**100**		DAA	**ds**

gezogene DIN 18 174 – Schaumglas als Dämmstoff für das Bauwesen – ging davon aus, dass der Dämmstoff baupraktisch stauchungsfrei ist, und fordert Druckfestigkeiten von 0,50 N/mm^2 (***WDS***) bzw. 0,70 N/mm^2 (***WDH***) für die vergleichbaren Einstufungen.

Es ist üblich, den Bemessungswert der Druckfestigkeit, f_{cd}, der nach einer Dauerstandsbelastung von 50 Jahren zu einer Dämmstoffstauchung von $\varepsilon \leq 2{,}0\ \%$ führt, anzusetzen.

Eine Stauchung von 10 % bei einer Dämmstoffstärke von z. B. 10 cm, also 1,0 cm, ist baupraktisch nicht hinnehmbar und tritt üblicherweise auch nicht auf. Bei den, aufgrund der weiter steigenden Wärmeschutzanforderungen, zu erwartenden Dämmstoffdicken, halte ich die einer prozentualen Stauchung zugeordnete Druckfestigkeit für den Einsatz im Parkdeck nicht mehr für zeitgemäß. Sinnvoller ist eine Begrenzung der Stauchung unabhängig von der Dämmstoffdicke und die Zuordnung einer mit einem einheitlichen Sicherheitsbeiwert versehenen Druckspannung.

Kennzeichnende Parameter für die Auswahl des im Parkdach oder unter Verkehrsflächen einzusetzenden Dämmstoffes ist zum einen die Steifigkeit, also das Verhältnis von Stauchung zur Druckspannung (entspricht etwa dem E-Modul). Andererseits ist der absolute Betrag der Druckfestigkeit bzw. der aufnehmbaren Druckspannung von Bedeutung [53, 54, 55, 56, 57, 58, 59]. Da bei Schaumkunststoffen in dem maßgebenden Bereich kein eindeutiges Versagen auftritt, wird in der Norm die Stauchung ersatzweise als Versagenskriterium auf 10 % begrenzt.

Wichtig für den Einsatz von Dämmstoffen unter ständiger Last ist die Dauerstandsfestigkeit. Dauerbeanspruchungen treten mit Sicherheit unter wärmegedämmten Gründungsplatten sowie bei der seitlichen, erdberührten Dämmung von Kellerwänden auf. Ergänzend zu den Zulassungen für lastabtragende Wärmedämmung unter Gründungsplatten mit Schaumglas [51] und extrudergeschäumten Polystyrol-Hartschaumplatten oder Schaumglasplatten für außenliegende Wärmedämmung erdberührter Gebäudeflächen [52], wurden diverse Untersuchungen über das Langzeitverhalten marktüblicher Dämmstoffe durchgeführt [59, 60]. Inzwischen haben die Ergebnisse dieser Langzeituntersuchungen Eingang in die entsprechenden Baustoff- und Prüfnormen gefunden (z. B. DIN EN 1606). Das Kriechverhalten der Hartschaumstoffe wird für eine Dauerlast über 50 Jahre nach einer Formel von Findley abgeschätzt.

Grundsätzlich können bei einem Parkdach bzw. einer wärmegedämmten Hofkellerdecke auch Langzeitbeanspruchungen auftreten. Dies ist immer dann der Fall, wenn z. B. Parkplätze fest vermietet werden und das gleiche Fahrzeug regelmäßig oder dauernd an demselben Ort steht. Auch bei gewerblich genutzten Flächen ist mit wiederholtem und dauerndem Lasteintrag an der gleichen Stelle zu rechnen (insbesondere bei Lagerflächen). Gegebenenfalls sind zwei Beanspruchungszustände zu untersuchen, und zwar:

- *Kurzzeitbelastung:* Dynamische Einflüsse werden über einen Schwingbeiwert und/oder einen Lastwechselfaktor berücksichtigt. Für Dämmstoff und Abdichtung werden die oberen Grenzwerte E-Moduli für Kurzzeitbeanspruchung angesetzt. Bei der Berechnung einer lastverteilenden Betonplatte wird mit einem E-Modul nach EC 2 [25] gearbeitet. Es treten hohe Druckspannungen im Dämmstoff auf.
- *Langzeitbelastung:* Entsprechend Abschn. 2.1 ist in diesem Fall auf den Ansatz eines Schwingbeiwertes zu verzichten. Für Abdichtung und Dämmung ergeben sich niedrigere E-Moduli [53, 55, 61, 62, 63] (weiche Bettung). Möglicherweise kann beim Tragfähigkeitsnachweis der Nutzschicht auch der steifigkeitsmindernde Einfluss aus dem Betonkriechen herangezogen werden. In diesem Fall werden die maßgebenden Beanspruchungen der Betondruckplatte ermittelt. (Siehe Abschn. 5.2).

Im Allgemeinen ist man hinsichtlich der Kennwerte der unterschiedlichen Dämmstoffe auf die aktuellen Herstellerangaben angewiesen. Diese sind aus Zulassungen (abZ) bzw. allgemeinen Bauartgenehmigungen (aBG), Prospekten und verschiedenen Gutachten zu entnehmen. Bei der Sanierung von Bestandsobjekten, und der Absicht die vorhandenen Dämmstoffe noch weiter zu verwenden, sind u. a. die zum Einbauzeitpunkt gültigen Materialqualitäten zu beachten. Die Wahrscheinlichkeit, dass es sich z. B. bei einem alten Umkehrdach noch um XPS-Platten mit dem seit Mitte der 90er-Jahre verbotenem Treibgas FCKW handelt, ist heute gering.

Andererseits schreitet auch die Entwicklung von Dämmstoffen wie Schaumglas voran. Es werden Dämmstoffe mit niedrigeren Wärmeleitzahlen und hoher Druckfestigkeit angeboten. Bei der Planung oder Herstellung einer wärmegedämmten

Verkehrsfläche sollte die Dämmstoffauswahl von den aktuellen Daten, die durch zeitnahe Materialprüfungen und/oder für den jeweiligen Anwendungsfall gültige Zulassungen zu belegen sind, abhängig gemacht werden.

Des weiteren sind Hochglanzprospekte, in denen z. B. Parkdächer für Pkw-Radlasten von 5,0 kN (Pkw = 2,0 t ⇒ 20kN/4 ⇒ Radlast = 5,0 kN) mit einer relativ hohen Bettungsziffer (ohne Einheitsangabe) dimensioniert werden, kritisch zu betrachten. Eine Prüfung der Druckfestigkeit des Dämmstoffes zwischen Daumen und Zeigefinger am Messestand kann nicht als ausreichendes Kriterium angesehen werden.

Mit der folgenden Tabelle (Tab. 3.2) wird der Versuch unternommen, die zum jetzigen Zeitpunkt aktuellen Eckdaten für Dämmstoffe, die nach Auffassung der Hersteller unter wärmegedämmten Verkehrsflächen einsetzbar sind, im Überblick darzustellen.

Tab. 3.2 Kenndaten marktüblicher Dämmstoffe für ein Parkdach

Kennwerte / Material	λ_B W/mK	E MN/m²	σ_{zul}[1] N/mm²	Sicherheitsbeiwert[2] / Verformungsgrenze	Bemessungswert f_{cd}[1)3)] [N/mm²]	μ	Baustoffklasse nach DIN 4102-1	Rohdichte ρ kg/m³
Expandiertes Polystyrol EPS DIN EN 13163 DAA - dh, ds	0,032 ↓ 0,052	7,4 ↓ 9,0	0,04 - 0,06 (0,27)	≤ 2 %[4] ≤ 10 %	0,04 - 0,06	20 ↓ 100	B1	20 ↓ 40
Extrudiertes Polystyrol XPS DIN EN13164 DAA / DUK[6] - dh, ds, dx	0,035 ↓[5] 0,046	6,5 - 15,0 ↓ 20,0-40,0	0,18 - 0,25 (0,5 - 0,7)	2,8[9] / ≤ 2 %[4] ≤ 10 %	0,19 - 0,36	80 ↓ 250	B1, E	36 ↓ 50
Polyurethan PUR / PIR DIN EN 13165 DAA - dh, ds	0,024 ↓ 0,040	1,6 ↓ 5,0	0,03 0,15	≤ 2 %[4] ≤ 10 %	0,03	40 ↓ 200	B2	≥30
Schaumglas CG DIN EN 13167 DAA - dh, ds, dx	0,042 ↓ 0,060	65[7] ↓ 500[8]	0,25 0,57	3,0 - 3,2[9]	0,35 - 0,90	60.000 ↓ ∞[10]	A1 B2	110 ↓ 170
Perliteplatten EPB DIN EN 13169 DAA - dh, ds	0,055 ↓ 0,070	6,6 ↓ 33,0	0,13 (0,25)	≤ 10 %		3 ↓ 5	A2 A1	150 ↓ 210
CalSi-Hydrat (Multipor, Xella) Zulassung (DAA - dh, ds)[11]	0,047	200,0	≈ 0,20 (0,35)	1,5 / 0,85 ≈ 1,75	0,14	3	A1	100 ↓ 115

1) 1,0 N/mm² = 1,0 MN/m² = 1.000 kPa
2) Globaler Sicherheitsbeiwert aus früheren Anwendungen
3) Nach dem semiprobabilistischen Bemessungskonzept unter Berücksichtigung von Teilsicherheitsbeiwerten auf der Lastseite, $\gamma_m \approx 1,4$ nach EC 1
4) Dämmstoffstauchung extrapoliert auf eine Dauerlast von 50 Jahren unter Berücksichtigung des Dämmstoffkriechens
5) In Abhängigkeit von der Dämmstoffdicke und der Druckfestigkeit
6) Bei Einbau als Umkehrdach ist ggf. der Mindestwärmeschutz und der U-Wert zu erhöhen, DIN 4108-2 und AbZ bzw. ABg beachten, nur N2-V
7) Inklusive Bitumenschichten
8) Produktunterlagen [FOAMGLAS® Industrial insulation handbook, 1992] geben ein separiertes E-Modul für Schaumglas von 800 - 1.200 N/mm² an
9) Relativ hoher Sicherheitsbeiwert wurde z. B. für Gründungsbauteile vorgegeben, für Parkdächer genügte ein Sicherheitsbeiwert von 2,5
10) Praktisch Dampfdicht
11) Calziumsilikat-Hydrat (MULTIPOR) wird nicht in der DIN 4108, Teil 10 geregelt, es ist die aktuelle Zulassung zu beachten

(orange) Bevorzugt unter Pkw-Nutzung (N2-V) einsetzbar
(blau) Bevorzugt unter Pkw- und Schwerlastverkehr-Nutzung (N2-V bis N4-V) einsetzbar

Die Forderung nach einer dauerhaft druckfesten Dämmung im Parkdach und unter Gründungsplatten wurde durch diverse Untersuchungen begleitet [59, 60, 62, 64, 65, 66, 67] und mündete Ende der 1990er-Jahre in der Prüfnorm DIN EN 1606 für Dämmstoffe. In der Norm werden die Modalitäten, Probenanzahl, -abmessungen, Prüfabstände etc., für vergleichbare Messungen und eine Extrapolation des Kriechverhaltens für einen Zeitraum von 50 Jahren nach der Formel von Findley, festgelegt. Die Stauchung eines Dämmstoffes ergibt sich aus der spontanen, reversiblen, einer Druckspannung zugeordneten Verformung $\varepsilon_0 = \frac{\sigma}{E}[\%]$ und einem viskosen, zeitabhängigen (t) Kriechanteil nach Findley. $\varepsilon_t = \varepsilon_0 + m_{(\sigma)} \cdot t^{b_{(\sigma)}}$ [%] m und b sind materialabhängige Parameter. Die gewonnenen Erkenntnisse zum Langzeit-Kriechverhalten von Dämmstoffen kann man natürlich auch auf die Dimensionierung von Parkdächern und wärmegedämmten Verkehrsflächen übertragen. Die Extrapolation auf eine Dauerstandfestigkeit von 50 Jahren mag für Dämmstoffe unter lastabtragenden Gründungsplatten zutreffen, für die Anwendung im Parkdach genügt aber ein Betrachtungszeitraum von 30–40 Jahren, da ein längerer Zeitraum über die übliche Nutzungsdauer dieses Bauteils hinausgeht [BSSR – Bundesinstitut für Bau-, Stadt- und Raumforschung, Nutzungsdauer von Bauteilen für Lebenszyklusanalysen nach Bewertungssystem Nachhaltiges Bauen (BNB), Code Nr. 360 – Dächer ⇒ Flachdachabdichtungen, 2011 [68]]. Während bei einem Tragfähigkeitsnachweis lastabtragender Gründungsplatten der Bemessungswert für die Druckfestigkeit des Dämmmaterials aus dem Langzeitwert für eine Dauerlast von 50 Jahren unter Berücksichtigung eines Teilsicherheitsbeiwertes abgeleitet wird, genügt es meiner Ansicht nach, im Falle der nicht bauaufsichtlich geregelten Lastverteilungsplatten wärmegedämmter Verkehrsflächen den 50-Jahre-Wert ohne Sicherheitsbeiwert nachzuweisen, da die erwartbare Nutzungsdauer mit 30 bis 40 Jahren eine gewisse Sicherheit beinhaltet.

In Abb. 3.5 wurden die Ergebisse von Langzeitdruckversuchen [67] und deren Extrapolation nach Findley über einem logarithmischen Zeitmaßstab aufgetragen. Die einer Stauchung von 10 % zugeordnete Druckfestigkeit der XPS-Proben betrug im Mittel σ_{10} = 560 kPa (Bezeichnungsschlüssel CS(10\Y)500). Die Dämmstoffproben wurden ca. 1,15 Jahre (über 10.000 h) einer permanenten Druckspannung von ca. 0,4 × σ_{10} = 230 kPa ausgesetzt. Der Mittelwert aller Proben wurde nach dem Findley-Verfahren für einen Zeitraum von 30 Jahren extrapoliert. Es ist dann eine Gesamtstauchung von 2,0 % zu erwarten. Nach einer Belastungsdauer von 50 Jahren ist mit einer Stauchung von ca. 2,1 % zu rechnen. Das Diagramm zeigt, dass sich bei einer ständigen Druckspannung von ca. 40 % der Nenndruckfestigkeit nach 50 Jahren die Gesamtverformung der Dämmebene gegenüber der Kurzzeitstauchung mehr als verdoppelt. Ein ähnliches Stauchungsverhalten ist auch bei regelmäßigen Belastungswiederholungen zu erkennen [59]. Unter Parkdächern bzw. wärmegedämmten Verkehrsflächen ist der Nachweis für die Druckpannung auf der Dämmung auf einen Wert, der bei Dauerdruckbeanspruchung über 50 Jahre (nicht 20 Jahre) zu einer Dämmstoffstauchung unter 2 % führt zu begrenzen. Bei den im Parkdach üblichen Dämmstoffen liegt dieser Wert ca. bei 0,20 bis 0,45 × σ_{10}. In der

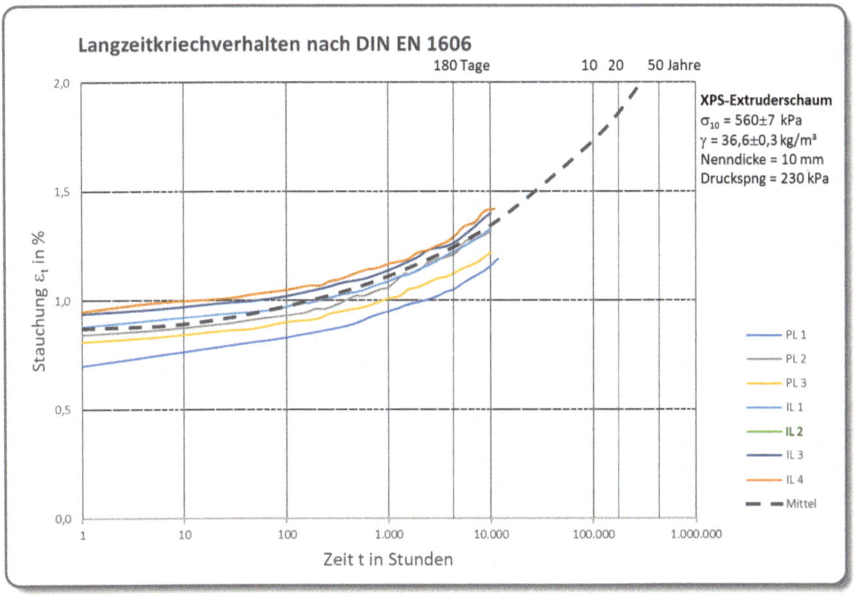

Abb. 3.5 Langzeitdruckverhalten von Extruderschaum, Rundversuch, entnommen aus [67]

DIN EN 13163 wird im Anhang F angegeben, dass bei einer permanenten Druckspannung von $0{,}30 \times \sigma_{10}$ für EPS-Produkte nach 50 Jahren eine Stauchung von 2 % erwartet werden kann. In [65] wird für PUR die Langzeitfestigkeit mit 20 % der Kurzzeitfestigkeit, σ_{10} angegeben (Abb. 3.8). Die Reduzierung der aufnehmbaren Druckspannung auf den 50-Jahres-Wert nach dem Findley-Verfahren stellt keinen Teilsicherheitsbeiwert dar, sondern ist für Gründungsplatten zusätzlich durch einen Teilsicherheitsbeiwert abzumindern. Auf Grund der geringeren Lebensdauer und Schadensfolgen erscheint es im Langzeitlastfall vertretbar, bei Parkdächern und ähnlichen, nicht bauaufsichtlich zu prüfenden Bauteilen, auf den Ansatz eines materialabhängigen Teilsicherheitsbeiwertes zu verzichten.

Bevorzugt werden für Parkdächer mit ausschließlicher Pkw-Nutzung EPS und PUR/PIR eingesetzt, wobei die Dichte über 32 kg/m³ und die Dicke unter 15 cm liegen sollte [32]. XPS im Umkehrdach ist derzeit nur einlagig mit einer Dickenbegrenzung auf d ≤ 320 mm für Pkw-Nutzung (30 kN) bauaufsichtlich zulässig. Für die Nutzungsklassen N3-V und N4-V nach DIN 18532-1 (siehe Tab. 2.2) sind nach meiner Auffassung nur Schaumglas und extrudiertes Polystyrol (nicht als UK-Dach) geeignet. Insbesondere bei einer meist unvermeidbaren Mischnutzung und großen Lasten aus gewerblichem Betrieb sind im Hinblick auf die Beanspruchung und Dauerhaftigkeit des Nutzbelages nur hochfeste Dämmstoffe, wie Schaumglas (CG) oder Extrudiertes Polystyrol (XPS) einzusetzen, wobei XPS dann unter der Abdichtung (DAA) einzubauen ist. Die anderen in Tab. 3.2 genannten Dämmstoffe werden und wurden bereits mehr oder weniger erfolgreich auch in wärmegedämmten Parkdächern eingebaut. Aufgrund der geringen Steifigkeit (E-Modul) und der in den meisten Fällen niedrigen Druckfestigkeit ($\sigma_{2,0}$), die infolge Temperatureinfluss und Horizontalschub möglicherweise noch weiter absinken kann, sollten diese „weichen" Dämmstoffe nur bei entsprechend niedrigen Anforderungen verwendet werden.

Bei Schaumglas und extrudiertem Polystyrol (XPS) handelt es sich um zwei grundverschiedene Stoffe, was sich auch in völlig voneinander abweichendem Materialverhalten darstellt. Da beide Dämmstoffe auch Zulassungen für den Einsatz im erdberührten bzw. im Gründungsbereich haben, liegen eine Vielzahl von Untersuchungen zum Dauerstandsverhalten unter Druckbelastung vor.

Schaumglas ist ein geschlossenzelliges, aus geschäumtem Glas bestehender Dämmstoff, der weder organische noch anorganische Bindemittel enthält. Schaumglas entsteht durch Aufschäumen einer Glasschmelze. Die für die Glasherstellung verwendeten Rohstoffe sind ausschließlich mineralisch und werden aus natürlichen und nahezu unbegrenzten Vorkommen gewonnen. Der wesentliche Bestandteil ist reiner Quarzsand. Ebenfalls werden Recycling-Gläser eingesetzt. Nach Dosierung der Grundstoffe werden diese zu Rohglas geschmolzen, das nach dem Erkalten zu Glaspulver gemahlen wird. Nach der Zugabe geringer Mengen Kohlenstoffes wird dieses Gemisch in Formen dosiert und erhitzt. Durch Oxidation des Kohlenstoffes wird die Glasschmelze aufgeschäumt. Es entsteht die geschlossene, gasundurchlässige Zellstruktur des Dämmstoffes.

Spuren überschüssigen Kohlenstoffs ergeben die grauschwarze Färbung. In den geschlossenen Zellen verbleibt nach dem Produktionsprozess Kohlendioxid (CO_2). Als Nebenprodukt des Aufschäumprozesses entsteht in geringsten Mengen Schwefelwasserstoff (H_2S) der in den Zellen verbleibt. Beim Zuschnitt der Dämmplatten ist der charakteristische Geruch wahrnehmbar.

Schaumglas verhält sich bei mechanischer Belastung hart bis spröde und weist deutlich höhere Steifigkeiten als die anderen Dämmstoffe auf. Das „Versagen" tritt im Labor-Druckversuch bei Erreichen der maximalen Druckspannung durch Bruch einer Zellenebene auf. Die als Versagenskriterium definierte Bruchspannung wird bei Parkdächern bzw. wärmegedämmten Hofkellerdecken nicht erreicht, da die charakteristischen Belastungsgrößen weit unter der Bruchgrenze liegen. Nach weiterer Verformung kann im Versuch die Belastung annähernd wieder bis zur Bruchspannung gesteigert werden [64]. Die Druckfestigkeiten liegen für die hier zur Anwendung kommenden Materialien zwischen CS(Y) = 600 kPa und CS(Y) = 1600 kPa. In der Zulassung für lastabtragende Wärmedämmung unter Gründungsplatten wird, basierend auf der Dauerstandsfestigkeit, unter Berücksichtigung eines Teilsicherheitsbeiwertes und eines Anpassungsfaktors ein Bemessungswert der Druckspannung f_{cd} zwischen 250 kPa und 670 kPa angegeben. Dieser Wert wird häufig auch für die Bemessung von Parkdächern übernommen, obwohl es sich hier nicht um ein gleichermaßen sicherheitsrelevantes, im Rahmen der Baugenehmigung zu prüfendes, Bauteil handelt.

Der E-Modul ist von der Belastungsgeschwindigkeit abhängig und steigt mit dieser an [64]. Dauerstandsversuche unter Gebrauchslast zeigen, dass die Verformungen des beschichteten Dämmstoffes mit der Zeit abnehmen und sich asymptotisch einem Grenzwert annähern, der zwischen 1 % und 1,5 % liegt. Bei der Ermittlung des E-Moduls wird von dem Verbundwerkstoff Schaumglas mit Bitumenschicht ausgegangen. Eine Trennung in Einzelwerte für die Kaschierung und den Dämmstoff wurde nicht vorgenommen. Die für den Dämmstoff separierten Verformungen fallen deutlich geringer aus. In [32, 53, 54, 56, 69] wird angenommen, dass die Steifigkeit der Kombination Abdichtung, Schaumglasdämmung und Klebebitumen durch die Bitumenschichten herabgesetzt wird. Der E-Modul wird von der Herstellerseite mit 130 N/mm² bis 500 N/mm² angegeben. Die Rohdichte liegt bei $\gamma = 115$ bis 170 kg/m³ (Abb. 3.6).

Schaumglas wird grundsätzlich im Warmdach eingebaut. Die Dämmstoffplatten werden vollfugig in Heißbitumen B 100/25, Verbrauch ca. 4 kg/m², eingeschwommen [51] [58]. Aufgrund des annähernd gleichen Temperaturausdehnungskoeffizienten von Schaumglas und Beton ist eine kompakte Verklebung des Dämmstoffes mit dem Untergrund möglich. Dies bringt eine zusätzliche Systemsicherheit mit sich, da im Falle einer mechanischen Beschädigung der Abdichtung eine Unterflutung und Durchfeuchtung der Dämmung nicht möglich ist. Die einzelnen Platten sind mit versetzten, pressgestoßenen und bitumengefüllten Fugen zu verlegen. Die Verarbeitungstemperatur des Heißbitumens beträgt ca. 180 °–200 °C. Die Dämmplatten haben Standardabmessungen von 60 × 40 cm² bis 120 × 80 cm², derzeit werden Dicken zwischen 30 mm bis 200 mm angeboten. Für den Einsatz von Gefälledämmplatten wird von den Schaumglasproduzenten ein Verlegeplan erstellt. Die Dämmung erhält eine oberseitige Abdichtung, die entsprechend DIN 18 532 [27] oder nach den Flachdachrichtlinien [28] auszubilden ist.

Extrudiertes Polystyrol

Im Gegensatz zur Herstellung von Partikelschaumstoff, wo in einem ersten Arbeitsgang treibmittelhaltige Polystyrolperlen zu Schaumstoffkügelchen aufgeschäumt werden, die dann in einem zweiten Arbeitsgang mit Dampf in doppelwandigen Formen zu Schaumstoffblöcken verschweißt werden, wird Extruderschaumstoff als kontinuierlicher Schaumstoffstrang hergestellt. Dazu wird Polystyrol in einem Extruder aufgeschmolzen und nach Zugabe des Treibmittels durch eine Breitschlitzdüse ausgetragen, hinter der sich dann der Schaumstoffstrang ausbildet. Dieser

Abb. 3.6 Einbau von Schaumglasplatten ohne Dampfsperre auf einem Voranstrich [MdB]

Strang wird auf Längen geschnitten und durch Bearbeitung der Plattenränder zu Dämmplatten konfektioniert. Auf den Deckflächen der Platten bleibt eine Schäumhaut erhalten. Bis ca. 1994 wurde, wie auch bei Polyurethan-Hartschaumplatten, ein FCKW-, bzw. H-FCKW-Treibmittel eingesetzt. Der Vorteil der geringen Wärmeleitung und insbesondere des stabilen Verhaltens gegenüber anderen Stoffen wirkte sich auch auf die Ozonschicht negativ aus. Heute ist der Herstellungsprozess für extrudiertes Polystyrol auf das Treibmittel CO_2 umgestellt [52]. Der Feststoffanteil der Dämmplatten beträgt zwischen 1,5 bis 6 Vol.%. Nach der Herstellung kommt es, wie bei anderen Schaumkunststoffen auch, zu einem Gasaustausch mit der Umgebungsluft, auf den im Abschn. 4.2, Umkehrdach, näher eingegangen wird. Die alterungsbedingte Treibgaswanderung wird bei geschäumten Dämmstoffen über einen Zuschlag bei dem Bemessungswert der Wärmeleitfähigkeit, λ, berücksichtigt.

Extrudiertes Polystyrol verhält sich elastisch mit einem Kriechanteil (plastisch), siehe Abb. 3.5. Die Steifigkeit von XPS übersteigt die anderer Schaumkunststoffe, ist aber deutlich niedriger als die von Schaumglas. Der Bemessungswert der Druckfestigkeit ist mit $f_{cd} \approx 0{,}20$ bis 0,36 N/mm² für den Einsatz in der Nutzungsklasse N3-V und bedingt N4-V geeignet (Lkw-Nutzung, siehe Tab. 2.2). Ist aber mit der von Schaumglas nicht vergleichbar. Ähnlich wie beim Schaumglas, wird die Systemsteifigkeit auch beim extrudierten Polystyrol durch die bituminöse Abdichtung herabgesetzt. Da aber die Dämmstoffsteifigkeit ohnehin schon deutlich niedriger ist, ist der Einfluss einer „weichen" Bitumenschicht auf das Gesamtsystem geringer (siehe Abschn. 5.2) (Abb. 3.7).

Extrudiertes Polystyrol wird bei Parkdächern überwiegend im Umkehrdach (siehe Abschn. 4.2, Bauweise 2a) eingesetzt. Dies ist derzeit nur in der Nutzungsklasse N2-V (Pkw-Nutzung) aufgrund einer Allgemeinen Bauartgenehmigung bzw. Zulassung möglich, die auch entgegen der DIN 4108 die Berücksichtigung einer außerhalb der Dachabdichtung liegenden Dämmschicht unter bestimmten Voraussetzungen bauaufsichtlich genehmigt. Die Zulassungen für den Einsatz im befahrbaren Umkehrdach unterscheiden sich von Hersteller zu Hersteller, werden in Zeit-

Abb. 3.7 Einbau von XPS im Umkehrdach oberhalb der Abdichtung [MdB]

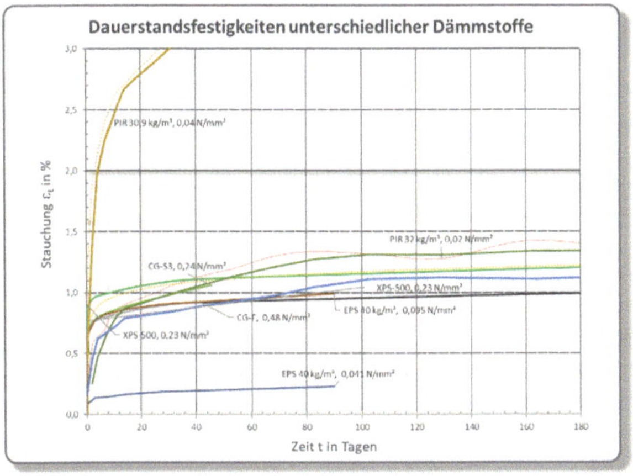

Abb. 3.8 Dauerstandsverhalten verschiedener Dämmstoffe, PIR, EPS, XPS u. CG

abschnitten von 2 bis 4 Jahren mit begrenzter Geltungsdauer erneuert und sind bei der Planung und Ausführung jeweils genau zu beachten. Prospekte und Datenblätter der Baustofflieferanten stimmen nicht in jedem Fall mit dem aktuellen Zulassungstext überein. Die Mischung von Ausführungshinweisen unterschiedlicher Zulassungen ist unzulässig. Die Dämmstoffplatten werden beim UK-Dach oberhalb der Abdichtung lose verlegt und gegen Abheben und Aufschwimmen durch Auflast gesichert. Sie werden auch im Warmdachaufbau unterhalb der Abdichtung verklebt (DAA, Bauweise 2b). Da der Temperaturausdehnungskoeffizient ca. das Zehnfache von dem des Betons beträgt, ist eine feste Verbindung zum Untergrund kritisch zu sehen. Im Pkw-befahrenen UK-Dach sind die Extruderschaumplatten einlagig und dicht gestoßen, ohne Kreuzstöße, zu verlegen. Die Platten haben Abmessungen von ca. 125 × 60 cm^2, die Kanten sind als Stufenfalz ausgebildet. Die Lieferdicke liegt derzeit zwischen 50 mm und 320 mm, Dicken über 200 mm werden aus mehreren Schichten zusammengefügt. Die Rohdichte beträgt $\gamma = 35$ bis 45 kg/m^3, der Bemessungswert der Wärmeleitfähigkeit wird in Abhängigkeit von der Dämmstoffdicke in Stufen von $\lambda = 0{,}034$ W/mK bis 0,045 W/mK angegeben, und ist damit effektiver als der vergleichbare Wert von Schaumglas.

Prozessbedingt ist die Herstellung von Gefälledämmplatten nicht möglich.

3.4 Abdichtung

Die Abdichtung ist nach der DIN 18 532, Teil 1 bis 6 [27], zu planen und herzustellen. Für die Abdichtung wärmegedämmter, befahrbarer Verkehrsflächen werden bevorzugt bituminöse Abdichtungen eingesetzt. Während für Pkw-befahrene Flächen (Nutzungsklasse N2-V) in den Normenteilen 2 bis 6 für das Umkehrdach, Bauweise 2a, und das Warmdach, Bauweise 2b, die meisten aufgeführten Stoffkombinationen zulässig sind, ergeben sich schon für die Nutzungsklasse N3-V

(Lkw-Nutzung bis 16 t) deutliche Einschränkungen. Das Umkehrdach, ausschließlich mit Extruderschaum, XPS, ist in dieser Nutzungsklasse nicht mehr zulässig. Im Teil 3, Abdichtung mit zwei Lagen Polymerbitumenbahnen, werden nur noch Stoffkombinationen mit einer Dämmung aus Schaumglas, CG, zugelassen. Extrudiertes Polystyrol, XPS, wird in keiner Stoffkombination des bituminös abgedichteten Warmdaches, Bauweise 2b, aufgeführt. Die Nutzungsklasse N4-V, sehr hoch belastete Verkehrsflächen, Fahrzeuglasten über 16 t, wird „per Definition" der gedämmten Bauweise 2 nicht zugeordnet bzw. ist für Bauweise 2a (UK-Dach) unzulässig (siehe Tab. 2.6). Der Hinweis auf die im öffentlichen Brückenbau anzuwendenden Regelungen der ZTV-ING [70] ist zumindest für die hier behandelten, gedämmten Decken wenig hilfreich, da Dämmstoffe im Brückenbau nicht Gegenstand der Vorschriften sind.

Im Umkehrschluss könnte das heißen, gedämmte Hofkellerdecken oder ähnliche Bauteile, die durch Schwerlastverkehr, z. B. SLW 30 nach DIN 1072 (siehe Abschn. 2.1.2) genutzt werden, sind „per Definition" nicht Gegenstand der DIN 18532. Unabhängig von dieser möglicherweise vorliegenden Einschränkung, wird in folgenden Beispielberechnungen auch bei hochbelasteten Konstruktionen von einer bituminösen Abdichtung und von XPS im Warmdach ausgegangen, da es bereits mehrfach ausgeführt wurde.

Weitere Hinweise für die Planung und Ausführung von Abdichtungen sind der Flachdachrichtlinie [28], den BWA – Richtlinien für Bauwerksabdichtungen [58] und dem abc der Bitumenbahnen [40] zu entnehmen. Die Angaben dieser Veröffentlichungen betreffen auch vielfach Regelungen zur handwerklichen Ausführung, wie z. B. die Prüfung der Haftzugfestigkeit, mechanische Linienbefestigungen, Anordnung und Verklebung der Abdichtungsbahnen, Überlappungen der Längs- und Quernähte etc., auf die im Rahmen dieses Buches nicht im Einzelnen eingegangen werden kann. Wenn in diesem Buch von einer bituminösen Abdichtung gesprochen wird, wird davon ausgegangen, dass diese den obigen Vorschriften bzw. Richtlinien entsprechend geplant und hergestellt ist. Ähnliches gilt auch für die Abdichtung mit

Abb. 3.9 Aufbringen einer bituminösen Abdichtung, Warmdach [MdB]

Kunststoff- und Elastomerbahnen, deren Einsatz in befahrbaren und gedämmten Dach- oder Deckenaufbauten dem Autor bislang nicht bekannt ist.

Die Abdichtung muss dauerhaft das Eindringen von Wasser in das zu schützende Bauwerk oder Bauteil verhindern. Sie ist für die thermischen und statischen Beanspruchungen auszulegen. Kräfte parallel zur Abdichtungsebene dürfen inzwischen bei vollflächig im Verbund hergestellten Abdichtungen übertragen werden.

Die Abdichtung muss in der Lage sein, Risse und Versätze in einem geringen Maß zu überbrücken. In der alten DIN 18 195, Teil 5 [45] wurden die Rissbewegungen auf eine Verbreiterung von $w \leq 2$ mm und einen Versatz von $v \leq 1$ mm in der Abdichtungsebene begrenzt. Diese Werte werden auch in der BWA-Richtlinie [58] angegeben und in Abschn. 5.2 als Grenzen für die Gebrauchstauglichkeit bei den Verformungsnachweisen übernommen. Der Versatz einer einseitig belasteten, unverdübelten Plattenfuge wirkt ähnlich wie ein Rissversatz auf die Abdichtung (siehe Abb. 3.10).

Ebenfalls in der früheren DIN 18195, Teil 6 wird die aufnehmbare Druckspannung bituminöser Abdichtungen mit 0,8 MN/m^2 bzw. 1,0 MN/m^2 (1,0 MPa) beziffert. Da bei wärmegedämmten Parkdächern die Druckspannung durch die vorhandene Wärmedämmung deutlich niedriger zu begrenzen ist, sind Druckspannungen in dieser Größenordnung hier nicht zu erwarten. Auf der Abdichtung stehendes Wasser ist durch konstruktive Maßnahmen zu vermeiden. Die DIN 18532-1 und die Flachdachrichtlinien fordern ein Mindestgefälle von 2,5 % für befahrbare Flächen.

Bei Bitumen handelt es sich um einen strukturviskosen Werkstoff, bei dem sich durch Abbau von Strukturen die Viskosität mit zunehmender Belastungsdauer verändert [63, 71, 72]. Obwohl die Abdichtung und die Dampfsperre im Gesamtaufbau die dünnsten Schichten darstellen, haben sie, sofern sie aus Bitumen bestehen, auf die Systemsteifigkeit bei Dauerbeanspruchung den größten Einfluss. Während sich Bitumenschichten zu Belastungsbeginn nur unerheblich verformen (Anpassungssetzung), haben sie unter Dauerlast einen ausschlaggebenden Anteil an der Gesamt-

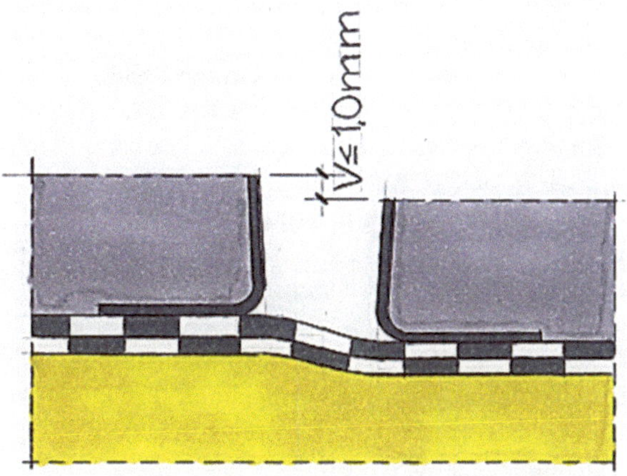

Abb. 3.10 Begrenzung des Fugenversatzes

stauchung. Bitumen verhält sich wie eine inkompressible Flüssigkeit. Somit kann Bitumen aus einer druckbelasteten Abdichtung überhaupt nur in dem Rahmen ausfließen, wie die Begrenzungsflächen unter dem in der Bitumenschicht herrschenden Druck nachgeben. Da die Abdichtung sowie die Anschlussflächen handwerklich hergestellt werden, sind diese im allgemeinen rauh und mit Poren behaftet. In diese Hohlräume kann das druckbelastete Bitumen in Abhängigkeit von der Materialtemperatur unter Dauerlast langsam ausfließen. Mit Bezug auf [63] werden in [53] Elastitätsmoduli für die Abdichtung, die Dampfsperre und Klebebitumenschicht aus dem van der Poel-Nomogramm abgeschätzt.

- Kurzzeitbelastung im Winter
  $E_1 = 100{,}0\ MN/m^2$
- Dauerbelastung im Winter und Kurzzeitbelastung im Sommer
  $E_2 = 1{,}0\ MN/m^2$
- Dauerbelastung im Sommer
  $E_3 = 0{,}1\ MN/m^2$

Da es sich bei diesen Werten lediglich um eine Abschätzung handelt, und die Verformungsbehinderung durch die Grenzflächen und Trägereinlagen unberücksichtigt bleiben, sollten E_2 und E_3 nicht kritiklos in eine Berechnung übernommen werden. Grundsätzlich ist aus obigen Schätzwerten abzuleiten, dass höherviskose Bitumensorten, z. B. geblasenes Bitumen, in möglichst geringen Schichtdicken einzusetzen ist.

In der Regel werden bei Parkdächern oder wärmegedämmten Hofkellerdecken bituminöse Abdichtungen gegenüber Kunststoffbahnen bevorzugt. Die Abdichtung sollte mindestens aus zwei Lagen Polymer-Bitumenbahnen bestehen. Abdichtungen aus lose verlegten Kunststoffbahnen sowie Flüssigkunststoffen sind auch möglich. Hier sind dann die Herstellervorschriften genau zu beachten.

Für die Ausbildung von Dachdetails werden in den Flachdachrichtlinien [28] bindende Angaben gemacht, die zum Teil Auswirkungen auf die gesamte Planung haben und deshalb schon im Rahmen der Rohbaukonstruktion zu berücksichtigen sind. Die Forderung nach einem Gefälle von mindestens 2,5 % bringt erhebliche Höhenunterschiede zwischen der Parkdachebene und möglicherweise anschließenden Geschossflächen. Grundsätzlich ist die Abdichtung an aufgehenden Bauteilen 15 cm über die Belagsoberfläche zu führen. Dies gilt normalerweise auch in Durchgangs- bzw. Türbereichen. Sollen schwellenlose Türen angeordnet werden, so sind besondere Maßnahmen erforderlich, die z. B. verhindern, dass Schneeanhäufungen entstehen, die zu einem Feuchtigkeitseintrag ins Gebäudeinnere führen. Durchdringungen und Dachabläufe sind untereinander und zu anderen Bauteilen wie Wänden, Bewegungsfugen oder Dachkanten mit einem Abstand von mindestens 30 cm [28] zu planen (zu Bewegungsfugen 50 cm [27]). Wichtig ist, dass die gesamte Dachfläche dauerhaft wirksam abgedichtet wird. Das betrifft sowohl die Oberfläche von durchdringenden Brandwänden wie auch die Fugen von Brüstungselementen. Eine dauerelastische Verfugung ist in diesem Sinne nicht als Abdichtung anzusehen.

Zwischen der Abdichtungsebene und dem Nutzbelag ist üblicherweise eine Trenn- und Gleitschicht anzuordnen. Wird beispielsweise wie beim klassischen Parkdach eine Betonfahrbahnplatte als Nutzbelag hergestellt, so wird diese in der Regel durch zwei Lagen PE-Folie von der Abdichtung getrennt. Bei ausreichender Stoßüberdeckung kann die Trennschicht auch als bedingter Wurzelschutz angesehen werden. Um den erforderlichen Trittschallschutz ohne abgehängte Decke nachweisen zu können, besteht beim Warmdach die Möglichkeit, unter die Trenn- und Gleitschicht eine Gummigranulatmatte zu legen. Es ist dabei aber zu bedenken, dass dadurch der Gesamtaufbau weicher wird und ggf. Zusatz- oder Verstärkungsmaßnahmen in dem Schutzbelag erforderlich werden.

Wird direkt auf die Abdichtung eine Asphaltschutzschicht aufgebracht, so ist die Abdichtung für die hohe Temperaturbeanspruchung, die sich im Allgemeinen durch die vorhandene Wärmedämmung noch verstärkt, auszulegen. In diesem Fall sollten die Vorschriften aus dem Straßen- und Brückenbau beachtet werden.

Sperrbeton als Ersatz für eine Abdichtung wird unter Abschn. 2.4 kurz angesprochen, und soll auch hier nicht weiter behandelt werden.

3.5 Trenn- und Gleitschicht, Dränagematten

In den Anfängen des Baus wärmegedämmter Park- oder Terrassendächer hatte man früh erkannt, dass die begeh- bzw. befahrbare Betonschutzschicht von der Abdichtungsebene getrennt werden muss. Zunächst wurde der in Felder von $0{,}60 \times 0{,}60$ bis $2{,}0 \times 2{,}0\ m^2$ unterteilte Ortbetonbelag auf eine Lage Ölpapier, über der bituminösen Abdichtung liegend, betoniert. Diese Methode hat sich nicht bewährt, da durch den permanenten Anpressdruck aus Eigengewicht und Verkehrslast das Ölpapier die Abdichtung mit dem Nutzbelag verklebte, und Schubkräfte aus diesem in die Bitumenbahnen übertrug. Risse in der Abdichtung führten zu Durchfeuchtungen.

Inzwischen werden in der DIN 18532-2 folgende Varianten vorgegeben:

a) Trennlage aus einer Lage PE-Schaumfolie, Dicke 2 mm bis 3 mm und eine Lage PE-Folie, Dicke $\geq 0{,}2$ mm.
b) Trennlage aus einer Lage Vlies bzw. Geotextil, Nennflächengewicht min. 300 g/m^2 und einer Lage PE-Folie, Dicke $\geq 0{,}2$ mm.
c) Gleitlage aus zwei Lagen PE-Folie nach DIN 13984, Dicke jeweils $\geq 0{,}2$ mm.

Die Variante a) erscheint nicht praxistauglich, da der Schaumstoff bei der Herstellung durch den Baubetrieb in weiten Bereichen auf annähernd Null gestaucht wird. Es entsteht in der Fläche eine unregelmäßige Bettung der Fahrbahnplatte. Die rechnerische Berücksichtigung der 2 bis 3 mm dicken Schaumfolie führt zu einer weichen Bettung, in deren Folge die Biege- und Durchstanzbeanspruchung der Betonnutzschicht erhöht wird.

Die doppellagige PE-Folie mit weiten Überlappungen kann nach R. Oswald lediglich nur als Verstärkung des Durchwurzelungsschutzes angesehen werden [2]. Die Bahnen der Trenn- und Gleitschicht sind eben und faltenfrei zu verlegen. Es ist zwischen Gleitreibung und Haftreibung zu unterscheiden. In Abhängigkeit von der Qualität der Ausführung, der Temperatur und dem Feuchtigkeitsgehalt kann für die Gleitreibung von einem unteren Wert von $\mu_{Gl} \geq 0{,}2$ und einem oberen Grenzwert von $\mu_H \approx 1{,}0$ ausgegangen werden. Durch die Reibungskoeffizienten der Gleitebene werden die auf die Abdichtung und Dämmung übertragenen Horizontalkräfte auf ein vertretbares Maß begrenzt. Die Zwangskräfte aus temperaturbedingten Längenänderungen der Parkdachplatten werden reduziert in den Warmdachaufbau übertragen. Im Normalfall genügt der untere Wert für die Gleitreibung die Fahrbahnplatten bei einem Gefälle von 2,5 % in der Lage zu halten. Kommen Horizontalkräfte aus der Fahrdynamik, Brems- und Anfahrkräfte oder Radialbeschleunigungen hinzu, sind die betroffenen Platten durch Abstützungen zu Nachbarplatten zu halten. In exponierten Bereichen, wie z. B. extremen Neigungswechseln, Schrankenanlagen im Zufahrtsbereich, Ladebuchten für Lkws etc. kann es ggf. erforderlich sein, die zu erwartenden Schubkräfte durch spezielle Einbauteile in die Tragkonstruktion einzuleiten (siehe Abb. 2.4).

Beim Umkehrdach wird in der Ebene über der XPS-Dämmung ein diffusionsoffenes, Feuchtigkeit abweisendes Vlies angeordnet. Gemäß der Zulassung ist das Vlies systemzugehörig und ist produktbezogen. Es sollte sich inzwischen herumgesprochen haben, dass hier nicht anstatt des herstellerseitigen Vlieses ein- oder zweilagige PE-Folien einzubauen sind, da deren Dampfdichtigkeit zu einer übermäßigen Auffeuchtung des Dämmstoffes mit extremer Erhöhung des Wärmeleitwertes λ führen kann [3, 73].

Anders als in den einschlägigen Quellen, wie DIN 18532 [27], den Flachdachrichtlinien [28], den BWA-Richtlinien [58] oder dem abc der Bitumenbahnen [40] sehen die FLL-Richtlinien [74] für die Verkehrsflächen im wärmegedämmten Parkdachaufbau die Anordnung einer Dränschicht (Filter- und Sickerschicht) in der Ebene der Trenn- und Gleitschicht vor. Bei Dränagefolien handelt es sich zum Teil um mehrschichtige Kunststoffbahnen aus hochfestem HD-PE oder Polypropylen in das meistens ein Noppenprofil in einer Höhe von 8 bis 16 mm eingeprägt wurde. Erwartungsgemäß steht die Dränageleistung zur Vermeidung von Staunässe auf der Abdichtung im Vordergrund. Dränagefolien werden überwiegend von Garten- und Landschaftsarchitekten im Gründachbau eingesetzt. Um sie auch in befahrbaren Flächen zu nutzen, werden in den Produktbroschüren unterschiedlicher Hersteller beispielhafte Dachaufbauten auch den Belastungsklassen 2 und 3 der FLL-Richtlinie zugeordnet. Allerdings werden die Belastungsklassen der FLL-Richtlinie über die gleichmäßig verteilten Flächenlasten (Ersatzlasten) der alten DIN 1055 und 1072 definiert. Einzellasten aus Raddrücken gehen in die Betrachtung nicht mit ein. Die aufnehmbaren Druckspannungen der Dränagefolien werden in den Prospekten mit 3,5 t/m^2 bis 4,0 t/m^2 [0,35–0,40 N/mm^2] angegeben, wobei nicht erkennbar ist, ob es sich um eine charakteristische oder zulässige Druckspannung, eine Bruchspannung oder den Bemessungswert der Druckspannung unter Berücksichtigung einer Verformungsbegrenzung unter Dauerlast handelt. Ein Elastizitäts- oder Bettungsmodul wird, wenn überhaupt, nur in Verbindung mit weiteren Bodenschichten mitgeteilt. Für den Fall, dass vorgesehen ist, in einer wärmegedämmten Verkehrsfläche eine Dränageebene anzuordnen, sollte man für die Planung vom

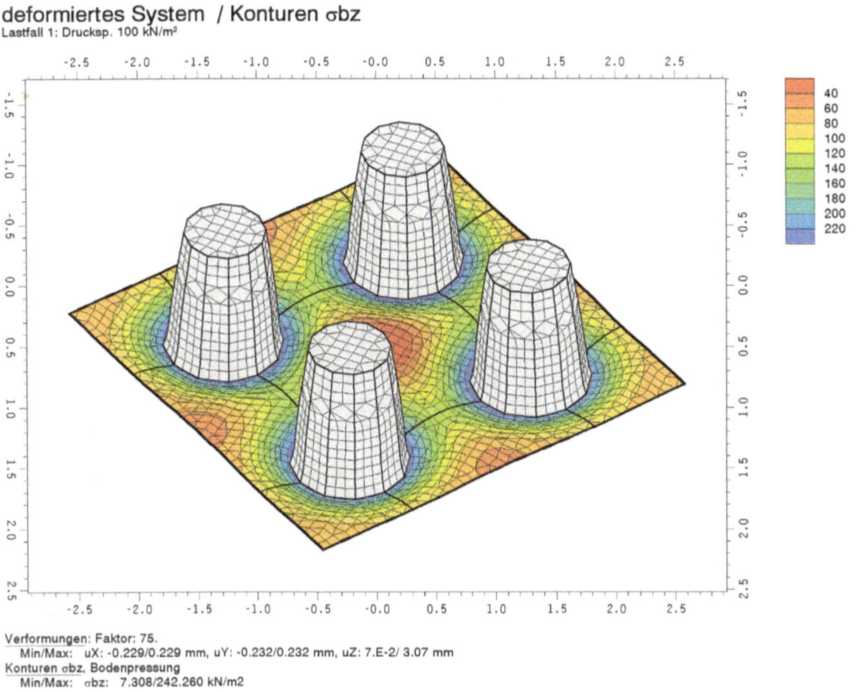

Abb. 3.11 Spannungsverteilung unter Dränage-Noppen, FEM-Berechnung, ausgehend von 100 kPa

Hersteller/Lieferanten der Dränagefolie unbedingt obige Werte sowie eine Aussage zur effektiven Lastübertragungsfläche abfordern.

Durch die Profilierung der Dränagefolie liegt diese nicht vollflächig auf der Abdichtung bzw. Dämmung. Unter den vertikalen Stegen oder Wandungen der Noppen kommt es zu Spannungsspitzen mit deutlich höheren Kontaktpressungen, die sich bei Überschreiten der aufnehmbaren Spannungen dort abzeichnen können und zu einer größeren Gesamtstauchung des Gesamtpaketes führen können. In der Abb. 3.11 zugrunde liegenden FEM-Berechnung wurde auf die Oberflächen der Noppen eine Druckspannung von 100 kN/m^2 [100 kPa] aufgebracht. Unter den elastisch gebetteten Noppenrändern stellte sich eine Druckspannung von ca. 240 kN/m^2 ein. Daraus lässt sich ein Faktor von 2,4 für die Spannungskonzentration durch die Noppenfolie ableiten. Praktische Untersuchungen ergeben einen Wert von 1,7. Ohne die lastverteilende Wirkung einer bituminösen Abdichtungslage liegt dieser Wert noch deutlich höher. Insbesondere im Bereich von Abdichtungsüberlappungen kann es durch die ungleichmäßige, elastische Lagerung der Noppenränder zum Einknicken der Noppenwandungen, und somit zum Versagen der Dränageschicht kommen.

Über der Dränebene sind gemäß FLL-Richtlinie eine Bettungs- und Tragschicht aus gebundenem HGT und ungebundenem Material vorzusehen. Weiter ist eine

Kombination von Filter- und Sickerschichten anzuordnen. Entsprechend der RStO hat dieses Schichtenpaket in Abhängigkeit von der Belastung und der lastverteilenden Nutzschicht eine Dicke von 15 bis 25 cm.

Für den Einsatz im Umkehrdach werden die Dränagematten perforiert, um die Dampfdiffusionsdichtigkeit aufzuheben. Die Dränageebene wird als belüfteter Diffusionsraum angesehen. Trotzdem sind bei befahrbaren UK-Dächern keine Dränschichten in deutschen Zulassungen Bestandteil der zugelassenen Aufbauten, lediglich bei Gründächern. Dränagefolien sind laut Produktbeschreibung für den Einbau in der FLL-Belastungsklasse 3 geeignet. Da die Belastungsklasse 3 Fahrzeuge mit einem zulässigen Gesamtgewicht von ≥ 2,5 t bis 16 t (25–160 kN) einschließt, entspricht nur ein kleiner Fahrzeuganteil, und zwar der Anteil bis 3,0 t, den derzeitigen, und bisherigen UK-Zulassungen.

3.6 Nutz- bzw. Fahrbelag

3.6.1 Allgemeine Erläuterungen

Die Beanspruchungen, die sich aus der Nutzung als Verkehrsfläche ergeben (siehe Kap. 2), sind von dem Nutzbelag schadenfrei aufzunehmen und so zu verteilen, dass sie für die darunter liegenden Schichten keine Gefährdung darstellen. Außer den Radlasten der Fahrzeuge sind die Stahlräder von Einkaufswagen und andere extreme Punktlasten (z. B. Stöckelabsätze) insbesondere bei weichen Oberbelägen und in Fugenbereichen zu berücksichtigen. Der Oberbelag muss gegenüber thermischen, biologischen und chemischen Einflüssen beständig sein und diese weitgehendst von der Dichtung und Dämmung fernhalten. Der Belag muss den verkehrstechnischen Anforderungen hinsichtlich Griffigkeit und Ebenheit genügen, und strahlender Wärme sowie Flugfeuer widerstehen HBauO [7]. Die Garagenverordnung [13] schreibt vor, dass die Fußböden von Abstell- und Verkehrsflächen mit einer Größe über 100 m^2 (Mittel- und Großgaragen) auf Dächern aus nichtbrennbaren Baustoffen bestehen müssen. Da bei wärmegedämmten Verkehrsflächen davon auszugehen ist, dass diese Gebäude nicht ausschließlich der Garagennutzung dienen, sind die Anforderungen der Bauordnung in Abhängigkeit von der jeweiligen Gebäudeklasse zu erfüllen, sofern diese weitergehen als die Anforderungen nach der Garagenverordnung GarVO.

Die Regelungen der DIN 18532 für die Lastverteilungs-, Nutz- oder Schutzschicht gehen in einigen Bereichen über die der Vorläufernormen hinaus, an anderen Stellen ist sie den praktischen Ausführungserfahrungen angepasst. Die Norm schlägt folgende Stoffe für die Lastverteilungsschicht vor (Abb. 3.12):

- Ortbeton nach DIN EN 206, bewehrt oder unbewehrter Faserbeton;
- Betonfertigteilplatten auf Elastomerlagern oder einer Bettungsschicht;
- Pflastersteine auf einer Bettungsschicht;
- Schüttgut aus gebrochenen, mineralischen Stoffen verschiedener Körnung;

- Stoffe für Nutz- oder Schutzschichten, wenn die Nutzschicht bzw. Schutzschicht zugleich auch die Lastverteilungsschicht ist.

Mit dem letzten Absatz sind wahrscheinlich Kombinationen aus bituminösen Schutzschichten (Gussasphalt …) und

- Gussasphaltestrichmörtel;
- Gussasphalt;
- Asphaltbeton;
- Splittmastixasphalt;
- sowie den oben aufgeführten Lastverteilungsschichten;

gemeint.

3.6.2 Ortbeton-Oberbeläge

Für Ortbeton oder aufgeständerte Betonfertigteile wird mindestens die Druckfestigkeitsklasse C30/37 oder C 20/25 mit zusätzlichen Maßnahmen zum Schutz gegen Tausalzeinwirkung nach DIN EN 206-1 gefordert (früher nach DIN 18195-10; C8/10 bzw. C12/15). Die Dicke der bewehrten Lastverteilungsschicht aus Ortbeton soll mindestens 12 cm betragen (dies beruht auf der Betonüberdeckung der Bewehrungseinlagen). Wird unbewehrter Faserbeton eingesetzt, darf die Mindestdicke auf 10 cm reduziert werden. Die Nutz- bzw. Lastverteilungsschichten aus Beton sind nach den „anerkannten Regeln der Statik" zu bemessen. Für bewehrte Beton-Nutzschichten sind die Anforderungen der Expositionsklassen XD3 (wechselnd nass und trocken, direkt befahrene Parkdecks) und XF4 (hohe Wassersättigung, mit Taumittel, Verkehrsflächen) nach DIN EN 1992-1-1 [25] zugrunde zu legen.

Aus der Expositionsklasse XD3 ergibt sich ein Mindestwert der Betondeckung von $c_{min} = 40$ mm. Weiter ist ein Vorhaltemaß von $\Delta c_{dev} = 15$ mm zu berücksichtigen. Damit ergibt sich ein Nennmaß der Betondeckung von (Abb. 3.12)

$$c_{nom} = c_{\min} + \Delta c_{dev} = 40 + 15 = 55\,mm.$$

Die Berücksichtigung der Expositionsklassen führt bei einer 12 cm dicken Ortbetonfahrbahnplatte zu einer annähernd mittigen Bewehrungslage. Sinnvollerweise wird die untere Betondeckung zu Gunsten der Oberen auf 45 mm reduziert. Die Klassen XD3 und XF4 erfordern eine Betonfestigkeitsklasse von C 30/37(LP). Die nach EC 2 für Parkdecks geforderte rissüberbrückende Beschichtung in Expositionsklasse XD3 wird für die befahrbare Lastverteilungsschicht üblicherweise nicht ausgeführt. Durch die Aufteilung in Felder und die Trenn- und Gleitebene werden Zwangsbeanspruchungen in einer beherrschbaren Größenordnung gehalten.

Addiert man zu den nach DIN 18532 geforderten Betondeckungen die mittige Bewehrungslage von kreuzweise Ø 6 mm, z. B. Q 188 A, so führt dies zu einer Plattendicke von

$$d = 2 \times 55 + 2 \times 6 = 122\,mm > 120\,mm.$$

Die Dicke sollte auf den Normwert von 12,0 cm angepasst werden. Die damit verbundene geringfügige Unterschreitung der geforderten Betondeckung kann nach meiner Auffassung, auch bei einer etwas stärkeren Bewehrung, vernachlässigt werden, da die Werte des EC 2 für eine Nutzungsdauer von 50 Jahren ausgelegt sind. Für die Anwendung im Parkdach aber ein Betrachtungszeitraum von 30 bis 40 Jahren genügt [[68] BSSR – Bundesinstitut für Bau-, Stadt- und Raumforschung, Nutzungsdauern von Bauteilen für Lebenszyklusanalysen nach Bewertungssystem Nachhaltiges Bauen (BNB), Code Nr. 360 – Dächer ⇒ Flachdachabdichtungen, 2011].

Entsprechend dem obigen Vorschlag, sollten die Betondeckungen ungleichmäßig über den Querschnitt verteilt werden ($c_{nom,unt} \leq 4{,}5$ cm, $c_{nom,\,oben} \geq 5{,}5$ cm). Als Abstandshalter sollten keine Kunststoffprofile, sondern mineralisch gebundene Dreikantleisten, auch als Schlangen bezeichnet, verwendet werden (Abb. 3.14). Da selbst Hartkunststoffe einen deutlich niedrigeren E-Modul als Beton aufweisen, kann sich die „Gefügestörung" als Riss an der Plattenoberfläche zeigen (siehe Abb. 3.13).

Für die Herstellung von Nutzbelägen aus Beton oder Betonfahrbahnplatten kann auf die DIN EN 1992, Bemessung und Konstruktion von Stahlbeton- und Spannbetontragwerken – Teil 1-1: Allgemeine Bemessungsregeln und Regeln für den Hochbau, zurückgegriffen werden [25]. Da es sich bei dem Oberbelag nicht um ein bauaufsichtlich zu prüfendes Bauteil handelt, sind die Bemessungsnormen nicht zwingend zu beachten [Auslegung NABau zu DIN EN 1992, Lfd. Nr. 60.1]. Ergänzende Hinweise können den Zusätzlichen technischen Vorschriften und Richtlinien für den Bau von Fahrbahndecken aus Beton, ZTV-Beton – StB, sowie der DIN 18 560, Estriche im Bauwesen, entnommen werden.

In den früheren Flachdachrichtlinien (1991) wurde für befahrbare Dachflächen eine nach statischen Erfordernissen bemessene, lastverteilende Druckplatte aus Beton, die durch Fugen in Plattenfelder von $\leq 2{,}50 \times 2{,}50$ m^2 zu unterteilen war, gefordert. Die heutigen Vorschriften überlassen die Fugenteilung dem Planer bzw. der ausführenden Firma. Inzwischen sind Fugenabstände von 3,0 m bis 6,0 m üblich.

Unterschiedliches Betonschwinden und Temperaturdifferenzen zwischen Plattenober- und -unterseite führen zu lastunabhängigen Plattenverformungen, Schüsseln und Wölben [75]. Um die damit verbundenen Zwangsspannungen in einer unschädlichen Größenordnung zu halten, wird empfohlen, die Fahrbahnplatten in Abständen von 25 bis 30xh (37h) durch Fugen in möglichst quadratische Felder zu unterteilen [24, 36], (siehe Abschn. 7.2).

In Rand- und Anschlussbereichen sind breitere Fugen oder Randstreifen vorzusehen, die eine Beschädigung des Abdichtungsanschlusses verhindern.

Während in der alten DIN 18195-10 von 2004 die Felder ab Brückenklasse 6/6 nach DIN 1072 noch verdübelt werden mussten, wird in der aktuellen DIN 18532-1 bei Lkw- und Schwerlastverkehr in den Nutzungsklassen N3-V und N4-V (siehe Tab. 2.2) eine Plattenverdübelung nur noch empfohlen. Eine Verdübelung erfordert mindestens eine Plattendicke von 13 cm, besser 16 cm. Im Einzelfall muss man sich bei hohen Radlasten, so ab BK 16/16, zwischen einer weicheren Unterkonstruktion

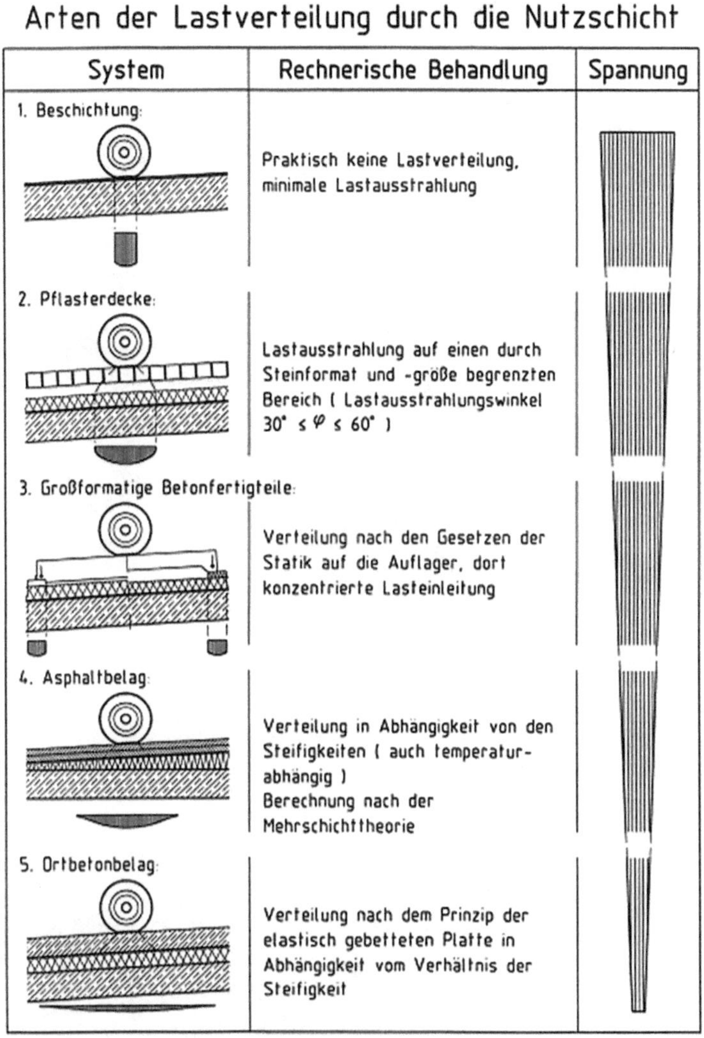

Abb. 3.12 Wirksamkeit der Lastverteilung durch die Nutzschicht; max Druckspannung auf der Dämmung nimmt von 1 bzw. 2 ab, wobei die Radlast auf eine grössere Fläche verteilt wird

mit einer dickeren Lastverteilungsplatte, oder einer Fugenverdübelung entscheiden. In den letzten Jahren ist diese Entscheidung meistens auf Grund der hohen Kosten und den Anforderungen an die Ausführungsqualität zu Ungunsten der Verdübelung ausgefallen.

In der Praxis werden Ortbetonplatten (C 30/37 LP) auf Trenn- und Gleitschichten in verschiedenen Rastermaßen angeboten und ausgeführt. Bei ausschließlicher

Abb. 3.13 Riss über einem Kunststoffabstandshalter

Abb. 3.14 Herstellung einer mittig bewehrten Fahrbahnplatte [MdB]

Pkw-Nutzung und druckfester, stauchungsarmer Dämmung reicht eine 10 cm dicke Faserbetonplatte aus. Wird zur Erhöhung der Sicherheit eine etwa mittig liegende Bewehrungsmatte vorgesehen, so ist die Plattendicke wegen der geforderten Betondeckung in 12 cm auszuführen. Höhere Belastungen, z. B. aus **S**chwer-**L**ast-**W**agen (z. B. SLW 60 oder LM 1 nach EC 1-2), erfordern eine Plattendicke von 22 cm bis ca. 24 cm mit zweilagiger Bewehrung [54]. Der Beton soll nach Möglichkeit im Zustand I, also ungerissen, verbleiben. Die mittige, bzw. zweilagige Bewehrung soll für den Fall, dass es zu einem Riss kommt, als zusätzliche Sicherheit im Bemessungszustand II die Abdichtung und Dämmung vor Beschädigung schützen [32, 53, 69].

Verschiedentlich wird, wie im Industriebodenbau schon seit langem [76, 77], anstatt der Bewehrungsmatten, faserbewehrter Beton ausgeführt. Auch hier wird davon ausgegangen, dass die Biegezugspannungen in einer Größenordnung verbleiben, die vom Beton noch ohne Rissbildung aufgenommen werden können. Erst nach dem Zugversagen der Betonplatte wirken die Fasern und verhindern ein Klaffen der Risse und schützen somit die Abdichtung und Dämmung. In [76] wird eine Dimensionierungstabelle für verschiedene Lasten und Untergründe bei einem Stahlfasergehalt von 20 bis 30 kg mitgeteilt. Weitere Angaben zum Verhalten von Stahlfaserbeton können z. B. [77, 78, 79, 80, 81] entnommen werden. An der Oberfläche liegende Stahlfasern können im Laufe der Zeit zu kleinen, punktuellen Rostflecken führen. Eine Gefügestörung durch die Sprengwirkung rostender Fasern soll wegen der geringen Faserdicke nicht auftreten. Werden keine allzu hohen Ansprüche an das Aussehen der Betonoberfläche gestellt, so sind die Rostflecken hinnehmbar. Anderenfalls kann durch eine Gussasphalt-Deckschicht die Oberfläche geschützt werden.

Fasern werden in der DIN EN 1992-1-1 noch nicht als Ersatz für Bewehrung aus Baustahl gewertet. Die DIN EN 206-1 setzt Faserzugaben mit Betonzusatzstoffen oder Zusatzmitteln gleich. Die Fasern werden derzeit bauaufsichtlich nicht zur Sicherung der Tragfähigkeit eines Bauteils genehmigt. Da Industriefußböden und Lastverteilungsplatten auf gedämmten Verkehrsflächen üblicherweise keiner bauaufsichtlichen Tragfähigkeitsprüfung bedürfen, stellt hier der Fasereinsatz, egal ob Stahl- oder Kunststofffasern keinen Verstoß gegen Bauvorschriften dar. Um möglichst Risse in den Lastverteilungsplatten zu vermeiden, wird die Fahrbahnplatte im Zustand I (ungerissener Zustand), unter Einhaltung der Beton-Biegezugspannung, bemessen. Einige Hersteller verzichten zumindest im Pkw-belasteten Bereich auf den Einbau von Baustahlmatten und erhöhen die Duktilität der Betonmatrix durch die Zugabe von Kunststofffasern. Die Kunststofffasern weisen nur ein geringes Nachrissverhalten auf, verbessern aber das Schwindverhalten mit dem Ergebnis geringerer Schüsselneigung [82].

Die Oberflächen der Ortbetonplatten werden durch Rüttelbohlen oder Walzen eben abgezogen. Auf Wunsch kann die Oberfläche durch einen Besenstrich aufgeraut werden (Abb. 3.15, 3.16).

Um die Betonqualität, insbesondere an der Oberfläche, zu verbessern und die Schwindverformungen zu reduzieren, wird von einigen Herstellern eine Vakuumbehandlung angeboten. Treten extreme Punktlasten aus Stahlrädern oder Vulkolon-

Abb. 3.15 Glätten der Oberfläche einer Betonfahrbahnplatte [MdB]

bereifung auf, so sollte in Erwägung gezogen werden, wie beim Industriebodenbau, eine besondere Hartstoffschicht frisch in frisch aufzubringen, dies sollte bei Einsatz von LP-Betonen aber nur auf Innenbereiche beschränkt werden. Eine Einstreuung reicht im Allgemeinen nicht aus.

Bei hohen Einzellasten und eventuell weichen Bettungen, wird manchmal von der Planerseite vorgeschlagen, die Plattenbeanspruchung durch eine Dübelverbindung in den Fugen zu reduzieren. Gleichzeitig sollen hierdurch Fugenversätze verhindert werden. Die Herstellung verdübelter Fugen ist mit erheblichem Aufwand und Kosten verbunden, und sollte, wenn möglich, durch andere konstruktive Maßnahmen wie z. B. härtere Bettung und/oder dickere Platten vermieden werden.

Unabhängig von der Art der Ausführung, müssen örtlich hergestellte Betonoberbeläge entsprechend DIN EN 1992-1-1 sorgfältig nachbehandelt werden. Dies kann durch Abdeckung mit Folien geschehen, wobei darauf zu achten ist, dass sich unter

Abb. 3.16 Aufbringen eines Besenstrichs [MdB]

der Folie keine Windkanäle bilden, die dann infolge Zugluft bereichsweise die Austrocknung beschleunigen. Anstatt der Folienabdeckung werden auch Curingmittel aufgesprüht, die ein vorzeitiges Austrocknen des Betons verhindern sollen [83].

Der Schwerpunkt dieses Buches liegt auf den zuvor beschriebenen Parkdächern mit Ortbetonfahrbahnplatten. Detaillierte Ergänzungen zur Konstruktion und Bemessung dieser Bauweise erfolgen im Kap. 5.

3.6.3 Fertigteil-Oberbeläge

Da die Ortbetonflächen erst nach einer mehrwöchigen Erhärtungszeit genutzt werden dürfen, stehen in letzter Zeit Fertigteilplatten vermehrt zur Diskussion. Bei den Fertigteilplatten handelt es sich um bewehrte oder unbewehrte Platten aus mehr oder weniger hochfestem Beton. Für PKw-Nutzung werden üblicherweise 8,0 bis 10,0 cm dicke Platten auf Gummigranulatabstandshaltern über der Abdichtung bzw. der Dämmung verlegt (siehe Produktunterlagen z. B. stelcon®oder Zoontjents). Aufgrund der Plattenabmessungen von 80 × 80 cm bis 110 × 110 cm und Gewichten der Fertigteile, die für Pkw-Befahrung herstellerseits empfohlen werden, wird bei großflächigem Einbau sinnvollerweise leichtes Gerät eingesetzt. Beim Transport der Betonplatten auf der Dachdecke ist die rechnerisch zulässige Belastung dieser zu beachten. Das Absetzen großer Vorratsstapel mit einem Kran für die weitere Verlegung kann unzulässige Lastkonzentrationen mit sich bringen (Abb. 3.17).

Da das Gewicht einer Platte im Verhältnis zu Ortbetonbelägen deutlich geringer ist, und die Platten nur punkt- oder streifenweise gelagert sind, wird der Gefahr einer Plattenverschiebung durch Horizontalkräfte aus Brems- und Anfahrvorgänge durch Verspannung oder Verkettung in den Fugen bzw. Kreuzungspunkten entgegengewirkt.

Bei der Belastung nur einer Plattenecke ist auf Grund des geringen Eigengewichts der Platte und der punktweisen, elastischen Auflagerung die Lagestabilität

Abb. 3.17 Zwischenlagerung von FT-Platten auf der Decke, Abstimmung des Lastansatzes erforderlich, Stellenweise ca. 10,0 kN/m²

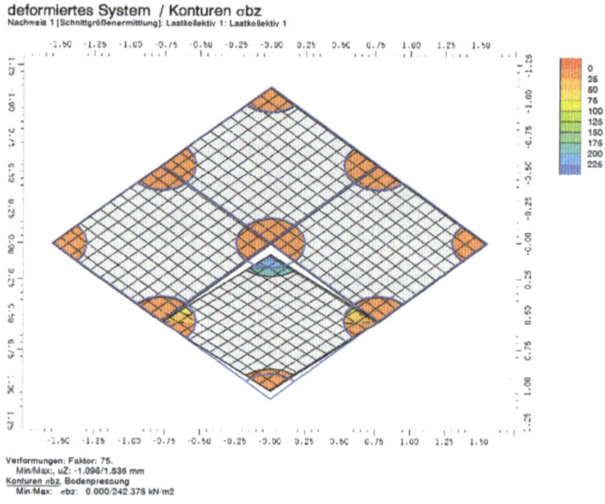

Abb. 3.18 FT-Plattendeformation unter Radlast (10 kN) auf einer Plattenecke (uz = 1,535 mm)

kritisch zu sehen. Die Radpressung von $p_s = 250$ kN/m^2 wird durch den Auflagerteller nur minimal auf $\sigma_B = 242$ kN/m^2 verteilt (Abb. 3.18, 3.19, 3.20). In Störbereichen, wie z. B. Gefällewechseln vor Rampen, kann es zu Lockerungen der FT-Oberfläche kommen. Die Fertigteilplatten sind untereinander und mit dem Parkdachrand auszusteifen. Wegen des hohen Fugenanteils ist eine Verfugung mit dauerelastischem Material o. ä. unwirtschaftlich und nicht sinnvoll. Somit ergibt sich der Vorteil, dass das Niederschlagswasser durch die offenen Fugen direkt auf die Abdichtungsebene gelangt und dort abgeführt wird. Die Fertigteilplatten werden bevorzugt auf einem Umkehrdach verlegt. Im Zusammenhang mit dieser Bauweise ist in den älteren Veröffentlichungen für das Umkehrdach, entgegen der DIN 18532-1 der Hinweis zu finden, dass ein Gefälle nicht erforderlich ist (siehe Abschn. 7.4). in den derzeitigen Bauartgenehmigungen wird bei der Bauweise FT-Platten auf Stelzlagern auf die Angabe eines erforderlichen Gefälles verzichtet. Allerdings ist die Herstellung einer 100-prozentig horizontalen und ebenen Deckenoberfläche schon auf Grund der zu erwartenden Durchbiegungen praktisch nicht möglich [47]. Entgegen den UK-Zulassungen ist das damit verbundene, stellenweise Überstauen des Dämmstoffes in den so entstandenen Pfützen sehr kritisch zu sehen. Die Fugen sind regelmäßig zu reinigen, damit es nicht zu Bewuchs und damit zur Gefahr der Durchwurzelung kommt.

Als Vorteil der lose verlegten Fertigteilplatten wird angesehen, dass diese im Reparaturfall einfach und schadensfrei aufgenommen werden können und somit die Abdichtung und Dämmung leicht zugänglich ist. Vereinzelt wird auch auf eine mögliche Brandausbreitung unterhalb des Fahrbelags, insbesondere im Zusammenhang mit einer Umkehrdachkonstruktion hingewiesen. In Einzelfällen werden Fertigplatten für Fahrzeuglasten bis 3,5 t (35 kN) angeboten, deren Einsatz im Umkehrdach aber durch die Zulassungsbegrenzung der Pkw-Nutzung auf 30 kN zulässiges Gesamtgewicht nicht ausgenutzt werden kann.

Abb. 3.19 Verschiebungen eines FT-Fahrbelags [MdB]

Abb. 3.20 Auflagerteller eines FT-Oberbelags [MdB]

Die elastischen Auflagerteller dieser Bauweise können sich positiv auf die Trittschallverminderung auswirken.

3.6.4 Pflaster-Oberbeläge

Häufig besteht aus gestalterischen Gründen der Wunsch, auf Parkdächern Naturstein- oder Betonsteinpflaster als Nutzschicht einzusetzen. Diese Belagsart kommt aus dem Straßenbau und hat sich dort im Zusammenhang mit dem entsprechenden Unterbau bewährt.

Auf wärmegedämmte und abgedichtete Flächen, wie im Falle von Parkdächern, sind straßenbauähnliche Bedingungen jedoch nicht einfach zu übertragen. Zieht man z. B. die „Richtlinien für die Standardisierung des Oberbaues von Verkehrs-

Abb. 3.21 Pflasterverschiebungen auf einem Umkehrdach

flächen", RStO 12 [84] heran, so erkennt man, dass dort Aufbaudicken von d = 30 cm und mehr gefordert werden.

Die Übertragung derartiger Straßenbaubeläge auf Parkdächer, unter Verwendung erheblich geringerer Aufbaudicken, hat in der Vergangenheit häufig zu Problemen geführt. So sind vielfach lose und verschobene Pflasterflächen, u. a. auch auf federnden Dämmschichten zu bemängeln. Bei Umkehrdächern mit Verbundsteinpflaster wurden aufgrund der wassergesättigten und verschlammten und somit annähernd diffusionsdichten Pflasterbettung außerdem die höchsten (unzulässigen) Feuchtigkeitsgehalte im Dämmstoff festgestellt [1, 3, 6, 85] (Abb. 3.21).

Die wesentliche Funktion der Lastverteilung wird durch eine gepflasterte Nutzfläche gegenüber einem Ortbetonoberbelag nur ungenügend erfüllt. Während in den Anfängen des Pflasterwegebaus die hauptsächliche Tragfähigkeit der Pflasterdecke aus der Gewölbewirkung resultierte, baut man bei den heutigen ebenen Flächen auf eine Verkrallung (Verbund) der Steine untereinander.

An der TU München wurden diverse Parkdachaufbauten durch Überrollversuche getestet und begutachtet. Unter anderem auch gepflasterte Oberbeläge [74, 86, 87].

Beim Überrollvorgang werden die betroffenen Pflastersteine mit Fortschreiten des Rades ausmittig belastet. Anstatt durch den Gewölbeschub, werden die einzelnen Steine durch Flankendruck in den Fugen zu den Nachbarsteinen zentriert (Abb. 3.22).

Auch die unter den Pflastersteinen entstehende Bodenpressung verhält sich nicht gleichmäßig, sondern passt sich über eine trapez- oder dreiecksförmige Verteilung der Exzentrizität an.

Die hierbei entstehenden, zum Teil erheblich hohen, Spitzendrücke werden über das dünne Pflasterbett kaum verteilt und auf die Abdichtung und Dämmung übertragen. Für den Pflastergrund werden hohe Festigkeitsanforderungen gestellt. Höhere (dickere) Steine reduzieren die Spannungsspitzen erheblich [88, 89, 90, 91, 92]. Überrollversuche eines umkehrdachtypischen Pflasteraufbaus zeigen, dass selbst

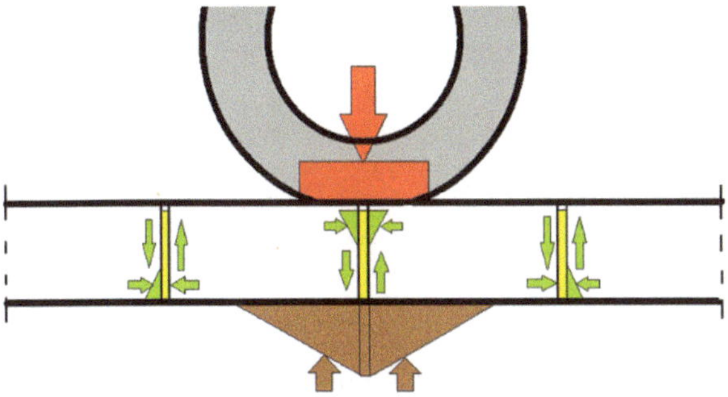

Abb. 3.22 Pflasteroberbelag – Spannungsverteilung

bei besonders großen, verzahnten Betonverbundsteinen hohe Radlasten, wie sie im gewerblichen Bereich auftreten können, zu nicht hinnehmbaren Pflasterverschiebungen und Spurrillen führen, wobei der weichere XPS-Dämmstoff schon nach wenigen Belastungsvorgängen zu Schäden in der Pflasterfläche führte [93].

Den älteren Überrollversuchen lagen seit den 90er-Jahren nicht mehr produzierte, H-FCKW-getriebene extrudierte Polystyrole zugrunde. Inzwischen werden Schaum-Dämmstoffe ähnlicher Druckfestigkeiten zurzeit mit CO_2 hergestellt.

Abb. 3.23 Abschätzung der Spannungsverteilung aus einer Radlast von 10 kN durch eine Pflasterdecke, FEM-Berechnung

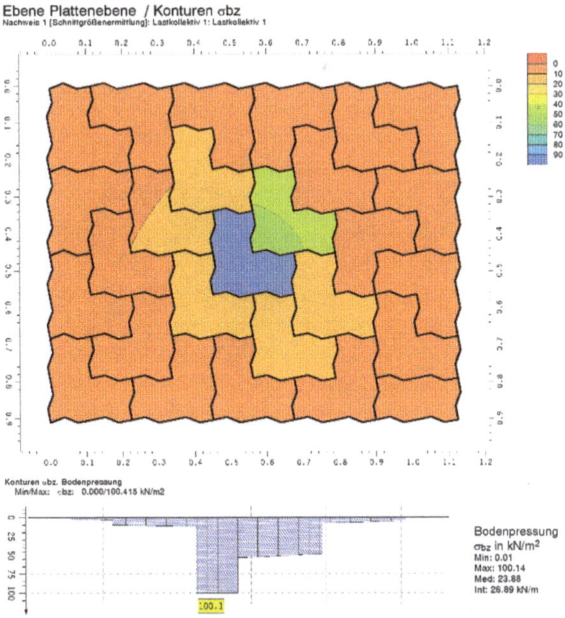

Berechnungsannahmen FEM
Pflasterstein: *l/b = 22,5/11,25 cm, d = 8 cm*
Bettung: $C_{bz} = 300.000\ kN/m^3$
Federgelenkfugen:
Senkfedersteifigkeit: $C_v = 15.000\ kN/m^2$
Drehfedersteifigkeit: $C_\varphi = 20.000\ kNm/m$

Die Spannungsverteilung unter einer Pflasterdecke wird durch die Bettung und die Kraftübertragung in den Fugen beeinflusst. Die Reibungskräfte der Fugenflanken werden häufig überschätzt, insbesondere, wenn infolge mangelnder Wartung kein Fugensand in ausreichendem Maße nachgefegt wurde. Im ungünstigsten Fall kann fast die komplette Radlast über einen einzigen Pflasterstein an den Untergrund übertragen werden. Die Radpressung wird von $p_s = 250\ kN/m^2$ auf $\sigma_B \approx 100\ kN/m^2$ reduziert, wobei durch Verkantungen höhere Spannungsspitzen auftreten können (Abb. 3.23). Aus einer Vergleichsberechnung für eine durchgehende Platte stellt sich ein stetiger Spannungsverlauf mit einem Maximum von $\sigma_B \approx 17\ kN/m^2$ ein (Abb. 3.24).

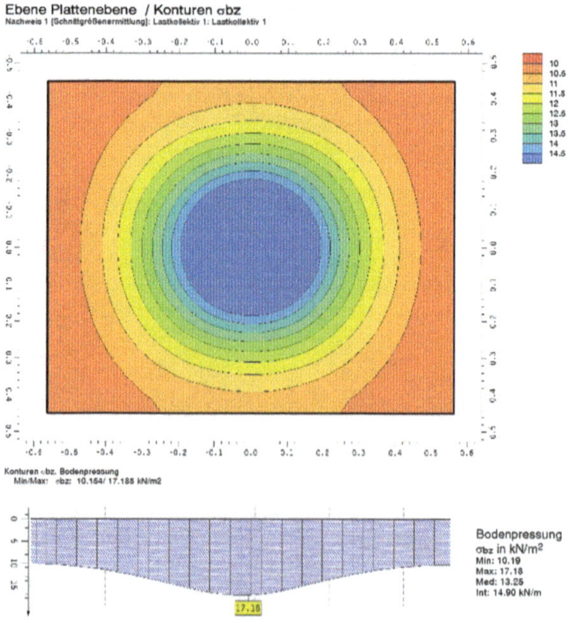

Abb. 3.24 VERGLEICHSBERECHNUNG, SPANNUNGSVERTEILUNG AUS EINER RADLAST VON 10 KN DURCH EINEN PLATTENAUSSCHNITT, D = 8 CM

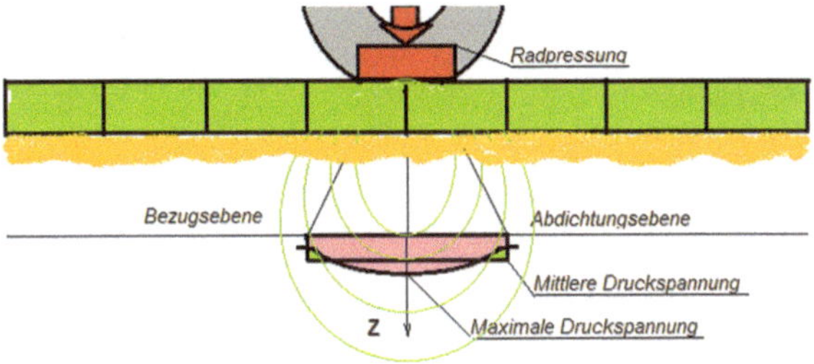

Abb. 3.25 Lastverteilung im Unterbau einer Pflasterdecke

Aus der Praxis sind verschiedene Schadensfälle bekannt, die aufgrund zu weicher bzw. federnder Unterkonstruktionen zur Zerstörung der Pflasterebene geführt haben [3]

Zusätzliche Pflasterverschiebungen ergeben sich auch aus auf der Stelle lenkenden Rädern infolge Rangierbetrieb.

Um die negativen Einflüsse aus den Spannungsspitzen und der unzureichenden Verspannung mit den Nachbarsteinen zu reduzieren, wird verschiedentlich unter dem Pflasterbett eine lastverteilende Schutzschicht aus Gussasphalt oder Beton angeordnet. Hierdurch steigt die Höhe des Gesamtaufbaus an, der Unterbau wird verbessert, die mit der Pflasterbettung und der Fugenfüllung verbundenen Probleme werden beibehalten. Wird das Pflaster zusätzlich noch im Mörtelbett mit vermörtelten Fugen versetzt, so ist darauf zu achten, dass die Abschnittsfugen aus dem Schutzbeton auch in die Pflasterebene übernommen werden. Anderenfalls kann dies zu Spannungsrissen in der Nutzfläche kommen.

In [87, 88, 90, 91] wird für Betonverbundsteine ein Mindestgefälle von 2,5 % und für Natursteine bis 3,5 % gefordert. Verschiedentlich wird berichtet, dass bei neuen Pflasterflächen bis zu 25 % des auf eine Pflasterfläche fallenden Wassers durch die Fugen in das Pflasterbett eindringen können. Um ein Aufweichen der Pflasterbettung zu verhindern, sollte die Abdichtungsebene ein entsprechendes Gefälle erhalten.

Die RStO 12 [84] setzt eine Pflastersteindicke von 8,0 cm voraus. Das Pflasterbett sollte mindestens 3,0 cm dick sein. Der Untergrund unter dem Pflasterbett soll ein Verformungsmodul von $E_{v2} = 120\ MN/m^2$ aufweisen. Nach [3] entspricht dies einem Bettungsmodul von ca. 530 MN/m^3. Geht man ausschließlich von einer Dämmstoffdicke von 10 cm aus, so zeigt sich, dass ein E-Modul von mindestens 53 MN/m^2 vorhanden sein muss, um die Anforderung der Richtlinie für Straßenoberbauten zu erfüllen. Dieser Wert wird nur von Schaumglas erreicht (siehe Tab. 3.2).

Aufgrund der dokumentierten Schadenshäufigkeit [3, 85, 94] sollte für Parkdachoberbeläge zumindest bei Mischbetrieb auf eine Pflasterausführung verzichtet werden. Ist aus Architekturgründen eine Pflasterung unabdingbar, so sollte ein der RStO entsprechender dicker und schwerer Aufbau gewählt werden (Abb. 3.25). Außerdem sollten sich alle über die Größe der zu erwartenden Pflasterverformungen klar sein. Hinzu kommt, dass Pflasteroberflächen einen gegenüber anderen Belägen höheren Pflegeaufwand erfordern (z. B. Nachfegen von Fugensand).

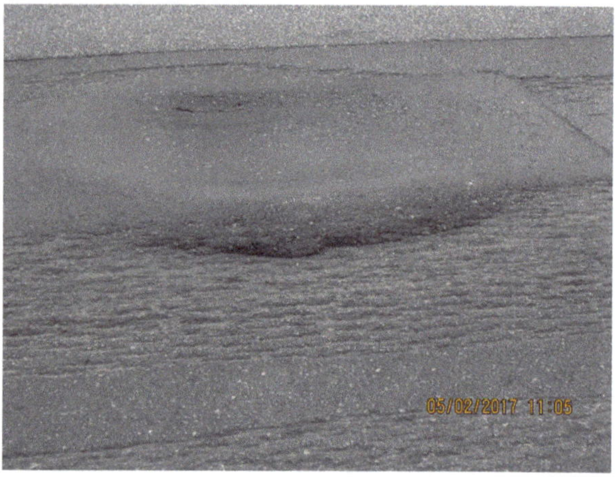

Abb. 3.26 Spurrinnen in einem viel befahrenen Brückenbelag

3.6.5 Asphalt-Oberbeläge

Wenn Gussasphalt als Nutzschicht für ein Parkdach vorgesehen ist, kann nur auf die für den Straßenbau gültigen Zusätzlichen Technischen Vorschriften und Richtlinien für den Bau bituminöser Fahrbahndecken (ZTV-ING, Teil 7; ZTV bit – StB, ZTV-Bel) und die Richtzeichnungen und Richtlinien für Brücken- und sonstige Ingenieurbauwerke zurückgegriffen werden.

Diese Vorschriften sind allerdings nicht allgemein auf die Ausführung von Parkdeckoberbelägen übertragbar. Für Hamburg wurden deshalb die Richtlinien und Richtzeichnungen für Abdichtungs- und Belagsarbeiten (FHH – Dicht 91) vom Tiefbauamt eingeführt.

Da im Brückenbau wärmegedämmte Überbauten nicht vorkommen, können diese Konstruktionshinweise für die hier behandelten Parkdächer und Hofkellerdecken nur als Anregung herangezogen werden. Auf Grund der Diffusionsdichtigkeit ist dieser Oberbelag in Verbindung mit einem Umkehrdach, Bauweise 2a nach DIN 18532-1, nicht möglich. In [2, 17, 95, 96, 97] werden ausführliche Angaben zum Einsatz von Gussasphalt auf wärmegedämmten Verkehrsflächen gemacht.

Üblicherweise besteht eine direktbefahrene Asphaltfläche aus zwei ca. 3,0 cm dicken Einzelschichten. Über der Abdichtung wird die Schutzschicht angeordnet. Darüber wird die Deckschicht, die eine mineralische Abstreuung erhält, eingebaut. Die Lastverteilung innerhalb einer Asphaltschicht entspricht nicht dem Niveau einer Betonplatte. Dies hat zwei Hauptgründe. Der E-Modul von Asphalt ist vom Bindemittel Bitumen geprägt. Das heißt, dass es einen elastischen und plastischen Anteil in Abhängigkeit von der Temperatur und der Belastungsdauer gibt (Abb. 3.26, 3.27, 3.28). Näherungsweise kann man davon ausgehen, dass der Wert des E-Moduls etwa die Hälfte, bis ein Drittel einer zementgebundenen Schicht beträgt. Außerdem ergibt eine Schichtdicke von $2 \times 3{,}0$ cm eine deutlich geringere Biegesteifigkeit als z. B. eine 10,0 cm dicke Betonplatte. Innerhalb der Asphaltschichten wird somit vereinfachend eine Lastausstrahlung unter 45° angenommen.

Abb. 3.27 Asphaltnutzfläche mit Blasenbildung [MdB]

Abb. 3.28 Blase in Asphaltnutzschicht, Vergrösserung von vorherigem Foto [MdB]

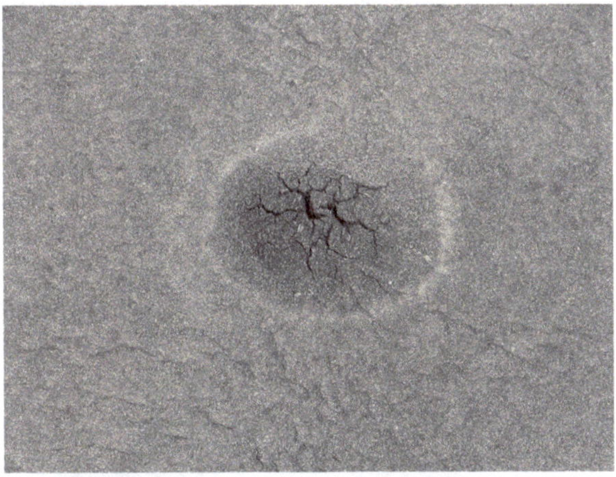

Sinnvollerweise wird die Aufgabe der Lastverteilung nicht nur der Schutz- und/ oder Deckschicht überlassen, sondern es werden Systeme angeboten, bei denen die Lastverteilung durch ergänzende Schichten unterstützt wird.

Ein wesentlicher Gedanke, der einigen dieser Systeme zugrunde liegt, ist, eine möglichst frühe Begehbarkeit der abgedichteten Flächen für parallel arbeitende Gewerke und gleichzeitig eine im Baubetrieb geschützte Abdichtung zu erreichen. So wird z. B. die Dampfsperre als Notabdichtung unter Zuhilfenahme von Asphaltmastix zu einer robusten Abdichtung ausgebildet. Nach dem Einbau der Schaumglaswärmedämmung und einer für Gussasphalt geeigneten Abdichtung wird eine ca. 3,0 cm dicke Schutzschicht aus Gussasphalt aufgebracht. Auch diese Ebene ist während der Bauzeit relativ schnell begehbar. Erst nachdem alle weiteren Arbeiten an den anschließenden Gebäudeteilen fertiggestellt sind, wird die eigentliche Nutzschicht z. B. als Betonfahrbahnplatten auf einer Trennschicht aufgebracht. Bestehen keine zeitlichen Zwänge, so wird auch über einer lastverteilenden Betonplatte der im Straßenbau übliche, zweilagige Asphaltaufbau, bestehend aus Schutz- und Deckschicht eingesetzt. Hierdurch wird der Vorteil der guten Lastverteilung durch die Betonplatte (möglicherweise mit Stahlfasern bewehrt), mit der chemischen Beständigkeit gegen Chloride der Asphaltschicht verbunden [95, 96]. Häufig wird die Betonplatte als Schutzschicht angesehen und nur noch eine 3,0 cm dicke Deckschicht aus Gussasphalt aufgebracht. Die Anforderungen an die Rissweitenbeschränkung und Betondeckung der Betonplatte können in diesem Fall reduziert werden, da diese Aufgaben von der Asphaltdeckschicht übernommen werden. Es können in der Betondruckplatte größere Fugenabstände als bei direkter Bewitterung angeordnet werden. Zwischen der Deckschicht und der Betondruckplatte ist ein Trennvlies anzuordnen.

Bitumen als Bindemittel von Asphalt ist nur bedingt gegen die Einwirkungen aus Schmierölen, Treibstoffen und einigen Lösungsmitteln beständig. Die im Parkdeckbereich anfallenden Mengen sind erfahrungsgemäß unschädlich, da sie wegen der Dichtigkeit nicht eindringen können und Treibstoffe an der Oberfläche verdunsten. Grundsätzlich sollte aber in Bereichen, in denen mit Ölen hantiert wird, oder z. B. Treibstoffe oder Lösemittel abgefüllt werden, eine mineralisch gebundene Nutzschicht geplant werden. Werden während der Bauphase aufgehende Fassadenteile mit großen Mengen konzentrierter Lösungsmittel behandelt, sollte man bituminöse Oberflächen während dieser Zeit schützen.

Ist mit konzentrierten Dauerlasten zu rechnen, so kann es bei hohen Temperaturen zu Muldenbildung in der Gussasphalt-Deckschicht kommen (Abb. 3.29). Dieser Dauerbeanspruchung ist ggf. durch eine ausreichende Lastverteilung entgegenzuwirken. Auf Gefällestrecken, wie beispielsweise Rampen, ist die Asphaltschutzschicht durch Stahleinbauteile, wie z. B. Winkel, gegen ein langsames Abgleiten zu sichern.

Abb. 3.29 Muldenbildung in einer Asphaltnutzschicht über einer Betondruckverteilungsplatte [MdB]

Trotz der Dichtigkeit von Asphaltoberbelägen sind alle drei Ebenen, Oberfläche, Abdichtung und Dampfsperre entwässerbar an die Abläufe anzuschließen [97].

Die Ebenheitsanforderungen an den Oberbelag richten sich baustoffunabhängig nach der DIN 18 202, Toleranzen im Hochbau, Bauwerke.

Um dem plastischen Tragverhalten von bituminös gebundenen Nutzschichten entgegenzuwirken, wurden „Halbstarre Beläge“ entwickelt. Zunächst wird ein Asphalttraggerüst in ca. 5 cm Stärke, mit einem Porenvolumen von ca. 25–30 % aufgebracht. Durch Einschlämmen eines mineralischen Feinmörtels wird dieses Porenvolumen gefüllt. Durch die Kombination des Asphalttraggerüstes mit der steiferen, mineralischen Porenfüllung soll die Standfestigkeit der bituminösen Nutzschicht verbessert werden (Abb. 3.30).

Abb. 3.30 Halbstarrer Belag auf Stahlbetondruckverteilungsplatte über FOAMGLAS Typ F

Aufbauvarianten

4

Inhaltsverzeichnis

Gegen 1970 ergab sich für den Verfasser durch das elterliche Unternehmen eines Kommilitonen zufällig der erste Kontakt zu dem Thema wärmegedämmtes Parkdach bzw. wärmegedämmte Terrasse. Anfänglich sollte eine ca. 4 cm dicke Korkdämmung im Warmdachaufbau thermische Längenänderungen der tragenden Decke reduzieren und „Schwitzwasser" an der Deckenunterseite verhindern. Im Laufe der Zeit wurde vermehrt Schaumglas, Foamglas®, eingesetzt. Die Kompetenz des damals marktführenden Unternehmens ergab sich aus langjähriger Erfahrung, der Qualität des Fachpersonals für die Abdichtung und dem Betonbelag, und einem ausgeklügelten, mehrfach patentierten Schalsystem für die Plattenfugen. Das Fugenraster lag je nach Anforderung zwischen 60 × 60 cm bis 2,00 × 2,00 m. Folgende Plattendicken wurden angeboten:

- Begehbarer Belag, 4–6 cm Beton
- Pkw-Befahrbarer Belag, 8–10 cm Beton
- Schwerlastbefahrbarer Belag, Lkw 16, 12: – 14 cm Beton

Die Abdichtungs- und Belagsebene wurde durch eine Lage Ölpapier getrennt. Oberflächen wurden in Waschbeton unterschiedlicher Körnungen, bzw. glatt abgezogen angeboten. Die Gestaltungsmöglichkeiten der genutzten Dachflächen sind auch heute noch stark eingeschränkt und sollten bei der Konstruktion auch nicht im

© Der/die Autor(en), exklusiv lizenziert an Springer Fachmedien Wiesbaden GmbH, ein Teil von Springer Nature 2026

J. -. P. Schlee, *Planung und Ausführung von wärmegedämmten Parkdächern, Hofkellerdecken und Verkehrsflächen*,
https://doi.org/10.1007/978-3-658-51926-1_4

Vordergrund stehen. Insbesondere großformatige Fahrbahnplatten strahlen den Charme eines Kasernenhofes aus, was durch Nutzungsspuren im Allgemeinen nicht verbessert wird.

Durch die Ölkrise 1973 wurde den meisten bewusst, dass die dürftigen Wärmeschutzanforderungen der damaligen DIN 4108 auf Dauer nicht ausreichen[1] Mit der Wärmeschutzverordnung von 1977 wurde der Wärmedurchgang auf die Gebäudehülle bezogen und die Anforderungen an die Energieeinsparung erhöht, die erforderlichen Dämmstoffdicken haben sich vervielfacht.

Das früher vorherrschende Warmdachsystem wurde kontinuierlich nach dem Prinzip „try and error" verbessert. Bis Ende des letzten Jahrhunderts war Schaumglas, Foamglas®, noch der dominierende Dämmstoff im Parkdach, heute wird er überwiegend bei sehr hohen Anforderungen an die Druckfestigkeit eingesetzt.

Die Zahl der Anbieter auf dem Gebiet des Parkdaches hat sich in den letzten Jahren verändert. Es handelt sich hierbei jedoch häufig um Unternehmen, die nur einen Teil des gesamten Parkdachaufbaus, wie z. B. nur den Nutzbelag oder nur die Abdichtung selbst herstellen. Die Zuordnung der Verantwortlichkeit im Schadensfall und die Koordination bei der Bauausführung wird hierdurch häufig erschwert.

Ein umfassendes Know-how für den Gesamtbereich des Parkdaches ist nur zum Teil vorhanden.

Das komplette Parkdach, wobei Planung, Dämmung, Dichtung und Nutzschicht aus einer Hand mit entsprechendem Know-how ausgeführt wird, bieten in Deutschland nur wenige Firmen an.

Ihren Ursprung haben diese Anbieter im Wesentlichen in zwei Baubereichen. Zum einen handelt es sich um Betriebe, die aus dem Brücken- und Straßenbau kommen und somit Asphaltoberbeläge bevorzugt einbauen [ZTV-Ing]. Andererseits liegt der Ursprung im Dachdeckerhandwerk, das entsprechend früherer Abdichtungsnormen [DIN 4122, DIN 18195] auf befahrenen Dächern eine Betonnutzschicht aufbringt.

Die Entwicklung der verschiedenen Aufbauvarianten wird auch durch Produzenten von Dämm- und Abdichtungsstoffen sowie anderen Zulieferern stark beeinflusst.

Aus Kap. 3, Funktionsebenen, ist erkennbar, dass von Seiten der technischen Möglichkeiten eine erhebliche Anzahl von Parkdachvarianten denkbar ist. Geht man von folgenden Variationsmöglichkeiten der Funktionsebenen, bei Vernachlässigung qualitativer Mindestanforderungen, aus, so ergeben sich annähernd 1000 Varianten:

---

[1] 1965, Anforderg. Flachdach Wärmedurchlasswiderstd. $1/\Lambda \geq 1{,}25\ m^2h$ grd/kcal, nicht mit heutigen Werten direkt vergleichbar:

$1{,}0\ m^2h$ grd/kcal $\approx 0{,}86\ m^2K/W$
DIN 4108, 2015 [10]: $\rightarrow R \geq 1{,}20\ m^2K/W$
Anforderung leicht erhöht (ca. 12 %)

• Abdichtung:		
Sperrbeton, WU-Beton	1	
bituminöse Schichten	8	
Kunststoffbahnen	6	
Flüssigkunststoffe etc.	5	
		20
• Wärmedämmung		**6**
Nutzschicht:		
Beton	3	
Pflaster	3	
Asphalt	2	
		8

Die Anzahl der Kombinationen entspricht dem Produkt der Einzelmöglichkeiten.

$$n_V = 20 \times 6 \times 8 = 960 \text{ Varianten.}$$

Schon der Einbau einer Bautenschutzmatte, oder Ersatz der Trenn- und Gleitschicht durch eine Dränageebene, vervielfacht die Kombinationsmöglichkeiten.

Eine Vielzahl von Vorschriften, Normen und Richtlinien dient als Grundlage für die Bevorzugung dieser oder jener Parkdachvariante.

Hierbei handelt es sich um Vorschriften des Hochbaus (Lastannahmen, Wärme- oder Schallschutz etc.) sowie des Straßenbaus (ZTV-Ing, Richtzeichnungen für Brücken- und Ing.-Bauwerke etc.).

Die Vermischung und gemeinsame Anwendung von Vorschriften unterschiedlicher Einsatzgebiete ist in der Regel nicht sinnvoll und kann zu Ergebnissen führen, die mit äußerster Vorsicht und besonders kritisch beurteilt werden sollten.

Der oben genannten Anzahl von ca. 1000 Parkdachvarianten stehen die praktisch machbaren, bzw. die marktüblichen oder gängigen Ausführungstypen gegenüber [98]. Im Rahmen dieser Veröffentlichung ist es nicht möglich, auf jede ausgeführte oder angebotene Konstruktion einzugehen. Aus diesem Grund werden einige typische Vertreter, geordnet nach den Konstruktionsprinzipien „Warmdach“, „Umkehrdach“, „Duodach“ und „Kaltdach“ beschrieben und diskutiert.

4.1 Warmdach (Bauweise 2b nach DIN 18532-1)

Kennzeichnend für das Warmdach ist, dass die Wärmedämmung direkt, unbelüftet unter der Hautabdichtung liegt. Um einen Tauwasserausfall und damit eine Durchfeuchtung der Dämmung zu vermeiden, ist unter dieser eine Dampfsperre anzuordnen. Wird Schaumglas zur Wärmedämmung eingesetzt, so kann, wegen der Dampfdichtigkeit dieses Materials, auf die Dampfsperre verzichtet werden. Warmdächer stellen im Allgemeinen relativ kompakte Aufbauten dar.

4.1.1 Warmdach mit örtlich hergestelltem Betonfahrbelag

Diese Variante stellt den klassischen, seit Jahrzehnten praktizierten Parkdachaufbau dar. Hierzu sind langjährige Konstruktionserfahrungen und Detailoptimierungen vorhanden. Betrachtungen zu dieser Bauweise bilden den Schwerpunkt dieses Buches. Während in den Anfängen noch Korkplatten als Wärmedämmung in Dicken von ca. 4,0 cm als ausreichend angesehen wurden, wurde bis Ende des letzten Jahrhunderts überwiegend Schaumglas [53, 69] in einer Dicke nach der damaligen WSchV berechnet von ca. 8 bis 10,0 cm eingebaut. Inzwischen haben sich im Pkw-Bereich außer Schaumglas auch andere Dämmstoffe wie expandiertes oder extrudiertes Polystyrol, Polyurethan-Hartschaum aber auch Perliteplatten bewährt. Bei Verwendung eines anderen Dämmmaterials als Schaumglas ist allerdings unbedingt eine Dampfsperre unter der Dämmung erforderlich. Hinzu kommt, dass bei Anwendung von Polystyrol, Polyurethan oder Perlite statisch im Einzelfall zu prüfen ist, ob eine ausreichende Dauerstandsfestigkeit unter Beachtung der zugehörigen Stauchungen in Abhängigkeit von der jeweiligen Belastung beim gewählten Dämmstoff vorhanden ist. Um im Hinblick auf die Abdichtung die Dämmstoffstauchung innerhalb einer vertretbaren Größe zu halten (siehe Abb. 3.10), ist die Dämmstoffdicke ggf. zu begrenzen.

Bei ausschließlicher Pkw – Belastung hat die Betonfahrbahnplatte eine Dicke von 10,0 cm bis 12,0 cm. An den Beton werden besondere Anforderungen gestellt. Er soll einen erhöhten Widerstand gegen Frost- Tausalzeinwirkung haben und an der Oberfläche ausreichend verschleißfest sein. Die Betonplatte muss so dick sein, dass die rechnerischen Biegezugspannungen unter den aufnehmbaren Betonzugspannung liegen (Zustand I). Die Bewehrung muss eine ausreichende Betonüberdeckung haben. Um Zwangsbeanspruchungen in einer beherrschbaren Größenordnung zu halten, sind im Abstand von 2,50 m bis 5,0 m Fugen anzuordnen, die die Platte in möglichst quadratische Felder aufteilen. Ebenso ist eine Trennung der Betonnutzplatte von der Abdichtung erforderlich. Bei den ersten Parkdächern wurde hierzu mindestens eine Lage Ölpapier (nicht immer mit positivem Ergebnis) eingebracht. Schon seit längerer Zeit ist man zu der Erkenntnis gekommen, dass eine wirkungsvolle Trenn- und Gleitschicht nur durch zwei Lagen PE-Folie, d $\geq$ 0,2 mm, oder einem Geo-Textil und einer PE-Folie erzielt werden kann.

Bei Verwendung hochfester Dämmung aus Schaumglas [51] oder extrudiertem Polystyrol [52], kann dieses Aufbauprinzip auch bei Misch- oder schwerer LKW-Nutzung problemlos herangezogen werden [54]. In diesem Fall ist je nach Belastung mit Plattendicken in der Größenordnung von ca. 20 cm und einem Fugenraster von ca. 5,0 m bis 6,0 m zu rechnen (siehe Abschn. 5.2). Die Bewehrung ist in zwei Lagen einzulegen. Beim Einsatz von extrudiertem Polystyrol (XPS) kann u. U. eine Fugenverdübelung erforderlich werden, um die Platteneinsenkung am Rand und/ oder der Ecke in einem unschädlichen Bereich zu halten.

Grundsätzlich ist davon auszugehen, dass ein geringer Anteil des Niederschlagswassers durch die Betonfahrbahnplatte bzw. die Fugen auf die Abdichtungsebene gelangt. Die Abdichtung ist mindestens zweilagig und ebenso wie die Belagsoberfläche mit einem Mindestgefälle von 2,5 % auszuführen (alte DIN 18195 Gefälle = 2 %).

Abb. 4.1 Parkdach mit Ortbeton-Nutzschicht [MdB]

Die Belagsfugen sollten im unteren Querschnittsteil offenbleiben und untereinander verbunden werden, sodass sich eine Art Kanalsystem zur Entwässerung der Abdichtungsebene einstellt. Damit diese Funktion erhalten bleibt, und nicht durch Schmutz und/oder Bewuchs beeinträchtigt wird, werden die Belagsfugen üblicherweise dauerelastisch oder durch ein Gummiprofil verschlossen. Für das Fugenraster werden in letzter Zeit gekantete Blechprofile aus nichtrostendem Stahl (VA) verwendet, die mit der Fahrbahnplatte verbunden einen effektiven Kantenschutz bilden. Werden keine Blech- oder Kunststoffprofile eingesetzt, sollte ein stabiles System aus Metallschienen genutzt werden, um möglichst gradlinige Fugen mit glatten Flanken zu erhalten.

Durch den Einsatz von Gefälledämmung kann man auf zusätzlichen Gefälleestrich verzichten. Dies bringt verschiedene Vorteile mit sich:

- Reduzierung der Aufbaulast um ca. 2,0 bis 3,0 kN/m^2 und damit Materialersparnis in den tragenden Bauteilen.
- Zeitvorteil durch Wegfall eines Arbeitsganges.
- Reduzierung der Gesamtaufbauhöhe und/oder Verbesserung des Wärmedurchgangskoeffizienten und damit geringere Anschlusshöhen und/oder geringere Wärmeschutzanforderungen an die übrigen Außenbauteile.

Die Berechnung der mittleren Dämmstoffdicke einer Gefälledämmung wird beispielhaft im Abschn. 5.1.2 gezeigt. Um im vorliegenden Beispiel den derzeit für Büro- oder Praxisräume erforderlichen Wärmedurchgangskoeffizienten von $U \leq 0{,}20$ W/(m ^{2} K) zu erreichen, wird von einem Dämmkeil von 13 cm auf 32 cm ausgegangen ($\alpha \approx 2{,}5$ %). Auf Grund der maximalen Dicke von $d_{max} = 13 + 19 = 32$ cm am Hochpunkt, wird empfohlen, in diesem Fall eine steife Schaumglasdämmung einzusetzen. Für den Nachweis des Wärmedurchgangskoeffizienten ergäbe sich die mittlere Schaumglasstärke zu $d_m = \frac{0{,}045}{0{,}2133} = 0{,}21\,m < 0{,}225\,m$.

Falls die Oberfläche der vorhandenen Stahlbetondecke nicht ausreichend eben und frei von Lunken oder Graten ist, ist die Deckenfläche mit einer Spachtelung vorzubereiten. Die Oberfläche muss eine mittlere Haftzugfestigkeit von 1,5 N/mm^2 aufweisen [27].

Auch im Bereich der Ortbetonoberbeläge werden Verbesserungen erprobt oder vorgenommen, z. B. Einfassung der Fahrbahnplatten mit gekanteten Blechprofilen.

In der Schweiz und Österreich werden versuchsweise sogenannte Vermörtelungsbeläge auf Schaumglas der höchsten Druckfestigkeit eingebaut. Der Vermörtelungsbelag besteht aus einem bituminösen Heißmischgut mit gebrochenem Korn und einer Kunststoff-Zementschlämme, die nach Einbringen des Heißmischgutes in die Hohlräume einvibriert wird [51] (siehe auch Abschn. 3.6.5).

In Deutschland werden, auf den Erfahrungen des Industriefußbodenbaus fußend, Faserbetone, bei hohen Beanspruchungen Stahlfaserbeton, eingesetzt. Der Vorteil des Stahlfaserbetons liegt in dem zäheren Materialverhalten und der angeblich geringeren Schwindneigung [76, 77]. Hinzu kommt, dass nach dem Aufstellen des Fugenrasters sofort betoniert werden kann, ohne dass noch Bewehrung einzulegen ist. Die minimale Oberflächenkorrosion der freibewitterten Stahlfasern wird bei üblichen Qualitätsanforderungen für akzeptabel gehalten. Bei ausschließlicher PKw-Nutzung ist eine Dickenreduzierung der Platte auf d = 10,0 cm denkbar, da die übliche Dicke von 12,0 cm auf bewehrungstechnischen Gründen basiert.

Anstatt der Stahlfasern kamen auch erfolgreich Kunststofffasern zum Einsatz [82].

Ebenfalls aus dem Industriefußbodenbau wurde das nachträgliche Einschneiden eines Teils der Fugen bzw. aller Fugen in den jungen Beton übernommen. In diesem Fall entfällt die Entwässerungswirkung zum größten Teil.

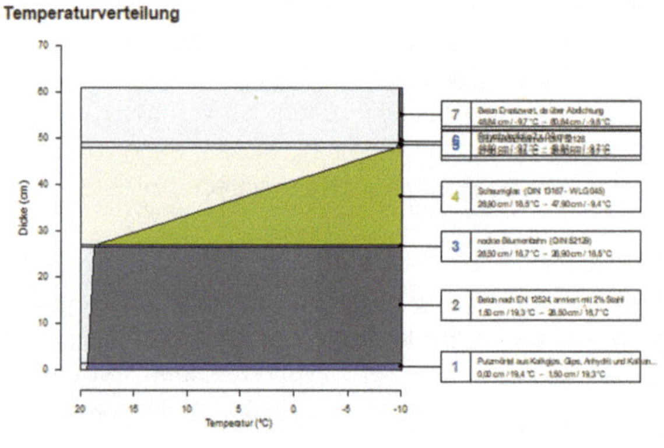

Abb. 4.2 Temperaturverteilung im Parkdachaufbau: mittlere Schaumglasdicke

Abb. 4.3 Warmdach mit Gefälledämmung und Ortbetonnutzplatte

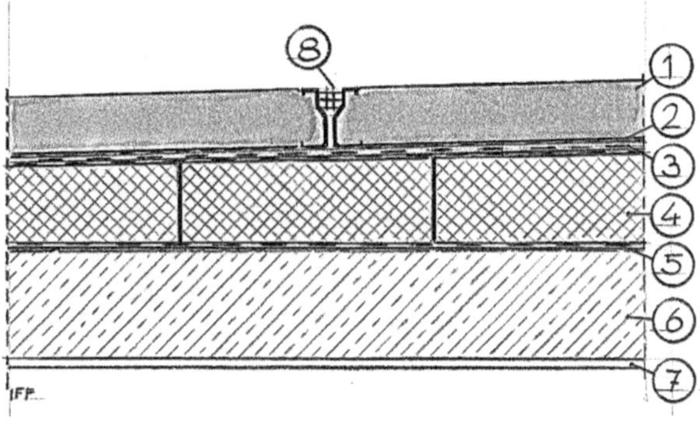

Legende und Anmerkungen zu Abb. 4.3

1) *Fahrbahnplatte C 30/37 LP*
2) *Trenn- und Gleitschicht, 2 × PE-Folie oder Geotextil + PE-Folie*
3) *Bituminöse Abdichtung, zweilagig*
4) *Gefälledämmung Schaumglas CG ≥ ds*
5) *Dampfsperre, Notabdichtung, Klebebitumen*
6) *Stahlbetondecke mit oberseitiger Spachtelung*
7) *Putz*
8) *VA-Fugenprofil mit Dichtungsband*

Bei geringen Wärmeschutzanforderungen und ausschließlicher Pkw-Nutzung ist auch eine sinngemäße Ausführung mit EPS oder PUR möglich. Ähnliche Aufbauten wurden auch schon mit bitumengebundenem Schaumglasschotter oder Perliteplatten als Dämmung ausgeführt. Mit Schaumglas CG höherer Festigkeit, dx, kann eine dickere Fahrbahnplatte auch für Schwerverkehr nachgewiesen werden.

4.1.1.1 Konstruktionsmerkmale

(PKw-Belastung und Gefälledämmung)

- Aufbaugewicht: g ≈ 3,3 bis (5,0) kN/m^2
- Aufbaudicke: d ≈ 15 cm bis 45 cm
- Gefälle: (Dämmung) α ≈ ca. 2,5 %
- Wärmedurchgangskoeffizient:
  U ≈ 0,35 bis ≤ 0,20 W/m^{2}K
- Konstruktionsprinzip bei Ansatz erhöhter Aufbaudicken und -gewichte mit CG oder (XPS) auch für Schwerverkehr einsetzbar

4.1.2 Warmdach mit lastverteilender Betonschicht und Verschleißschicht aus Gussasphalt

Bei diesem Aufbau wird beispielsweise anstatt einer Gefälledämmung das Gefälle in der tragenden Konstruktion ausgebildet (ca. 2,5 % Gefälle auf 7,50 m). Ergänzungen in Querrichtung sind durch einen entsprechenden Gefälleestrich anzupassen. Die Oberfläche ist durch eine Spachtelung eben und frei von Lunken und Graten abzuziehen, und somit gut vorbereitet für das Aufbringen einer Dampfsperre bzw. Notabdichtung. Auch für den Gefälleestrich oder die Spachtelung gilt die Forderung nach einer mittleren Haftzugfestigkeit von 1,5 N/mm^2 [27]. Die Dämmung besteht je nach wärmetechnischen Anforderungen aus 10 cm bis 30 cm dicken Schaumglasplatten, die in ca. 4,0 kg/m^2 Bitumen vollflächig eingeschwommen werden. Bei ausschließlicher Pkw-Nutzung können auch weichere Schaumkunststoffe wie EPS oder PUR zur Anwendung kommen. In diesem Fall ist unbedingt eine wirksame Dampfsperre unter der Dämmung anzuordnen. Die Dämmung erhält oberseitig eine mindestens zweilagige Abdichtung und eine Trennlage aus zwei PE-Folien. Auf die Trennlage wird, wie vor, zuerst eine lastverteilende Betonschicht betoniert, darauf wird dann eine ca. 3,0 cm dicke Verschleißschicht aus Gussasphalt aufgebracht [2, 96, 97] und abgestreut.

Die lastverteilende Betonschicht muss ebenfalls, zur Vermeidung von Spannungsrissen, ausreichend mit durchgehenden Fugen, aber in größerem Abstand als bei direkter Bewitterung, versehen sein. Die Anforderungen an die Rissbegrenzung, Tausalzbeständigkeit und Verschleißfestigkeit können gegenüber der vorangehenden Variante reduziert werden. Dies gilt auch für die Betondeckung der Bewehrung. Somit genügt im Pkw-Bereich eine Plattenstärke von 10 cm. Es ist aber sicherzustellen, dass Bewegungen in den Plattenfugen von der Gussasphaltverschleißschicht schadensfrei überbrückt werden. Hierzu wird eine Glasvlies-Trennlage unter der Gussasphaltschicht eingelegt.

Für dieses Aufbaubeispiel wird von einer gewerblichen Nutzung unter dem Parkdach ausgegangen. Der augenblicklich erforderliche Wärmedurchgangskoeffizient sollte unter $U \leq 0{,}35\ W/(m^2K)$ liegen. Der Parkdachaufbau mit 10 cm EPS ergibt ohne Berücksichtigung des Gefälleestrichs einen Wärmedurchgangskoeffizienten von $U = 0{,}31\ W/(m^2K)$ und unterschreitet damit die derzeitige GEG-Anforderung von $U \leq 0{,}35\ W/(m^2K)$.

Auf Grund der relativ dünnen Dämmstoffschicht, kann bei ausschließlicher Pkw-Nutzung die Biegetragfähigkeit der Druckverteilungsplatte auch für den weicheren Dämmstoff EPS oder PUR nachgewiesen werden.

Die meist dunkle Farbe der Asphaltschicht führt bei intensiver Sonneneinstrahlung zu höheren Temperaturspannungen in der Betonschicht. Auch beim Aufbringen der ca. 230 bis 250 °C heißen Gussasphaltschicht ergeben sich für die Betonschutzschicht erhöhte Temperaturbeanspruchungen, die aber die lastverteilende Wirkung der Betonplatte nicht beeinträchtigen. In Anbetracht der möglicherweise höheren Plattentemperaturen im Sommer sind ausreichend Randabstände (Fugen) zu Attiken, aufgehenden Bauteilen etc. vorzusehen.

Abb. 4.4 Nutzbelag mit Asphaltschutzschicht

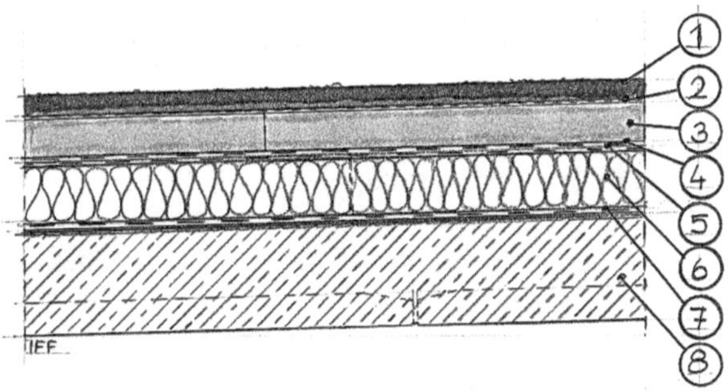

Siehe hierzu auch Abb. 3.29 und 3.30

Legende zu Abb. 4.4

1) *Asphaltschutzschicht ca. 3,0 bis 4,0 cm mit Abstreuung*
2) *Trennung mit Glasvlies*
3) *Stahlbeton-Lastverteilungsplatte ca. 10 cm*
4) *Trenn- und Gleitschicht 2 × PE-Folie oder PE-Folie + Geotextil*
5) *Bituminöse Abdichtungsbahnen, zweilagig*
6) *Wärmedämmung EPS, PUR, XPS oder CG, ≥ ds*
7) *Dampfsperre, Notabdichtung oder Klebebitumen*
8) *Spachtelung, tragende Stahlbetondecke im Gefälle, $\alpha \geq 2{,}5$ %*

4.1.2.1 Konstruktionsmerkmale

(PKw-Belastung und Gefälleestrich)

- Aufbaugewicht: $g \approx 5{,}8$ bis $6{,}5$ kN/m^2
- Aufbaudicke: $d \approx 25$ cm bis 55 cm
- Gefälle: (Estrich) $\alpha \approx 2{,}0$ % bis 2,5 %
- Wärmedurchgangskoeffizient:
  $U \approx 0{,}35$ bis $\leq 0{,}20$ W/m^{2}K
- Konstruktionsprinzip bei Ansatz erhöhter Aufbaudicken und -gewichte mit CG oder XPS auch für Schwerverkehr einsetzbar.

4.1.3 Warmdach mit Pflasterbelag und Lastverteilungsschicht aus Gussasphalt

Auf dem Gefällestrich wird als Notabdichtung eine 10 mm Asphaltmastixschicht als Notabdichtung aufgebracht. Somit ist die Fläche schon frühzeitig auch für andere Gewerke begehbar. Über der druckfesten Dämmung, im Allgemeinen Schaumglas in Heißbitumen, wird die Abdichtung aus zwei Lagen Bitumenschweißbahnen aufgebracht. Die obere Abdichtungslage muss für den Gußasphalteinbau geeignet sein. Danach wird die 25–40 mm dicke Gussasphaltschutzschicht aufgebracht [2, 74, 97, 51].

Für die Abdichtungsebene sowie die Pflasteroberfläche wird ein Gefälle von mindestens 2,5 % zu den Entwässerungspunkten gefordert. Dieses ist durch die tragende Konstruktion, einen Gefälle-estrich oder eine Gefälledämmung zu schaffen.

Der Vorteil dieser Konstruktion liegt darin, dass die wärmegedämmte Nutzfläche frühzeitig geschützt ist und schon im Baubetrieb von anderen Gewerken mit leichtem Gerät befahren werden kann.

Die eigentliche Parkfläche wird dann erst später, nach Abschluss anderer Arbeiten, fertiggestellt.

Für den Belag kommen Betonverbundsteine in einer Dicke von d ≥ 10 cm (früher 8,0 cm) bevorzugt zum Einsatz [84]. Natursteinpflaster genügt häufig eher den optischen Ansprüchen, ist aber auch bei einer Dicke von 8,0 cm bis 10 cm nicht so lagestabil wie Verbundsteinpflaster. Das Pflaster wird in einer 3–5 cm dicken Bettungsschicht, Gesteinskörnung 0/4 mm bis 0/8 mm verlegt. In der RSto [84] wird für den Untergrund des Pflasterbettes ein Verformungsmodul von $E_{v2} = 120$ MPa gefordert. Vom Aufbringen eines Pflasterbelages direkt auf die Abdichtung wird wegen der unzureichenden Lastverteilung abgeraten. Allerdings gibt es auch hierfür im Zusammenhang mit festen Unterkonstruktionen, druckfester Dämmstoff ohne federnde Zwischenbauteile, Beispiele, die zeigen, dass diese Variante beherrschbar sein kann.

Zu beachten ist, dass ein Pflasterbelag nur eine eingeschränkt lastverteilende Wirkung hat (siehe Abschn. 3.6.4). Es sollte daher immer geprüft werden, ob die Belastungen durch Fahrverkehr nicht zu einer Überbeanspruchung des Pflasterbettes und der unter der Abdichtung liegenden Wärmedämmung, mit den sich daraus ergebenden entsprechenden negativen Folgen, führen kann. In diesem Fall sollte eine bewehrte Betonfahrschicht angeordnet werden.

Bei der Wahl des Pflaster- und Fugensandes ist darauf zu achten, dass dieser nicht ausgespült werden kann. Wird ein Mörtelbett gewählt, so kann dies zu Versinterungen der Abläufe führen.

Abb. 4.5 Schadhafte Pflasteroberfläche [MdB]

Abb. 4.6 Pflasterbelag über Asphaltlastverteilung und Schaumglas

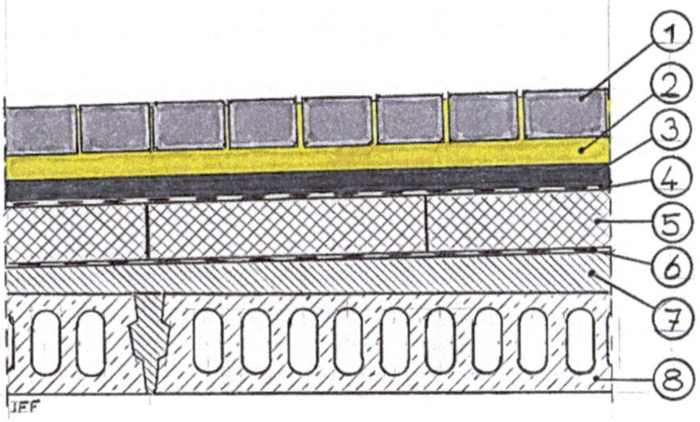

Diese Aufbauvariante sollte nur bei geringer Verkehrsbelastung und Frequenz zur Anwendung kommen. Es ist ein erhöhter Pflege- und Wartungsaufwand erforderlich. Einerseits, um durch regelmäßiges Nachfegen von Fugensand die Lagestabilität zu erhalten, und andererseits einen Bewuchs der Fugen zu unterbinden

Legende und Anmerkungen zu Abb. 4.6

1) *Verbundsteinpflaster d ≥ 10 cm*
2) *Pflasterbett d ≈ 5 cm*
3) *Gussasphaltschicht zur Lastverteilung d = 3 bis 4 cm*
4) *Bituminöse Abdichtung zweilagig*
5) *Schaumglasdämmung hoher Festigkeit CG dx*
6) *Asphaltmastix als Notabdichtung, (Dampfsperre) und Klebebitumen*
7) *Gefälleestrich 2,5 %, ebene, glatte Oberseite, Haftzugfestigkeit 1,5 N/mm²*
8) *Tragende Betondecke*

Entsprechend der RStO [84] wird für die Tragschicht unter dem Pflasterbett ein Verformungsmodul von E_{v2} = 120 MN/m², gleichzusetzen mit einer Bettungsziffer von C ≈ 530 MN/m³, gefordert. Dieser Wert ist nur durch eine Schaumglasdämmung hoher Festigkeit, dx, zu erbringen.

4.1.3.1 Konstruktionsmerkmale

(PKw-Belastung und Gefälledämmung)

- Aufbaugewicht: g ≈ 3,5 bis 6,0 kN/m²
- Aufbaudicke: d ≈ 20 cm bis 50 cm
- Gefälle: α ≈ 2,5 % bis 3,0 %
- Wärmedurchgangskoeffizient:
  U ≈ 0,35 bis ≤ 0,20 W/(m²K)
- Bei Schwerverkehr wird empfohlen, das Konstruktionsprinzip mit einer Betonlastverteilungsschicht und Verbundsteinen d ≥ 12 cm auszuführen.

4.1.4 Warmdach mit Fertigteilbelag

Ebenso wie bei Einsatz einer Asphaltschutzschicht oder eines gepflasterten Oberbelags, liegt der Vorteil des Fertigteilbelags darin, dass dieser sofort nach seiner Fertigstellung, ohne Berücksichtigung einer Abbindezeit, genutzt werden kann.

Bei der hier vorgestellten Variante werden unbewehrte, hochfeste Betonfertigteile von 90/90/8 cm auf Gummigranulattellern mit einem Durchmesser von 400 mm verlegt. Die Parkdachplatten werden werksmäßig als Vakuumbeton mit einer Karoprofilierung und einer gestrahlten oder gestockten Oberfläche ausgeliefert. Ein Spannelement im Fugenkreuz soll das Verschieben der Platten unter Fahrbelastung verhindern. Bei den Verlegearbeiten sind Lastkonzentrationen, die die zulässige Deckenbelastung überschreiten, zu vermeiden (siehe auch Abschn. 3.6.3).

Die offenen Fugen wirken als Entwässerungsschlitze. Somit ist eine Pfützenbildung an der Oberfläche weitgehendst ausgeschlossen. Die Nutzfläche trocknet relativ schnell ab. Es werden nur Platten für Pkw-Nutzung (bis 3,5 t) hergestellt.

Geht man davon aus, dass ungünstig auf einer Plattenecke eine Radlast von 10,0 kN aufgebracht wird, so wird diese sich zunächst nur über die Gummigranulatscheibe verteilen. Unter Vernachlässigung des Flächenabzuges durch das Spannelement und einer geringen Lastausstrahlung steht eine Fläche von ca.

$$A \approx \tfrac{1}{4} \times 200^2 \times \pi \approx 31.500\,mm^2$$

zur Verfügung. Dies führt ohne Berücksichtigung eines Schwingbeiwertes oder Lastwiederholungsfaktors bei der groben Annahme einer gleichmäßig verteilten Pressung des direkt betroffenen Auflagers zu einem Kontaktdruck unter der Gummischeibe von

$$p_s \oplus {}^{10.000}\!/_{31.500} \oplus 0,31 \frac{N}{mm^2}$$

Da die Radlast über die FT-Platte auch auf benachbarte Auflager verteilt wird, ist tatsächlich mit einer maximalen Druckspannung von $p_s = 0{,}24\ N/mm^2$ zu rechnen (siehe Abb. 3.18). Diese Spannungsgröße kann im Warmdach auch unter Berücksichtigung von Teilsicherheitsbeiwerten nur von Schaumglas oder XPS hoher Festigkeit (dx) aufgenommen werden.

Es werden Fertigteilplatten angeboten, die für ein zulässiges Fahrzeug-Gesamtgewicht von 3,5 t (35 kN) ausgelegt sind. Anders als beim Umkehrdach, sind mit dieser Bauweise somit auch Verkehrsflächen zu schaffen, die von Kleintransportern und ähnlichen Fahrzeugen genutzt werden können. Allerdings sollte in diesem Fall die Auflagerpressung mit einer erhöhten Radlast, z. B. in Anlehnung an die Einzelachse der Brückenklasse 3/3 nach DIN 1072 [21] überprüft werden.

Fälschlicherweise wird die Bauweise mit aufgestelzten FT-Platten manches Mal als gefällelose Dachkonstruktion mit „Freispiegelentwässerung" geplant. Diese Ausführung entspricht nicht den Vorschriften für die Abdichtung von Flachdächern und beruht vermutlich auf dem Text einer älteren Veröffentlichung.

Die geringe Eigenmasse der Fertigteilplatten (120 bis 270 kg) setzt den Horizontalkräften aus Bremsen und Beschleunigung keinen nennenswerten Widerstand entgegen. Es wird versucht, über eine Horizontalverspannung oder Eckverkrallung in den Fugenkreuzen einen großen Teil der Parkdachfläche zu aktivieren und über eine Ausstrahlung zu den aufgehenden Bauteilen eine Abstützung zu erzielen. Trotz dieser Maßnahmen ist damit zu rechnen, dass entgegen den einschlägigen Vorschriften kurzzeitig geringe Schubkräfte über das kompakte Dachpaket in die Unterkonstruktion übertragen werden. Stellenweise sind aus diesem Grund Plattenverschiebungen zu beobachten.

Legende und Anmerkungen zu Abb. 4.7

1) *Fertigteilplatten aus Vacuumbeton d ≥ 8 cm, 90 × 90 cm mit profilierter Oberfläche*
2) *Belüfteter Luftraum d ≥ 2 cm*
3) *Bituminöse Abdichtung zweilagig*
4) *Schaumglasgefälledämmung α ≥ 2,5 %, CG ≥ ds*
5) *Notabdichtung, (Dampfsperre) und Klebebitumen, Spachtelung*
6) *Tragende Betondecke*
7) *Abgehängte Unterdecke*
8) *Gummigranulat-Auflagerteller mit Spannelement*

Da sich der Lastabtrag auf die Auflagerteller konzentriert, und somit hier hohe Druckspannungen auftreten, wird für diesen Aufbau eine hochfeste Dämmung empfohlen.

Die elastischen Gummigranulatscheiben können zusammen mit der Unterdecke zum Schallschutz beitragen.

Abb. 4.7 Warmdach mit Fertigteilplatten im Gefälle als Nutzbelag

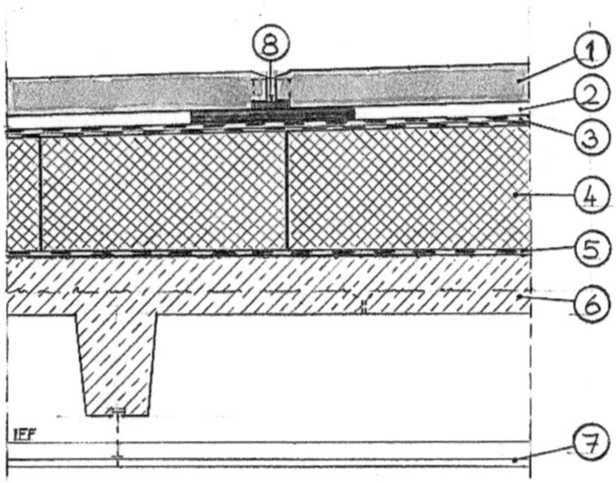

4.1.4.1 Konstruktionsmerkmale

(PKw-Belastung und Gefälledämmung)

- Aufbaugewicht: g ≈ 2,3 – 6,0 kN/m^2
- Aufbaudicke: d ≈ 21 cm bis 42 cm
- Gefälle: α ≈ (2,0 %) bis 2,5 %
- Wärmedurchgangskoeffizient:
  U ≈ 0,35 bis 0,20 W/m^{2}K
- Nur Pkw- und Kleintransporter-Nutzung bis 3,5 t zul. Gesamtgewicht möglich

4.2 Umkehrdach (Bauweise 2a nach DIN 18532-1)

Das Umkehrdach stellt eine spezielle Form des nichtbelüfteten Flachdaches dar [99]. Laut DIN 4108-2, Abs. 5.2.2 [10] sind, mit Ausnahme des Umkehrdaches, bei der Berechnung des Wärmedurchlasswiderstands R, nur die raumseitigen Schichten bis zur Dachabdichtung zu berücksichtigen. Die oberhalb der Abdichtung liegende äußere Dämmschicht darf nur unter bestimmten Festlegungen, und z. B. einer allgemeinen bauaufsichtlichen Zulassung (abZ), bzw. einer allgemeinen Bauartgenehmigung (aBG) beim Energienachweis oder dem bauaufsichtlich erforderlichen Wärmeschutznachweis mit in Ansatz gebracht werden. Auch wenn eine bauaufsichtlich nicht zulässige Umkehrdachkonstruktion (z. B. LKW-Verkehr auf einer UK-Hofkellerdecke) nach meinem Kenntnisstand im Rahmen der Prüfung des EnEV- oder GEG-Nachweises bislang nicht bemängelt wurde, sei an dieser Stelle dem Planer oder Bauherrn dringend geraten, insbesondere wenn Fördergelder beantragt sind, die Einschränkungen für einen Umkehrdachaufbau genau zu beachten. Es wäre ein deutlicher Wertverlust, wenn das Gesamtgebäude auf Grund einer unzulässigen UK-Dachkonstruktion in eine niedrigere Energieklasse einzustufen ist, oder eine Förderung nicht bewilligt wird.

DIN 4108-2 legt folgendes fest:

„– Wärmedämmsysteme als Umkehrdach unter Verwendung von Dämmstoffplatten aus extrudergeschäumten Polystyrolschaumstoff (XPS) nach DIN EN 13164 in Verbindung mit DIN 4108-10, die mit einer Kiesschicht oder einem Betonplattenbelag (z. B. Gehwegplatten) in Kiesbettung oder auf Abstandshaltern abgedeckt sind. Die Dämmplatten sind einlagig auf ausreichend ebenem Untergrund zu verlegen. Die Dachentwässerung ist so auszubilden, dass ein langfristiges Überstauen der Wärmedämmplatten ausgeschlossen ist. Ein kurzfristiges Überstauen (während intensiver Niederschläge) kann als unbedenklich angesehen werden, sofern die Auftriebssicherheit gegeben ist. Bei der Berechnung des Wärmedurchgangskoeffizienten eines Umkehrdaches ist der errechnete Wärmedurchgangskoeffizient U um einen Betrag ΔU in Abhängigkeit des prozentualen Anteils des Wärmedurchlasswiderstandes unterhalb der Abdichtung am Gesamtwärmedurchlasswiderstand nach Tab. 4.1 ($\Delta U_{50-10\%}$ = 0,0 bis 0,05 W/(m^{2}K)) zu erhöhen. Bei leichter Unterkonstruktion mit einer flächenbezogenen Masse unter 250 kg/m^2 muss der Wärmedurchlasswiderstand unterhalb der Abdichtung mindestens 0,15 m^{2}K/W betragen.“

Tab. 4.1 Korrekturwert ΔU

Prozentualer Anteil des Wärmedurchlasswiderstands R unterhalb der Dachhaut	Korrekturwert ΔU bei Ausführung als Parkdach [W/(m²K)]
0% bis 10 %	0,05*
10,1% bis 50 %	0,03
> 50 %	0
* stets wenn R unter d. Abd. < 0,1 m²K/W	

Die DIN 18532-1 fordert, dass die Dämmstoffplatten (XPS) für befahrbare Umkehrdächer bauaufsichtlich zugelassen sein müssen.

Beim Umkehrdach wird die Dämmung (XPS) außerhalb der Abdichtung, also im nassen Bereich angeordnet. Diese Bauweise hat sich in den letzten 50 Jahren mehr oder weniger gut bewährt, und wurde in dieser Zeit intensiv durch Forschung und wissenschaftliche Gutachten begleitet [3, 29, 59, 60, 61, 73, 85, 94, 100, 101]. Die wissenschaftlichen Stellungnahmen lassen sich in drei Lager teilen. Ein Teil der Berichte ist als neutral anzusehen, während die anderen Untersuchungen dem Lager pro oder kontra Umkehrdach zuzuordnen sind. Fachautoren werfen sich in Fachzeitschriften „Polemik“ und „gedankliche Manipulation“ etc. vor. Erschwerend kommt hinzu, dass einem Teil der Untersuchungen noch die FCKW bzw. H-FCKW Treibmitteltechnologie des letzten Jahrhunderts zu Grunde liegt. CO_2 wurde erst ab Mitte der 90-er Jahre als Treibgas für extrudierte Schaumstoffe (XPS) eingesetzt und kann somit nur in den jüngeren Langzeitstudien berücksichtigt werden.

Dem „Fachlaien“ kann somit nur empfohlen werden, sich an die jeweils aktuell gültigen Regelungen der Normen und/oder Bauartgenehmigungen (Zulassungen) zu halten.

In Deutschland werden XPS-Dämmstoffe verschiedener Hersteller angeboten. Um die Produkte optisch unterscheidbar bzw. den Herstellern zuordnenbar zu machen, werden einige Dämmstoffplatten eingefärbt. Es werden die Farben gelb, rosa, hellblau und grün verwendet. Die bauaufsichtlichen Zulassungen (abZ) bzw. Bauartgenehmigungen (aBG) werden von den einzelnen Herstellern z. B. beim DIBt für ihre Produkte beantragt [52]. Die Zulassungen für die XPS-Dämmstoffe im Umkehrdach werden mit einer zeitlichen Begrenzung erteilt. Es ist somit darauf zu achten, dass die aktuelle Produktzulassung zum Einbauzeitpunkt vorliegt. Die Bauartgenehmigungen der einzelnen Hersteller sind im Prinzip alle ähnlich aufgebaut, unterscheiden sich aber nicht nur im Datum, sondern auch in den Festlegungen für die Ausführung eines befahrbaren Umkehrdaches. Es ist im Einzelfall zu prüfen, ob die Zulassung des gewählten Produktes den geplanten Parkdachaufbau vorsieht.

Augenblicklich ist der Einsatz von XPS im befahrbaren Umkehrdach auf Pkws mit einem zulässigen Gesamtgewicht von 3,0 t (30 kN) beschränkt. Eine höhere Belastungsklasse wäre vorstellbar, wurde aber wahrscheinlich von den Herstellern nicht beantragt und somit vom DIBt nicht geprüft und nicht freigegeben. Im Warmdach ist XPS auch für LKWs nachweisbar. Die XPS-Platten sind einlagig, dicht gestoßen ohne Kreuzstöße, über der Abdichtung lose oder punktweise verklebt, zu verlegen. Die Platten haben an der Ober- und Unterseite eine dichtere Schäumhaut und sind mit einem Stufenfalz zu versehen.

Für die Flächen, auf denen die Dämmung verlegt werden soll, wird gefordert, dass sie ausreichend eben sein müssen, und bei befahrbaren Umkehrdächern ggf. durch eine Spachtel- oder Ausgleichsschicht zu glätten sind. In älteren Zulassungen wurde in diesem Zusammenhang auf die DIN 18202, Toleranzen im Hochbau, verwiesen. Dort aufgeführte Anforderungen sind bei der Oberfläche einer bituminösen Abdichtung nach DIN 18532 auch heute auf Grund der Nahtüberlappungen kritisch zu betrachten.

Derzeit sind produktionsabhängig Dämmstoffstärken von 40 mm bis 320 mm für das befahrbare Umkehrdach zugelassen, wobei von einigen Herstellern nur eine eingeschränkte Palette von d_{nenn} = 50 mm bis 120 mm, oder 80 mm bis 200 mm lieferbar, bzw. zugelassen ist. Die Druckbelastbarkeit muss dem Kurzzeichen ds oder dx nach DIN 4108-10 [10] genügen. Der Bemessungswert der Wärmeleitfähigkeit der hier zu betrachtenden Dämmstoffe liegt, abhängig von der Dicke und dem Produkt, zwischen $\lambda = 0{,}035$ W/(mK) und $\lambda = 0{,}044$ W/(mK). Der niedrigere Wert ist dem jeweils dünneren Dämmstoff zuzuordnen.

Um für den Wärmeabfluss durch Unterströmen der Dämmung infolge von Niederschlägen und der zeitabhängigen Verschlechterung der Wärmeleitfähigkeit eine Reserve zu berücksichtigen, ist der errechnete Wärmedurchgangskoeffizient U für das Parkdach um den Korrekturwert ΔU zu erhöhen [5, 29, 61, 73, 94, 102]. Dieser Wert ergibt sich derzeit in Abhängigkeit vom prozentualen Anteil des Wärmdurchlasswiderstands unterhalb der Dachhaut wie folgt (Tab. 4.1).

Weiter fordern die Zulassungen, dass das Gewicht einer schweren Unterkonstruktion mindestens 250 kg beträgt. Dieser Wert ist bei Parkdächern mit einer mindestens 10 cm dicken Stahlbetondecke und Gefälleestrich üblicherweise erfüllt. Die Deckenspiegel, z. B. von Rippendecken, deren Mindestdicke 7,0 cm betragen darf [25], sind kritisch zu betrachten. Bei derart leichteren Unterkonstruktionen soll der Wärmedurchlasswiderstand R unterhalb der Abdichtung mindestens 0,15 m^2K/W betragen. Diese Forderung wird in diesem Fall durch die Betondecke allein nicht erfüllt.

Die Zulassungen (abZ) bzw. Bauartgenehmigungen (aBG) gelten nur für die darin beschriebenen Ausführungsvarianten. Andere Aufbauvarianten befahrbarer Umkehrdächer bedürfen mindestens einer „Zulassung im Einzelfall", wenn der Wärmedurchgangskoeffizient U der Dachfläche bei den Nachweisen nach DIN 4108-2 berücksichtigt werden soll.

Es werden folgende Ausführungen für befahrbare Umkehrdächer zugelassen, Schichtenfolge von oben nach unten:

Ausführung 1 (siehe Abschn. 4.2.3)

- Vorgefertigte Betonplatten (d ≥ 40 mm bzw. 80 mm) auf Stelzlagern.
- Extruderschaumplatten (ds oder dx)
- Abdichtung

Ausführung 2 (siehe Abschn. 4.2.2)

- Verbundsteinpflaster (d ≥ 10 cm, früher d ≥ 8 cm) mit Sand 0/2 mm verfugt
- Bettungsschicht aus frostbeständigem Splitt (d ≥ 5 cm), Körnung 2/5 mm
- wasserableitende diffusionsoffene Trennlage, produktzugehöriges Vlies
- Extruderschaumplatten (ds oder dx)
- Abdichtung
- für die Dichtungsebene und die darüber liegenden Schichten ist ein Gefälle von 2,5 % erforderlich

Ausführung 3 (siehe Abschn. 4.2.1)

- Ortbetonplatten mit hohem Wassereindringwiderstand, Fugen gegen das Eindringen von Wasser schützen
- wasserableitende diffusionsoffene Trennlage, produktzugehöriges Vlies
- Extruderschaumplatten (ds oder dx)
- Abdichtung
- für die Dichtungsebene und die darüber liegenden Schichten ist ein Gefälle von 2,0 % erforderlich

In älteren Zulassungen gab es noch eine Ausführungsvariante, bei der unter der Ortbetonplatte eine Kiesentspannungsschicht berücksichtigt wurde. In derzeit gültigen allgemeinen Bauartgenehmigungen (aBG) werden nicht von allen Produzenten obige Ausführungsvarianten in den jeweiligen aBGs für befahrbare Umkehrdächer aufgeführt.

4.2.1 Umkehrdach mit örtlich direkt auf der Dämmung hergestelltem Betonfahrbelag

Dieser Aufbau entspricht etwa der unter Abschn. 4.1.1 beschriebenen Variante mit folgenden Abweichungen [99]:

- Das erforderliche Gefälle von ca. 2% bis 2,5 % kann produktionsbedingt nicht durch die Dämmung erzeugt werden, sondern ist, sofern die Rohbaukonstruktion nicht im Gefälle liegt, durch einen zusätzlichen Gefälleestrich herzustellen.
- Die Abdichtungsebene liegt unter der Dämmung aus extrudiertem Polystyrol (XPS). Die Abdichtung ist somit für weitere Arbeitsgänge geschützt.
- Zur Berücksichtigung des ΔU-Wertes ist die Dämmstoffdicke zu erhöhen.

- Über den Hartschaumplatten wird ein diffusionsoffenes Kunststoffvlies als Trennlage verlegt. Die Funktion als Gleitschicht kann und braucht von diesem Vlies nicht erfüllt zu werden, da die Dämmplatten im Allgemeinen lose verlegt werden.
- Die Anforderungen an die Ortbetonnutzschicht entsprechen im Wesentlichen den unter Abschn. 4.1.1 aufgezeigten.
- Nach den derzeit in Deutschland gültigen Zulassungen (abZ) bzw. Bauartgenehmigungen (aBG) ist das Fahrzeuggewicht auf 3,0 t (30 kN) begrenzt.

Das nach der derzeitigen Zulassung erforderliche Gefälle von ≥ 2 % genügt nicht der Abdichtungsnorm DIN 18532-1. Es wird über der Rohbaukonstruktion durch einen Estrich in einer Dicke von 2,0 cm bis 21,0 cm (~2,5 %) aufgebracht. Die Abdichtung besteht mindestens aus zwei Lagen Bitumenbahnen. Es sind die Ebenheitsanforderungen nach DIN 18202, Tab. 3, Zeile 3 oder 4, zu erfüllen. Anderenfalls ergibt sich für die Folgeschichten eine unzureichende Tragfähigkeit (siehe Abb. 5.3). Die Hartschaumplatten sind lose, oder punktweise verklebt, dicht und ohne Kreuzstöße zu verlegen. Das über der Dämmung zu verlegende diffusionsoffene, produktzugehörige Kunststoffvlies hat in erster Linie die Aufgabe, das Eindringen von Betonschlemme in die Dämmstofffugen zu verhindern. Für die Betonnutzschicht gelten die gleichen Konstruktionsprinzipien und Qualitätsanforderungen wie unter Abschn. 4.1.1 beschrieben.

Bei dieser Variante fließt der Großteil der Niederschlagswässer oberhalb der Dämmschicht ab. Verlässliche Angaben zum Anteil des auf die Abdichtungsebene gelangenden, „wärmeabführenden“ Wassers für die hier beschriebene Ausführung liegen nicht vor, und sind auch vom Alter, dem Pflegezustand und der vorhandenen Ausführungsqualität abhängig.

Durch mögliche Feuchteaufnahme im Zellgerüst der XPS-Hartschaumdämmplatten ergeben sich vermehrte und kontinuierlich anwachsende Energieverluste in diesem Parkdachaufbau. Von der Feuchtigkeit unterhalb der Dämmschicht gehen Diffusionsprozesse aus, die im Zellgerüst zu Kondensat führen. Die eingeschränkte Möglichkeit der Feuchtigkeitsabgabe durch freie Diffusion an die Außenluft beeinträchtigt diesen Aufbau wesentlich.

Eine nach den FLL-Empfehlungen [74] vorzusehende Filter-, Sicker- oder Drainageschicht ist in Deutschland derzeit nicht Gegenstand der Zulassungen für befahrbare Umkehrdächer, und ist im Schadensfall kritisch zu bewerten.

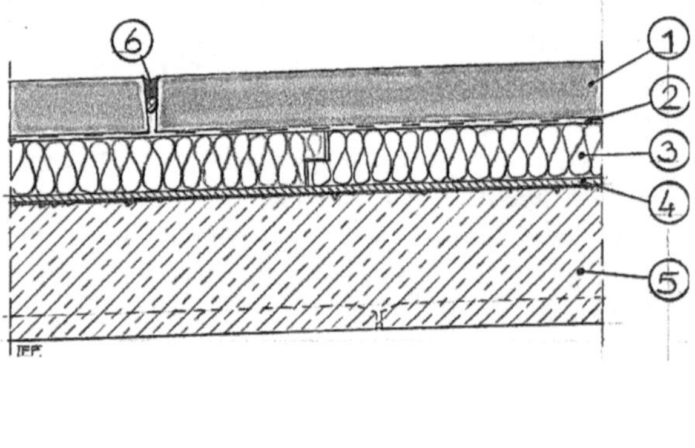

Abb. 4.8 WU-Konstruktion mit Ortbetonplatten auf UK-Dach

Legende und Anmerkungen zu Abb. 4.8

1) *Lastverteilungsplatte, C 30/37 LP*
2) *Diffusionsoffenes Dachvlies, produktzugehörig*
3) *XPS, Extruderschaumdämmung*
4) *Oberflächenschutzsystem OS 10, Spachtelung*
5) *WU-Betondecke mit ~ 2,5 % Gefälle*
6) *Plattenfuge, dauerelastisch versiegelt*

Das obige Aufbaubeispiel befindet sich in einer Grauzone. In aBGs für Umkehrdächer werden nur Konstruktionen geregelt, die sich über einer Abdichtung nach DIN 18532 befinden. Der in „Parkdecks" [14] dargestellte Oberflächenschutz, OS 10, auf einer wasserundurchlässigen Betonkonstruktion genügt nicht den Vorschriften von Flachdachabdichtungen, sondern entspricht den Anforderungen nach EC 2, Fußnote b zu Tab. 3.1 [37]. Der in Abb. 4.8 dargestellte Parkdachaufbau ist die einzige Möglichkeit eine Dämmung über einer WU-Konstruktion anzuordnen und sollte auf untergeordnete Räume beschränkt bleiben, z. B. Stellplätze auf dem Lagerraum einer Winzerei. Auch wenn diese Konstruktion nicht durch eine UK-Dach-Zulassung abgedeckt ist, kann man die aBGs sinngemäß als Erkenntnisquelle heranziehen. Das Gefälle von ≥ 2,5 % sowie eine ausreichende Entwässerung, das diffusionsoffene Dachvlies und die ebene Auflagefläche sollten unbedingt übernommen werden. Da sich der Aufbau ja ohnehin außerhalb der Zulassung befindet, stellt sich die Frage, ob eine Lastbegrenzung auf Pkws bis 3,0 t auch dann noch sinnvoll ist, wenn ein Tragfähigkeitsnachweis für schwerere Fahrzeuge geführt wurde. Auf jeden Fall sollte der Bauherr über die nicht durch eine abZ geregelte Bauweise informiert werden und dieser zustimmen.

4.2.1.1 Konstruktionsmerkmale
(PKw-Belastung und Gefälleestrich)

- Aufbaugewicht: g ≈ 5,0 bis 6,0 kN/m^2
- Aufbaudicke: d ≈ 25 cm bis 65 cm
- Gefälle: (Estrich) α ≈ 2,0 % bis 2,5 %
- Wärmedurchgangskoeffizient:
  U + ΔU ≈ 0,55 bis 0,20 W/m^{2}K
- Konstruktionsprinzip für Fahrzeuge mit einem zulässigen Gesamtgewicht über 3,0 t in Deutschland nicht zugelassen.

4.2.2 Umkehrdach mit Pflasterbelag

In [87] wird der Einsatz von Fahrbelägen aus Betonverbundsteinen auf Umkehrdächern näher beschrieben. Es werden Überrollversuche auf mit großformatigen, besonders stark verkrallenden Betonverbundsteinen hergestellten umkehrdachähnlichen Probeflächen herangezogen [93]. Bei Belastungen, die Pkw- und

Mischnutzung entsprechen, waren die aufgetretenen Pflasterverformungen vernachlässigbar gering. Unter dem Pflasterbett wurden zwei unterschiedlich feste Extruderschäume in einer Dicke von 5,0 cm eingebaut. Der weichere, der in seiner Festigkeit in etwa dem heute erhältlichen, mit CO_2 geschäumtem extrudiertem Polystyrol entspricht, wies nach nur wenigen Überrollvorgängen mit einer Radlast von 50 kN (Schwerlastverkehr) signifikante Pflasterverformungen auf. Inwieweit die Versuchsfeldgröße von 1,51 × 1,41 m^2 und die Versuchsgeschwindigkeit von 0,7 km/h wirklichkeitsnahe Randbedingungen für Parkdächer widerspiegeln ist kritisch zu beurteilen. Ähnliches gilt für die, mit 5,0 cm relativ dünne Dämmschicht auf einer ebenen Stahlunterlage.

Wie schon unter Abschn. 3.6 dargestellt, ist durch einen Pflasterbelag keine, einer Betonplatte gleichwertige Lastverteilung zu erzielen.

In der RStO [84] wird ein Verformungsmodul E_{v2} = 120 MPa (MN/m^2) für die Tragschicht gefordert. Dieser Wert, der aus einem Plattendruckversuch abzuleiten ist, ist einem Bettungsmodul von $C \approx 530\ MN/m^3$ gleichzusetzen [3]. Die Festigkeit des Untergrundes wird maßgebend durch die Steifigkeit, Dicke und Lagerung des Dämmstoffes sowie das Bettungsmaterial beeinflusst. Bei den heute erforderlichen Dämmstoffdicken wird der oben genannte Vergleichswert für das Bettungsmodul von $C \approx 530\ MN/m^3$, insbesondere unter Langzeitbetrachtungen, mit extrudiertem Polystyrol (XPS) nicht erreicht. Um eine möglichst steife Bettungsschicht zu erreichen, ist unbedingt eine XPS-Dämmung hoher Steifigkeit (dx) einzubauen.

Werden die Hartschaumplatten mit Hohllagen über unebenen Abdichtungen, z. B. infolge von Bahnenstößen, verlegt (siehe Abb. 5.3), so kann der federnde Untergrund zu einer Auflösung des Pflasterverbundes führen [3, 4].

Entsprechend dem augenblicklich üblichen Zulasungstext soll die Bettungsschicht aus frostbeständigem Splitt ($d \geq 5$ cm), Körnung 2/5 mm bestehen. Die Verbundsteine ($d \geq 10$ cm) sind mit Sand 0/2 mm zu verfugen. Diese Vorgaben finden sich mit geringen Variationen auch in den einschlägigen Hinweisblättern für Pflasterdecken wieder [88, 90, 91].

In [1, 3, 6, 85, 94] werden hohe Feuchtigkeitsgehalte in Extruderdämmungen unter Pflasterbelägen festgestellt. Wesentlich für das Funktionieren eines Umkehrdaches ist eine diffusionsoffene Abdeckung und eine funktionierende Entwässerung. Durch Verschmutzung und Verschlickung reichert sich das Fugen- und Bettungsmaterial im Laufe der Zeit mit Feinstoffen an und wirkt als Dampfsperre. Die Dämmebene kann nicht mehr austrocknen.

In [5] berichtet H. Amend von einem Parkdach, dessen XPS-Dämmung einen Feuchtegehalt von 10,5 Vol-% bis 23,7 Vol-% aufwies. Die Wärmeleitfähigkeit erhöhte sich innerhalb von 31 Jahren von 0,025 W/mK auf 0,055 W/mK, im Mittel auf 0,044 W/mK. Den wirtschaftlichen Schaden auf Grund des ungeplanten Energieverlustes des 3000 m^2 großen Parkdaches bezifferte er für einen Betrachtungszeitraum von 30 Jahren auf über 250.000,- €. Das Parkdach wurde 1983 wahrscheinlich noch mit FCKW getriebenem XPS hergestellt. Für heute mit CO_2 geschäumte Dämmstoffe werden z. T. schlechtere Werte mitgeteilt.

Um ähnlich kostspielige Schäden nach Möglichkeit zu vermeiden, sollte man bei der Planung und Ausführung von Umkehrdächern folgendes beachten:

- Der XPS-Dämmstoff ist vollflächig auf einer ebenen Fläche aufzulegen. Hohllagen sind durch einen Bitumenglattabstrich oder eine Asphaltmastix-Abdichtung unbedingt zu vermeiden. Über Graten und Kehlen sind die Dämmplatten anzupassen.
- Die Abdichtung sollte ein Gefälle von mindestens 2,5 % aufweisen. Das Gefälle ist in der tragenden Konstruktion und/oder einem Gefälleestrich auszubilden.
- Das Parkdach muss ausreichend Entwässerungspunkte aufweisen.
- Die Dämmung ist dicht gestoßen, ohne Kreuzstöße, einlagig zu verlegen und darf nicht von unterschiedlichen Herstellern sein. Das Mischen unterschiedlicher Dämmstoffe ist unzulässig.
- Bei Parkdächern mit Verbundsteinpflaster oder Ortbetonfahrbahnplatten sollte ausschließlich das produktzugehörige Dachvlies als Trennlage verwendet werden. Eine Umstellung auf eine billigere Folie aus Kostengründen macht sich am Ende nicht bezahlt.
- Laut aBG ist die Anordnung einer Drainageschicht nicht vorgesehen. Es ist zu bedenken, dass Dränagefolien die Kontaktfläche zur Dämmung reduzieren und damit zu erhöhten Druckspannungen führen (siehe Abschn. 3.5)
- Bei gepflasterten Oberbelägen sind die Angaben der aBG für den Fugensand (0/2 mm) und die Bettungsschicht (d ≥ 5 cm, 2/5 mm) einzuhalten. Die Ausbildung des Gefälles in der Bettungsschicht sollte vermieden werden.
- Eine Beschädigung der Schäumhaut, z. B. zur Reduzierung der Dämmstoffdicke oder für Verlegekanäle von Bauteilen der TGA ist nach Möglichkeit zu vermeiden.
- Für Pflasterbeläge sind ausschließlich Verbundsteine in einer Stärke von d ≥ 10 cm zu verwenden. Auf Natursteinpflaster oder Ziersteine sollte unbedingt verzichtet werden.

Abb. 4.10 zeigt, dass TGA-Handwerker nicht unbeaufsichtigt auf der Baustelle arbeiten sollten

Abb. 4.9 Schadhaftes UK-Dach mit unterschiedlichen Dämmstoffen [MdB]

Abb. 4.10 Schädigung der Schäumhaut, UK-Dach mit massiver Wärmebrücke [MdB]

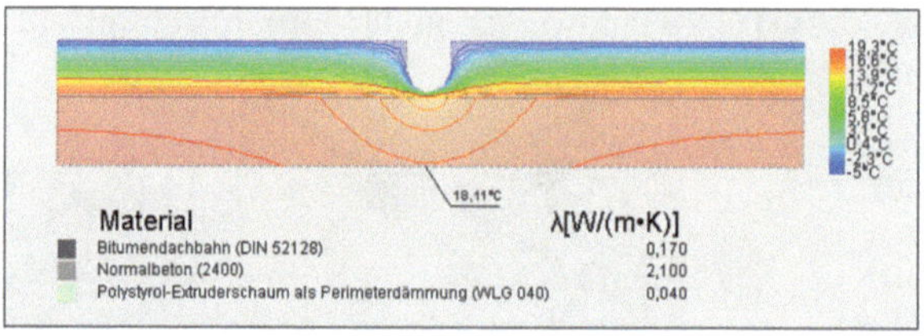

Abb. 4.11 Temperaturverlauf und Isothermen zu Abb. 4.10

Auch wenn die Oberflächentemperatur mit ca. 18 °C und der Temperaturfaktor $f_{Rsi} = 0{,}852 > 0{,}7$ daraufhin deuten, dass hier keine Schimmelgefahr zu erwarten ist, ist der längenbezogene Wärmedurchgangskoeffizient $\Psi = 0{,}309$ W/(mK) verhältnismäßig hoch, und widerspricht dem Beiblatt 2 der DIN 4108. Derartige Eingriffe in die Dämmebene sollten aus bauphysikalischen Gründen und im Hinblick auf die Tragfähigkeit der Schutzschicht unbedingt vermieden werden (Abb. 4.11).

Nach Abschluss der Arbeiten sollte der Bauherr und/oder der bauaufsichtführende Planer von der ausführenden Firma eine Unternehmererklärung, mit der die regelgerechte Ausführung bestätigt wird, entsprechend dem Anhang der aBG erhalten. Diese ist zusammen mit der zum Herstellzeitpunkt gültigen Zulassung für eventuelle Schadensfälle aufzubewahren.

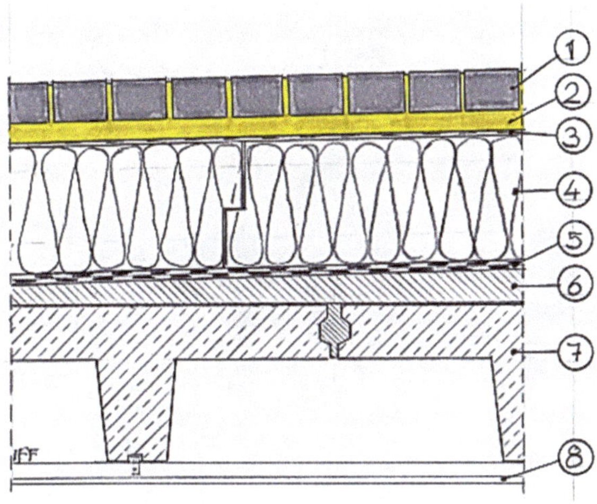

Abb. 4.12 Pflasterbelag über wohnraumähnlicher Nutzung

Legende und Anmerkungen zu Abb. 4.12

1) *Verbundsteinpflaster d ≥ 10 cm, Verfugung Sand Körnung 0/2 mm*
2) *Pflasterbett, d ≥ 5 cm, Körnung 2/5 mm*
3) *Diffusionsoffenes Dachvlies, produktzugehörig*
4) *XPS – dx – extrudiertes Polystyrol*
d = 320 mm
5) *Abdichtung, Asphaltmastix, Bitumenbahn, Gussasphalt*
6) *Gefälleestrich ≥ 2,5 % (ca 2,0–21,0 cm), eventuell konstruktiv bewehrt*
7) *Pi-Plattendecke, Stahlbetonfertigteile*
8) *Abgehängte Decke*

Um auch unter Berücksichtigung des ΔU-Zuschlags von 0,05 W/(m^2K) einen für Wohnräume oder ähnliche Nutzung wie Praxen oder Büros erforderlichen Wärmedurchgangskoeffizienten zu erreichen, wurde für das Beispiel in Abb. 4.12 die derzeit maximal mögliche Extruderschaumdicke von 320 mm gewählt. Bei dieser Dämmstoffdicke ist für das Pflasterbett das nach RStO [84] geforderte Verformungsmodul von $E_{v2} \geq 120$ MN/m^2 nicht zu erfüllen. Der Vergleichswert für den Bettungsanteil aus der XPS-Dämmung beträgt nur

$$C_{XPS} \approx \frac{E_{XPS}}{d_{XPS}} = \frac{10}{0,32} \approx 32\frac{MN}{m^3} < 530\frac{MN}{m^3}$$

Eine derart weiche Unterkonstruktion würde bei intensiver Verkehrsnutzung wahrscheinlich noch während der Gewährleistungsfrist, zu ähnlichen Schäden wie sie in Abb. 4.13 zu sehen sind, führen.

Die RStO ist zwar nicht Bestandteil der Zulassungen, sollte aber als zusätzliche Information für die Ausführung gepflasterter Verkehrsflächen herangezogen werden.

Abb. 4.13 Geschädigter Pflasteroberbelag [MdB]

4.2.2.1 Konstruktionsmerkmale

(PKw-Belastung und Gefälleestrich)

- Aufbaugewicht: $g \approx 4{,}5$ bis $6{,}0\ kN/m^2$
- Aufbaudicke: $d \approx 26$ cm bis 65 cm
- Gefälle: (Estrich) $\alpha \approx 2{,}5\ \%$ bis $3{,}0\ \%$
- Wärmedurchgangskoeffizient:
  $U + \Delta U \approx 0{,}55$ bis $0{,}20\ W/m^2K$
- Konstruktionsprinzip für Fahrzeuge mit einem zulässigen Gesamtgewicht über 3,0 t in Deutschland nicht zugelassen.

4.2.3 Umkehrdach mit Fertigteilbelag

Um sicherzustellen, dass in die XPS-Dämmung eindringender Wasserdampf ungehindert ausdiffundieren kann, wurden bereits Anfang der 80er-Jahre über den Hartschaumplatten aus extrudiertem Polystyrol Betonfertigteilplatten mit einer Luftschicht verlegt [99]. Der Luftzwischenraum wird durch verstärkte Auflagerstreifen der Fertigteile, Hartschaumunterlagen oder, wie unter Abschn. 3.6.3 beschrieben, durch Gummigranulatscheiben mit Spannelementen geschaffen (siehe Abb. 3.20). Die hierbei auftretenden Kontaktpressungen von

$$p_s \oplus 0{,}24\,N/mm^2$$

liegen im Grenzbereich des für Dauerbelastung angegebenen Rechenwertes der Druckspannung für CO_2-getriebenen Extruderschaum der höchsten Festigkeit (siehe Abb. 4.14). Eine konstruktive Horizontalkraftabtragung über Schub ist bei den lose verlegten Hartschaumplatten nicht denkbar.

Abb. 4.14 Abdruck eines Auflagers [MdB]

Bei den unter Abschn. 4.2, Ausführung 1, beschriebenen Fertigteilplatten handelt es sich z. B. um unbewehrte Betonplatten deren Festigkeit und Beständigkeit gegen Streusalz durch Vakuumieren erhöht wurde. In einem niederländischen Untersuchungsbericht wird empfohlen, die Tragsicherheit durch epoxidharzbeschichtete Bewehrung zu verbessern.

Wie schon erläutert, wird die Oberfläche infolge der offenen Fertigteilfugen relativ schnell entwässert. Die Platten trocknen nach einem Niederschlag rasch ab. Das Niederschlagswasser fließt über und unter der Dämmung zu den Abläufen. Da annähernd das gesamte Niederschlagswasser in der Dämmebene abfließt, ist bei diesem Prinzip die Beachtung des ΔU-Zuschlages zum Ausgleich des Unterströmvorganges besonders wichtig (siehe Abschn. 5.1.1).

Vorstellbar wären auch faserbewehrte Platten.

Bei derartigen Nutzbelägen ist der Einfluss der unterfließenden Niederschläge auf den Wärmeschutz und Heizwärmebedarf bedeutend. Eine Korrektur durch den Zuschlagsfaktor ΔU ist erforderlich. Der Zuschlag ΔU ist in dieser Ausführungsvariante „Umkehrdach mit Fertigteilbelag" gegenüber dem Zuschlag zur Kompensation der Feuchteaufnahme im Zellgerüst der XPS-Hartschaumprodukte $\Delta\lambda$ (infolge Diffusion) dominant.

Die Abflussbeiwerte dieser Dachkonstruktion entsprechen den von bekiesten UK-Dächern, d. h. ca. 90–95 % der auftreffenden Niederschläge wandern durch die Belagsfugen auf die Abdichtungsebene und entziehen dort Wärme.

Abb. 4.15 Umkehrdach mit Fertigteilbelag auf Stelzlagern

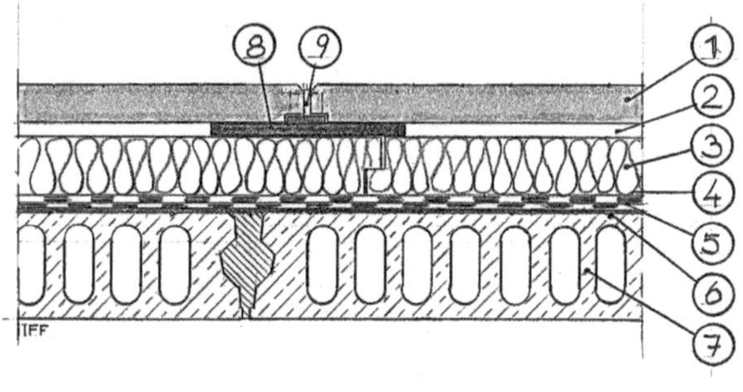

Legende und Anmerkungen zu Abb. 4.15

1) *Fertigteilplatten aus hochfestem Beton, profilierte Oberfläche, d ≥ 8 cm*
2) *Belüfteter Luftraum, d ≥ 2 cm*
3) *XPS-dx – expandiertes Polystyrol*
4) *Bitumen-Glattabstrich*
5) *Zweilagige bituminöse Abdichtunsbahnen, ohne Gefälle entgegen DIN 18532!*
6) *Spachtelung*
7) *Spannbetonhohldielen (Überhöhung!)*
8) *Auflagerteller aus Gummigranulat*
9) *Spannelement*

Während in den abZ oder aBG bei den vorherigen Aufbauvarianten eine Gefälleangabe von ≥ 2,5 % vorgegeben wird, wird für den Parkdachaufbau mit Fertigteilplatten keine Gefälleforderung gestellt. Auch wenn in der aBG explizit kein Gefälle gefordert wird, sollte dies nicht so ausgelegt werden, dass entgegen den Abdichtungsvorschriften bei diesem Aufbau eine Freispiegelentwässerung bzw. ein „Null-Gefälle-Dach" zielführend ist. Diese Annahme beruht möglicherweise auf älteren Zulassungen oder Richtlinien und wird gerne von Planern herangezogen. Für den in Abb. 4.15 dargestellten Aufbau mit Spannbetonhohldielen kann diese Vorgehensweise kritische Auswirkungen haben. Um für den Fall des Unterströmens der XPS-Dämmung eine ausreichende Wärmespeicherung der Decke vorzuhalten, wird ein Deckengewicht von 250 kg/m^2 gefordert. In Abhängigkeit von der Spannweite weisen die Spannbetonhohldielen nur ein Berechnungsgewicht ab ca. 275 kg/m^2 auf, und liegen damit geringfügig über dem zulässigen Mindestgewicht der Decke. Bedenkt man, dass der Deckenspiegel über den Hohlräumen nur 30 mm beträgt, könnte in diesen Bereichen der Auskühlung durch unterströmendes Niederschlagswasser durch die Wärmespeicherung nur unzureichend entgegengewirkt werden.

Ein weiteres Argument gegen eine gefällelose Deckenausbildung sind die zu erwartenden Deckendurchbiegungen und bei Spannbetonhohldielen die Überhöhungen aus der Vorspannung. Nach EC 2 ist die Durchbiegung auf ca. 1/300 bis 1/500 zu begrenzen, bei einer Spannweite von 8,0 m ergibt sich eine Durchbiegung von 2,7 cm bis 1,6 cm.

Aus mehreren Gründen ist somit ein gefälleloser Parkdachaufbau baupraktisch nicht herstellbar, und nicht zu empfehlen, auch wenn er in den Zulassungen explizit nicht ausgeschlossen wird.

4.2.3.1 Konstruktionsmerkmale

PKw-Belastung und (Gefälleestrich)

- Aufbaugewicht: g ≈ 2,2 bis 5,1 kN/m²
- Aufbaudicke: d ≈ 25 cm bis 50 cm
- Gefälle: (Estrich) α ≈ (0,0) % bis 2,5 %
- Wärmedurchgang: U + ΔU ≈ 0,35 W/m²K
- Ausschließlich nur für PKw-Nutzung möglich.

4.3 Plus- oder Duodach

Das Plus- oder Duodach ist eine Kombination des Warmdaches mit dem Umkehrdach, es werden zwei Dämmstoffebenen durch eine Abdichtung getrennt [52, 101].

Bei dem Duodach handelt es sich um zwei Lagen XPS-Dämmung, die z. B. gewählt werden, weil die angebotenen Dämmstoffdicken alleine nicht den Wärmeschutzanforderungen genügen, und eine zweilagige Anordnung im als Parkdach genutzten Dachaufbau nach den aBGs nicht zulässig ist. Hinsichtlich der Parkdachaufbauten gelten sinngemäß die gleichen Anmerkungen wie unter Abschn. 4.2, mit der Einschränkung, dass der ΔU-Zuschlag geringer oder ganz entfallen kann. Allerdings ist gemäß Zulassung ein Diffusionsnachweis nach DIN 4108-3 zu führen, wenn der Wärmedurchlasswiderstand unterhalb der Abdichtung über einem Drittel des Gesamtwertes liegt.

Ergänzend zum vorherigen Abschnitt erfolgen hier keine weiteren Konstruktionshinweise zum Duodach.

Weder das Duo- oder noch das Plusdach werden explizit in den einschlägigen Vorschriften für das Flachdach erwähnt [10, 27, 28]. Lediglich im abc der Bitumenbahnen [40] wird das Plusdach kurz beschrieben.

4.3.1 Plusdach mit Betonfahrbahnplatten

Beim Plusdach können die Vorteile des Gefälledaches mit der Schutzwirkung des Umkehrdaches kombiniert werden. Das Plusdach stellt eine relativ komplizierte Konstruktion dar, und wird seine Anwendung finden, wenn sich aus der Mischung der Dämmstoffe ein Preisvorteil ergibt, oder die geforderten Wärmeschutzanforderungen durch nur eine Dämmebene nicht zu erreichen sind. Das könnte insbesondere zukünftige hohe Anforderungen betreffen.

Um möglichst auf den ΔU-Zuschlag verzichten zu können, sollte die Konstruktion unter der Abdichtung einen Wärmedurchlasswiderstand aufweisen, der über 50 % des gesamten Wärmedurchlasswiderstands liegt. Da in diesem Fall der Wärme-

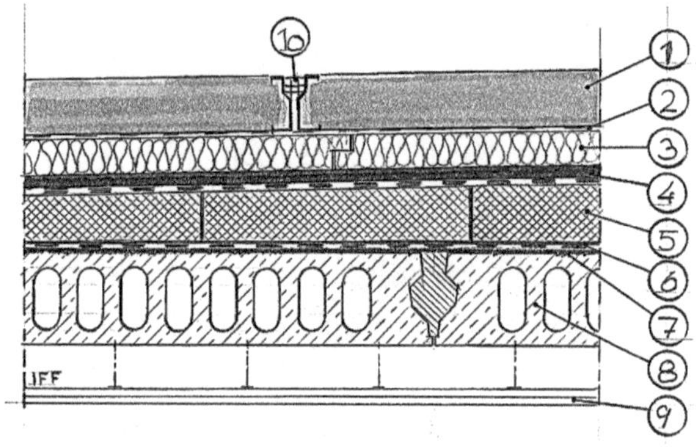

Abb. 4.16 PLUSDACH MIT ORTBETONBELAG

durchlasswiderstand aller Bauteilschichten unter der XPS-Dämmung ein Drittel des Gesamtwiderstands überschreitet, wird in der Zulassung für Umkehrdächer ein diffusionstechnischer Nachweis nach DIN 4108-3 gefordert. Bei dem Einsatz von Schaumglas unter der Abdichtung, ist davon auszugehen, dass auf Grund der Diffusionsdichtigkeit von CG dieser Nachweis unproblematisch zu führen ist.

Legende und Anmerkungen zu Abb. 4.16

1) *Ortbetonfahrbahnplatten, C 30/37 LP*
2) *Diffusionsoffenes Dachvlies, produktzugehörig*
3) *XPS-expandiertes Polystyrol*
4) *Bituminöse Abdichtung, Mastix*
5) *Gefälledämmung Schaumglas CG ds, 5–24 cm, α ≈ 2,5 %, Diffusionsdicht*
6) *Dampfsperre, Notabdichtung, Klebebitumen*
7) *Spachtelung*
8) *Spannbetonhohldielen*
9) *Abgehängte Decke/Gipskartonplatten*
10) *VA-Fugenprofil mit Fugenband*

Wird aber die Schaumglas-Gefälledämmung durch eine mineralisch gebundene Dämmschicht ersetzt, kann es in der Konstruktion zu Tauwasserausfall kommen. Im vorliegenden Beispiel, 8 cm XPS und CalSi-Hydrat in einer mittleren Dicke von 12 cm, kann nach DIN 4108-3 nachgewiesen werden, dass das Wasser während der Sommermonate wieder vollständig verdunstet. Für den Parkdachaufbau mit einer mineralischen Dämmschicht ist auch im Bereich von Wärmebrücken und Durchdringungen eine funktionierende Dampfsperre wichtig, da die Widerstandsfähigkeit gegen Feuchte dieser Dämmstoffe kritisch zu sehen ist (Abb. 4.17, 4.18 und 4.19).

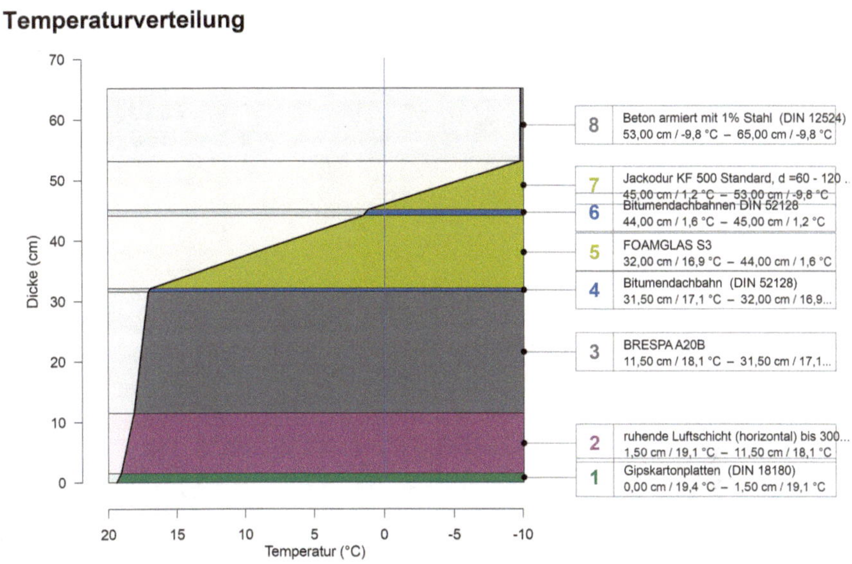

Abb. 4.17 TEMPERATURVERLAUF PLUSDACH, 12 CM CG, 8 CM XPS

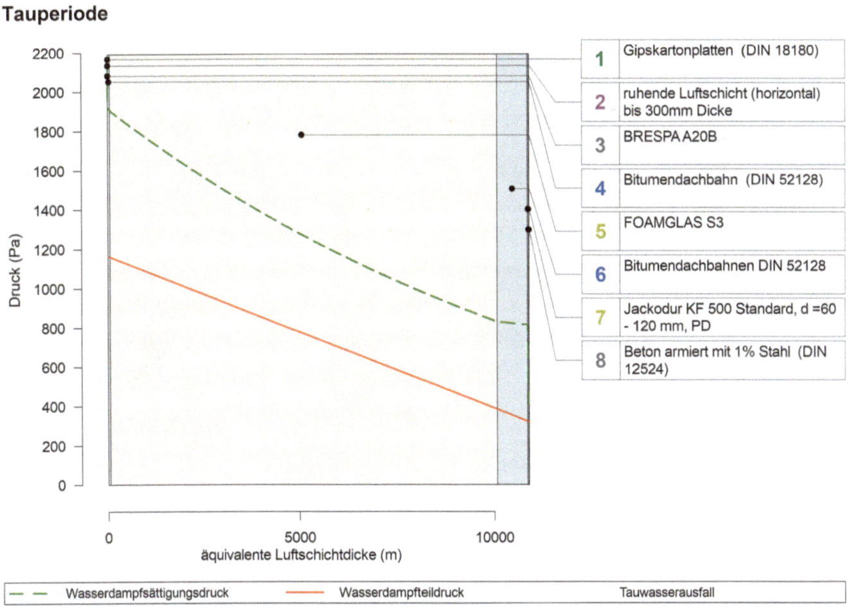

Abb. 4.18 GLASERDIAGRAMM FÜR DAS PARKDACH VON ABB. 4.17, 12 CM CG UND 8 CM XPS, KEIN FEUCHTIGKEITSAUSFALL

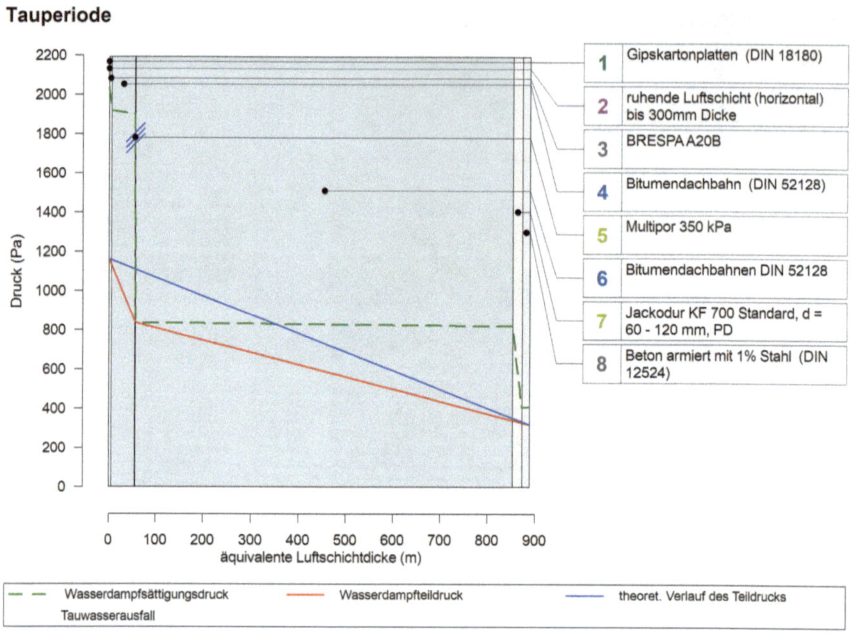

Abb. 4.19 Glaserdiagramm, Dachaufbau wie vor, Schaumglas durch CalSi-Hydrat ersetzt, geringer Feuchteausfall

4.4 Belüftetes zweischaliges Dach (Kaltdach)

Die Konstruktion des belüfteten Kaltdaches weicht grundsätzlich von den vorangegangenen Aufbauprinzipien ab. Der Dämmstoff wird keiner Druckbelastung durch die Fahrzeuge ausgesetzt. Es können weiche Mineralfaserdämmstoffe eingesetzt werden, unter denen eine Dampfbremse anzuordnen ist. Zwischen der befahrbaren Nutzebene und der Dämmung ist ein Luftraum von mindestens 5 cm zwischenzuschalten, der im Querschnitt so dimensioniert ist, dass ein ausreichender Luftwechsel mit der Außenluft möglich ist. Die Abdichtungsebene liegt direkt unter der Nutzschicht.

Nach dem Kenntnisstand des Verfassers, wurde das belüftete „Kaltdach" in letzter Zeit in Deutschland nicht mehr als Parkdach ausgeführt. Trotzdem wird im Folgenden die ursprüngliche Aufbaubeschreibung mit Anmerkungen () zu neuen Vorschriften beibehalten, um so Hinweise für den Sanierungs- oder Modernisierungsfall zu geben.

Auf Grund der für das Dachgeschoss kühlenden Wirkung dieser Konstruktion, könnte es möglich sein, dass dieser Dachaufbau noch in südlichen Breiten ausgeführt wird.

4.4.1 Durchlüftete Dachkonstruktion mit Gussasphalt

Bei dem in Abb. 4.20 dargestellten durchlüfteten Dachaufbau handelt es sich um ein deutsches Patent, das bevorzugt von niederländischen Unternehmen ausgeführt wurde, sich aber anscheinend nicht am Markt durchgesetzt hat, und deshalb hier nur für den Sanierungs- bzw. Instandsetzungsfall erwähnt wird. Die Abdichtung wird mit einer durch Baustahlgewebe bewehrten Asphalt-Mastix-Schicht hergestellt (in Anlehnung an Bauweise 1a nach DIN 18532-1 [27]). Unter der mineralischen Dämmung wird eine bituminöse Dampfsperre (nach DIN 4108-3, 5.3.3.3 – $S_{d,i} \geq 100$ m) verlegt, die gleichzeitig als Notabdichtung wirken soll.

Legende und Anmerkungen zu Abb. 4.20

1) *Asphalt-Mastix, zweilagig*
   Deck- oder Nutzschicht
   Schutzschicht – BStG-bewehrt
2) *Betonfertigteilplatten, d = 5,0 cm*
3) *Belüfteter Luftraum*
4) *Mineralfaserdämmung*
5) *Notabdichtung, Dampfsperre* $s_{d,j} \geq 100$ *m*
6) *Tragende Betondecke*
7) *Deckenputz*
8) *Distanzstein 15 × 15 cm*
9) *Dämmstoffplatte XPS – dx*

Bei dieser Konstruktion ist eine Gefälleausbildung in der Rohbaudecke oder ein Gefälleestrich nicht erforderlich, da das für die Wasserabführung nötige Gefälle durch verschieden hohe Distanzsteine ausgebildet wird. Wichtig für die Funktionsfähigkeit der Konstruktion ist, dass eine ausreichende Durchlüftung des Luftraumes gewährleistet ist (nach DIN 4108-3, 5.3.3.1 – Luftraumlänge ≤ 10 m, Lüftungsquerschnitt ≥ 200 cm^2/m oder 2 $\%_0$ Promille der geneigten Dachfläche).

Abb. 4.20 Belüftetes „Kaltdach" mit Asphaltbelag

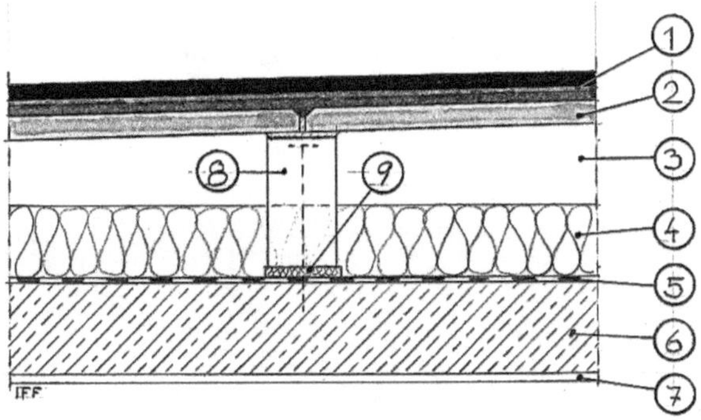

Im Falle einer Undichtigkeit wird diese in aller Regel erst relativ spät bemerkt, da vorher große Mengen Feuchtigkeit von der Mineralfaserdämmung aufgenommen werden.

Da die Fertigteilplatten gleichzeitig eine neue Nutzebene oberhalb der eigentlich tragenden Decke bilden, stellt sich die Frage, inwieweit für diese neue Deckenebene ein Tragfähigkeitsnachweis bei der Baubehörde vorzulegen ist. Die Plattendicke (DBP) von 5,0 cm unterschreitet die Forderung der damaligen DIN 1045 nach einer Mindestdicke von 10 cm für von Personenkraftwagen befahrenen Platten erheblich (nach EC 2 h_{min} = 70 mm). Diese Unterschreitung ist nur akzeptabel, wenn die Fahrbahnplatte als Doppelboden angesehen wird, und somit als Ausbauleistung nicht unter den Anwendungsbereich der Stahlbetonnorm fällt. Auch die Ausbildung der Plattenfugen entspricht nicht den Anforderungen der DIN 1045 für die Querverbindung von Fertigteilen (auch nicht EC 2). Treten wiederholt Durchbiegungsunterschiede an einer Plattenfuge auf, so besteht die Gefahr, dass die Mastix-Abdichtung überbeansprucht wird und es zu Undichtigkeiten kommen kann. Eventuell wäre hier die Anordnung eines zusätzlichen Abdichtungsstreifens, der ähnlich wie ein Schleppstreifen wirkt, sinnvoll.

Um unterhalb der Ausgleichssteine Wärmebrücken zu reduzieren, werden diese auf Dämmstoffplatten aus extrudiertem Polystyrol gestellt. Die Querschnittsfläche eines Ausgleichssteines beträgt 15 × 15 = 225 cm^2. Befindet sich ein Rad mit einer damals anzusetzenden Radlast von 7,5 kN (heute EC 1 ⇒ 10 kN) direkt auf einem Ausgleichsstein, so ergibt sich eine Dämmstoffpressung von ca. 0,33 N/mm^2 (0,44 N/mm^2) die zu einer Überbeanspruchung der Dämmstoffplatte führt. Auf Grund der inzwischen erhöhten Wärmeschutzanforderungen, der Vielzahl der vorhandenen Wärmebrücken und der einschränkenden Normvorgaben, ist diese Bauweise wahrscheinlich in Deutschland nicht mehr am Markt.

4.4.1.1 Konstruktionsmerkmale

(PKw-Belastung und Konstruktionsgefälle)

Ursprüngliche Werte (1998), genügen nicht derzeitigen Anforderungen.

- Aufbaugewicht: $g \approx 2{,}5\ kN/m^2$
- Aufbaudicke: $d \approx 35$ cm bis 50 cm
- Gefälle: (Konstruktion) $\alpha \approx 2{,}0\ \%$ bis 2,5 %
- Wärmedurchgang: $k \approx 0{,}35\ W/m^2K$
- Ausschließlich für PKw-Nutzung möglich.

Konstruktionshinweise 5

Inhaltsverzeichnis

Während in den vorangegangenen Abschnitten die auf eine wärmegedämmte Parkdachkonstruktion einwirkenden Beanspruchungen sowie die zu erfüllenden Anforderungen aufgezeigt wurden, und im Rahmen der Funktionsebenen und Aufbauvarianten Lösungsmöglichkeiten dargestellt und kurz diskutiert wurden, sollen in diesem Abschnitt konkrete Hinweise zur Dimensionierung der Wärmedämmung und der Nutzschicht gegeben werden.

5.1 Wärmetechnische Dimensionierung

Im Laufe der letzten Jahre ergaben sich diverse Änderungen und Verbesserungen im Bauwesen. Angefangen mit der digitalen Planungsunterstützung, wie z. B. CAD, diversen Rechen- und Kalkulationsprogrammen und der Internetnutzung, die Umstellung des größten Teils der Normen auf die Eurocodes und der Einführung effizienterer Baustoffe und Bauteile. Die größten Veränderungen haben sich wahrscheinlich aber auf dem Sektor des Wärmeschutzes bzw. der Energieeinsparung ergeben.

Während 1970 der bauteilbezogene Wärmeschutznachweis vom Statiker nach DIN 4108 [10] noch „nebenbei“ erledigt wurde, ist heute die Einschaltung eines

© Der/die Autor(en), exklusiv lizenziert an Springer Fachmedien Wiesbaden GmbH, ein Teil von Springer Nature 2026

J. -. P. Schlee, *Planung und Ausführung von wärmegedämmten Parkdächern, Hofkellerdecken und Verkehrsflächen*,
https://doi.org/10.1007/978-3-658-51926-1_5

zertifizierten Energieberaters erforderlich, der mit umfangreicher Software einen zeitlich begrenzt gültigen Energieausweis erstellt. Nicht nur, dass die Einheiten und Bezeichnungen geändert wurden, es wurden auch die Nachweisverfahren und Nachweisgrößen in regelmäßigen Abständen, angefangen mit den Wärmeschutzverordnungen 1977 und 1995, gefolgt von verschiedenen Energieeinsparverordnungen (EnEV 2002–2014, [9]) und nun dem Gebäudeenergiegesetz (GEG 2020, [30], Novellierung 2023 als „Heizungsgesetz" intensiv diskutiert, lag bei der Manuskriptabfassung nicht vor) dem politischen Willen angepasst. Inzwischen ist u. a. der für das Gesamtgebäude ermittelte Jahres Primärenergiebedarf dem des Referenzgebäudes mit entsprechender Nutzung gegenüberzustellen. In die Berechnung geht auch die technische Gebäudeausrüstung (TGA), Heizung, Lüftung, regenerative Energie etc. mit ein. Eine direkte, bauteilbezogene Dimensionierung der erforderlichen Dämmstoffdicke ohne Betrachtung des Gesamtgebäudes ist somit nicht möglich. Näherungsweise kann eine Dämmstoffdicke anhand der für das Referenzgebäude vorgegebenen Wärmedurchgangskoeffizienten abgeschätzt werden (siehe folgende Abbildung Abb. 5.1).

In den Anlagen 1 und 2 zum GEG werden Wohn- und Nichtwohngebäude mit gestuften Raumsolltemperaturen im Heizfall unterschieden. Als groben Anhalt für den Entwurf der erforderlichen Dämmstoffdicke eines Parkdaches können die für das Referenzgebäude vorgegebenen Wärmedurchgangskoeffizienten zu Grunde gelegt werden. Für das Wohn- und Nichtwohngebäude mit Raumtemperaturen von $t \geq 19$ °C wird ein Wärmedurchgangskoeffizient von $U = 0{,}20$ W/(m^{2}K) vorgegeben. Bei geringeren Raumtemperaturen von 12 bis < 19 °C genügt ein Wert von $U = 0{,}35$ W/(m^{2}K). Nach Anlage 7 GEG werden diese Werte auch für die Änderung oder Instandsetzung von bestehenden Parkdächern vorgeschrieben.

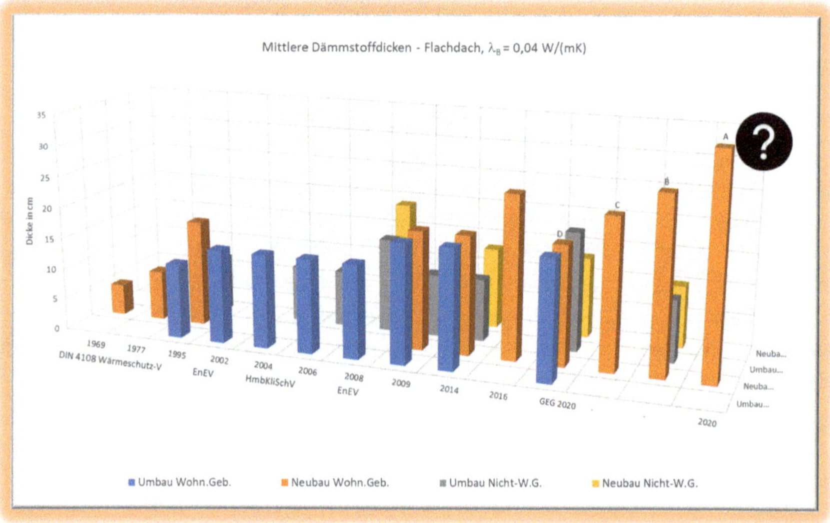

Abb. 5.1 Näherungsweise Entwicklung der mittleren Dämmstoffdicken für ein Parkdach ab 1969

Aus dem folgenden Diagramm (Abb. 5.2) ist deutlich zu erkennen, dass eine Steigerung der Dämmstoffdicke bei gleichbleibender Wärmeleitfähigkeit nicht zu einer proportionalen Reduzierung des Wärmedurchgangskoeffizienten führt. Wird z. B. die Dämmstoffdicke einer Dämmschicht mit $\lambda = 0{,}035$ W/(mK) von 17 cm um 50 % auf ca. 25 cm erhöht, so wird der Wärmedurchgangskoeffizient nur um 31,5 % von $U_{17} = 0{,}19$ W/(m^{2}K) auf $U_{25} = 0{,}13$ W/(m^{2}K) reduziert. Weiter kann man erkennen, dass bei Beibehaltung des Wärmedurchgangskoeffizienten von z. B. $U = 0{,}20$ W/(m^{2}K) ein Wechsel des Dämmstoffes von $\lambda = 0{,}035$ W/(mK) auf $\lambda = 0{,}045$ W/(mK) die Dämmstoffdicke von ca. 16 cm auf ca. 22 cm zu vergrößern ist.

Parkdächer bzw. wärmegedämmte Hofkellerdecken sind in der Regel Bestandteil eines größeren, meistens als „Nichtwohngebäude" genutzten, Gebäudekomplexes. Der Nachweis, dass der vorgeschriebene Jahres-Primärenergiebedarf (GEG § 15, 18) und der auf die Umfassungsfläche bezogene Transmissionswärmeverlust bzw. die Höchstwerte der mittleren Wärmedurchgangskoeffizienten (GEG § 16, 19) nicht überschritten werden, sollte von einem zertifizierten Energieberater als Bauvorlage erbracht werden. Seit 2016 ist nur noch der 0,75-fache Vergleichswert des Jahres-Primärenergiebedarfs des Referenzgebäudes gegenüberzustellen.

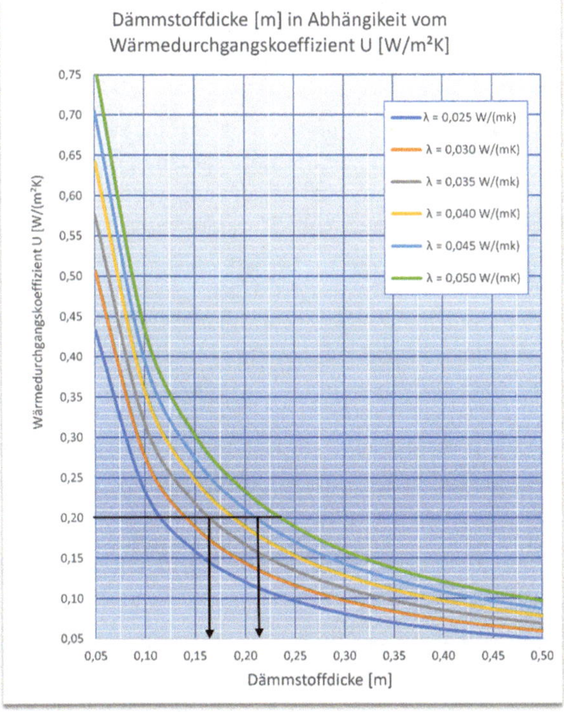

Abb. 5.2 Wärmedurchgangskoeffizient U eines Parkdaches (Warmdach) in Abhängigkeit von der Dämmstoffdicke

Beispiel

An einem einfachen Beispiel für ein kleines, rechteckiges Nichtwohngebäude mit einer Breite von b = 16,5 m, einer Länge von l = 60 m und einer Höhe von h = 4,0 m soll die Art des Energiebedarfsnachweises kurz aufgezeigt werden. Darüber hinaus wird der Einfluss einer Dämmstoffanpassung des Warmdaches sowie der Umstellung der Nachweissystematik demonstriert. Mit einer Nettogrundfläche von 914,5 m^2 und einer Nutzung als Bürogebäude erfüllt das Gebäude die wesentlichen Voraussetzungen für einen „vereinfachten" Nachweis als Einzonenmodell nach GEG § 32. Der für das entsprechende Referenzgebäude ermittelte Jahres-Primärenergiebedarf ist um 10 % zu reduzieren.

Folgende Werte gehen in die Berechnung ein, bzw. ergeben sich daraus:

Kellerdecke: 990,0 m^2, $U = 0{,}190\ W/(m^2K)$,
Wände: 612,0 m^2, $U = 0{,}172\ W/(m^2K)$,
Fensterabzug: 244,4 m^2, $U_W = 0{,}900\ W/(m^2K)$,
Türen: 11,1 m^2, $U = 2{,}0$ bzw. $0{,}8\ W/(m^2K)$
Parkdach: 990,0 m^2, $U = 0{,}165\ W/(m^2K)$,
Dämmstoff: $\lambda = 0{,}035\ W/(mK)$, $d = 20\ cm$
Brennwertheizung – Stadtgas – 55/45 °C,
Jahres-Prim.bed.: $qp = 74{,}0 < 74{,}3\ kWh/m^2$

Setzt man nun im Parkdach einen härteren Dämmstoff mit einer Wärmeleitfähigkeit von $\lambda = 0{,}045$ W/(mK) ein, und behält die Dicke von 20 cm bei ($U = 0{,}21\ W/m^2K$), so ergibt sich ein Jahres-Primärenergiebedarf von $qp = 78{,}2 > 74{,}3\ W/(m^2K)$. Der Nachweis wird nicht erfüllt, und müsste durch Stromgewinnung aus einer Photovoltaikfläche von 50–60 m^2 mit einem Batteriespeicher, oder einer Umstellung der Heizenergie auf Strom mit Wärmepumpe ergänzt werden. Außer Anpassung der Dämmstoffdicke, was entsprechend Abb. 5.2 relativ aufwändig werden kann, stehen diverse Heilungsmöglichkeiten im Bereich der Anlagentechnik (TGA) zur Verfügung.

Da bei dem „vereinfachten" Nachweis mit dem Einzonenmodell der Jahres-Primärenergiebedarf des entsprechenden Referenzgebäudes pauschal zur Abdeckung eventueller Ungenauigkeiten um 10 % reduziert wird, empfiehlt sich der genauere Nachweis nach DIN V 18599 [103] unter Berücksichtigung weiterer Zonen. Es ergibt sich ein um 10 % erhöhter Referenz-Jahres-Primärenergiebedarf unter zusätzlicher Berücksichtigung der Warmwassererzeugung von 93,4 kWh/m^2. Bei einer Wärmeleitfähigkeit von $\lambda = 0{,}035$ W/(mK) genügt in diesem Fall eine Dämmstoffstärke von 16 cm im Parkdach. Wird mit einem steiferen Dämmstoff, wie z. B. Schaumglas geplant wäre bei dem Mehrzonenmodell eine Dämmstoffdicke von 18 bis 20 cm erforderlich.

Dieser Abschnitt soll keine ergänzende Fachliteratur [31] zur Anwendung des GEG [30] darstellen, sondern nur auf einige Möglichkeiten für Parkdächer auf Basis der derzeit gültigen Gesetzgebung hinweisen. Wesentlich ist, zu erkennen, dass eine Umplanung des vorgesehenen Dämmstoffes im Allgemeinen eine Abstimmung mit dem Energieberater erfordert. Weiter sollte auch die Nachweismethode kritisch hinterfragt werden. Die Umstellung vom „vereinfachten“ Einzonenmodell auf das Mehrzonenmodell kann zu Reserven für die Dämmstoffqualität oder -dicke führen.

5.1.1 Anmerkungen zum Umkehrdach

Wie unter Abschn. 2.3 ausgeführt, stellt das Umkehrdach eine besondere Bauart dar, bei der über eine Zulassung geregelt sein muss, dass die außerhalb der Abdichtung liegende Wärmedämmung unter bestimmten Voraussetzungen beim Energieeinsparnachweis mit angesetzt werden darf [10]. In Abhängigkeit vom Anteil des Wärmedurchlasswiderstands unter der Dachhaut ist der Wärmedurchgangskoeffizient U um ΔU zu erhöhen. Normalerweise beträgt der Anteil des Wärmedurchlasswiderstandes unterhalb der Dachabdichtung weniger als 10 %. Somit muss für $\Delta U = 0{,}05\ W/m^2K$ eingesetzt werden. Dieser Wert ist u. a. von der Niederschlagsmenge abhängig. In [94] wird vorgeschlagen, für das Gebiet um Hamburg mit einem Zuschlag von $\Delta U = 0{,}07\ W/m^2K$ zu rechnen (siehe auch Abschn. 4.2).

Die dauerhafte Wärmedämmwirkung der Umkehrdachkonstruktion wird von verschiedenen Autoren unterschiedlich bewertet. So wird einerseits bezweifelt, dass die Höhe des ΔU-Zuschlages, durch den der Energieverlust infolge von Unterströmvorgängen berücksichtigt werden soll, ausreichend ist. Andererseits wird der Zuschlag $\Delta\lambda$ auf den Messwert der Wärmeleitfähigkeit ($\lambda_{10,tr}$), der dann zu dem Rechenwert der Wärmeleitfähigkeit führt, diskutiert. Der Messwert ist nach folgender Formel unter Berücksichtigung der praktischen Stofffeuchte zu erhöhen [104].

$$\lambda_R = \lambda_{10,tr} \bullet \left(1 + Z_{(up)}\right).$$

In [94] schlagen Franke und Deckelmann vor, den zu erwartenden Feuchtegehalt entsprechend der nachstehenden Gleichung einzuführen.

$$\lambda_R = \lambda_{10,tr} \bullet \left(1 + Z\right) \bullet \left(1 + 0{,}033 \bullet f_{(Vol\%)}\right)$$

Bei „diffusionsdicht“ nach oben abgeschlossenen Park- bzw. Terrassendächern wurden in [3] Feuchtegehalte in einer Größenordnung von 5 bis 16 Vol-% festgestellt. Nach Kelvin C. Hay ergibt sich in diesem Bereich eine überproportionale Verschlechterung der Wärmeleitfähigkeit. Auf Basis der Messungen von Hay nähert Eggenberger in [29] mit folgendem Polynom 2. Grades eine Mittelwertskurve für λ_r in Abhängigkeit von der volumenbezogenen Materialfeuchte für FCKW bzw. HFCKW-geschäumte XPS-Dämmstoffe an.

$$\lambda_R = \lambda_{10,tr} \bullet \left(1 + 3{,}792 \bullet f_{(Vol\%)} + 11{,}043 \bullet f^2_{(Vol\%)}\right)$$

Die Umstellung des Schäumgases von FCKW auf HFKW führte gegen Ende der 1990er-Jahre zu einer ca. 20 %-igen Verschlechterung der Wärmeleitfähigkeit von 0,028 – 0,030 W/(mK) auf 0,034–0,036 W/(mK).

Zum damaligen Zeitpunkt lagen noch nicht ausreichend Untersuchungen zu mit Luft oder CO_2 geschäumtem extrudiertem Polystyrol für eine verbindliche Aussage vor, außer, dass von einem ähnlichen Verhalten bei Feuchtigkeitseinlagerung auszugehen ist.

In [73] gibt U. Pernette einen aktuellen Überblick zu feuchtebedingten Zuschlägen für XPS-Dämmstoffe im Umkehrdach. Hiernach ist der Zuschlag $\Delta\lambda$ für den Feuchtigkeitseintrag von den Klimadaten am Standort und der Bauweise des UK-Daches abhängig, und liegt zwischen 10 bis 76 %. Ähnliches gilt für die zusätzlichen Wärmeabflüsse durch unterströmendes Niederschlagswasser.

Mit der Umstellung des Treibmittels auf CO_2 oder Luft verschlechterte sich die Wärmeleitung erneut produktabhängig auf $\lambda \approx 0{,}034$ W/(mK) bis 0,038 W/(mK).

In den Zulassungen bzw. allgemeinen Bauartgenehmigungen wird ein ca. 10 % bis 20 % höherer Bemessungswert der Wärmeleitfähigkeit für das befahrbare Umkehrdach angegeben. Ein Feuchteeintrag von bis zu 3 Vol% wird als hinnehmbar erachtet. Auch bei Einlage eines wasserableitenden, diffusionsoffenen Dachvlieses oberhalb der Dämmung, ist der Berechnung des Wärmedurchgangskoeffizienten U der ΔU-Wert gemäß Tab. 4.1 zuzuschlagen.

Für die Unterkonstruktion, auf der die Extruderschaumplatten verlegt werden, wird gefordert, dass diese „ausreichend“ eben sein müssen. In der DIN 18532-1 [27] wird für den Einbau von Wärmedämmstoffen gefordert, dass Hohllagen zwischen dem Dämmstoff und dem Untergrund zu vermeiden sind. In den Flachdachrichtlinien [28, 58] wird für direkt auf die Deckenoberfläche aufgebrachte Abdichtung die Ebenheitsabweichung nach DIN 18202 [47], Tab. 3, Zeile 2b gefordert. Um Hohllagen der Umkehrdachdämmung möglichst zu vermeiden, halte ich mindestens die Begrenzung der Ebenheitsabweichung nach der Zeile 3 obiger Tabelle für sinnvoll. Geht man von einer Breite von 1,0 m der Bitumenabdichtungsbahnen, einer Überlappung von $\geq$ 8 cm und einer Bahndicke von $\geq$ 4 mm aus, dann wird selbst bei einer absolut ebenen Betonunterlage bei einem Messpunktabstand von ca. 90 cm das Stichmaß von < 4 mm überschritten. Durch obige Zuschläge zur Wärmeleitfähigkeit bzw. zum Wärmedurchgangskoeffizienten werden Ungenauigkeiten wie in Abb. 5.3 gezeigt, nicht aufgefangen.

Abb. 5.3 Umkehrdach in Hohllage – Unterströmungskanal

Die Auswirkung der zulassungsbedingten Zuschläge $\Delta\lambda$ und ΔU auf den Dickenunterschied werden an dem folgenden Diagramm, Abb. 5.4, aufgezeigt.

Ein Warmdach mit 10 cm XPS-Dämmung und einem Wärmedurchgangskoeffizienten von $U \approx 0{,}33$ W/(m²K) wird in ein Umkehrdach, das ebenfalls unter Berücksichtigung eines ΔU-Zuschlags von 0,05 W/(m²K), den GEG-Anforderungen für ein Nichtwohngebäude genügt, umgestellt. Die XPS-Dämmung ist um 4 cm auf eine Dicke von ca. 14 cm zu erhöhen. $U \approx 0{,}32$ W/(m²K) < 0,35 W/(m²K) – Nichtwohngebäude, Bestand.

Bei einem bestehenden Bürogebäude soll der vorhandene Parkdachaufbau durch ein neues Umkehrdach ersetzt werden. Um die GEG-Anforderungen zu erfüllen, ist eine 26 cm dicke XPS-Dämmung geplant, $U \approx 0{,}20$ W/(m²K). Wird das Parkdach in ein Warmdach geändert, so ist ohne den ΔU-Zuschlag und der Wärmeleitfähigkeit von $\lambda_R = 0{,}036$ W/(mK) ohne Feuchtigkeitsbeaufschlagung nur noch eine XPS-Dicke von ca. 17 cm erforderlich, $U \approx 0{,}20$ W/(m²K).

Der Planer und/oder der Bauherr muss in diesem Fall entscheiden, ob der Vorteil eines Umkehrdaches, eine Abdichtungsebene einzusparen und die untere Abdichtung durch die Dämmung zu schützen, eine Dämmstoffreserve von fast 10 cm, und die damit verbundenen Nachteile wie höhere Übergänge, weichere Unterlage der Nutzschicht und Mehrkosten, aufwiegt.

Abb. 5.4 Abschätzung der Auswirkung des ΔU-Zuschlags

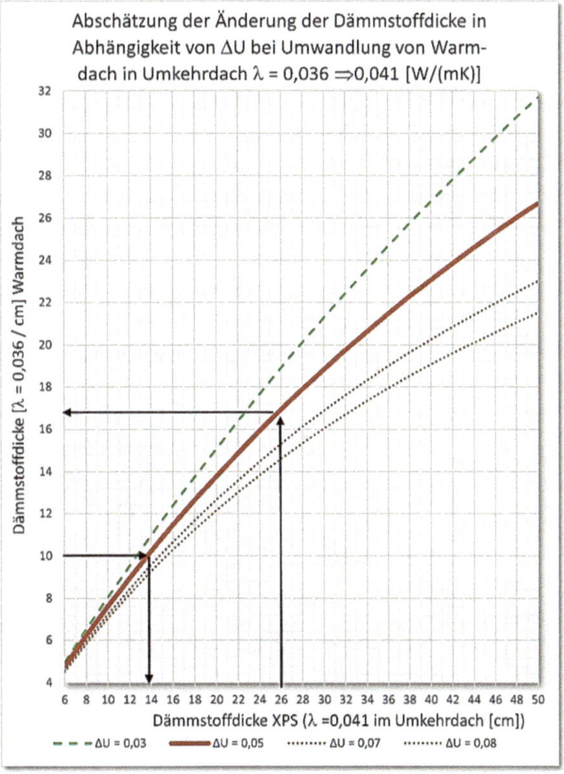

Als das Umkehrdach vor ca. 50 Jahren auf den Markt kam, lag die Wärmeleitfähigkeit von XPS auf Grund des Schäumgases FCKW noch bei $\lambda \approx 0{,}02$ W/(m^{2}K). Die Anforderungen der damaligen Wärmeschutzverordnung und der DIN 4108 waren deutlich niedriger als heute. Die Auswirkungen der Korrekturwerte für den Wärmedurchgangskoeffizienten hielten sich in vertretbaren Grenzen. Inzwischen ist auf Grund der schlechteren Dämmwirkung von XPS und der höheren GEG-Anforderungen das Bauprinzip „Umkehrdach" zumindest für befahrbare Konstruktionen kritisch zu sehen.

Für das bekieste Flachdach und das Gründach bietet die Industrie produktzugehörige, diffusionsoffene Dachvliese an, mit deren Einsatz auf einen ΔU-Zuschlag verzichtet werden darf. Für befahrbare Umkehrdachkonstruktionen geben die erforderlichen Zulassungen (abZ) bzw. Bauartgenehmigungen (aBG) dies noch nicht her.

Als Alternative, um auf den ΔU-Zuschlag zu verzichten, bietet sich bei höheren Wärmeschutzanforderungen das Plusdach (siehe Abschn. 4.3.1) an.

5.1.2 Anmerkungen zum Gefälledach

Wird von Planerseite eine „Freispiegelentwässerung" empfohlen, kann das heißen, dass dieser keine Lust hat, sich mit der Gefälleplanung und der Entwässerung näher zu befassen. Ein alter Dachdeckerspruch beantwortet die Frage, wie man trockenen Fußes über eine mit Pfützen übersäte Dachfläche kommt, wie folgt: „Man springt von Ablauf zu Ablauf!" Diese Aussage beruht auf der Erfahrung mit gefällelosen Flachdächern („Freispiegelentwässerung"), bei denen die Abläufe gerne in der Nähe der unterstützenden Tragwerksteile angeordnet werden, und in den durch die Deckendurchbiegung entstehenden Senken sich das Niederschlagswasser sammelt. Im Hinblick auf die Nutzungsfreundlichkeit und die Dauerhaftigkeit sollte bei Parkdächern unbedingt ein ausreichendes Gefälle angeordnet werden.

Um das Niederschlagswasser rasch abzuführen, ist im Allgemeinen ein Gefälle von mindestens 2 % anzuordnen [28, 40]. Für befahrbare Nutzungsschichten und deren Abdichtungsebene wird in der DIN 18532-1 [27] ein Gefälle von 2,5 % ($\approx$1,45°) gefordert.

Das erforderliche Gefälle kann in der Konstruktionsebene ausgebildet werden. Der Vorteil dieser Verfahrensweise liegt darin, dass man einen großen Teil des Zusatzgewichtes aus einem eventuellen Gefälleestrich einspart. Allerdings führt dies zu schrägen Deckenebenen, schiefen Balken und ungleichen Stützen- und Wandhöhen. Die Rohbaukonstruktion wird dadurch zumindest für die Dachdecke komplizierter. Da meistens die Ebenheitsanforderungen [47] der Rohbauoberfläche für eine Hautabdichtung nach DIN 18532-1 [27] nicht erfüllt werden, ist eine Versiegelung, Kratzspachtelung oder Grundierung erforderlich. Für wasserundurchlässige (WU-Beton) Dachkonstruktionen nach EC 2 [25] ist entsprechend zu verfahren. In der Tab. 4 1 (EC 2, NA) wird mit der Fußnote „b" eine rissüberbrückende Beschichtung, z. B. nach DIN 18532-6, Abdichtung mit flüssig zu verarbeitenden Kunststoffen, gefordert, siehe auch [17, 37, 105].

Bei ausreichend Lastreserven in der Rohbaukonstruktion, kann die Egalisierung der Dachdecke auch durch einen im Verbund hergestellten Gefälleestrich erfolgen. Bei der Gefälleplanung ist zu berücksichtigen, dass der Estrich nicht auf Null auslaufen sollte, sondern eine Mindestdicke von 1,0 cm, besser 2,0 cm aufweisen sollte. Für eine 7,50 m lange Gefällestrecke ergibt sich bei 2,5 % Gefälle eine Differenzhöhe von ca. 19 cm. Es ist mit einem zusätzlichen Eigengewicht von

$$g_m = \frac{0,02 + 0,21}{2} \times 22,0 = 2,5 \frac{kN}{m^2}$$

zu rechnen.

Wird das Hauptgefälle durch die Rohbaukonstruktion gebildet (z. B. geneigte Deckenebene), und lediglich einige Anpassungen an Kehlen und Grate durch Gefälleestrich hergestellt, reduziert sich die Zusatzlast entsprechend.

Bei der Sanierung eines bestehenden Parkdaches, bei dem das Gefälle durch Estrich gebildet wurde, kann dieser zurückgebaut werden, und ergibt so einen zusätzlichen Höhengewinn, um mit Gefälledämmung die energetische Qualität zu verbessern, und gleichzeitig Eigengewichtseinsparungen für eine Verstärkung des Nutzbelags.

Verschiedene Dämmstoffe, z. B. EPS, PUR, CG, (EPB und CalSi) bieten die Möglichkeit, das Gefälle durch die Dämmschicht auszubilden. Der Vorteil dieser Ausführung liegt in der Vermeidung zusätzlicher Lasten aus Gefälleestrich, wobei bei geringerer Aufbaudicke die wärmetechnische Leistungsfähigkeit erhalten bzw. verbessert wird. Hierdurch kann ein Arbeitsgang gespart, und der Baufortschritt beschleunigt werden. Der Austausch des vorhandenen Gefälleestrichs und der Dämmung gegen eine Gefälledämmung kann insbesondere bei der Sanierung vorhandener Altkonstruktionen von Vorteil sein.

Es ist unbedingt darauf zu achten, dass der Untergrund ausreichend eben und frei von Graten und Lunken ist. Gegebenenfalls ist die Oberfläche der Rohbaudecke durch eine Spachtelung vorzubereiten.

Der Wärmedurchgangskoeffizient (U-Wert) von Gefälledämmplatten wird meistens vereinfachend über die mittlere Dicke der Wärmedämmplatten berechnet. Diese Art der Berechnung wird häufig für Vordimensionierungen herangezogen, führt aber, genauer mathematischer Betrachtung folgend, zu leicht verfälschten Ergebnissen. In [12] werden Ansätze abgeleitet, die den Einfluss der Gefälleform richtiger berücksichtigen.

Beispiel zu Abschn. 4.1.1

Bei einer Gefällestrecke L = 7,50 m und einem Gefälle von 2,5 % ergibt sich eine Höhendifferenz von $\Delta d \approx 0,19$ m. Geht man von einer Mindestdämmstoffdicke von $d_{min} = 0,13$ m am Tiefpunkt aus, so beträgt die maximale Dicke $d_{max} = 0,32$ m. Würde der Wärmedurchgangskoeffizient fälschlicherweise mit der mittleren Dämmstoffdicke von

$$d_m = \frac{13 + 32}{2} = 22,5\,cm$$

berechnet werden, ergäbe sich mit

$U_m = \frac{\lambda}{d_m} = \frac{0{,}045}{0{,}225} = 0{,}20\, W\!\!\not\,_{m^2K}$ ein zu günstiger Wert. Da bei der Berechnung des U-Wertes die Dicke aber im Nenner steht, ist die einfache Mittelung mathematisch falsch.

Nach Schneider, Bautabellen [12], ergibt sich für einen 1,0 m breiten Dämmstoffkeil eine Vergleichsdicke von

$$d = \frac{\lambda}{U_k} = \frac{0{,}045}{0{,}2133} = 0{,}211 < 0{,}225\,m$$

Berechnung einer keilförmigen Dämmschicht (Abb. 5.5)

Wärmeleitfähigkeit $\lambda = 0{,}045\, W/mK$

Wärmedurchlasswiderstand – Grundebene

$$R_0 = \frac{d_0}{\lambda} = \frac{0{,}13}{0{,}045} = 2{,}8889 > 1{,}2\, m^2K/W$$

Wärmedurchlasswiderstand – Gefällekeil

$$R_2 = \frac{d_2}{\lambda} = \frac{0{,}19}{0{,}045} = 4{,}2222\, m^2K/W$$

Wärmedurchgangskoeffizient – Pultdach

$$U_k = \frac{1}{R_2} \times \ln\left[1 + \frac{R_2}{R_0}\right] = \frac{1}{4{,}222} \times \ln\left[1 + \frac{4{,}222}{2{,}889}\right] = 0{,}2133 > 0{,}20\, W/m^2K$$

In obiger Beispielberechnung wird vergleichsweise nur von einem U-Wert der Dämmung ausgegangen, tatsächlich sind aber, mit Ausnahme des Umkehr- oder Duodaches, alle Schichten unterhalb der Abdichtung sowie die Wärmeübergänge zu berücksichtigen.

Mit der folgenden Tabelle (Tab. 5.1) lässt sich die mittlere Ersatzdicke für einen einfachen Gefällekeil leicht ermitteln (siehe gelb angelegten Vergleichswert zu obiger Berechnung).

In Schneider, Bautabellen [12], werden weitere Formeln für Kehlen, Grate und schiefe Ebenen mitgeteilt. Die Einzelflächen sind mit dem jeweiligen gefälleabhängigen Wärmedurchgangskoeffizienten zu multiplizieren. Die Summe der Pro-

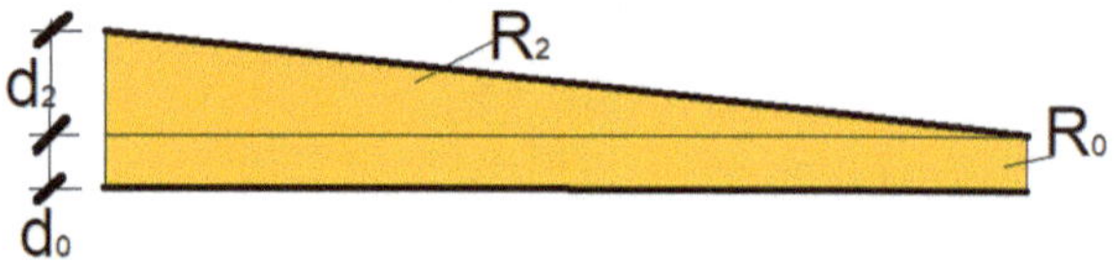

Abb. 5.5 Gefällekeil

Tab. 5.1 Ersatzdicke eines Gefällekeils nach [12]

Mittlere Ersatzdicke in cm eines Dämmstoffkeils unabhängig von λ											
d_0 \ d_2	**0,100**	**0,110**	**0,120**	**0,130**	**0,140**	**0,150**	**0,160**	**0,170**	**0,180**	**0,190**	**0,200**
0,04	0,0798	0,0832	0,0866	0,0898	0,0931	0,0963	0,0994	0,1025	0,1056	0,1086	0,1116
0,05	0,0910	0,0946	0,0981	0,1015	0,1049	0,1082	0,1115	0,1147	0,1180	0,1211	0,1243
0,06	0,1020	0,1056	0,1092	0,1128	0,1163	0,1197	0,1231	0,1265	0,1298	0,1331	0,1364
0,07	0,1127	0,1165	0,1202	0,1238	0,1274	0,1310	0,1345	0,1380	0,1414	0,1448	0,1482
0,08	0,1233	0,1272	0,1310	0,1347	0,1384	0,1420	0,1456	0,1492	0,1527	0,1562	0,1596
0,09	0,1338	0,1378	0,1416	0,1454	0,1492	0,1529	0,1566	0,1602	0,1638	0,1674	0,1709
0,10	0,1443	0,1483	0,1522	0,1561	0,1599	0,1637	0,1674	0,1712	0,1748	0,1785	0,1820
0,11	0,1546	0,1587	0,1627	0,1666	0,1705	0,1744	0,1782	0,1820	0,1857	0,1894	0,1930
0,12	0,1650	0,1691	0,1731	0,1771	0,1811	0,1850	0,1888	0,1927	0,1964	0,2002	0,2039
0,13	0,1753	0,1794	0,1835	0,1876	0,1915	0,1955	0,1994	0,2033	0,2071	0,2109	0,2147
0,14	0,1855	0,1897	0,1938	0,1979	0,2020	0,2060	0,2099	0,2139	0,2177	0,2216	0,2254
0,15	0,1958	0,2000	0,2042	0,2083	0,2124	0,2164	0,2204	0,2244	0,2283	0,2322	0,2360

dukte ist durch die Gesamtfläche zu dividieren, und ergibt so den mittleren Wärmedurchgangskoeffizienten für das gesamte Gefälledach.

$$U = \frac{1}{U} \times \sum_{i=1}^{n} U_i \times A_i$$

Im Rahmen der Herstellung und Konstruktion des Gefälledaches wird die Ermittlung des zugehörigen Wärmedurchgangskoeffizienten auch von einigen Dämmstoffherstellern mit angeboten. Die unterschiedlichen Dämmstoffkeile werden nummeriert und nach einem herstellerseitig ausgearbeiteten Gefälleplan verlegt.

(siehe auch Abschn. 7.4)

5.2 Dimensionierung der Ortbetonnutzschicht

Auf wärmegedämmten Verkehrsflächen ist eine lastverteilende Schutzschicht anzuordnen. Nach den einschlägigen Vorschriften [27, 28, 40, 58] sollte diese aus mindestens 12 cm bewehrtem Ortbeton, C30/37 bestehen. Beim Einsatz von Faserbeton und Betonfertigteilen kann ggf. die Plattendicke reduziert werden. Es wird gefordert, dass die Lastverteilungsschicht nach den anerkannten Regeln statisch bemessen wird. Auf die für die Bemessung anzunehmenden Randbedingungen, Begrenzungen und Berechnungsmethoden wird in diesen Vorschriften nicht näher eingegangen. In den folgenden Abschnitten werden die wesentlichen Annahmen anhand durchgerechneter Beispiele, abgeleitet aus verschiedenen Projektbearbeitungen, dargestellt.

In den Anfängen des Parkdach- oder Terrassenbaus wurde die Einhaltung der zulässigen Dämmstoffpressung auf Basis der Druckkegelmethode nachgewiesen. Man ging von einer Lastausstrahlung unter 45° innerhalb der Druckplatte aus, und stellte die so berechnete Druckspannung dem zulässigen Wert der geplanten Dämmung gegenüber. Eine Dimensionierung der Betonplatte, der erforderlichen Bewehrung so wie die Berücksichtigung von Eck- oder Randlasten, erfolgte auf der Basis von Ausführungserfahrungen und war dem Mut des Planers oder Herstellers überlassen.

Seit Anfang des letzten Jahrhunderts sind verschiedene Berechnungsmethoden zur Bestimmung der Schnittgrößen und Bodenpressung elastisch gebetteter Platten entwickelt worden [24, 36, 56]. Mit dem Austausch des Rechenschiebers gegen den elektronischen Taschenrechner oder Tischcomputer fanden diese, für den Straßen-, Erd- und Flugplatzbau entwickelten aufwendigeren Berechnungsverfahren Eingang in die Nachweissystematik für wärmegedämmte Parkdächer. Bevorzugt wurden die verbesserten Formeln von Westergaard für die Lastfälle Radlast in Plattenmitte, am Plattenrand und auf der Plattenecke angewandt [36].

Radlast in Plattenmitte [N/mm²]:

$$\sigma_{QM} = \frac{0{,}275 \bullet Q}{h^2} \bullet (1+\mu) \bullet \left[\lg\left(\frac{E \bullet h^3}{k \bullet b^4}\right) - 0{,}436 \right]$$

Radlast am Plattenrand [N/mm²]:

$$\sigma_{QR} = \frac{0{,}529 \bullet Q}{h^2} \bullet (1+0{,}54 \bullet \mu) \bullet \left[\lg\left(\frac{E \bullet h^3}{k \bullet b^4}\right) + \lg\left(\frac{b}{1-\mu^2}\right) - 2{,}484 \right]$$

Radlast auf der Plattenecke [N/mm²]:

$$\sigma_{QE} = \frac{3 \bullet Q}{h^2} \bullet \left[1 - \left(\frac{12 \bullet (1-\mu^2) \bullet k}{E \bullet h^3}\right)^{0,3} \bullet \left(\alpha \bullet \sqrt{2}\right)^{1,2} \right]$$

Wobei:

Q = Radlast [N]
p = Kontaktdruck [N/mm²]
h = Dicke der Fahrbahnplatte [mm]
$a = \sqrt{\frac{Q}{\pi \bullet p}}$: Belastungskreisradius [mm]
Ersatzradius [mm] $b = a$ *wenn* $a > 1{,}724 \bullet h$

sonst $b = \sqrt{1{,}6 \bullet a^2 + h^2} - 0{,}675 \bullet h$
α = Eckabstand der Last [mm]
k = Bettungsmodul [N/mm³]
E = Elastizitätsmodul der Betonplatte [N/mm²]

$\mu = 0{,}2$: Querdehnzahl des Betons

$l = \sqrt[4]{\frac{E \bullet h^3}{12 \bullet (1-\mu^2) \bullet k}}$: elastische Länge [mm]

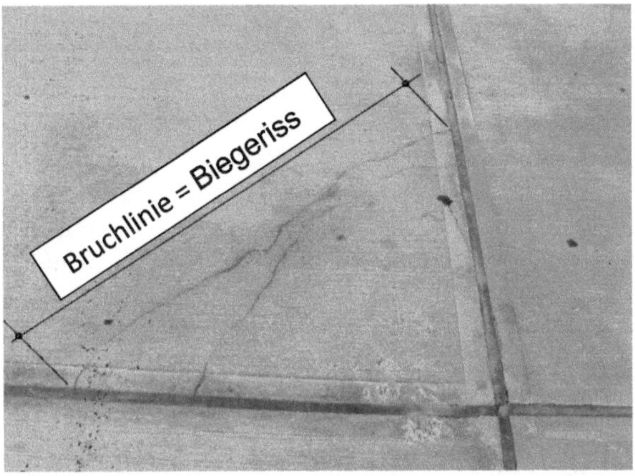

Abb. 5.6 Bruchlinie, Biegeriss über Eck

Die so ermittelten Biegezugspannungen sind der zulässigen Betonzugspannung, bzw. bei einer Berechnung mit Teilsicherheitsbeiwerten dem Bemessungswert der Betonzugspannung gegenüberzustellen. Auf ähnliche Weise können auch die Platteneinsenkungen, und damit auch die Druckspannungen auf der Abdichtung und Dämmung, berechnet werden.

Eine weitere Möglichkeit zur Plattendimensionierung wird mit der Bruchlinientheorie, auf die hier nicht weiter eingegangen wird, angeboten [24, 106] (Abb. 5.6).

Mit einer weiteren Verbreitung der EDV und deren Leistungssteigerung, werden vermehrt Plattenberechnungsprogramme auf Basis der Finiten Element Methode (FEM) für die Dimensionierung der Fahrbahnplatten auf elastischer Bettung genutzt. In den folgenden Abschnitten werden die Annahmen näher erläutert, insbesondere werden im Abschn. 5.2.5 Ergebnisse der FEM-Berechnung ausführlicher beschrieben.

Wesentlich für eine dauerhafte Gebrauchstauglichkeit einer wärmegedämmten Verkehrsfläche ist die Tragfähigkeit und Schutzwirkung der lastverteilenden Nutzschicht. Um möglichen Zwangsbeanspruchungen entgegenzuwirken, wurde schon in alten Flachdachrichtlinien für örtlich betonierte Fahrbeläge eine Aufteilung der Fläche in einzelne Fahrbahnplatten, damals noch in einer Größe von 2,50 m * 2,50 m, empfohlen. Auf die heutigen Feldgrößen wird in einem Folgeabschnitt noch näher eingegangen.

5.2.1 Dachaufbau der folgenden Nachweise

Unter Kap. 4 werden diverse, für die Nutzung durch Fahrzeuge geeignete, Aufbauvarianten vorgestellt. Die Unterschiede liegen in der Art der Dämmung und der Bauweise der Nutz- und Schutzschicht. Für gepflasterte Oberbeläge sowie Asphaltflächen werden in der Literatur Dimensionierungsverfahren [2, 88, 89, 96, 97] angeboten. Anders als im Straßenbau, ist beim Parkdach außer der Ebenflächigkeit und Festigkeit der Oberfläche, die Schutzwirkung der lastverteilenden Nutzschicht als mindestens gleichwertig zu betrachten. Eine Beschädigung der Abdichtung hat weitreichendere Folgen, die deutlich über einen verminderten Fahrkomfort durch eine Setzungsmulde hinausgehen. Es werden in den folgenden Abschnitten nur lastverteilende Fahrbahnplatten, entsprechend den unter Abschn. 4.1.1, 4.1.2, 4.2.1 und 4.3.1 dargestellten Aufbauten behandelt.

Als Wärmedämmung können alle unter Abschn. 3.3 aufgeführten Dämmstoffe eingesetzt werden. Für hochbeanspruchte Verkehrsflächen, Nutzungsklassen NA-3 und NA-4, siehe Tab. 2.2, ist Schaumglas (CG) und extrudiertes Polystyrol (XPS) hoher Festigkeit bevorzugt zu verwenden. Im Umkehrdach darf derzeit nur XPS eingebaut werden, wobei der Anspruch an den Schutz der Abdichtung hier etwas geringer ausfallen kann. Allerdings begrenzt die in Deutschland für diese Bauweise (2a) erforderliche Zulassung die Nutzung maximal auf Pkws mit einem zulässigen Gesamtgewicht von 3,0 t (30 kN).

Die „weicheren“ Dämmstoffe, wie expandiertes Polystyrol (EPS), Polyurethan (PUR/PIR), Perliteplatte (EPB) etc., sind nach derzeitigem Kenntnisstand nur für von Pkws genutzten Verkehrsflächen im Warmdach (Bauweise 2b) geeignet. Bei diesen Materialien ist insbesondere bei größeren Dämmstoffdicken die Platteneinsenkung an der Ecke und am Rand zu kontrollieren [32] (siehe Abb. 3.10: Begrenzung des Fugenversatzes).

Bei Pkw – Belastung sollte eine bewehrte Betonfahrbahnplatte nicht dünner als 12,0 cm sein. Die Bewehrung muss eine ausreichende Betonüberdeckung haben (nach DIN EN 1992-1-1 c_{nom} = 5,5 cm, siehe Abschn. 3.6.2). Um Zwangsbeanspruchungen möglichst klein zu halten, sind Fugen anzuordnen.

Die Betonfahrbahnplatten werden durch Schwind- und Temperaturverformungen beansprucht [24, 35, 36, 55, 75]. Diese Zwangsspannungen aus Schüsseln und Aufwölbung sind einerseits durch betontechnologische und baupraktische Maßnahmen und andererseits durch konstruktive Maßnahmen wie Einbau einer Gleitschicht (nicht beim UK-Dach) und Begrenzung der Plattengröße niedrig zu halten [83] (siehe Abschn. 7.2).

Des Weiteren wird der Dachaufbau durch Verkehrslasten beansprucht (siehe Abschn. 2.1).

Ist das Dach für eine Nutzung durch Pkws (zulässiges Gesamtgewicht von 3,0 t) vorgesehen, so ist die Nutzplatte für eine vorwiegend ruhende Radlast von 10 kN zu dimensionieren [18]. Bei großflächigen, stark frequentierten Dächern kann es sinnvoll sein, diese Radlast für Kurzzeitbeanspruchungen mit einem Lastwiederholungsfaktor (siehe Abschn. 2.1.6) zu erhöhen oder für ein Schneeräumfahrzeug die Radlast einer Einzelachse der Brückenklasse 3/3 nach DIN 1072 [21] anzusetzen.

Handelt es sich um ein höher belastetes Dach oder eine wärmegedämmte Hofkellerdecke, so sind die Verkehrsregellasten nach DIN 1072 oder das Lastmodell 1 nach DIN EN 1991-2 (siehe Tab. 2.2) zu berücksichtigen. Aufgrund möglicher Nutzungsänderungen im Laufe der Betriebszeit, ist es häufig zweckmäßig, bei der Planung des Dachaufbaus, sich zugunsten einer höheren Regelklasse zu entscheiden. Die Einwirkungen sind in jedem Fall mit den Annahmen für das Tragwerk des Gebäudes abzugleichen.

In industriell genutzten Bereichen sind Radlasten von Gabelstaplern und Stützenfüße von Regalen zu berücksichtigen.

Außer der tatsächlichen Belastungsgröße ist die Dauer der Einwirkung von Bedeutung. Bei den folgenden Berechnungen werden zwei Zustände unterschieden:

Kurzzeitbeanspruchung Entsprechend der Belastungsnormen werden die Radlasten zur Berücksichtigung dynamischer Einflüsse mit einem Schwingbeiwert $\varphi \leq 1{,}4$ und einem Lastwiederholungsfaktor $\varphi_n = 1{,}0$ bis 1,3 multipliziert. Bei Langsamfahrt und ebener Fläche kann dieser Wert auf ca. $\varphi = 1{,}0$ bis 1,2 reduziert werden. Diese Werte sind, wie auch die modifizierten Teilsicherheitsbeiwerte, mit dem Auftraggeber oder Bauherrn abzustimmen. Die Berechnung ist mit den steiferen Bettungswerten (d_{min}, E_{max}) den oberen Bemessungswerten für die Druckspannung der Dämmung gegenüberzustellen.

Dauerlast Die genormten Radlasten werden ohne jegliche Erhöhung der Berechnung zugrunde gelegt. Teilsicherheitsbeiwerte sind zu berücksichtigen. Durch diesen Lastfall werden auch Wiederholungen abgedeckt. Es ist die weichere Bettung (d_{max}, E_{min}) anzusetzen. Ggf. ist für die Fahrbahnplatte eine Steifigkeitsabminderung für den Einfluss aus Kriechen zu berücksichtigen. Ein Bemessungskriterium in diesem Lastfall ist u. a. die Begrenzung der Einsenkung am Plattenrand oder der Ecke.

Wird die Betonfahrbahnplatte als lastverteilende Schutzschicht unter einer gepflasterten Nutzschicht oder einem Asphaltbelag angeordnet (z. B. Abb. 4.5 und 4.6), so sollte eine Lastausstrahlung unter 45° in diesen Nutzschichten näherungsweise berücksichtigt werden.

Für die unter Abschn. 5.2.5 berechneten Beispiele werden folgende Aufbau- und Lastvarianten bearbeitet. Allen Beispielen liegt ein Gefälle von 2,5 %, eine Gefällestrecke von 7,50 m und damit eine Höhendifferenz von ca. 19 cm zu Grunde:

Beispiel 1 Pkw-genutztes Parkdach, Variante 5.1.1 (Warmdach), erforderlicher Wärmedurchgangskoeffizient $U \leq 0{,}20\ W/(m^2K) \Rightarrow$ mittlere Schaumglasdicke $d_m = 21$ cm ($d_{min} = 13$ cm, $d_{max} = 32$ cm, siehe Abschn. 5.1.2), lastverteilende Fahrbahnplatte C30/37 LP, h = 12 cm, $L_x / L_y = 3{,}50\ m / 3{,}50\ m < 30 * 0{,}12\ m = 3{,}60\ m$.

Variante 1a, parallel zum Vergleich Wie vor, jedoch mittlere EPS-dicke $d_m = 16$ cm (siehe Abb. 5.2), $d_{min} = 8$ cm, $d_{max} = 27$ cm (zurückgerechnet aus Tab. 5.1, $d_2 = 19$ cm).

Variante 1b, parallel zum Vergleich Wie vor, jedoch Umkehrdach, Variante Abschn. 4.2.1, ähnlich Abb. 4.8. Gefälle durch Estrich oder Tragkonstruktion. Durchgehende XPS-Dämmung, wegen ΔU-Zuschlag d = 27 cm (siehe auch Abb. 5.4). Sicherheit gegen Aufschwimmen wird knapp erfüllt, außergewöhnliche Bemessungssituation:

$$\eta_a = \frac{\gamma_{G,stb} * \Sigma G_k}{\gamma_{G,dst} * A_k} = \frac{0{,}95 * (0{,}12 * 25 + 0{,}27 * 0{,}4)}{0{,}27 * 10}$$

$$\approx \mathbf{1{,}10 > 1{,}0}$$

Beispiel 2 Gedämmte Verkehrsfläche, SLW 30-Nutzung regelmäßig möglich, wie Variante 4.1.1, erforderlicher Wärmedurchgangskoeffizient U $\leq$ 0,35 W/(m^{2}K) $\Rightarrow$ Schaumglas-Gefälledämmung, d_m = 13 cm, (d_{min} = 6 cm, d_{max} = 25 cm), lastverteilende Fahrbahnplatte C30/37 LP, h = 18 cm, L_x / L_y = 5,00 m / 5,00 m < 30 * 0,18 m = 5,40 m.

Variante 2a, parallel zum Vergleich Wie vor, jedoch als Warmdach mit XPS-Dämmung, d = 10 cm, Gefälle durch Estrich oder Konstruktion.

Variante 2b, ersatzweise werden die Fugen der Fahrbahnplatten wegen Überschreitung der Grenzwerte unter Beispiel 2a verdübelt. Sonst wie Variante 2a.

Für die Varianten 1a, 1b und 2a werden nur einzelne Vergleichsergebnisse mitgeteilt. Ausgewählte Durchstanznachweise erfolgen im Abschn. 5.2.6. Nachweise der Plattenverdübelung aus Variante 2b werden in Abschn. 5.2.7 geführt.

Für das Plusdach, Abschn. 4.3.1 und Abb. 4.16, sind die Tragfähigkeitsnachweise sinngemäß zu führen.

5.2.2 Plattenabmessungen, Einteilung der Nutzschicht in Einzelfelder

Wie oben bereits erwähnt, wird die Betonnutzplatte zur Verminderung von Zwangsbeanspruchunen in Einzelplatten aufgeteilt. Während in den Anfängen des Parkdachbaus quadratische Platten mit Seitenlängen von 2,0 bis 2,5 m ausgeführt wurden, wurden später die Abmessungen zu Gunsten eines geringeren Fugenanteils auf 5,0 bis 6,0 m vergrößert. Bei dünneren Platten musste man aber im Betrieb eine vergrößerte Rissneigung feststellen.

Die Abmessungen der Fahrbahnplatten wurden zum einen auf Grund der Bearbeitungseinschränkungen von den bereits fertigen Flächen (siehe Abb. 3.15 und 3.16) begrenzt. Zum anderen bringen größere Felder einen Anstieg der Zwangsbeanspruchungen mit sich, sodass empfohlen wird, die Seitenlänge auf das 25 bis 30-fache der Plattendicke zu begrenzen (siehe auch Abschn. 7.2). Darüber hinaus erfordert aber die Lagestabilität der Verkehrsfläche Mindestabmessungen der Fahrbahnplatten. Diese werden in der folgenden Tabelle anhand der Berechnungsansätze zur Begrenzung der „klaffenden Fuge“ nach den Regeln der Bodenmechanik ab-

Tab. 5.2 Vorschlag für Mindestabmessungen von Fahrbahnplatten auf elastischer Bettung

	EC 1-1	DIN 1072				EC 1-2
	Pkw	**Lkw 6**	**Lkw 16**	**SLW 30**	**SLW 60**	**LM 1**
b_x / b_y [m]	2,0 x 2,0	2,8 x 2,8	3,6 x 3,6	4,0 x 4,0	5,0 x 5,0	5,0 x 5,0
d_{min} [cm]	10	14	16	18	22	24

Abb. 5.7 Vorweggenommener Riss einer spitzen Plattenecke [MdB]

geschätzt. Bei kleineren Platten erscheint eine Fugenverdübelung oder andere Verbindung zu Nachbarplatten erforderlich.

Die Angaben in Tab. 5.2 stellen keinen Tragfähigkeitsnachweis dar. Sie beruhen auf aktuellen Erfahrungswerten und sind für den Einzelfall unter Berücksichtigung der gewählten Materialqualitäten nachzuweisen. Bei erhöhten Beanspruchungen, z. B durch Berücksichtigung von Lastwiederholungsfaktoren oder der Einzelachse nach DIN 1072 sind größere Plattendicken und auch Abmessungen wahrscheinlich.

Abweichungen vom quadratischen Plattengrundriss sollten vermieden werden. Im Extremfall ist ein Rechteckgrundriss auf ein Seitenverhältnis von 1: 0,8 (bzw. 1: 1,25) zu beschränken. Bei langen Rechteckplatten und bei spitzen Winkeln ist mit einem unkontrollierten Rissbild zu rechnen (Abb. 5.7).

Nicht nur, dass bei spitzwinkligen Plattenecken mit einer erhöhten Rissgefahr in der Nutzschicht zu rechnen ist, auch die Schutzwirkung für die Abdichtung ist deutlich herabgesetzt.

T-Fugenverläufe, also versetzte Fugen sollten ebenfalls vermieden werden, da sich die stumpf gestoßene Fuge häufig in der anschließenden Platte als Riss fortsetzt.

5.2.3 Systemannahmen

Das statische System wird als Platte auf elastischer Bettung definiert. Wesentlich für Beanspruchungen der Platte und des Untergrundes sind die Werte für die Plattensteifigkeit und die Bettungsziffer. Bei den hier untersuchten Abmessungen ist die Plattengröße von untergeordneter Bedeutung.

Als Grenzen können zur Verdeutlichung folgende Modelle herangezogen werden:

Biegeweiche Platte auf harter Unterlage Dies entspricht etwa der Vorstellung, dass ein Buch auf einer Betondecke die Last verteilt. Es ergibt sich lediglich eine Lastausbreitung innerhalb der Materialstärke der Platte (Buchstärke). Älteren Bemessungsvorschlägen der Dämmstoffhersteller liegt dieses, mit einer Lastausstrahlung von $\beta = 45°$, als Druckkegelmethode bezeichnete Verfahren zugrunde.

Biegesteife Platte auf weicher Unterlage Hier wird die Last, ähnlich wie bei einem schwimmenden Floß, durch die Biegesteifigkeit der Platte verteilt. Unterhalb der Platte entstehen relativ geringe, gleichmäßig verteilte Pressungen. Die Platte wird größeren Biegebeanspruchungen ausgesetzt.

Sind die Biegesteifigkeit der Platte und die Bettungsziffer bekannt, so kann man für eine gegebene Belastung die Schnittgrößen nach dem Rechenverfahren von Westergaard [36, 24, 56] bestimmen. Aufgrund der gesteigerten Leistungsfähigkeit der Computer besteht heute die Möglichkeit, elastisch gebettete Platten unter Einzellasteinwirkung mit einem Programm nach der Methode der Finiten Elemente (FEM) zu berechnen [32, 53, 69].

Entsprechend den Überlegungen von Westergaard werden die Lastfälle Plattenmitte, Plattenrand und Plattenecke, sowie ggf. deren Kombination mit dem FEM-Programm *4H-ALFA* von pcae[4)] und parallel mit *PLT* von FriLo[3)] untersucht.

5.2.4 Materialkennwerte

Die Werte für Elastizitätsmodul und Querdehnzahl für die Betonnutzplatte unter Kurzzeitbeanspruchung werden der DIN 1992-1-1 [25] entnommen. Da die Festigkeitsklasse der üblicherweise ausgeführten Fahrbahnplatten einem C30/37 LP entspricht, wird diese Festigkeit der Berechnung zugrunde gelegt.

Druckfestigkeit $f_{ck} = 30$ N/mm²
Zugfestigkeit $f_{ctm} = 2{,}9$ N/mm²
Querdehnzahl $\mu = 0{,}2$
Elastizitätsmodul $E_{cm} = 33.000$ N/mm²

Unter Dauerbeanspruchung erfährt die Betonplatte verzögert elastische Verformungen, die u. a. auf Kriechvorgängen beruhen. Diesem Umstand kann für den Dauerlastfall durch einen reduzierten E-Modul Rechnung getragen werden. Der Verformungszuwachs kann durch die Kriechzahl $\varphi_{(\infty,t0)} \approx 2{,}0$ berücksichtigt werden. Die Kriechzahl ist von den Umgebungsbedingungen Temperatur, Luftfeuchtigkeit, sowie Zementart und dem Querschnitt abhängig. Sie kann mit Hilfe von EC 2 grob abgeschätzt werden. Eine übertriebene Genauigkeit ist im vorliegenden Zusammenhang nicht angebracht. Näherungsweise erhält man die gleiche Verformung, bestehend aus elastischer und verzögert elastischer Verformung, wenn man den E-Modul entsprechend reduziert, EC 2, Gl. 6.20.

$$E_{c,eff} = E_{cm} / \left[1 + \varphi_{(\infty,t_0)}\right]$$

$$E_{c,eff} = 33.000 / (1 + 2,0) = 11.000 \frac{N}{mm^2}$$

Dieser Wert kann für Regalstützen, Füße von TGA-Aufbauten oder etwa für eine Parkdauer länger als 3 Monate angesetzt werden. Der Kriecheinfluss sollte bei der Verformungsberechnung nicht überbewertet, und nur bei voraussichtlich extrem langen Standzeiten berücksichtigt werden. In diesem Fall genügt ein Mittelwert von

$$\mathrm{E}_{\mathrm{c,eff,d}} = 22.000\ \mathrm{N/mm^2}.$$

In den folgenden Berechnungsbeispielen wird auf die Steifigkeitsabminderung durch Kriecheinflüsse verzichtet, um den Rechenaufwand zu begrenzen.

Während sich die Werte für die Fahrbahnplatte verhältnismäßig einfach bestimmen lassen, ist die Angabe einer zutreffenden Bettungsziffer schon schwieriger. Dies hat folgende Gründe:

Die Biegesteifigkeit der tragenden Unterkonstruktion wird meistens, so auch hier, als unendlich steif in die Berechnung eingeführt und somit vernachlässigt. Bei dünnen Deckenplatten ist diese Annahme nicht in jedem Fall gerechtfertigt, so kann sich z. B. in seltenen Konstellationen ein zweischichtiges System einstellen, bei dem die Betonfahrbahnplatte aufgrund der höheren Betonqualität einen größeren Lastanteil abträgt als die eigentliche Deckenplatte.

Die Systemsteifigkeit der Unterkonstruktion ist pauschal nicht abschätzbar und wird deshalb bei den folgenden Berechnungen nur durch eine Abrundung der ermittelten Bettungsziffern berücksichtigt. Im Einzelfall, z. B. bei weitgespannten Spannbeton- oder Stahlverbundkonstruktionen, kann die Unterkonstruktion einen spürbaren Einfluss auf die Fahrbahnplatten haben. In diesen Fällen sollte die Biegeschlankheit nach EC 2, Abschn. 7.4, wie für Bauteile, die verformungsempfindliche Ausbauelemente beeinträchtigen könnten, begrenzt werden ($u_z \approx l/500$).

Während bei Schaumglas über einen langen Zeitraum mit einer hohen Steifigkeit zu rechnen ist, können bei anderen Dämmstoffen die Beanspruchungsdauer (Kriechen) und die Temperatur von maßgebendem Einfluss auf die Bettungsziffer sein (siehe Abb. 3.5 und 3.8). Es werden der Abschätzung einer Bettungsziffer folgende Werte zugrunde gelegt:

Schaumglas CG

Beispiel 1 (Pkw-Belastung), DAA – ds

d = 13 cm bis 32 cm (λ = 0,046 W/mK),

E-Modul, Kurzzeit	$\mathbf{E_{CG} = 150\ MN/m^2}$
E-Modul, Dauerlast	$\mathbf{E_{CG,\infty} = 130\ MN/m^2}$

Beispiel 2 (SLW 30-Belastung), DAA – dx
d = 6 cm bis 25 cm ($\lambda = 0{,}050$ W/mK),

E-Modul, Kurzzeit	$\mathbf{E_{CG} = 500\ MN/m^2}$
E-Modul, Dauerlast	$\mathbf{E_{CG,\infty} = 300\ MN/m^2}$

Extrudiertes Polystyrol XPS
Variante 1b (Pkw-Belastung), DUK dx
$d_U = 27$ cm ($\lambda = 0{,}044$ W/mK, $\Delta U = 0{,}05$ W/m^{2}K)

E-Modul, Kurzzeit	$\mathbf{E_{XPS} = 25{,}0\ MN/m^2}$
E-Modul, Dauerlast	$\mathbf{E_{XPS,\infty} = 10{,}0\ MN/m^2}$

Variante 2a + 2b (SLW-Belastung), DAA dx
d = 10 cm ($\lambda = 0{,}036$ W/mK)

E-Modul, Kurzzeit	$\mathbf{E_{XPS} = 25{,}0\ MN/m^2}$
E-Modul, Dauerlast	$\mathbf{E_{XPS,\infty} = 10{,}0\ MN/m^2}$

Expandiertes Polystyrol EPS
Variante 1a (Pkw-Belastung), DAA ds
d = 8 cm bis 27 cm ($\lambda = 0{,}035$ W/mK)

E-Modul, Kurzzeit	$\mathbf{E_{EPS} = 7{,}5\ MN/m^2}$
E-Modul, Dauerlast	$\mathbf{E_{XPS,\infty} = 5{,}0\ MN/m^2}$

Obige Werte sind aus Nachweisen ausgeführter Projekte abgeleitet, und im Einzelfall mit der ausführenden Firma bzw. dem Dämmstoffhersteller abgestimmt (siehe auch Tab. 3.2).

Eine bituminöse Abdichtung sowie das Klebebitumen bei Schaumglas unterliegt ebenfalls Steifigkeitsschwankungen in Abhängigkeit von der Belastungsdauer und der Temperatur [53, 63, 71, 72]. Trotz einer Schichtdicke von nur 0,8 bis 1,2 cm sollte der Einfluss auf die Bettungsziffer nicht vernachlässigt werden. Während unter Kurzzeitbeanspruchung eine Bitumensteifigkeit von

$$\mathbf{E_{Bit,k} \approxeq 100\,MN/m^2}$$

keinen nennenswerten Einfluss auf die Bettungsziffer hat, ergibt sich unter Dauerlast und Temperaturbeanspruchung mit einem geschätzten Mittelwert der Bitumensteifigkeit von

$$\mathbf{E_{Bit,A,\infty} \approx 5\,MN/m^2}\ (\text{mit Gewebeeinlage})$$

$$\mathbf{E_{Bit,K,\infty} \approx 3{,}5\,MN/m^2}\ (\text{Klebebit.,Bitumenglattstrich})$$

eine deutlich weichere Bettung. Für die Abdichtung des Umkehr- und des Warmdaches wird eine Dicke von 2 × 4 = 8 mm angenommen. Bei ca. 4 kg/m² Bitumen für die Fugen und die Klebefläche der Schaumglasplatten sind hier zusätzlich ca. 2,5 mm Bitumenschicht, also insgesamt 10,5 mm, anzusetzen. Da die Abdichtung beim Umkehrdach durch die Dämmung vor extremen Temperaturbeanspruchungen geschützt ist, kann die Bitumensteifigkeit für den Dauerlastfall auf

$$\mathbf{E_{Bit,U,\infty} \approx 10\,MN/m^2}$$

erhöht werden. Dies gilt ebenfalls für die Dampfsperre und das durch die Dämmung thermisch geschützte Klebebitumen

Die Bettungsziffer ergibt sich somit aus den unterschiedlichen Steifigkeiten verschiedener Schichten. In [24, 36, 53, 55, 56] werden Angaben zur Berechnung der Bettungsziffer gemacht. Die einfachste, aber auch oberflächlichste Methode besteht darin, den in den Herstellerprospekten mitgeteilten E-Modul durch die gewählte Dämmstoffdicke zu teilen. Aus den oben aufgeführten Punkten ist zu erkennen, dass es sich hierbei nur um eine grobe Näherung handeln kann. Aus diesem Grund erscheint es sinnvoll, mit einer Bettungsziffer für Kurzzeitbeanspruchung (oberer Wert) und Dauerlast (unterer Wert) zu arbeiten (Abb. 5.8).

Die gemittelten Bettungsziffern werden für die unterschiedlichen Belastungs- und Temperaturzustände nach folgender Formel bestimmt. Da es sich, im Verhältnis zu den Bestimmungsverfahren der Bodenmechanik (Halbraum nach Boussinesq, Lastplatte), um eine relativ dünne Bettungsschicht handelt, erscheint die Anwendung des Bettungsmodulverfahrens in diesem Fall gerechtfertigt. Die Berechnung nach Westergaard oder der FEM-Methode für eine elastisch gebettete Platte erfordert für die Bestimmung des Bettungsmoduls nicht die Berücksichtigung einer Ersatzdicke der Betonfahrbahnplatte. Im Gegensatz zum Steifezifferverfahren, bei dem der gesamte Halbraum berücksichtigt wird, geht das hier zum Einsatz kommende Bettungsmodulverfahren von einer Menge nebeneinander liegender Einzelfedern aus.

$$C_{Syst} = \frac{1}{\sum_1^i \frac{d_{Bit,i}}{E_{Bit,i}} + \sum_1^i \frac{d_{Dämm,i}}{E_{Dämm,i}}}$$

Im Rahmen der Beispielberechnungen im Abschn. 5.2.5 werden die jeweils zugehörigen Bettungsziffern für die unterschiedlichen Lastzustände ermittelt.

Wie schon in [53] erwähnt, wäre es wünschenswert, dass derartig abgeschätzte Systemsteifigkeiten durch wissenschaftliche Untersuchungen belegbar sind, wobei die aus den gesteigerten Wärmeschutzanforderungen zu erwartenden Dämmstoffdicken mit eingehen sollten.

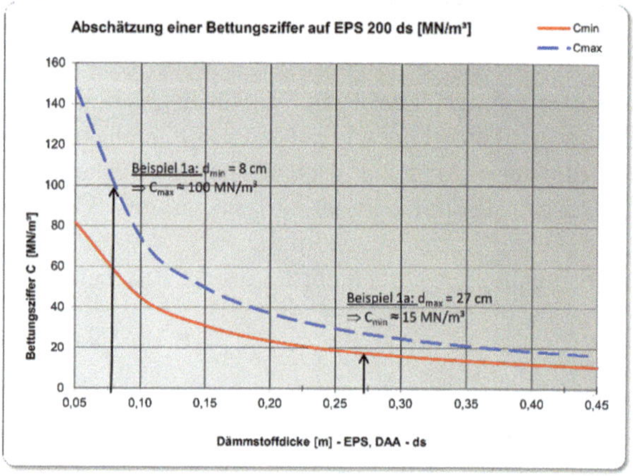

Abb. 5.8 Abschätzung der Bettungsziffer für EPS in Abhängigkeit von der Dämmstoffdicke

Tab. 5.3 Umrechnungstafel für Einheiten einer Bettungsziffer

Umrechnungstafel für Einheiten einer Bettungsziffer

		kN/m³	MN/m³	kN/cm³	kN/mm³	N/cm³	N/mm³	Mpa/m
1 kN/m³	=	1	10^{-3}	10^{-6}	10^{-9}	10^{-3}	10^{-6}	10^{-3}
1 MN/m³	=	10^{3}	1	10^{-3}	10^{-6}	1	10^{-3}	1
1 kN/cm³	=	10^{6}	10^{3}	1	10^{3}	10^{3}	1	10^{3}
1 kN/mm³	=	10^{9}	10^{6}	10^{-3}	1	1	10^{3}	10^{6}
1 N/cm³	=	10^{3}	1	10^{-3}	1	1	10^{-3}	1
1 N/mm³	=	10^{6}	10^{3}	1	10^{-3}	10^{3}	1	10^{3}
1 Mpa/m	=	10^{3}	1	10^{-3}	10^{-6}	1	10^{-3}	1

5.2.5 Bemessungsbeispiele, FEM-Berechnung

Nach DIN 18 532-1 [27] sind für bewehrte Lastverteilungsschichten aus Beton die Betondeckungen nach DIN EN 1992-1-1 einzuhalten. Wenn das Bauteil „Fahrbahnplatte“ auch nicht dem Geltungsbereich der DIN EN 1992-1-1 angehört, so kann diese doch als Erkenntnisquelle für die Bemessung dienen.

Um die Dauerhaftigkeit des Dachaufbaus sicherzustellen, sollten fünf Nachweise geführt werden:

1. Einhaltung des Bemessungswertes der Biegezugspannungen im Zustand I (ungerissener Querschnitt).
2. Ermittlung der erforderlichen Biegebewehrung nach DIN EN 1992-1-1 für Zustand II (gerissener Querschnitt).
3. Einhaltung des Bemessungswertes der Druckspannungen (Sohlpressung) für den Dämmstoff.
4. Begrenzung der, die Abdichtung betreffenden Platteneinsenkung (siehe Abb. 3.10).
5. Nachweis der Durchstanzsicherheit der Betonplatte (siehe Abschn. 5.2.6).

Als erfahrener Statiker weiß man, dass das jeweils gewählte mathematische Modell den realen Verhältnissen nur annährend entspricht. Auf Grund der diversen Annahmen hinsichtlich der Materialeigenschaften sowie der Vereinfachungen bei der Modellbildung, können die Berechnungen nur grobe Ergebniswerte liefern. Mehrstellige Ergebnisse täuschen in den meisten Fällen eine unrealistische Genauigkeit vor, schon die zweite Stelle hinter dem Komma ist eine Illusion. Dies gilt für die FEM-Berechnung [26, pp. Günter, Rombach] genauso wie für die Formeln nach Westergaard o. ä.. Die Elementgröße zeigt z. B. einen deutlichen Einfluss auf die Ergebnisse der FEM-Berechnung (Abb. 5.9). Zwischen zwei Auflagerpunkten sollten mindestens fünf Elemente liegen, das entspricht bei einem Radabstand von 1,80 bis 2,0 m einer Kantenlänge von 36–40 cm. Von Seiten einiger Software-Hersteller wird eine Mindestkantenlänge von 50 cm empfohlen. Die Elementgröße sollte nicht sehr viel kleiner als die Plattendicke gewählt werden. Im Bereich von Singularitäten, die an spitzen Winkeln, Steifigkeitssprüngen, Lasteintragungen etc. auftreten können, führt eine Verdichtung des Elementnetzes im Allgemeinen zu größeren, unrealistischen Schnittgrößen. Dies erfordert eine sinnvolle Bewertung durch den Anwender.

Die oben beschriebenen Ungenauigkeiten werden u. a. durch Einführung der Sicherheitsbeiwerte sowie den minimalen und maximalen Wert für die Bettung abgedeckt.

Für die folgenden Beispielberechnungen wird in allen Fällen eine Elementkantenlänge von 10 cm angesetzt.

Die FEM-Berechnung der Beispiele 1 und 2 werden ausführlich dargestellt, Vergleichswerte der Varianten a und b werden in Klammern mitgeteilt, erforderlichenfalls mit einem kurzen Kommentar. Die Varianten a und b unterscheiden sich durch den gewählten Dämmstoff, weisen aber die gleichen Plattendicken auf und genügen den im Beispiel geforderten energetischen Anforderungen an den Wärmedurchgangskoeffizienten U.

Am Ende dieses Abschnittes werden die maßgebenden Ergebnisse der Varianten und unterschiedlicher Berechnungsansätze tabellarisch verglichen.

Beispiel 1: Pkw-Nutzung, CG-DAA-ds

FEM-Berechnung mit PLT von FriLo[3)] durchgeführt.

Gefälledämmung: $d_{min} = 13$ cm bis $d_{max} = 32$ cm

Nutz- / Schutzschicht, Beton C 30/37, h = 12 cm

Pkw-Radlast $Q_k = 10{,}0$ kN auf 20 × 20 cm

Für die Berechnung wird eine Lastausstrahlung unter $\beta = 45°$ zur Mittelebene der Fahrbahnplatte angenommen.

Außer dem Eigengewichtslastfall (ständige Last) werden folgende Rad-Lastfälle untersucht:

Mitte: $A_M = 32 \times 32\ cm^2 \Rightarrow p_{sM,k} = 98\ kN/m^2$
Rand: $A_R = 32 \times 26\ cm^2 \Rightarrow p_{sR,k} = 120\ kN/m^2$
Ecke: $A_E = 26 \times 26\ cm^2 \Rightarrow p_{sM,k} = 148\ kN/m^2$

Bettungsziffern (siehe Abschn. 5.2.4):

$$C_{\max} = \frac{1}{\sum_1^i \frac{d_{Bit,i}}{E_{Bit,i}} + \sum_1^i \frac{d_{Dämm,i}}{E_{Dämm,i}}} = 1/\left(\frac{6,5}{100} + \frac{8}{100} + \frac{130}{150}\right) = 988\frac{MN}{m^3}$$

Abrundung wg. biegeweicher Unterkonstruktion

$$\Rightarrow \mathrm{C_{max}} = 950\mathrm{MN/m^3}\left(100{,}90\mathrm{MN/m^3}\right)$$

$$C_{\min} = \frac{1}{\sum_1^i \frac{d_{Bit,i}}{E_{Bit,i}} + \sum_1^i \frac{d_{Dämm,i}}{E_{Dämm,i}}} = 1/\left(\frac{6,5}{10} + \frac{8}{5} + \frac{320}{130}\right) = 212\frac{MN}{m^3}$$

Abrundung wg. biegeweicher Unterkonstruktion

$$\Rightarrow \mathrm{C_{min}} = 200\mathrm{MN/m^3}\left(15{,}30\,\mathrm{MN/m^3}\right)$$

(für die Varianten 1a u. 1b ergeben sich deutlich weichere Bettungsziffern, siehe Klammerwerte)

Für die weichen Bettungswerte werden mit dem FEM-Programm PLT von FriLo[3)] die extremen Bemessungsmomente, die mittig liegende Bewehrung und die maximale Plattenverformung berechnet. Das Programm rechnet nichtlinear mit Ausschaltung der Zugkräfte in der Bettungsfuge (Abb. 5.10).

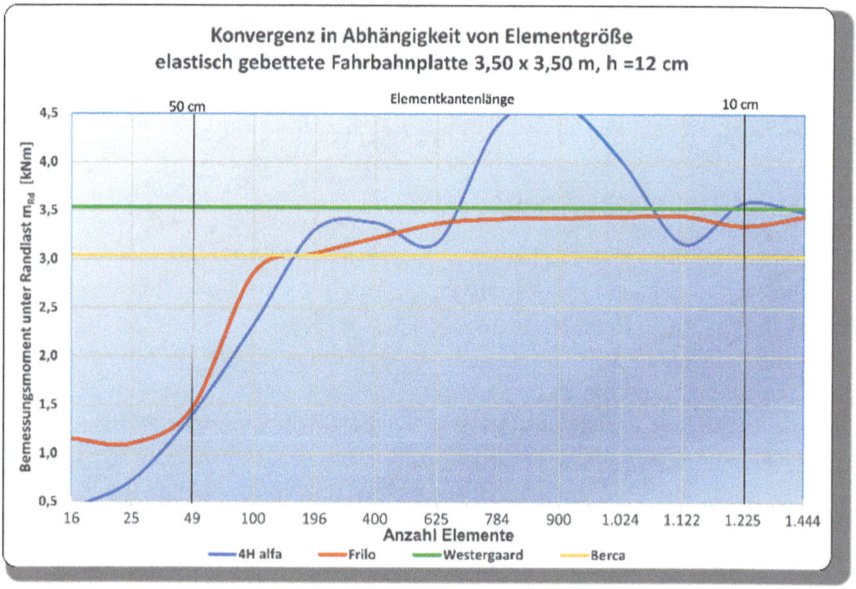

Abb. 5.9 Ergebniseinfluss der Elementgröße im Vergleich zu Formeln von Westergaard und Berca

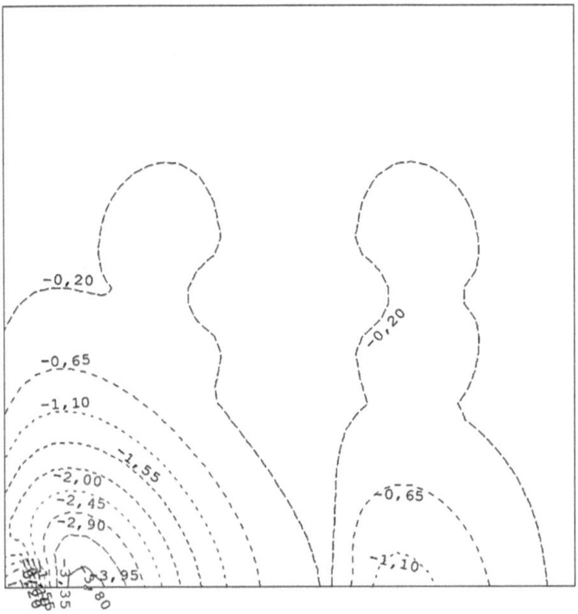

Abb. 5.10 Massgebendes Bemessungsmoment

Das maßgebende Bemessungsmoment ergibt sich im Abstand von ca. 50 cm von der Plattenecke zu -$m_{E,d}$ = −3,95 kNm. Für die Plattenbemessung werden modifizierte Teilsicherheitsbeiwerte, die gegenüber der DIN 1991-2 [22, 24] reduziert sind, eingeführt.

Ständige Last: $\gamma_G = 1{,}2 < 1{,}35$
Verkehrslast: $\gamma_Q = 1{,}35 < 1{,}5$

Nach DIN EN 1992-1-1 sind Zugspannungen immer Materialien zuzuweisen, die in der Lage sind, diese aufzunehmen. Der Betonkonstruktion wird im Bereich der Zugzone ein kontrolliertes Aufreißen zugebilligt (Außenbauteile w_{max}= 0,3 mm). Da auch derartige Haarrisse auf abtrocknenden Bodenplatten als optisch störend empfunden werden, sollte es das Bestreben der Hersteller von Parkdachbelägen sein, möglichst einen „rissefreien“ Belag abzuliefern. Die Betonzugfestigkeit ist starken Streuungen unterworfen. Als Vergleichswert kann der im EC 2 mitgeteilte Wert für die wirksame Betonzugfestigkeit von C30/37 herangezogen werden.

$$f_{ctm} = 0{,}30 \bullet f_{ck}^{(2/3)} = 2{,}9 \frac{N}{mm^2}$$

Liegt die errechnete Betonzugspannung unterhalb von f_{ctm} = 2,9 N/mm², und sind Maßnahmen zur Begrenzung der Zwangsspannungen ergriffen, so kann man eine weitgehendst „rissfreie“ Platte erwarten. Wesentlich hierfür ist auch die Qualität der Nachbehandlung [83].

Um innerhalb der Fahrbahnplatte die Biegezugspannungen unterhalb der Betonzugfestigkeit zu halten, ist das absolute Bemessungsmoment entsprechend nachstehender Formel zu begrenzen (Abb. 5.11).

$$|m_{c,d}| = \frac{b * h^2}{6} * f_{ctm}$$

$$= \frac{1{,}0 * 0{,}12^2}{6} * 2900 = \pm 7{,}0\,kNm$$

−3,95 kNm (−5,35,−5,03 kNm) < 7,0 kNm, es ist zu erwarten, dass die Platte unter Radlasten im Zustand I, ungerissen, verbleibt, vergleiche auch [55].

Lohmeyer/Ebeling [24] geben ein zulässiges Biegemoment in Abhängigkeit von der zulässigen Betondehnung (0,086 mm/m) an:

$$|m_{c,d}| = \varepsilon_{cm,d} * E_{cm} * \frac{b * h^2}{6} =$$

$$0{,}086 * 33000 * \frac{100 * 12^2}{6} = \pm 6{,}81\,kNm$$

Die Werte liegen in etwa gleicher Größenordnung.

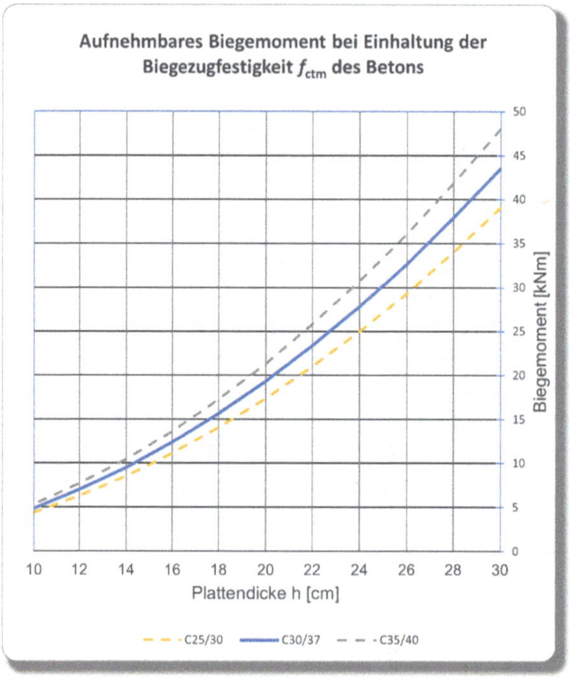

Abb. 5.11 AUFNEHMBARES BIEGEMOMENT IN ABHÄNGIGKEIT VON DER BIEGEZUGFESTIGKEIT

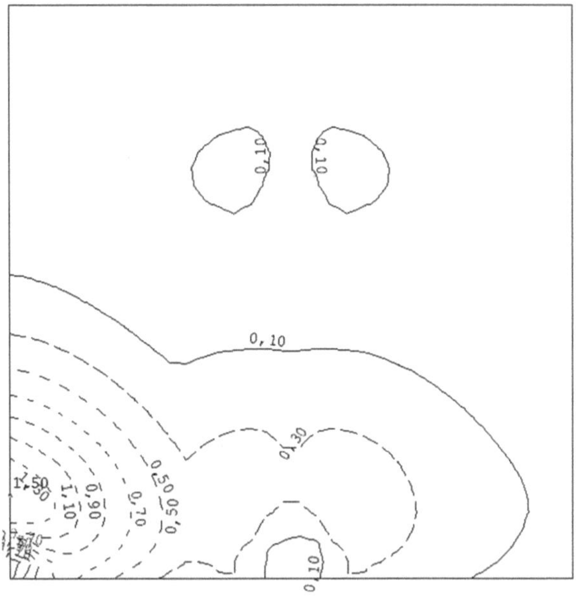

Abb. 5.12 Mittig erforderliche Biegebewehrung

Die gleiche Last- und Bettungskombination, Bemessungslasten mit Teilsicherheitsbeiwert und weiche Bettung, liefert auch die erforderliche Biegebewehrung. Die maßgebende Bewehrung ergibt sich aus dem Lastfall „Radlast auf Plattenecke“ (Abb. 5.12).

Die maximal erforderliche Randbewehrung von $a_{sm,R} = 1{,}5\ cm^2/m$ (2,05; 1,8 cm^2/m) wird aus obigem Lastfall für den Rand im Abstand von 50 cm zur Ecke ermittelt. Die Radlast am Rand führt zu einer erforderlichen Randbewehrung von $a_{sm,R} = 1{,}26\ cm^2/m$. Da die Berechnung nur drei ausgewählte Radstellungen betrachtet, die Lasten aber willkürlich über die Platte verteilt sein können, ist der maximale Bewehrungswert annähernd gleichmäßig, mit Reduktionen in der Plattenmitte, über die gesamte Platte anzuordnen (Abb. 5.13). Im vorliegenden Beispielfall würde eine etwa in der Querschnittsmitte liegende Baustahlgewebe-Lagermatte Q 188 A (Q 257 A, Q 188 A) den Bewehrungsanforderungen genügen. Eine Mindestbewehrung nach DIN EN 1992-1-1, Abs. 7.3 und Abs. 9.3 ist im Allgemeinen nicht vorzusehen, da die Fahrbahnplatten nicht dem Anwendungsbereich der Stahlbetonnorm zuzuordnen sind und durch Fugen und Gleitschicht möglichst zwangsfrei gehalten werden.

Auch wenn der Nachweis, dass durch die Begrenzung der Biegezugspannung, die Platte voraussichtlich im Zustand I verbleibt, erscheint die Anordnung einer Bewehrung sinnvoll, da diese im Versagensfall eine zusätzliche Sicherheit zum Schutz der Abdichtung bietet (System Hosenträger und Gürtel).

Vereinzelt wurden von Parkdachherstellern auf das Plattenraster abgestimmte Listenmatten als Bewehrung angeboten. Bei den Listenmatten werden durch Variation der Stababstände die vorhandenen Bewehrungsquerschnitte den Erfordernissen angepasst, z. B. Verstärkung im Randbereich. Andere Hersteller verzichten kom-

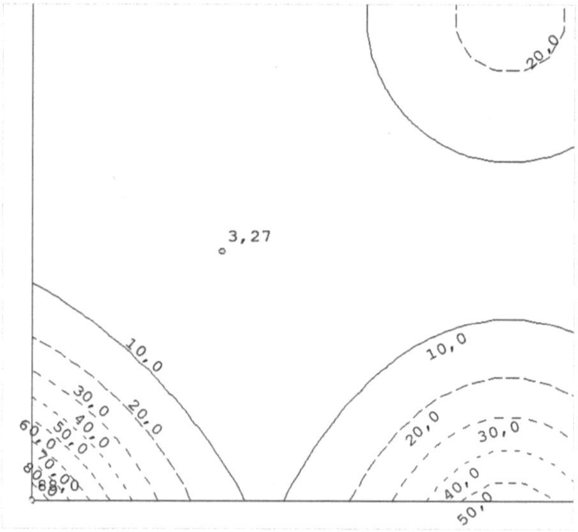

Abb. 5.13 Ergebnisausschnitt Maximaler Sohldruck [kN/m²]

plett auf eine Bewehrungseinlage und halten eine Faserzugabe [82] für besser geeignet. Hierfür spricht folgende Argumentation: „Der Bewehrungseinbau stört den Bauablauf, im ungerissenen Betonquerschnitt ist die Bewehrung ohnehin unwirksam, die Faserzugabe verbessert das Schwindverhalten und reduziert damit Zwangskräfte aus Schüsseln und Aufwölben des jungen Betons und liefert zudem noch ein verbessertes Nachrissverhalten“.

Ausgehend von den hohen Bettungswerten C_{max} der harten Unterkonstruktion mit z. B. dünner Dämmung werden mit dem FEM-Programm die Druckspannungen unter der Platte berechnet und den Bemessungswerten f_{cd} (siehe Tab. 3.2) der Dämmstoffe gegenübergestellt. Unter der Plattenecke stellt sich mit $\sigma_{B,d}$ = 88 kN/m² < 380 kN/m² (37,4 < 60; 35,9 < 355 kN/m²) die maximale Druckbeanspruchung ein. Im vorliegenden Beispiel kann die Druckspannung einer Radlast auf der Plattenecke durch den Dämmstoff Schaumglas, CG-ds, mit Reserven aufgenommen werden. Die Abdichtung ist üblicherweise gegenüber höheren Beanspruchungen verträglich.

Die Verformung wird mit den charakteristischen Lasten, also ohne Ansatz von Teilsicherheitsbeiwerten, mit den niedrigen Bettungswerten ermittelt.

Die maximale Eckeinsenkung beträgt (Abb. 5.14)

$$v_{z,k} = 0{,}27\,\text{mm} < 1{,}0\,\text{mm}\left(1,;,41,;,0,;,9\,\text{mm}\right)$$

Anmerkung zu Variante 1a

Am Hochpunkt der EPS-Gefälledämmung ergibt sich mit $v_{z,k}$ = 1,41 mm eine deutliche Überschreitung der Eckverformung (siehe auch Abb. 3.10). Auch die analoge Berechnung nach den Formeln von Westergaard liefert mit $v_{z,k}$ = 1,1 mm eine ge-

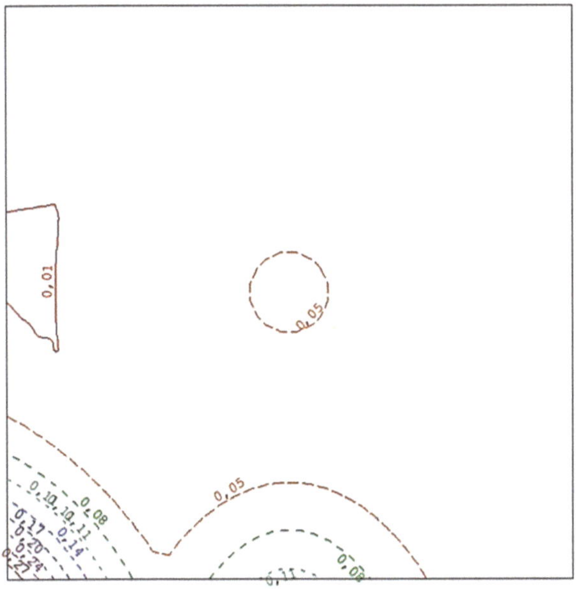

Abb. 5.14 Plattenverformung, charakteristische Radlast

ringe Verformungsüberschreitung. Selbst wenn die Berechnung mit 4H-Alfa[4)] eine kleinere Durchbiegung ausweist, ist dieses Ergebnis für die dickere EPS-Dämmung kritisch zu sehen, da auch Zusatzbeanspruchungen aus temperaturbedingtem Aufwölben der Platte auftreten können [32].

Um dem negativen Einfluss einer möglichen Verformungsüberschreitung bereits in der Planung entgegenzuwirken, ist die Dämmstoffdicke am Hochpunkt zu reduzieren. Dies kann durch eine Verkürzung der Gefällestrecke oder, wenn vertretbar, eine Abminderung des Gefälles erfolgen. Es besteht auch die Möglichkeit, das Gefälle durch einen Gefälleestrich auszubilden, und eine durchgehende EPS-Dämmung in einer Dicke von ca. 16 cm einzubauen.

Somit wurden, mit einer Einschränkung, die FEM-Nachweise für die Pkw-genutzten Dachaufbauten (Beispiele 1, 1a + b) erbracht. Durchstanznachweise werden im Anschluss unter Abschn. 5.2.6 behandelt.

Beispiel 2: SLW 30-Nutzung, CG-DAA-dx
Es wird angenommen, dass es sich z. B. um eine Verkehrsfläche über dem Untergeschoss eines Einkaufszentrums handelt, die für Anlieferung und Entsorgung regelmäßig, aber mit seltenen Wiederholungen, von schwereren LKWs befahren wird, bei Kurzzeitbeanspruchung und harter Bettung wird ein Lastwiederholungsfaktor von $\varphi_n = 1{,}2$ berücksichtigt.

FEM-Berechnung mit 4H-Alfa von pcae[4)].
Gefälledämmung: $d_{min} = 6$ cm bis $d_{max} = 25$ cm
Nutz- /Schutzschicht, Beton C 30/37, h = 18 cm
SLW-Radlast $Q_k = 50{,}0$ kN auf 20 × 40 cm

Abb. 5.15 Lastfall Eck- u. Randlast

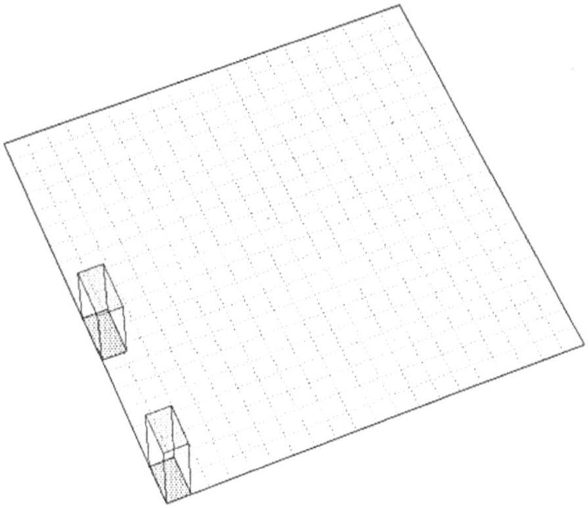

Abb. 5.16 Lastfall Rand- u. Mittenlast

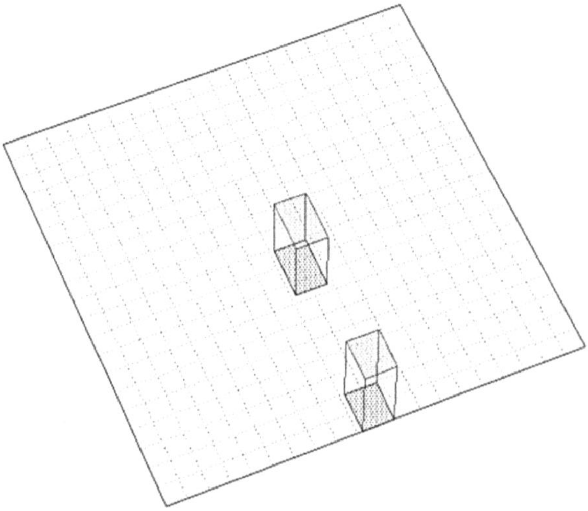

Für die Berechnung wird eine Lastausstrahlung unter $\beta = 45°$ zur Mittelebene der Fahrbahnplatte angenommen.

Außer dem Eigengewichtslastfall (ständige Last) werden folgende Rad-Lastfälle untersucht:

Mitte: $A_M = 38 \times 58\ cm^2 \Rightarrow p_{sM,k} = 227\ kN/m^2$
$Rand_{Läns}$: $A_R = 29 \times 58\ cm^2 \Rightarrow p_{sR,k} = 297\ kN/m^2$
$Rand_{Quer}$: $A_R = 38 \times 49\ cm^2 \Rightarrow p_{sR,k} = 269\ kN/m^2$
Ecke: $A_E = 29 \times 49\ cm^2 \Rightarrow p_{sM,k} = 352\ kN/m^2$

Die Radlasten werden jeweils zu einer Achse zusammengefasst (Abb. 5.15 und 5.16).

Bettungsziffern (siehe Abschn. 5.2.4):
Kurzzeitbeanspruchung, harte Bettung:

$$C_{max} = \frac{1}{\sum_1^i \frac{d_{Bit,i}}{E_{Bit,i}} + \sum_1^i \frac{d_{Dämm,i}}{E_{Dämm,i}}} =$$

$$1/\left(\frac{6,5}{100} + \frac{8}{100} + \frac{60}{500}\right) = 3774\frac{MN}{m^3}$$

Abrundung wg. biegeweicher Unterkonstruktion

$$\Rightarrow C_{max} = 3500\,MN/m^3\left(200\,MN/m^3\right).$$

Dauerlast, weiche Bettung:

$$C_{min} = \frac{1}{\sum_1^i \frac{d_{Bit,i}}{E_{Bit,i}} + \sum_1^i \frac{d_{Dämm,i}}{E_{Dämm,i}}} = 1/\left(\frac{6,5}{10} + \frac{8}{5} + \frac{250}{300}\right) = 324\frac{MN}{m^3}$$

Abrundung wg. biegeweicher Unterkonstruktion
$\Rightarrow C_{min} = 300$ MN/m^3 (80 MN/m^3, für die Varianten 2a u. 2b werden die gleichen Werte angesetzt).

Wie zuvor, werden für die weichen Bettungswerte mit dem FEM-Programm 4H-Alfa[4)] u. a. die extremen Bemessungsmomente (oder Biegezugspannungen), die erforderliche Bewehrung und die maximale Plattenverformung berechnet. Zugkräfte in der Bettungsfuge werden durch eine iterative, nichtlineare Berechnung ausgeschaltet. Die anzusetzenden Lastfälle sind wie Dauerstandslastfälle ohne Schwingbeiwert und/oder Lastwiederholungsfaktor zu betrachten. Allerdings werden die Bemessungslasten mit modifizierten Teilsicherheitsbeiwerten erhöht.

Ständige Last: $\gamma_G = 1,2 < 1,35$
Verkehrslast: $\gamma_Q = 1,35 < 1,5$

Die Absolutwerte der positiven, oder negativen Bemessungsmomente liegen mit +13,78 kNm bzw. −12,19 kNm unter dem Grenzwert von 15,7 kNm, siehe Abb. 5.17. Damit liegt die maximale Biegezugspannung mit $\sigma_{1,d} = 2,55$ N/mm^2 < 2,9 N/mm^2 im verträglichen Bereich.

(Bei Beispiel 2a, 10 cm XPS, führt das maximale Bemessungsmoment von $m_x = 18,4$ kNm zu einer unzulässig hohen Biegezugspannung von $\sigma_{1,d} = 3,41$ N/mm^2. Um die Abmessungen beizubehalten, werden die Platten mit Dübeln verbunden, Beispiel 2b, siehe Abschn. 5.2.7. Eine Vergrößerung der Plattendicke wäre auch denkbar.)

Bei der gewählten Plattendicke von h = 18 cm kann mit einer oberen und unteren Bewehrungslage gearbeitet werden. Die untere Bewehrung ergibt sich aus der Bemessung mit dem positiven, die obere Bewehrung aus dem negativen Moment. Die

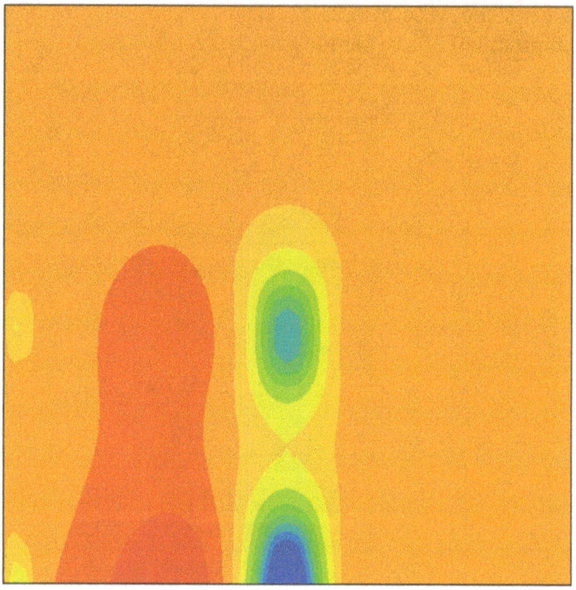

Abb. 5.17 MAX BEMESSUNGSMOMENT (MAX = BLAU) m_x = 13,78 kNm < 15,7 kNm

Bewehrung wird orthogonal, parallel zu den Plattenrändern angeordnet (Abb. 5.18 und 5.19).

(Beispiel 2a, $a_{s,erf}$ = 3,09/3,42 cm^2/m).

Wie schon bei den Pkw-genutzten Parkdachplatten (Beispiel 1) erwähnt, handelt es sich um Maximalwerte spezieller Laststellungen. Es wird eine gleichmäßige Bewehrung mit Baustahlgewebematten, oben und unten Q 257 A (Q 335 A) gewählt. An den freien Rändern der Platte wird eine Steckbügeleinfassung gemäß Abb. 9.8 der DIN EN 1992-1-1 [25] empfohlen. Der untere Bewehrungsabstand sollte durch mineralisch gebundene Dreiecksleisten sichergestellt werden (siehe Abb. 3.14). Der Abstand der beiden Bewehrungslagen ist durch dazwischen liegende Bewehrungskörbe oder Abstandshalter zu bilden.

Auf Grund der harten Bettung sowie der Lasterhöhung durch den Lastwiederholungsfaktor, stellt sich unter der Plattenecke die höchste Druckspannung mit $\sigma_{B,d}$ = 519 kN/m^2 < 670 kN/m^2 ein (219) (Abb. 5.20).

Zur Beurteilung der Platteneinsenkung ist der Dauerlastfall, ohne Erhöhungen auf weicher Bettung heranzuziehen. Der charakteristische Lastfall Rad auf der Plattenecke und parallel zum Rand führt mit $v_{z,k}$ = 0,52 mm < 1,0 mm (1,24 mm) zur maximalen Platteneinsenkung (Abb. 5.21).

Anmerkungen zur Variante 2a

Parallel zu obiger FEM-Berechnung wurde auch eine 18 cm dicke Fahrbahnplatte unter den gleichen Bedingungen wie vor auf einer mit 10 cm XPS gedämmten Warmdachkonstruktion, die die gleichen energetischen Anforderungen erfüllt, untersucht. Die Grenzwerte für den Nachweis der Tragfähigkeit werden nicht er-

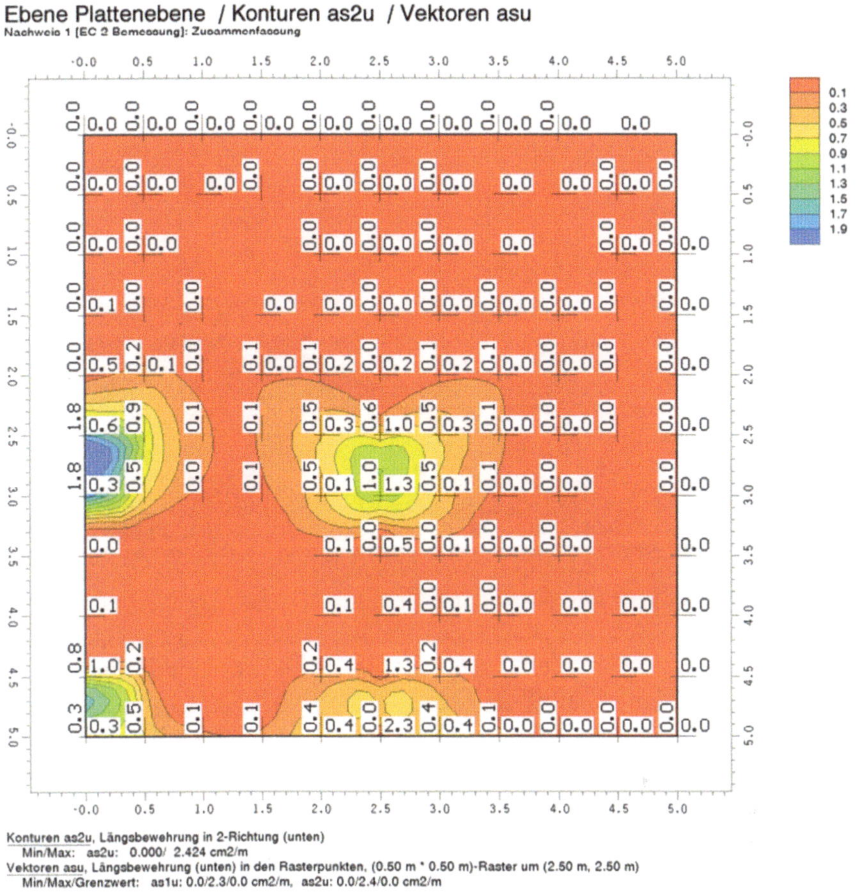

Abb. 5.18 Erf. untere Bewehrung max $a_{s,u,erf}$ = 2,42 cm²/m

reicht (siehe Klammerwerte). Es würde für diesen Fall empfohlen, die Plattendicke zu verstärken oder die Fugen zu verdübeln, siehe Variante 2b, Abschn. 5.2.7.

Handelt es sich bei der gedämmten Verkehrsfläche z. B. um die Hofkellerdecke eines Logistikzentrums, bei dem mit einer deutlich höheren Nutzungsfrequenz und eventuell den Radlasten einer Einzelachse nach DIN 1072 [21] zu rechnen ist, ist von einer Fahrbahnplattendicke von mindestens h = 20 cm und einem größeren Fugenraster auszugehen. Gleiches gilt auch bei Ansatz des Lastmodells 1 nach DIN EN 1991-2 [22], siehe auch Tab. 2.2.

Die Konvergenzbetrachtung von Abb. 5.9 und der Ergebnisvergleich in der folgenden Tab. 5.4 zeigen, dass die unterschiedlichen Berechnungsmethoden mathematisch nicht zu einem einheitlichen Ergebnis führen, eine Tendenz ist aber zu erkennen.

Bei den Parametervariationen zeigten sich Zusammenhänge, die in kurzen Sätzen mitgeteilt werden sollen (Pkw-Beanspruchung).

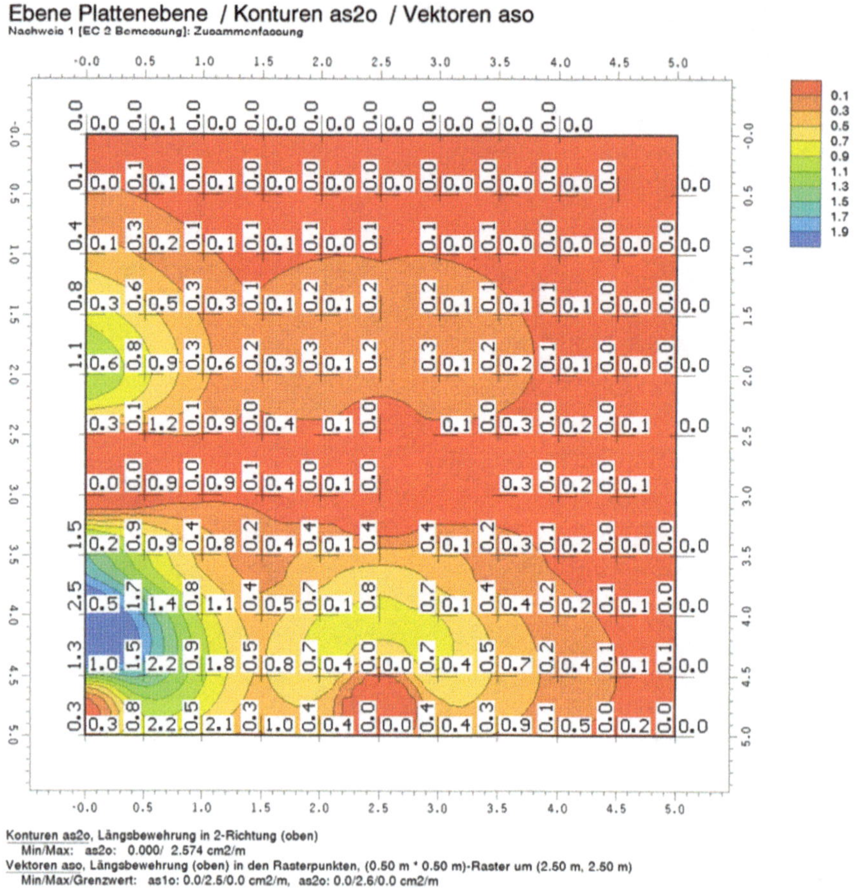

Abb. 5.19 Erf. obere Bewehrung max $As_{,o,\,erf} = 2{,}57\ cm^2/m$

- Mit steigender Bettungsziffer, bei konstanter Plattendicke, nimmt das Biegemoment und die Biegespannung in der Platte ab,
  die Pressung auf der Dämmschicht zu.
- Mit steigender Plattendicke und gleichbleibender Bettung werden die Biegespannungen und die Pressungen kleiner. Die Biegemomente wachsen an. Bei höheren Bettungsziffern ist dieser Einfluss geringer.
- Der Einfluss der Plattengröße auf die Biegebeanspruchung ist bei einer weichen Bettung bis ca. $3{,}0 \cdot 3{,}0\ m^2$ deutlich erkennbar. Dies gilt besonders für die Belastung der Ecken. Bei höheren Bettungsziffern ist ab $1{,}5 \cdot 1{,}5\ m^2$ keine erhebliche Änderung der Schnittgrößen zu erkennen. In dem untersuchten Bereich zeigte sich nur ein unbedeutender Einfluss der Abmessungen auf die Pressung.
- Für Eckbelastung ergeben sich die max. negativen Momente. Bei kleinen Platten auf weicher Bettung führt die Belastung nur einer Ecke zu einem Abheben der

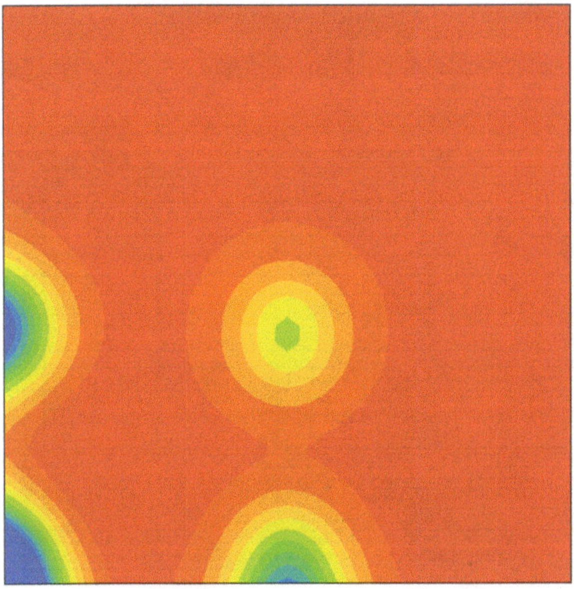

Abb. 5.20 Druckspannung auf der Dämmung (max = blau) $sigma_{max} = 519\ kN/m^2$

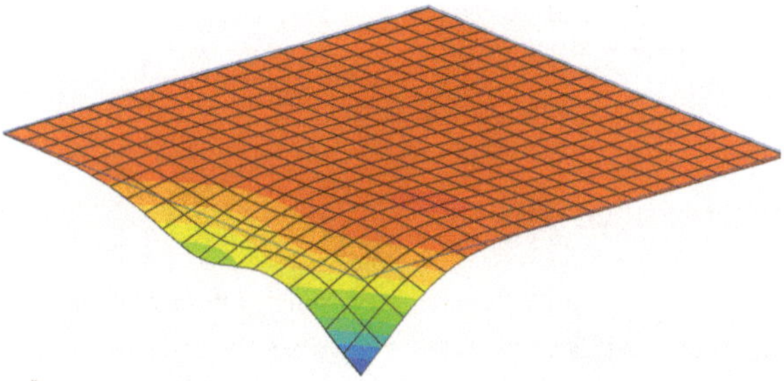

Abb. 5.21 Platteneinsenkung, (max = blau), $v_{z,k} = 0{,}52\ mm < 1{,}0\ mm$

gegenüberliegenden Ecke (siehe auch Tab. 5.2). Werden in diesem Fall die Zugkräfte in der Bodenfuge ausgeschaltet (nicht lineares Verhalten), so können sich größere Bodenpressungen ergeben. Da aber für den Nachweis der Bodenpressung von einer steifen Bettung ausgegangen werden sollte, ist diese Abweichung unbedeutend.

- Randbelastung: Dieser Lastfall führt zu den max. positiven Momenten.
- Mittenbelastung: Alle Werte sind deutlich kleiner als für Eck- oder Randbelastung.

Tab. 5.4 Vergleichswerte zu den Beispielberechnungen

Vergleichswerte: Berechnung Platte auf elastischer Bettung unter Radlasten - analog / FEM							
	Pkw-Belastung, P_k = 10 kN			SLW 30- Belastung, P_k = 50 kN, φ_n = 1,2			Grenzwerte
Beispiel	1	1a	1b	2	2a	2b, Dübel	
System	Warmdach	Warmdach	Umkehrdach	Warmdach	Warmdach	Warmdach	
DickeC3037, h [cm]	12			18			
Raster Lx / Ly, [m]	3,50 / 3,50			5,00 / 5,00			
U [W/m²K]	0,20	0,20	0,20	0,34	0,32	0,32	≤ 0,20 / 0,35
Dämmung	CG, DAA-ds	EPS, DAA-ds	XPS, DUK-dx	CG, DAA-dx	XPS, DAA-dx	XPS, DAA-dx	
λ, [W/mK]	0,046	0,035	0,044	0,050	0,036	0,036	
Gefälle Dämmg	ja	ja	nein	ja	nein	nein	
d_{min} / d_{max} [cm]	13 / 32	8 / 27	27	6 / 25	10	10	
d_{mittel} [cm]	21	16	27	13	10	10	
Druckspg. f_{cd} [N/mm²]	0,38	0,06	0,355	0,67	0,355	0,355	
C_{min} [MN/m³]	200	15	30	300	80	80	
C_{max} [MN/m³]	950	100	90	3500	200	200	
elast. Länge, max l	0,40	0,76	0,64	0,49	0,68	0,68	
min l [m]	0,27	0,47	0,48	0,26	0,54	0,54	
Berechnung nach verbesserten Formeln von Westergaard [Eisenmann, Leykauf, BK I - 2007] 2)							
max $v_{z,k}$ [mm]	0,26	1,10	0,76	0,55	1,19	0,71	≤ 1,0 mm
max $\sigma_{B,d}$ [kN/m²]	97,7 < 380	20,1 < 60	40,6 < 355	842 > 670	261 < 355	156 < 355	
max $\sigma_{1,d}$ [N/mm²]	1,98	2,61	2,44	3,6	4,34	2,6	≤ 2,9 N/mm²
$m_{M,d}$ / $m_{R,d}$ / $m_{E,d}$ [kNm]	2,35 / 3,53 / -3,03	4,02 / 6,24 / -5,53	3,79 / 5,85 / -5,25	12,4 / 19,7 / -11,9	14,5 / 23,5 / -19,0	8,7 / 14,1 / -11,4	≤ 7,0 / 15,7
Vergleichsrechnung nach Berca + Stiglat/Wippel - Niemann [Lohmeyer / Ebeling] 2)							
$m_{M,d}$ / $m_{R,d}$ / $m_{E,d}$ [kNm]	1,69 / 3,04 / -3,55	2,36 / 4,25 / -4,96	2,17 / 3,91 / -4,56	7,4 / 13,4 / -15,6	9,3 / 16,7 / -19,4	10,0 / -11,7	≤ 6,81 / 15,32
FEM-Berechnung mit 4H-ALFA von pcae-GmbH 4)							
max $v_{z,k}$ [mm]	0,15	0,67	0,41	0,52	1,24	0,35	≤ 1,0 mm
max $\sigma_{B,d}$ [kN/m²]	52,1 < 380	24 < 60	23,1 < 355	519 < 670	219 < 355	60 < 355	
max $\sigma_{1,d}$ [N/mm²] *)	1,35	2,1	1,9	2,55	3,41	2,1	≤ 2,9 N/mm²
$m_{M,d}$ / $m_{R,d}$ / $m_{E,d}$ [kNm] *)	0,20 / 3,24 / -0,38	0,30 / 5,04 / -0,58	0,27 / 4,57 / -0,53	13,78 / -12,19	18,40 / -15,23	11,3 / -5,5	≤ 7,0 / 15,7
max $a_{su,erf}$ [cm²/m] *)	1,28	2,01	1,81	2,42	3,09	2,48	
max $a_{so,erf}$ [cm²/m] *)				2,57	3,42	2,59	
FEM-Berechnung mit PLT von FriLo 3)							
max $v_{z,k}$ [mm]	0,27	1,41	0,9	0,52	1,24	0,4	≤ 1,0 mm
max $\sigma_{B,d}$ [kN/m²]	88 < 380	37,4 < 60	35,9 < 355	539 < 670	219 < 355	51,7 < 355	
$m_{M,d}$ / $m_{R,d}$ / $m_{E,d}$ [kNm] *)	1,38 / 3,34 / -3,95	2,71 / 5,21 / -5,35	2,45/ 4,68 / -5,03	12,7 / -14,5	17,0 / -19,1	12,5 / -5,9	≤ 7,0 / 15,7
max $a_{su,erf}$ [cm²/m] *)	1,5	2,05	1,8	2,64	3,16	3,15	
max $a_{so,erf}$ [cm²/m] *)				2,47	3,48	2,02	

*) In Einzelfällen, z. B. Singularitäten, Spitzenwerte mit minimaler Ausdehnung abgeschnitten.

5.2.6 Durchstanznachweis

Bei durch Einzellasten beanspruchten Platten wird die Aufnahme der Querkraft mit dem Durchstanznachweis bestätigt. Üblicherweise bildet die Radlast auf der Plattenecke die ungünstigste Situation. Die zugehörige Pressung auf der Dämmung entlastet den Bruchkegel. Ungünstig wird nicht lastfallkonform der Maximallast, ggf. durch einen Lastwiederholungsfaktor erhöht (Kurzzeitlastfall), die mittlere Druckspannung der weichen Bettung aus dem Dauerlastfall entgegengesetzt. Wie auch bei der Biegebemessung wird ein modifizierter Teilsicherheitsbeiwert von $\gamma_Q = 1{,}35$ angesetzt. Eine Lasterhöhung entsprechend EC 2, mit einem Lasterhöhungsfaktor $\beta \geq 1{,}1$ zur Berücksichtigung eines ausmittigen Lasteintrags erfolgt nicht, da bei der elastischen Radaufstandsfläche von einer zentrischen Kraftübertragung ausgegangen werden kann.

Für die mittig bewehrte, durch Pkw-Radlasten beanspruchte Parkdachplatte, Beispiel 1, kann der Nachweis unter Berücksichtigung der gewählten Stahleinlagen nach DIN EN 1992-1-1 [25] mit Reserven erbracht werden. Eine spezielle Durchstanzbewehrung ist nicht erforderlich, und wäre auch nicht sinnvoll.

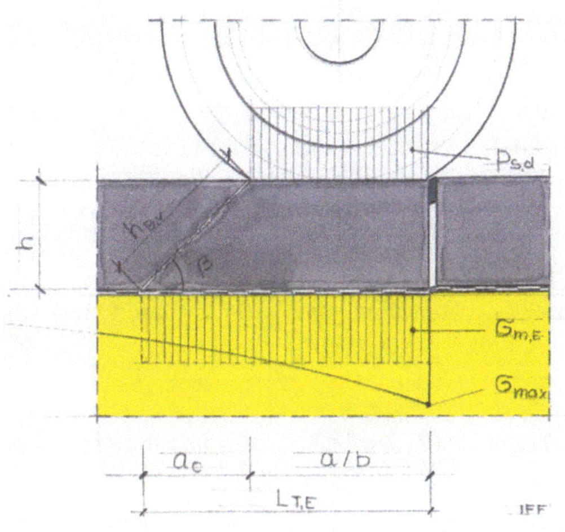

Abb. 5.22 DURCHSTANZKEGEL UNBEWEHRT, ECKLAST

Da Pkw-befahrbare Parkdachplatten häufig unbewehrt in Faserbeton ausgeführt werden, wird die Durchstanzsicherheit für Beispiel 1 ohne Bewehrung in Anlehnung an das Nachweiskonzept von Lohmeyer/Ebeling [24] berechnet. Die mittlere Eckpressung wird auf Basis der Ergebnisse der FEM-Berechnung (FriLo) zu $\sigma_{m,E,d} \approx 50$ kN/m² abgeschätzt. Die Radpressung breitet sich in der Fahrbahnplatte unter einem Winkel von $\beta = 45°$ um

$$a_c = h * \tan\beta = 12{,}0 * 1{,}0 = 12{,}0\,cm$$

aus. Die Bemessungsquerkraft wird über zentrische Betonzugkräfte in der gedachten Bruchfuge mit der Länge

$$h_{B,v} = \frac{h}{\sin\beta} = \frac{12{,}0}{0{,}707} = 17{,}0\,cm$$

in die Platte eingetragen. Auf der Plattenecke hat die Radaufstandsfläche nur einen wirksamen Umfang von

$$u_{c,1,E} = a + b = 20{,}0 + 20{,}0 = 40\,cm.$$

Der Umfang des fiktiven Durchstanzkegels auf der Abdichtung bzw. Dämmung berechnet sich zu

$$u_{c,2,E} = u_{c,1,E} + \frac{a_c * \pi}{2} = 40 + \frac{12 * \pi}{2} = 58{,}8\,cm.$$

Mit dem Mittelwert des oberen und unteren Umfangs kann näherungsweise die Scherfläche des Stanzkegels ermittelt werden.

$$A_{c,m,E} = \frac{u_{c,1,E} + u_{c,2,E}}{2} * h_{B,v} = \frac{40 + 58,8}{2} * 17,0 = 840\,cm^2$$

Der Bemessungswert der zentrischen Zugspannung des unbewehrten Betons wird in Anlehnung an den Abschn. 12 des EC 2 ermittelt.

$$f_{ctd} = \alpha_{ct} * \frac{f_{ctm}}{\gamma_c} = 0,7 * \frac{2,9}{1,8} = 1,13 \frac{N}{mm^2}$$

Damit erhält man die vom Stanzkegel aufnehmbare Querkraft.

$$V_{Rd,e} = A_{c,m,E} * f_{ctd} = 0,084 * 1130 = 94,9\,kN$$

Der Durchstanzkegel gibt einen Teil der Radlast über die untere Aufstandsfläche an die Dämmung ab.

$$A_{c,2,E} = a * b + a_c * (a + b) + \frac{a_c^2 * \pi}{4} = 0,20 * 0,20$$

$$+0,12 * (0,2 + 0,2) + \frac{(0,12^2 * \pi)}{4} = 0,099\,m^2$$

Die nachzuweisende Einwirkung aus der Bemessungsradlast ist noch um den Anteil aus der Dämmstoffpressung abzumindern.

$$V_{Ed,e} = V_k * \gamma_Q - A_{c,2,E} * \sigma_{m,E,d} = 10 * 1,35 - 0,099 * 50,0 = 13,5 - 4,95 = 8,55\,kN$$

$$\frac{V_{Ed,e}}{V_{Rd,e}} = \frac{8,55}{94,9} = \mathbf{0,09 < 1}$$

Die Durchstanzkraft kann ohne Bewehrung mit Reserven von der Platte aufgenommen werden.

Für die SLW-30 befahrbare Fahrbahnplatte vom *Beispiel 2* wird der Durchstanznachweis mit einem Bemessungsprogramm (B6+ von FriLo[3)]) nach DIN EN 1992-1-1, Abs. 6.4 geführt. Das Bemessungsprinzip ähnelt dem zuvor geführten Verfahren, wobei etwas günstigere Sicherheiten, eine flacherere Lastausstrahlung und natürlich die untere Bewehrungslage berücksichtigt werden.

Einige Eckwerte der Berechnung werden zum besseren Verständnis erläutert. Zunächst ist die abzuziehende Boden- bzw. Dämmstoffpressung zu ermitteln. Hierzu ist die mit dem modifiziertem Teilsicherheitsbeiwert γ_Q = 1,35 und dem Lastwiederholungsfaktor φ_n = 1,2 erhöhte Radlast auf die weich gebettete Plattenecke aufzubringen.

$$Q_{E,d} = 50,0 * 1,35 * 1,2 = 81,0\,kN$$

Für die Plattenecke ergibt sich folgende Spannungsverteilung (siehe Abb. 5.23). Näherungsweise ist folgende Druckspannung der Radlast entgegenzusetzen;

Abb. 5.23 Verteilung der Dämmstoffpressung bei Radlast auf der Plattenecke

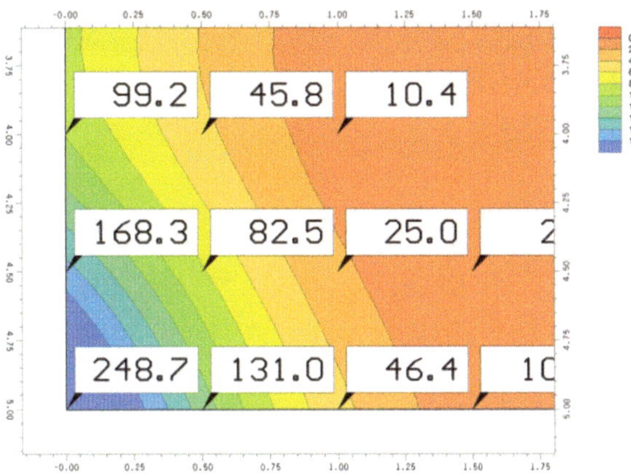

$$\sigma_{m,Ed} = \frac{248{,}7+168{,}3+99{,}2+131+82{,}5+45{,}8}{6}$$

$$-0{,}18*25*1{,}2 \approx 120\frac{kN}{m^2}$$

Bei einer unteren Betondeckung von c_{nom} = 5,0 cm und einem mittleren Bewehrungsdurchmesser von Ø = 7 mm ist für die Platte von einer mittleren Nutzhöhe von d = 18,0 – 5,0 – 0,7 = 12,3 cm auszugehen.

Programmintern wird der Abstand des kritischen Rundschnittes zur Aufstandsfläche mittels Iteration zu a_{crit} = 22,5 cm < 2 * 12,3 cm, und damit größer als beim unbewehrten Durchstanzkegel, berechnet. Der maßgebende kritische Rundschnitt ist gefunden, wenn die Durchstanztragfähigkeit unter Berücksichtigung des Abzugswertes des Sohldrucks ein Minimum annimmt [105, 107], bzw. wenn das Verhältnis der reduzierten Querkraft zur aufnehmbaren Querkraft ein Maximum erreicht (Abb. 5.24).

Hiermit ist die Fläche des kritischen Rundschnittes endgültig zu bestimmen:

$$A_{crit} = a*b+(a+b)*a_{crit}+\frac{\pi*a_{crit}^2}{4}$$

$$=0{,}2*0{,}4+(0{,}2+0{,}4)*0{,}225+\frac{\pi*0{,}225^2}{4}=0{,}2548\,m^2$$

Vereinfachend darf auch mit einem Abstand von 1,0 * d gerechnet werden, dann dürfen aber auch nur 50 % der Sohlpressung angesetzt werden.

Der Umfang des kritischen Stanzkegels beträgt:

$$u_1 = a+b+\pi*\frac{a_{crit}}{2} = 20+40+\pi*\frac{22{,}5}{2} = 95{,}3\,cm$$

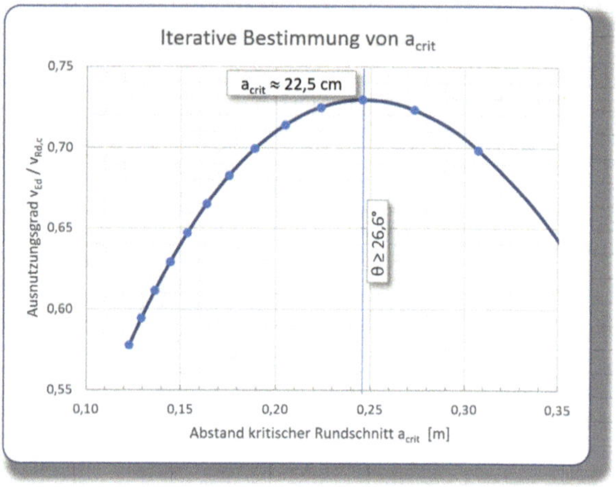

Abb. 5.24 Ermittlung von acrit durch Iteration

Nach Abzug der anteiligen Dämmstoffpressung ist der Nachweis für die Bemessungsquerkraft von

$$V_{Ed,red} = Q_{Ed} - A_{crit} * \sigma_{m,Ed} = 81{,}0 - 0{,}2548 * 120 = 50{,}4\,kN$$

zu führen. Daraus errechnet sich die Querkraftspannung im kritischen Rundschnitt zu:

$$v_{Ed} = \frac{V_{Ed,red}}{u_1 * d} = \frac{50{,}4}{0{,}953 * 0{,}123} \approx 430\,kN / m^{\dagger}$$

Der Durchstanzwiderstand einer Bodenplatte ist nach EC 2 wie folgt zu berechnen:

$$C_{Rd,c} = {}^{0,15}\!/_{\gamma_c} = {}^{0,15}\!/_{1,5} = 0{,}10$$

$$k = 1 + \sqrt{{}^{200}\!/_{d}} = 2{,}275 \leq 2{,}0$$

Die untere Biegebewehrung geht über den mittleren Bewehrungsgrad

$$\rho_l = \frac{\sqrt{a_{sx} * a_{sy}}}{100 * 12{,}3} = 0{,}00209 \leq 0{,}02$$

in den Nachweis mit ein.

$$v_{Rd,c} = C_{Rd,c} * k * \sqrt[3]{100 * \rho_l * f_{ck}}$$

$$= 0{,}1 * (2{,}0) * \sqrt[3]{0{,}21 * 30} = 0{,}369 \frac{N}{mm^2} < v_{\min}$$

Der Wert für die aufnehmbare Querkraft ist durch

$$v_{\min} = \frac{0{,}0525}{\gamma_c} * k^{3/2} * \sqrt{f_{ck}} * 2 * \frac{d}{a_{crit}}$$

$$= \frac{0{,}0525}{1{,}5} * 2^{\frac{3}{2}} * \sqrt{30} * 2 * \frac{0{,}123}{0{,}225} = 0{,}593\,N\,/\,mm^{\dagger}$$

zu ersetzen. Für die aufnehmbare Durchstanzkraft auf der Plattenecke ist dieser Wert mit der Scherfläche des Rundschnittes zu multiplizieren.

$$V_{Rd,c} = u_1 * d * v_{\min} = 0{,}953 * 0{,}123 * 593 = 69{,}51\,kN$$

$$\frac{V_{Ed,red}}{V_{Rd,c}} = \frac{50{,}4}{69{,}51} = \mathbf{0{,}73 < 1{,}0}$$

Damit ist der Durchstanznachweis für die ungünstige Radstellung auf der Plattenecke mit Reserven erbracht.

Gegenüber früheren Berechnungen in Anlehnung an die DIN 1045-1 von 2001 wirken sich der modifizierte Teilsicherheitsbeiwert von $\gamma_Q = 1{,}35$ und der flachere Lastausstrahlungswinkel θ positiv aus. In der DIN EN 1992-1-1 [25] wurde die Lastausstrahlung von $\theta \leq \arctan(1/1{,}5) = 33{,}7°$ auf $\theta = \arctan(1/2) \leq 26{,}6°$ erhöht. Der Winkel ist iterativ zu ermitteln und führt zu einer größeren Aufstands- und Scherfläche.

Kabel, Schläuche, Rohre oder sonstige Einbauten, z. B. von Flächenheizungen, die die Kraftübertragung in einem möglichen Stanzkegel stören, sind immer ungünstig zu berücksichtigen [105].

Da Schaumglas zu einer relativ steifen Bettung führt und große Druckspannungen aufnimmt, wird die aufgebrachte Querkraft (Radlast) deutlich reduziert.

5.2.7 Fugenverdübelung

Die DIN 18532-1 [27] empfiehlt bei Lkw- und Schwerlastverkehr eine Verdübelung der Plattenfugen. Für Betonnutzschichten wurde in früheren Vorschriften [45] ab Brückenklasse 6/6 eine Fugenverdübelung gefordert. Trotzdem wurde in vielen Fällen, wegen des hohen Aufwands und der damit verbundenen Kosten auf die Ausführung einer Fugenverdübelung verzichtet, da die Vorteile der Dübelwirkung an den freien, unverdübelten Rändern nicht zum Tragen kommen, und die Nutzschicht auf Basis der ungünstigen Beanspruchung eines unverdübelten Plattenrandes dimensioniert wird.

Eine Fugenverdübelung soll die Biegebeanspruchung eines freien Randes nach an Straßen und im Labor durchgeführten Messungen um ca. 40 % reduzieren [36]. Dies gilt bei dicken Autobahnplatten mit einem entsprechenden Dübeldurchmesser. Reduzierungen entsprechender Größenordnung sind auch bei FEM-Berechnungen verdübelter Parkdachplatten festzustellen.

In [108] werden Formeln zur Berechnung der zulässigen Dübelkräfte in Abhängigkeit vom Dübeldurchmesser Ø und der Fugenweite w angegeben. Die Kurven des nachstehenden Diagramms werden wie folgt berechnet.

Stahlversagen

$$F_{d,S} = 1{,}25 \frac{f_{y,d} * W_{\varnothing}}{a + \frac{\varnothing}{2}}$$

Betonversagen bei mittig liegenden Dübeln $ü_{II} = {}^{h}/_{2}$

Ursprünglich für eine globale Sicherheit von $\eta = 3{,}0$, hier an das probabilistische Teilsicherheitsbeiwertkonzept mit einem mittleren Sicherheitsbeiwert von $\gamma = 0{,}7 * 1{,}5 + 0{,}3 * 1{,}35 \cong 1{,}45$ angepasst.

$$F_{d,C} = \frac{1{,}45}{3{,}0} * \sqrt[3]{f_{ck}^{2}} * \left(190 + 0{,}23 * \left(\frac{h}{2}\right)^{2}\right) [\mathrm{N}]$$

Die Dübel sollen eine Betondeckung von $ü_{II} \geq 3\ \varnothing$ bzw. $\geq 6{,}5$ cm haben. Sie sollten mindestens $\geq 5\ \varnothing$ in die angeschlossenen Platten einbinden. Durch Bewehrung kann die Betonüberdeckung senkrecht zur Belastungsrichtung auf 5,0 cm reduziert, und die Dübelbemessungskraft erhöht werden. Von Seiten der Baustoffindustrie werden verschiedene Dübelsysteme, längs- und querverschieblich, mit ergänzender Bewehrung und höheren Bemessungslasten angeboten.

Ablesebeispiel aus dem Diagramm Abb. 5.25: (Zu Beispiel 2b) Bei einem Dübeldurchmesser (S 690) von $\varnothing = 16$ mm und einer Fugenweite von $w = 10$ mm ($\Rightarrow a = 5$ mm) ergibt sich aus dem Stahlversagen eine Bemessungsscherkraft von $F_{d,S} \approx 10{,}7$ kN je Dübel. Es ist mindestens eine Betonüberdeckung von 6,5 cm oder 3 ∅ einzuhalten, da die im DAfSt-Heft 346 [108] vorgeschlagene Rückhängebewehrung in Fahrbahnplatten nicht sinnvoll einzubauen ist. Der Nachweis des Betonversagens erfordert mindestens eine 15 cm dicke Betonplatte (C 30/37). Bei der Plattendicke von $h = 18$ cm (Beispiel 2b) ist die übertragbare Scherkraft auf $F_{d,C} \approx 9{,}6$ kN je Dübel zu begrenzen (siehe Abb. 5.25).

Um die verdübelten Platten nicht durch Zwangskräfte aus unterschiedlichen Ausdehnungs- bzw. Schwindzuständen benachbarter Platten zu beanspruchen, sollten nur in der Plattenmitte längsverschiebliche Querkraftdorne angeordnet werden. Seitlich, zu den Plattenecken hin, sollten quer- und längsverschiebliche Dübel vorgesehen werden. Für diese Dübel ist von einer geringeren Tragkraft auszugehen. Es sind die Herstellervorgaben für die Zwischen- und Eckabstände zu beachten. Die Dübel sind unbedingt exakt senkrecht zur Fuge und parallel zueinander einzubauen.

In [24] wird empfohlen, Dübel nur in nutzungsbedingten Sonderfällen, und dann auch nur in eine Richtung einzubauen.

In der Regel resultiert der Vorschlag, die Fugen zu verdübeln, aus dem Wunsch nach einer geringeren Plattendicke. Aufgrund der unverdübelten Plattenränder, auch im Bereich von Rinnen und Gebäudefugen, und der hohen Kosten für eine Fugen-

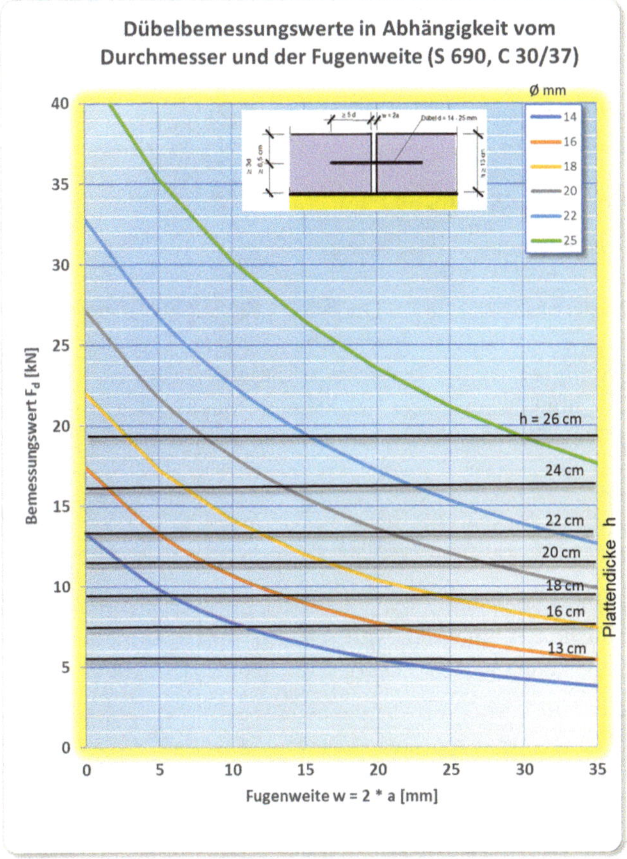

Abb. 5.25 Bemessungswert für Dübelscherkraft in Abhängigkeit von Fugenweite und Durchmesser, (Beton C 30/37, Stahl S 690)

verdübelung, insbesondere bei rostfreier Ausführung, sollte zugunsten unverdübelter Fugen die Plattendicke angepasst werden, oder, falls möglich, ein Dämmstoff höherer Steifigkeit gewählt werden. Gleichzeitig sollte darauf geachtet werden, dass nicht unnötig dicke Bitumenschichten aufgebracht werden.

Um im Rahmen einer FEM-Berechnung die Querkraftübertragung durch die Fugenverdübelung richtig abzuschätzen, muss im Vorwege die Fugenfedersteifigkeit bestimmt werden. Bei der üblicherweise geringen Drehfedersteifigkeit geht man von den zwei Grenzzuständen eines einseitig, und eines beidseitig eingespannten Biegestabs aus.

Mit Hilfe des Drehwinkelverfahrens ergibt sich für den beid-, bzw. einseitig eingespannten Dübel die Drehfedersteifigkeit nach folgenden Formeln [109].

$$C_{\varphi,b} = \frac{4 * E * I}{w}$$

Für die einseitige Einspannung

$$C_{\varphi,e} = \frac{E * I}{w}$$

mit

$E = 170000\ \mathrm{N/mm^2}$ für Stahl S 690, VA

$I = \frac{\pi}{4} * r^4$ Trägheitsmoment des Dübels.

Die Drehfedersteifigkeit je Dübel wird mit ca. 75 %-iger Volleinspannung angenommen.

Die Federsteifigkeit für die Senkfeder orientiert sich am einseitig eingespannten Biegestab und führt insbesondere bei kleinen Fugenweiten zu deutlich größeren Steifigkeiten (Abb. 5.26 und 5.27).

$$C_v = \frac{3 * E * I}{w^3}$$

Beispiel 2b = Praxisbeispiel

Die Verkehrsfläche auf einem Logistikzentrum wird mit 6,0 bis 25,0 cm Gefälledämmung aus Schaumglas, CG – DAA- dx, und einer 18 cm dicken Stahlbetonnutz-

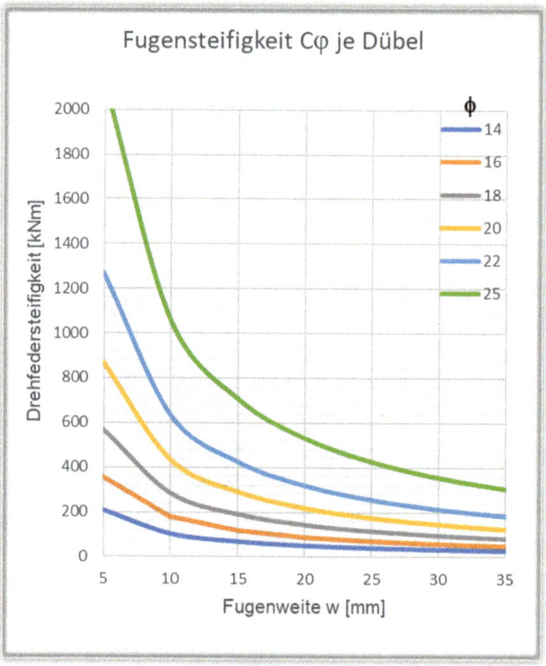

Abb. 5.26 Drehfedesteifigkeit eines Fugendübels

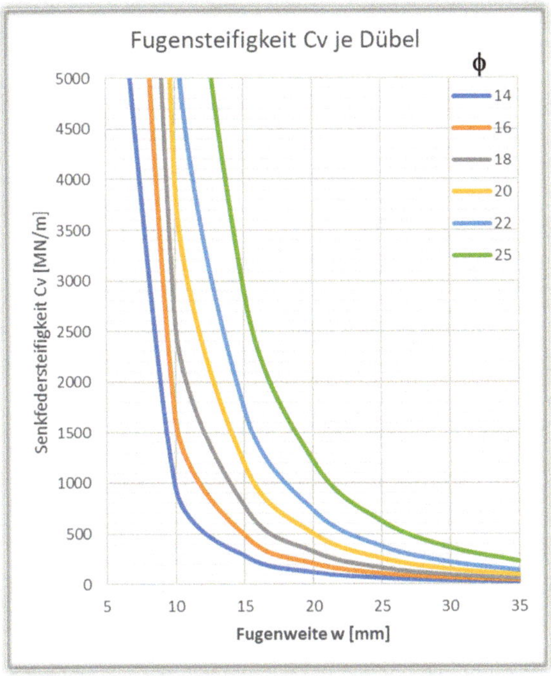

Abb. 5.27 Senkfedersteifigkeit eines Fugendübels, [MN/m]

bzw. Schutzschicht, C 30/37LP, im Fugenraster von 5,0 × 5,0 m^2, bewehrt, als Warmdach ausgeschrieben (Bauweise 2b). Als Belastung ist von einem SLW 30 nach DIN 1072 mit Radlasten von 50 kN und einem reduzierten Schwingbeiwert bzw. einem Lastwiederholungsfaktor von

φ_n = 1,2 auszugehen (N4-V). Die Achslast ist auf 10 t begrenzt.

Geplanter Wärmedurchgangsk. $U \leq 0{,}35\ W/(m^2K)$.

Für den ausgeschriebenen Aufbau wären folgende Bettungsziffern anzusetzen (Beispiel 2):

C_{min} = 300 MN/m^3 (weiche Bettung, Dauerlast)
C_{max} = 3500 MN/m^3 (harte Bettung, Kurzzeitlast)

Die FEM-Plattenberechnung führt u. a. zu den nachstehenden Ergebnissen (Tab. 5.4, Beispiel 2):

Maximale Dämmstoffpressung (harte Bettung)

$$\sigma_{bz} = 0{,}52\,\mathrm{N/mm^2} < f_{cd,CG} = 0{,}67\,\mathrm{N/mm^2}$$

Eckeinsenkung (weiche Bettung)

$$v_{z,k} = 0{,}52\,\text{mm} < v_{zul} = 1{,}0\,\text{mm}.$$

Es wird folgender Sondervorschlag, vorbehaltlich der Gleichwertigkeit, beauftragt: 10 cm XPS- DAA- dx, Bauweise 2b, Fahrbahnplatten wie oben (Beispiel 2a).

Diesem Aufbau sind folgende, deutlich weichere, Bettungsziffern zuzuordnen:

$C_{min} = 80\ \text{MN/m}^3$
$C_{max} = 200\ \text{MN/m}^3$

Die geforderte FEM-Plattenberechnung führt u. a. zu den nachstehenden Ergebnissen:

Maximale Dämmstoffpressung (harte Bettung)

$$\sigma_{bz} = 0{,}22\,\text{N}/\text{mm}^2 < f_{cd,XPS} = 0{,}355\,\text{N}/\text{mm}^2$$

Eckeinsenkung (weiche Bettung)

$$v_{z,k} = 1{,}24\,\text{mm} > v_{zul} = 1{,}0\,\text{mm}$$

Betonbiegezugspannung

$$\sigma_{1,d} = 3{,}41\,\text{N}/\text{mm}^2 > f_{ctm} = 2{,}9\,\text{N}/\text{mm}^2$$

Selbst bei einer Plattendicke von h = 22 cm, und einer erhöhten erforderlichen Bewehrung, würde sich noch eine Eckeinsenkung von 0,97 mm ≈ 1,0 mm ergeben. Auch die Werte für die Biegezugspannung wären hart an der Grenze, sodass eine Verstärkung auf mindestens 23 cm sinnvoll wäre. Die damit verbundene Eigenlast, zusammen mit dem erforderlichen Gefälleestrich, würde den Lastansatz der Gebäudestatik wahrscheinlich deutlich überschreiten. Die Gleichwertigkeit ist nicht gegeben. Um weiter mit 10 cm XPS und der gewählten Plattendicke von h = 18 cm zu arbeiten, sind die Fugen zu verdübeln.

Die Fahrbahnplatten werden als FEM-System mit 4h-Alfa[4)] für eine 18 cm dicke Platte mit Fugenverdübelung auf 10 cm XPS-DAA-dx mit oben angegebenen Last- und Bettungswerten berechnet.

Aus obigen Diagrammen werden die Fugenfedersteifigkeiten für folgende Randbedingungen abgeschätzt:

Fugenweite w = 20 mm
Dübeldurchmesser Ø = 16 mm
Mittlerer Dübelabstand L = 40 cm (geschätzt)
Drehfedersteifigkeit C_φ = 178/0,40 = 445 kNm/m
Senkfedersteifigkeit C_v = 1600/0,40 = 4000 MN/m^2

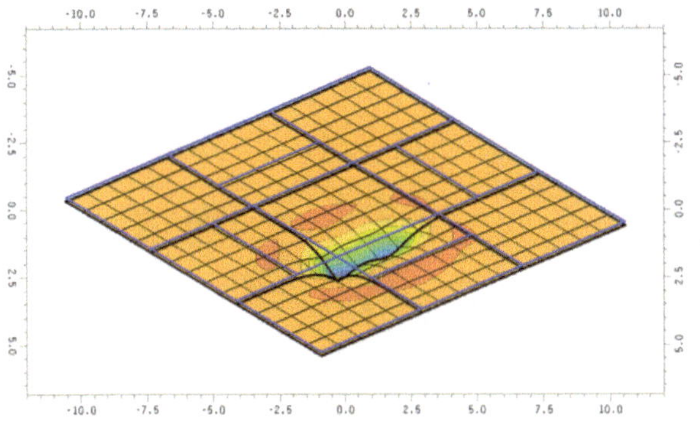

Abb. 5.28 VERFORMUNG – ECK- UND RANDLAST

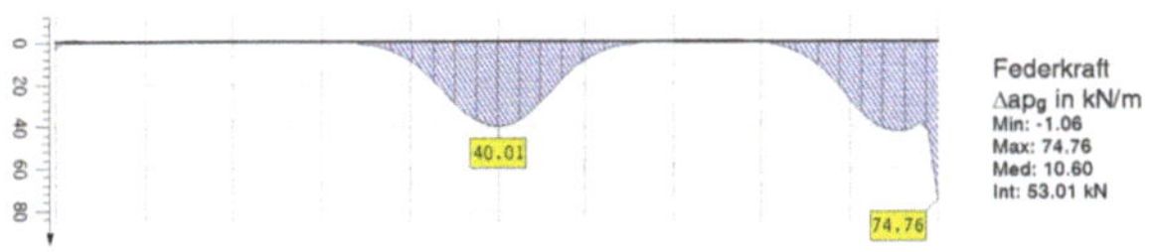

Abb. 5.29 FUGENFEDERKRAFT – BEMESSUNGSWERTE – ECK- UND RANDLAST

Durch die Fugenverdübelung wird die Eckeinsenkung bei weicher Bettung auf $v_{z,k} = 0{,}35$ mm < 1,0 und die Biegezugspannung auf $\sigma_{1,d} = 2{,}1$ N/mm² < 2,9 reduziert (übrige Werte siehe Tab. 5.4) (Abb. 5.28 und 5.29).

Aus der Federkraftverteilung kann für die nach DAfSt-Heft 346 [108] berechneten Dübelbemessungswerte ($F_{d,c} = 9{,}6$ kN) ein mittlerer Dübelabstand von ca. 40 cm und für den Eckbereich ca. 20 – 25 cm ermittelt werden. Die angebotenen Industrieprodukte lassen größere Kräfte und damit auch größere Abstände zu. Es ist zu bedenken, dass im Rahmen der Plattenberechnung vereinfachend die Dübel als lineare Kraftwirkung angenommen werden, tatsächlich treten die Dübelwiderstände aber punktuell auf. Die berechneten Federmomente sind im Allgemeinen vernachlässigbar gering. Die äußeren Dübel sind längs- und querverschieblich auszubilden. Für die zentralen Dübel genügt eine längsverschiebliche Ausbildung.

Der maximale Bemessungswert der Dämmstoffpressung bei harter Bettung auf XPS ergibt sich im Beispiel 2b rechnerisch zu

$$\sigma_{bd} = 0{,}055 \mathrm{N/mm}^2 < f_{cd,XPS} = 0{,}355 \mathrm{N/mm}^2.$$

Die Fahrbahnplatten sollten in Stahlzargen, bestehend aus ca. 1 mm starken, gekanteten nichtrostenden Blechprofilen, betoniert werden. Die Stahlzargen erleichtern den exakten Dübeleinbau und verbessern konstruktiv die Tragfähigkeit am rechnerisch hoch beanspruchten Rand- und Eckbereich der Platte.

Da ein Parkdachobjekt üblicherweise umlaufend unverdübelte freie Ränder aufweist, sind für ein als durchgehend verdübelte Fläche dimensioniertes Parkdach hier besondere Überlegungen erforderlich. Das kann Übergänge zu aufgehenden Bauteilen, Attiken, Zufahrten, Anschlüsse an Freiflächen und Rinnen betreffen. Soweit

Abb. 5.30 Anschluss an aufgehende Wand

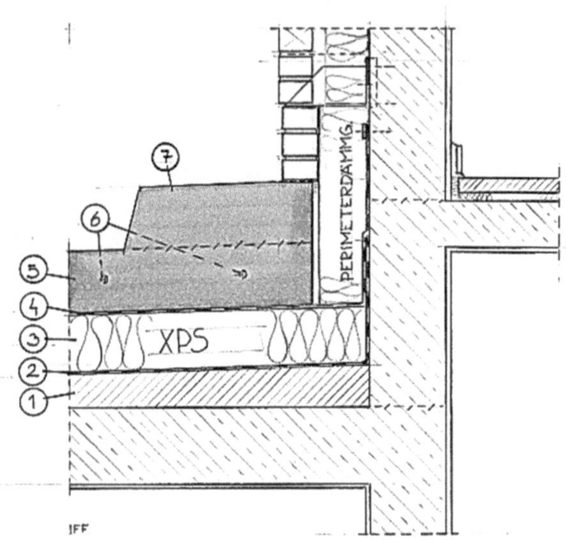

möglich, sollte durch Schrammborde ein Überfahren der freien Ränder mit einem Randabstand entsprechend der „elastischen Länge" unterbunden werden.

$$l_e = \sqrt[4]{E_{cm} * \frac{h^3}{12 * (1 - \mu^2) * C}} \; [m]$$ Im Beispiel 2a + b ergibt sich l_e zu 0,54 bis 0,68 m (siehe Tab. 5.4). Bei diesem Randabstand ist der Einfluss einer Radlast auf den freien, unverdübelten Rand annähernd vernachlässigbar. Wird das Schrammbord direkt mit der Platte im Verbund hergestellt, und kann als Randverstärkung berücksichtigt werden, ergibt dies einen positiven Einfluss auf die Beanspruchung des freien Randes. Der Randabstand der Radlast kann entsprechend reduziert werden. Dies ist in jedem Einzelfall zu untersuchen. Rinnen sollten durch Einzelabläufe ersetzt werden.

Im Anschluss werden Vorschläge möglicher Randdetails skizziert (Abb. 5.30 bis 5.33).

Legende zu Abb. 5.30, 5.31, 5.32 und 5.33

1) *Gefälleestrich 2,5 %*
2) *Dampfsperre, Klebebitumen*
3) *Dämmung, DAA dx*
4) *Abdichtung, Trenn- und Gleitschicht*
5) *Fahrbahnbelag, Nutz- und Schutzschicht*
6) *Fugenverdübelung*
7) *Schrammbord*
8) *Stahlzarge VA, d ≈ 1 mm, gekantet*

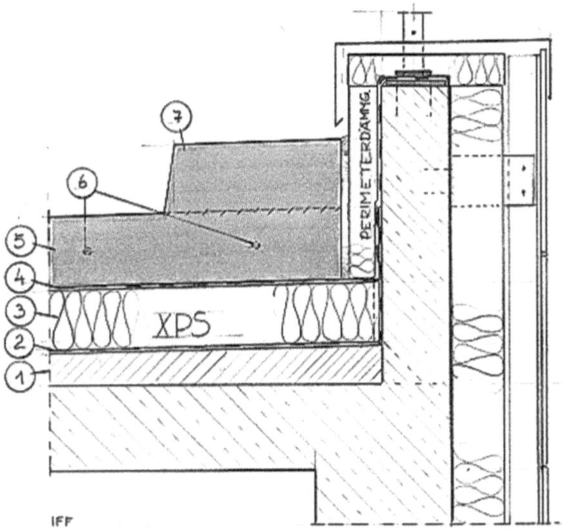

Abb. 5.31 SCHRAMMBORD, ATTIKA, GELÄNDER

Abb. 5.32 ÜBERGANG ZUR FREIFLÄCHE

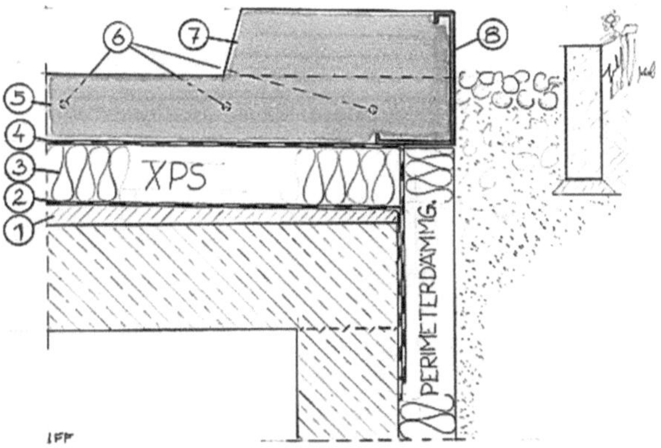

5.2.8 Faserbeton

Bei der Herstellung von Betonfahrbahnplatten sind u. a. zwei arbeits- und kostenintensive Fertigungsphasen zu beachten. Zum einen handelt es sich um das Bewehren der Platte (siehe Abb. 3.14), und zum anderen geht es um das Ein- und Ausschalen der Fugen. Für beide Aufgaben ist qualifiziertes Fachpersonal erforderlich. Schon lange ist es das Bestreben der Fachfirmen, den damit verbundenen Aufwand zu minimieren. Durch ein größeres Plattenraster kann man z. B. den Fugenanteil bezogen auf die Fläche reduzieren, womit allerdings bei zu großen Platten (a >> 30 h) negative Erfahrungen gemacht wurden. Eine andere Möglichkeit der Einsparung eines Arbeitsganges ist der Verzicht auf Stahlbewehrung und Ersatz dieser durch

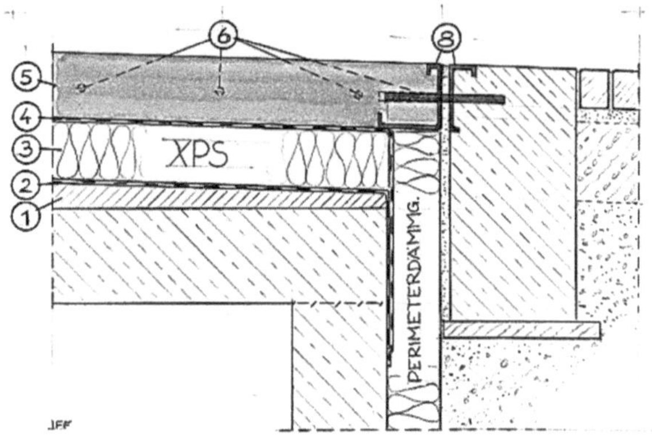

Abb. 5.33 ZUFAHRT HOFKELLERDECKE

dem Frischbeton zugegebene Fasern. Aus dem Industriefußbodenbau wurde dann noch das nachträgliche Einschneiden von Fugen übernommen, womit auch die Fugenherstellung nicht immer erfolgreich vereinfacht wurde. Die Fugen werden im relativ jungen Beton in einer Tiefe von einem Drittel bis zur halben Plattendicke eingeschnitten. Ist der Zeitpunkt falsch gewählt, kann es vermehrt zu Flankenabbrüchen kommen. Das Schneidgerät kann nicht bis direkt an aufgehende Bauteile und Einbauten herangeführt werden. Es ergeben sich ungetrennte Bereiche vor Wänden etc. Da die Platten im unteren Querschnittsbereich planmäßig weiter verbunden sind, entstehen große, zusammenhängende Flächen, denen durch breite Dehnfugen ausreichend Bewegungsmöglichkeit gegeben werden muss.

Es kommen folgende Faserarten in Betracht [26, 110, 111, 112]:

- Stahlfasern [77, 79, 80]: die einzelnen Typen unterscheiden sich durch die Geometrie und die Materialqualität. Bei höheren Beanspruchungen gab es Ausführungen mit Stahlfasern, die auch wegen des Korrosionsangriffs an der bewitterten Oberfläche mit einer Asphaltschutzschicht abgedeckt wurden. Es gab auch Überlegungen, Stahl- und Kunststofffasern in einem Zweischichtsystem zu kombinieren.
- Glasfasern [78]: Der Einsatz von Glasfasern im Parkdach ist dem Autor nicht bekannt.
- Kunststofffasern [82]: Es kommen verschiedene Kunststoffe, Polypropylen (PP), Polyethylen (PE), Polyvinylalkohol (PVA) und deren Kombination zum Einsatz. Nach der Größe werden Mikro- und Makrokunststofffasern unterschieden. Die Zugfestigkeit der Fasern liegt zwischen 320 und 3100 N/mm^2 (Stahlfasern bis 2600 N/mm^2). Es wird ein E-Modul von 3500 bis 170000 N/mm^2 angegeben (Stahlfasern bis 210000 N/mm^2). Die Dichte liegt zwischen 0,9 bis 1,3 g/cm^3 (Stahlfasern 7,85 g/cm^3). Derzeit muss man mit relativ hohen Entsorgungskosten für Kunststofffaserbeton rechnen.
- Kohlenstoff-, Aramid-, Zellulose- und Asbestfasern werden hier nicht weiter betrachtet.

Nach DIN EN 206-1 sind Fasern Zusatzmitteln oder Zusatzstoffen gleichzusetzen. Die Fasern sind im Werk oder im Transportmischer dem Frischbeton zuzugeben. Nach derzeitigem Kenntnisstand sind Fasern, egal ob Stahl- oder Kunststofffasern, nicht geeignet die Tragwirkung einer Betonstahlbewehrung zu übernehmen. Sie sind keine Alternative für Stahlbewehrung in bauaufsichtlich zu prüfenden Tragwerksbauteilen. Allerdings eignen sie sich für den Einsatz in den hier zur Diskussion stehenden Nutz-bzw. Schutzschichten eines Parkdaches. Der Bezug ist so nicht mehr richtig.

Ein Bemessungskriterium der Stahlbetonfahrbahnplatten ist, dass sie im Zustand I, also ungerissen, verbleiben. Es wird nachgewiesen, dass die Biegezugspannung aus dem Bemessungsmoment kleiner als die aufnehmbare Zugspannung bleibt (siehe auch Abb. 5.11).

In den letzten Jahren wurden verschiedene Projekte mit Faserbeton ausgeführt. Im Pkw-genutzten Bereich wurden den in 10 bis 12 cm Dicke ausgeführten Faserbetonplatten zwischen 2,3 bis 7,5 kg/m^3 Kunststofffasern (PP/PE-Makrofasern) zugegeben. Hierdurch wird nach Angaben des Herstellers das Arbeitsvermögen, das Schwindverhalten sowie die Duktilität verbessert. Auf eine Stahlbewehrung wird verzichtet. Aus den bisher ausgeführten Projekten ergaben sich durchweg positive Erfahrungen.

Bei höheren Beanspruchungen können stahlfaserbewehrte Fahrbahnplatten zum Einsatz kommen. Anders als im Industriefußbodenbau erhalten diese Platten heute noch eine Nutzschicht aus Gussasphalt oder Kunststofffaserbeton, da optische Mängel aufgrund von punktweiser Abrostung befürchtet werden. Nach den bisherigen Erkenntnissen handelt es sich hierbei aber nur um minimale optische Beeinträchtigungen, die keinerlei Einfluss auf die Tragfähig- und Dauerhaftigkeit haben. Wenn keine übertriebenen Qualitätsanforderungen an die Oberfläche bestehen, erscheinen Oberflächenabrostung vereinzelter Fasern hinnehmbar, da sie durch die übliche Verschmutzung (Ölflecken, Reifenabrieb etc.) befahrener Flächen überdeckt werden.

Die Bemessung wird ähnlich den zuvor beschriebenen Nachweisen für unbewehrte Betonbauteile durchgeführt, wobei in Abhängigkeit vom Fasergehalt und der Faserform eine äquivalente Betonzugfestigkeit bzw. Nachrissfestigkeit im Zustand II in Ansatz gebracht wird. Für den Tragfähigkeitsnachweis, entsprechend Zustand II, wird davon ausgegangen, dass bei Auftreten eines Risses eine Spannungsumlagerung erfolgt. In der Druckzone wird ein Spannungsblock für voll plastifiziertes Material angenommen. Die Zugzone wird als gleichmäßig verlaufender Spannungsblock angesetzt. Die Materialkennwerte sind vom Hersteller durch Eignungsprüfungen nachzuweisen. Bei Ansatz üblicher Sicherheitsbeiwerte ergeben sich annähernd gleiche Plattendicken wie für normalbewehrte Fahrbahnplatten.

Der Vorteil faserbewehrter Betonplatten liegt darin, dass der Arbeitsgang des Bewehrungseinbaus entfällt. Auf eine Betonüberdeckung der Stahleinlagen kann verzichtet werden, wodurch die Plattendicke bei Pkw-Nutzung auf 10 cm reduziert werden kann.

Vom Faserlieferanten/ -hersteller wird häufig ein umfangreicher Tragfähigkeitsbericht mit Angabe zur Fasermenge und diversen Hinweisen mitgeliefert. Soweit die dort gemachten Angaben verständlich sind, sind sie kritisch zu betrachten. Einzelne Nachweisprogramme basieren auf amerikanischen oder britischen Vorschriften und berücksichtigen z. B. Lastübertragungsfaktoren an Fugen, die für die Ausführung nicht geplant sind, z. B. Fugenverdübelungen.

5.3 Lastabtrag von Asphaltoberbelägen, Verbundsteinpflaster und kleinformatigen Fertigteilen

Asphaltfahrbeläge bestehen auf Parkdecks im Allgemeinen aus zwei ca. 3,0 cm dicken Schichten [17, 58, 95, 96].

- Gussasphalt-Schutzschicht und
- Gussasphalt-Deckschicht mit Abstreuung.

Die Übertragung dieses Aufbaus auf eine wärmegedämmte Unterkonstruktion ohne Einschaltung zusätzlicher Schichten wird nicht empfohlen (siehe Abschn. 4.1 und Kap. 7).

Das Tragverhalten einer Asphaltnutzschicht ist stark von der Belastungsdauer und der Temperatur abhängig [63, 71]. In [92] werden für den Straßenbau zwei Grenzzustände unterschieden:

- Dauerlast bei hohen Temperaturen: Das bituminöse Bindemittel beteiligt sich nur unerheblich an der Lastabtragung. Die Spannungsverteilung im elastisch-isotropen Halbraum ist nach Boussinesq zu berechnen.
- Kurze Belastungszeit bei tiefen Temperaturen: Die Steifigkeit des Bindemittels ist in diesem Fall so groß, dass die Verschiebung des Korngerüstes verhindert wird. Die Zugspannung im Gussasphalt kann näherungsweise wie für die Mittenbelastung einer schlaffen, elastisch gebetteten Platte nach Westergaard gerechnet werden [36] (siehe auch Abschn. 5.2).

Da gerade bei wärmegedämmten Dächern, insbesondere wenn sie direkter Sonnenbestrahlung ausgesetzt sind, erhebliche Oberflächentemperaturen auftreten können [33], wird die Gussasphaltschicht sinnvollerweise durch eine lastverteilende Betonplatte, die ähnlich wie unter Abschn. 5.2 beschrieben bemessen und z. B. in Stahlfaserbeton ausgeführt, oder durch einen Pflasteroberbelag, ergänzt (siehe Abschn. 4.1.2 und 4.1.3).

Anstatt der Gussasphalt-Schutzschicht eignet sich auch ein „Halbstarrer Belag" bei dem das Porenvolumen des ca. 5,0 cm dicken Asphalttraggerüstes durch einen mineralischen Feinmörtel stabilisiert wird. Auch hier sollte eine Beton-Druckverteilungsplatte unter dem Asphaltbelag angeordnet werden. Bei der Bemessung dieser Platte kann in der Asphaltschicht näherungsweise eine Lastausstrahlung unter 45° berücksichtigt werden.

Pflasteroberbeläge werden nur in Ausnahmefällen mit vermörtelten Fugen hergestellt. Sie wirken somit ähnlich wie eine aus grobem Kies bestehende Bodenschicht. In [36, 88] wird eine Lastausbreitung unter 45° in der Pflasterdecke vorgeschlagen, um dann die Spannungsverteilung nach Boussinesq zu berechnen. Hierbei ist zu beachten, dass diese Ansätze für im Straßenbau übliche Tragschichtdicken und Verformungsmodule gelten. Auf wärmegedämmten Parkdächern wird in der Regel nur eine Bettungsschicht aus Splitt von 3,0 bis 5,0 cm Dicke eingebaut (siehe Abschn. 4.1.3 und 4.2.2). Durch den Überrollvorgang treten exzentrische Lastzustände des Pflastersteins auf, die zu Spannungsspitzen in der Bodenfuge führen können (siehe Abschn. 3.6.4). Bei Verbundsteinen mit ordnungsgemäßer Fugenfüllung oder infolge von Gewölbewirkung, können diese Spannungsspitzen z. T. durch Horizontalschübe abgebaut werden.

Ein definierter Nachweis der Tragfähigkeit, wie unter Abschn. 5.2 beschrieben, ist für Pflasteroberbeläge nicht möglich. Dieser Nachweis wird über Vergleichsbauwerke und Überrollversuche [87, 89, 93] erbracht, wobei auf die Ableitung der Horizontalbeanspruchungen besonders zu achten ist.

Bei kleinformatigen Fertigteilbelägen [62] ist der Tragfähigkeitsnachweis der Platten und Auflagerpunkte mit den üblichen Ansätzen der Statik leicht möglich. So können die Elemente je nach Art der Lagerung als Platte oder Balken nachgewiesen werden (siehe Abschn. 3.6.3, 4.1.4 und 4.2.3). Soll die Auswirkung elastischer Unterstützungspunkte berücksichtigt werden, so ist eine Berechnung mit einem FEM-Programm, wegen der meist geringen Abmessungen der Platte, ohne großen Aufwand zu machen. Dies gilt entsprechend für im Splittbett verlegte Fertigteile (elastisch gebettete Platte).

Die maßgebende Druckspannung unter den Auflagern (Linien- oder Punktlager) sind ebenfalls einfach zu berechnen, da die Radlast in der Regel direkt auf die Dämmung übertragen wird. So ergibt sich z. B. für das in Abb. 3.20 vorgestellte System ein Auflagerdruck von

$$\sigma_s \approx 0{,}24\,\mathrm{N/mm^2}$$

bei Ansatz der für Pkws üblichen Radlast von 10 kN ohne Schwingbeiwert.

Da die Fertigteilplatten nur mit leichtem Gerät auf der Dachfläche verlegt werden können, sind sie gegenüber Ortbetonfahrbahnplatten relativ klein und leicht. Somit ist auch hier, ähnlich wie bei Pflasterbelägen, die Aufnahme und Weiterleitung von Horizontalkräften besonders zu beachten.

Ausblick, zukünftige Entwicklungen, äußere Einflüsse und Innovationen

6

Inhaltsverzeichnis

In der 1. und 2. Ausgabe wurden an dieser Stelle Überlegungen zur Wirtschaftlichkeit, untermauert mit damals aktuellen Finanzdaten, ausgeführt. Es wurde u. a. von einem Zinssatz von 6 % und einer jährlichen Preissteigerung von 2,5 % ausgegangen. Nach einer Niedrigzinsphase liegt der Zinssatz derzeit bei 2 bis 4 %, und einige Baustoffe haben im letzten Jahr explosionsartige Preissteigerungen von 50 % und mehr erfahren, wenn sie überhaupt termingerecht lieferbar waren.

Bezieht man die durch die Covid-Pandemie verursachten sozialen und personellen Veränderungen in die Überlegungen mit ein, so scheinen langfristige Betrachtungen, wie für Baumaßnahmen üblich, an dieser Stelle nicht sinnvoll. Das Fazit der damaligen Überlegungen, das wahrscheinlich auch heute noch in gewisser Weise richtig ist, lautete: „Wer billig baut, baut zweimal."

Letztendlich sind wirtschaftliche Entscheidungen in jedem Einzelfall aus Sicht des jeweiligen Bauwilligen zu treffen. Ein Investor oder Objektplaner, der z. B. ein Einkaufscenter entwickeln, und nach einer kurzen Zeit gewinnbringend veräußern will, hat eine ganz andere Sicht der Marktsituation als ein Unternehmen, das seine Standorte langfristig erweitern möchte. Dies wird sich wahrscheinlich auch in der gewünschten Qualität und der damit verbundenen Kostenstruktur der einzelnen Bauteile, und eben auch bei den geplanten Verkehrs- und Parkflächen widerspiegeln. Die Entscheidungen des Bauherrn werden u. a. auch von äußeren Aspekten, gesellschaftlicher, wirtschaftlicher oder technischer Natur beeinflusst. Das Parkdach betreffend, werden im Folgenden einige Faktoren aufgelistet.

© Der/die Autor(en), exklusiv lizenziert an Springer Fachmedien Wiesbaden GmbH, ein Teil von Springer Nature 2026

J. -. P. Schlee, *Planung und Ausführung von wärmegedämmten Parkdächern, Hofkellerdecken und Verkehrsflächen*,
https://doi.org/10.1007/978-3-658-51926-1_6

6.1 Allgemeine Betrachtungen, gesellschaftliche und politische Einflüsse

Zeitenwende, Mobilitätswende, Energiewende, was soll das bedeuten? Verzicht aufs eigene Auto, Einkäufe werden mit einem Lastenfahrrad beim ortsnahen Einzelhandel erledigt? Wahrscheinlich eher nicht. Oder es wird vermehrt im Internet bestellt, und vom regionalen Logistikcenter wird die anzuliefernde Ware mit einer Vielzahl von Transportern zu den einzelnen Haushalten gebracht, anstatt dass die Kunden in Einkaufscentern ihre Ware selbst abholen? Möglicherweise führen diese Wenden zu weniger Einkaufscentern mit Pkw-genutzten Parkdächern für die Selbstabholer, und zu mehr hochbelastbaren Hofkellerdecken der Logistikcenter. Andererseits kann auch gemeint sein, dass verstärkt auf E-Fahrzeuge gesetzt wird, und auf Parkdächern das Anbieten von Ladestationen eine Selbstverständlichkeit wird.

Wenn die Energiewende gesellschaftlich umgesetzt wird, ist vermutlich mit erhöhten Wärmeschutzanforderungen und damit mit größeren Dämmstoffdicken oder effektiveren Dämmstoffen zu rechnen. Auch eine intensivere Nutzung von Fotovoltaik- oder Solarthermiemodulen auf Parkdächern ist vorstellbar.

Seit mehreren Legislaturperioden fordert die Politik ein „Entrümpeln der Vorschriften" mit dem Ziel kostengünstig zu bauen.[1] Auf den vorstehenden Seiten dieses Buches werden diverse Vorschriften mit Bezug zum Parkdach genannt. Diese Vorschriften sind vielfach überarbeitet, erneuert und den aktuellen Rahmenbedingungen angepasst worden. Hier sei nur auf die Umstellungen der DIN-Normen auf die Eurocodes, die Neufassung der Abdichtungsnormen DIN 18531 bis 18535 [113] hingewiesen. Übrigens u. a. ein Grund für die Neuauflage dieses Buches. Auf den ersten Blick könnte ich nicht sagen, welche Vorschrift überflüssig ist und „entrümpelt" werden kann. Man kann sich natürlich fragen, ob es neben der Abdichtungsnorm [27] auch noch die Flachdachrichtlinien [28] oder das abc der Bitumenbahnen [40] geben muss. Auf die Richtlinien einzelner Verbände, die durch spezielle Texte die Leistungen ihrer Mitglieder im Verhältnis zum Auftraggeber regeln wollen, wird die jeweilige Bundesregierung voraussichtlich nur geringen bis keinen Einfluss haben. Allerdings liegt die regelmäßige Aktualisierung der EnEV [9] bzw. des GEG [30] in der Hand der Bundesregierung.

Als Planer oder Hersteller wärmegedämmter Verkehrsflächen ist man gezwungen, seine Leistungen ständig an die aktuelle Vorschriftenlage anzupassen. Reduzierungen, wie z. B. geringere Trittschallschutzanforderungen an überwiegend mit Gummireifen befahrene Parkdachdecken oder Fortfall der Forderung einer produktabhängigen Zulassung für Umkehrdächer, sind zeitnah nicht zu erwarten.

Weitere gesellschaftliche Veränderungen können sich durch vermehrtes Arbeiten im „Homeoffice" ergeben. Ein großer Teil des Arbeitsweges entfällt, eventuell wird zu Gunsten einer größeren Wohnung mit Arbeitszimmer, auf ein eigenes Auto (und den dafür erforderlichen Stellplatz) verzichtet. Für Büro- und Verwaltungsgebäude kann dies bedeuten, dass nur noch mit einem reduzierten Stellplatzbedarf zu planen ist. Es wird auf Tiefgaragen und Parkplätze auf Hofkellerdecken verzichtet.

---

[1] Baukosteneinsparungen durch einfachere Bauweise, Gebäudetyp „E" oder „Hamburger Standard, BauTurbo".

Klimaänderungen, die sich in letzter Zeit durch häufigere Starkregenereignisse darstellen, können auch Einfluss auf die Planung von Stellflächen haben. Die Tiefgarageneinfahrt wird wegen befürchteter Überschwemmungsgefahr außerhalb von Bodensenken angeordnet, oder es wird zu Gunsten ebenerdiger Stellflächen ganz auf die Nutzung der Untergeschosse als Parkflächen verzichtet. Die Bedeutung der Entwässerung von Parkdächern steigt (siehe Abb. 2.10), insbesondere bei Umkehrdächern mit extrem dicken XPS-Dämmschichten. Das diffusionsoffene Trennvlies stellt keine Abdichtung, sondern nur eine regenableitende Ebene dar. Bei einer Komplettüberflutung des Parkdaches in Folge eines Starkregenereignisses ist ggf. die Sicherheit gegen Aufschwimmen der Konstruktion nicht mehr gegeben.

Entgegen dem z. T. ideologisch motivierten politischen Bestreben, ist eine Zunahme der Kfz-Zahlen und der Fahrzeuggewichte in den letzten Jahren zu beobachten (Kraftfahrzeug-Bundesamt, KBA). Auch der Trend zu größeren Fahrzeugen (SUVs) hält ungebrochen an [19]. Die schweren Batterien der E- oder Hybrid-Fahrzeuge bringen zukünftig eine Steigerung der Bemessungslasten mit sich. Es kann u. U. mit einer normativen Anpassung der Fahrzeuglasten und Stellplatzabmessungen, Prämiumbereiche, gerechnet werden.

Lebensdauerbetrachtungen und ressourcenschonende Bauweisen werden ebenfalls einen Einfluss auf zukünftige Parkdächer bzw. gedämmte Verkehrsflächen ausüben. Hier ist zunächst an sortenreine Materialtrennung beim Rückbau eines Parkdaches zu denken. Die gewonnenen Materialien sind nach Möglichkeit wieder zu verwenden. Es sind Verfahren zu entwickeln, um Dämmungen von Abdichtungen und Beton von Stahleinlagen zu trennen. Eventuell können Grenzwerte für Faserzugaben festgelegt werden, um den mit Kunststofffasern verstärkten Beton weiterhin als Zuschlagstoff aufzubereiten. Die Vorstellungen der Verfechter des sortenreinen Rückbaus bzw. des Recyclings zu Nutzstoffen gehen dahin, dass bereits bei der Erstellung eines Parkdaches an die spätere Trennung der einzelnen Baustoffe gedacht wird.

Im vorstehenden Abschnitt wurden einige Gedanken, die äußere Einflüsse auf das Bauteil Parkdach haben, aufgeführt. Diese Überlegungen ließen sich noch deutlich weiterführen, werden aber von zukünftigen Entwicklungen bestimmt.

6.2 Technische Änderungen, Leistungsverbesserungen und innovative Entwicklungen

Für die Herstellung von Parkdächern, Hofkellerdecken und wärmegedämmten Verkehrsflächen gibt es nur eine überschaubare Anzahl von Fachfirmen. Der wirtschaftliche Umfang aller in Deutschland zu erstellenden wärmegedämmten Verkehrsflächen bezogen auf das Gesamtvolumen aller Bauleistungen ist verschwindend gering. Aus diesem Grund, und da in den einzelnen Firmen hinsichtlich des Parkdachaufbaus unterschiedliche Philosophien vertreten werden, wurde bislang wahrscheinlich kein „Parkdachverband" oder Ähnliches gegründet. Lobbyarbeit für das Nischensegment lohnt sich nicht. Das Eintreiben von staatlichen Fördermitteln für verbandsintern abgestimmte Forschungsprojekte unterbleibt. Somit forschen und entwickeln die Einzelunternehmen im Rahmen von Versuchsprojekten in Zusammenarbeit mit Materiallieferanten und mit Unterstützung interessierter Bauherren.

Im Laufe der Zeit haben sich durch dieses Vorgehen verschiedene Verbesserungen ergeben. Das frühere Plattenraster wurde von ehemals 2,00 m x 2,00 m inzwischen auf das ca. 30-fache der Plattendicke also ca. 3,50 m x 3,50 m bis 6,00 m x 6,00 m vergrößert.

Die ursprünglich mehrfach patentierten Schalungsschienen werden seit einiger Zeit durch gekantete VA-Stahlprofile oder stranggepresste Kunststoffprofile ersetzt, die gleichzeitig einen Schutz der Fugenflanken bieten.

Anstatt Bewehrungsmatten einzulegen, werden dem Beton Kunststofffasern, die das Schwindverhalten und die Nachrissfestigkeit verbessern sollen, zugegeben. Hinzu kommen Betontechnologische Verbesserungen.

Für das Umkehrdach wurden XPS-Dämmstoffe mehrschichtig bis zu einer Dicke von 320 mm im Werk verbunden, sodass sie im Sinne der Zulassung als einlagig gelten. Die Produzenten von XPS-Dämmstoffen haben ein Trennvlies entwickelt, das diffusionsoffen ist und den Zutritt von Feuchtigkeit auf die Abdichtung reduzieren soll. Für das befahrbare Umkehrdach werden unbewehrte Fertigteilplatten in hoher Betonqualität geliefert.

Alle oben aufgezählten Verbesserungen sind nicht ohne Fehlentwicklungen abgelaufen, stellen aber heute den Stand der Technik für das Parkdach dar.

Was kann da noch kommen?

- Verbesserte Planungs- und Bemessungsmöglichkeiten durch Einsatz von Algorithmen mit KI, effektivere CAD- und FEM-Programme, BIM und digitale Bauwerksakte.
- Verbesserte Materialien mit Faserbewehrung, betontechnologische Änderungen Infolge CO_2-armer Zemente, optimierte Herstellung und Ausführung.
- Dünnere Aufbauten durch druckfeste Vacuumdämmung.
- Rechtfertigung der Forderung nach einer Zulassung für das UK-Dach prüfen, ist die Beschränkung auf die Pkw-Nutzung noch sinnvoll, ist der ΔU-Zuschlag bei den kommenden Dämmstoffstärken noch vertretbar? Wenn grundsätzliche Bedenken gegen das Prinzip UK-dach bestehen, sollten die benannt und umgesetzt werden.
- Die Fugen stellen einen erhöhten Kosten- und Schädigungfaktor für eine Verkehrsfläche dar. Die Kreisfläche stellt das günstigste Verhältnis von Umfang zur Fläche mit $\frac{U}{A} = 1 \Big/ \sqrt{\frac{A}{\pi}}$ dar, ist aber nicht sinnvoll ausführbar. Vor dem Quadrat $\frac{U}{A} = \frac{4}{\sqrt{A}}$ liegt noch das Sechseck (Abb. 6.1).

Einen wesentlichen Einfluss auf den Fugenanteil hat natürlich auch die Feldgröße, die aber auf Grund der damit verbundenen Zwangsbeanspruchungen nicht ohne

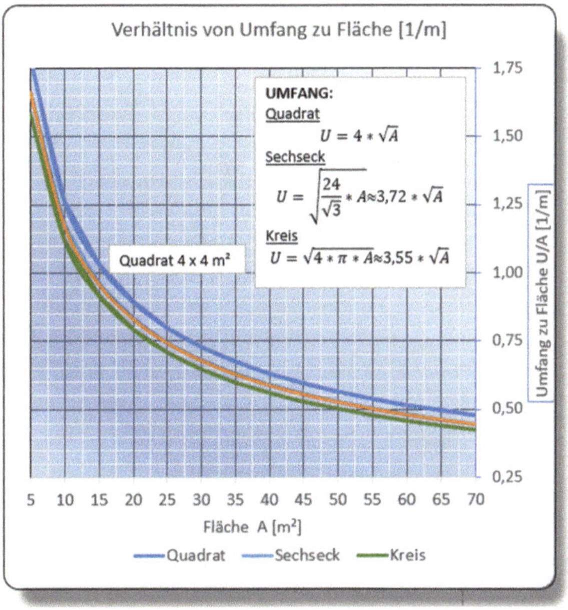

Abb 6.1 Verhältnis Umfang zur Fläche, Quadrat, Kreis und Sechseck

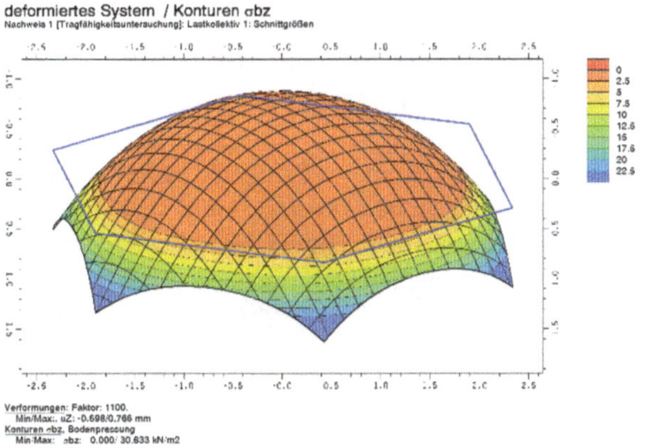

Abb. 6.2 Aufwölben einer 16 m² grossen Sechseckplatte, h = 12 cm, C = 40 MN/m³, ΔT = – 10,8 K

Weiteres vergrößert werden kann (siehe Abschn. 7.2.1). Das Bestreben den Fugenanteil im Verhältnis zur Fläche zu reduzieren, kann z. B. zu sechseckigen Plattengrundrissen führen. Im Vergleich zum Quadrat mit Seitenlängen von 4,0 m ($A = 16{,}0\ m^2$) spart man ca. 1,11 m, also ca. 7 % Fugenlänge ein.

Zumindest hinsichtlich Zwangsbeanspruchungen aus Schüsseln und Aufwölben kann ein verträglicheres Verhalten einer flächengleichen Sechseckplatte gegenüber einer quadratischen Platte erwartet werden (z. B. $\sigma_{bz} = 30{,}63\ N/mm^2 < 36{,}05\ N/mm^2$, Einsenkung $u_z = 0{,}76\ mm < 0{,}92\ mm$, siehe auch Abschn. 7.2.1) (Abb. 6.2).

- Wechselnde Wärmedämmung, Anpassung an Beanspruchung, Ecke, Rand, Verdübelung, freie Ränder.
- Innovationen bei der Fugenausbildung, z. B. Fugenprofile mit Nut und Feder, verbesserte Drainagewirkung durch Verbreiterung des unteren Fugenquerschnitts. Versteifung des Plattenrandes.
- Im Zusammenhang mit dem Klimawandel bzw. den Starkregenereignissen und dem damit verbundenen Regenentwässerungsmanagement wären auch Abflussverzögerungen durch den Einbau von angepassten Retentionselementen in der geringer beanspruchten Plattenmitte denkbar.
- Ist das Thema Trenn- und Gleitschicht schon vollständig ausgereizt, oder gibt es hier noch, z. B. mit Blick auf den Trittschallschutz und die Entwässerung der Kontaktebene zwischen Abdichtung und Fahrbahnplatte Verbesserungsmöglichkeiten.
- Erweiterung des Anwendungsbereichs thermisch getrennter Balkonanschlüsse auf befahrbare Rampenanschlüsse.
- Nutzung der Parkflächen zur Energiegewinnung. Fahrgassen mit Photovoltaik- oder Solarthermieelementen. Stellplatzüberdachung mit Photovoltaikelementen.
- Mehrschichtige Holzpaneele als Nutz- und Schutzfläche ähnlich Baggermatratzen.
- Optimierung von befahrbaren Fertigteil-Nutzebenen. Verbesserte Auflagerschichten und Verbindungselemente.
- Ausrundung oder Abschrägung der Plattenecken, zumindest im unteren Kontaktbereich. Rechnerisch führt das allerdings nur zu einer Druckspannungsreduzierung von ca. 1,5 %.

Vorstehend sind nur einige Punkte aufgezählt, die durch Entwicklungen in an das Parkdach angrenzenden Bereichen und auch direkt durch Überlegungen der Branche angestoßen werden könnten. Es ist noch ein weites Feld für Forschung und Entwicklung im Segment der wärmegedämmten Verkehrsflächen vorhanden.

7 Detailbearbeitung

Inhaltsverzeichnis

Als wesentliches Planungselement für ein ordnungsgemäß funktionierendes Parkdach ist eine detailsichere Ausführungsplanung Voraussetzung. Da in den meisten Fällen die endgültige Ausführung erst nach der Vergabe der Leistung, hauptsächlich in Abhängigkeit vom Angebotspreis (und nicht von der Konstruktionsqualität), festgelegt wird, sind dann erst Konstruktionsanpassungen möglich und erforderlich. Um u. a. in dieser Phase eine kurzfristige Ausführungsabstimmung zu ermöglichen, wird von den Marktführern ein umfangreicher, jeweils auf das bevorzugte System abgestimmter, Detailkatalog vorgehalten. Diese Sammlungen werden von Produktanbietern ergänzt. In den folgenden Abschnitten werden einige Standarddetails beispielhaft dargestellt und erläutert. Grundsätzlich ist es die Aufgabe des Planers, die Regeldetails der ausführenden Firma auf das Gesamtkonzept des Gebäudes abzustimmen, da die Regellösungen im Allgemeinen nicht die speziellen Anforderungen an Tragfähigkeit, Bauphysik und Optik berücksichtigen. Aus diesem Grund ist es ratsam, schon im Rahmen der Ausführungsplanung projektspezifische Detaillösungen zu erarbeiten und somit auch konstruktiv sinnvolle Eckdaten für die Ausschreibung und Auftragsverhandlung vorzugeben.

© Der/die Autor(en), exklusiv lizenziert an Springer Fachmedien Wiesbaden GmbH, ein Teil von Springer Nature 2026

J. -. P. Schlee, *Planung und Ausführung von wärmegedämmten Parkdächern, Hofkellerdecken und Verkehrsflächen*,
https://doi.org/10.1007/978-3-658-51926-1_7

Im Rahmen dieses Buches ist es nicht möglich, alle jetzt und in Zukunft entworfenen Detailkonstruktionen zu erläutern. Es werden nur einige Beispiele als Vorlage für vergleichbare Details dargestellt. Die aufgezeigten Konstruktionsprinzipien sind in der Praxis dann auf ähnliche Situationen sinngemäß zu übertragen.

7.1 Horizontalkraftableitung

Der Fahrbelag und damit der gesamte Parkdachaufbau wird durch die Nutzung und durch Zwangskräfte parallel zur Tragwerksebene beansprucht. Die Übertragung dieser Kräfte auf die tragende Konstruktion erfolgt in Abhängigkeit von deren Größe und der Art des Dachaufbaus über unterschiedliche Wege. Ein Nachweis des Horizontallastabtrags erfolgt meist nur in speziellen Situationen und wird üblicherweise nicht gefordert.

7.1.1 Horizontalkräfte

Horizontalkräfte ergeben sich zum einen aus der Nutzung durch die Fahrzeuge in Folge von Brems- und Beschleunigungsvorgängen, sowie aus Radialbeschleunigung bei Kurvenfahrten. Weiter sind ständige Lasten aus Rampenneigungen und Gefälle zu berücksichtigen. Zum anderen entstehen im Fahrbelag Zwangsbeanspruchungen aus feuchtigkeits- oder temperaturbedingten Verformungen.

7.1.1.1 Horizontalbeanspruchng aus Fahrdynamik

In der DIN EN 1991-1-1/NA [18] werden keine Angaben zu Brems- und Anfahrlasten von Pkws gemacht. Für Hofkellerdecken wird auf die inzwischen zurückgezogene DIN 1072 [21] verwiesen. Im Abschn. 4.4 wird dort gefordert, dass eine Bremslast von 25 % der Hauptspurlasten oder mindestens $^1/_3$ der Last des Regelfahrzeugs in Höhe der Belagsoberseite anzusetzen ist. Die Gesamtbremslast wird auf 900 kN begrenzt. Für Fahrbahnübergänge ist die 0,6-fache Last der größten, auf diese Bauteile einwirkenden, Radlast anzunehmen (begrenzt durch die Einzelachse mit 130 kN). Im Beiblatt 1 zur DIN 1072 wird erläutert, dass heutige Fahrzeuge eine Bremslast erzeugen können, die dem 0,5 bis 0,7-fachen des Fahrzeuggewichts entspricht.

Mit Einführung des EC 1 wurden die Fahrzeuglasten für Brücken gegenüber der DIN 1072 durch unterschiedliche Lastmodelle ersetzt. Für die Betrachtungen im Zusammenhang mit den hier behandelten wärmegedämmten Verkehrsflächen ist die Einzelachse mit einer Gesamtlast von $Q_{1,k}$ = 300 kN von Interesse (Lastmodell 1). Nach DIN EN 1991-2/NA, zu Abschn. 4.5.1 (1) [22] sind Brems-, Beschleunigungs- und Fliehlasten mit dem 0,5-fachen der charakteristischen Lasten in Oberkante Fahrbelag anzusetzen.

Grundsätzlich handelt es sich bei den zur Diskussion stehenden Fahrbelägen nicht um bauaufsichtlich zu prüfende Brückenbeläge. Im Gegensatz zu Brücken ist hier mit langsam fahrenden Fahrzeugen zu rechnen und nur in Ausnahmefällen mit Vollbremsungen.

Die charakteristische Bremskraft ($H_{Br,k}$ [kN]) kann nach folgender Formel in Abhängigkeit von der Geschwindigkeit (v, [m/s]), dem Bremsweg (L_{Br}, [m]) und dem Fahrzeuggewicht (m, [kg]) berechnet werden.

$$H_{Br,k} = \frac{m \times v^2}{L_{Br} \times 10^3} \left(\text{siehe DIN EN 1991} - 1 - 1, \text{Anhang B}\right)$$

Setzt man den normalen Bremsweg zu

$L_{Br} = \frac{v^2 \left[{km}/{h} \right]}{100}$, so kann die Geschwindigkeitsabhängigkeit herausgekürzt werden, und die Bremslast ergibt sich auf Grund der Umrechnung der Geschwindigkeitseinheiten von 3,6 m/s = 1,0 km/h zu $H_{Br,k} \approx 0{,}386 \times m[kN]$, und liegt damit in der Größenordnung der Normvorgaben. In der außergewöhnlichen Bemessungssituation einer Gefahrenbremsung ist vom halben Bremsweg und somit vom doppelten Wert, also $H_{Br,A} \approx 0{,}772 \times m[kN]$ auszugehen.

Für einen Pkw mit dem Maximalgewicht von 3,0 t ist nach obiger Gleichung eine charakteristische Bremslast von ca. 11,6 kN in die Tragkonstruktion abzuleiten, wobei diese Last sich wahrscheinlich auf mehrere Fahrbahnplatten verteilt. Eine Einzelachse von 130 kN (SLW 30) führt nach obiger Formel zu einer Horizontallast von $H_{Br,k} = 0{,}386 * 130 \approx 50\,kN$ bis $H_{Br,A} = 0{,}772 * 130 \approx 100\,kN$. Im Einzelfall hängt die Bremskraft auch vom Reifenprofil und der Rauigkeit des Belages ab. Da es sich bei den wärmegedämmten Verkehrsflächen üblicherweise nicht um Bauteile, die einer bauaufsichtlichen Überwachung unterliegen, handelt, sollten die Randbedingungen und die Größe der Bremskraft mit dem Bauherrn und/oder dem späteren Nutzer abgestimmt werden.

Das folgende Diagramm (Abb. 7.1) stellt die Zusammenhänge für die maßgebenden Faktoren grafisch dar.

Abb. 7.1 BREMSLAST/FAHRZEUGGEWICHT

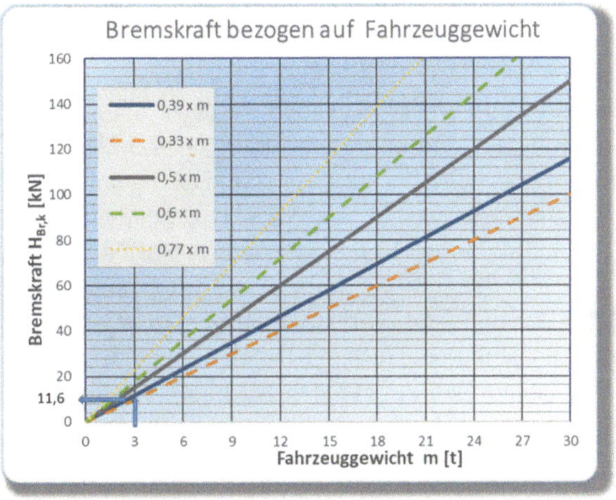

Die oben aufgeführten Bremslastberechnungen ergeben sich aus unterschiedlichen Betrachtungen und sind für den Nachweis der Lagestabilität jeweils durch entsprechend abgestimmte Teilsicherheitsbeiwerte zu erhöhen. Bei einem normal genutzten Parkdach ist es sinnvoll, den charakteristischen Horizontalkraftwert mit dem für nicht ständige Lasten üblichen Teilsicherheitsbeiwert von $\gamma_Q = 1{,}5$ zu erhöhen. Es ergibt sich der Bemessungswert $H_{Br,d} = 0{,}386 * m * \gamma_Q = 0{,}57 * m$. Geht man von dem in der DIN EN 1991-2/NA vorgeschlagenen Faktor 0,5 aus, so kann man hier auch einen reduzierten Teilsicherheitsbeiwert von $\gamma_{Q,r} = 1{,}35$ ansetzen. In diesem Fall ergibt sich dann für $H_{Br,d} = 0{,}5 * m * \gamma_Q = 0{,}68 * m$. Dieser Wert liegt nahe an der außergewöhnlichen Bemessungssituation mit dem Teilsicherheitsbeiwert $\gamma_{Q,A} = 1{,}0$. Für den außergewöhnlichen Fall einer Gefahren- bzw. Vollbremsung ist dann der ungünstigste Bemessungswert von $H_{Br,A} = 0{,}772 * m * \gamma_Q = 0{,}772 * m$ anzunehmen. Diese H-Kräfte können auch als Anfahrtskräfte und Radialbeschleunigungen in jede Richtung auf der gesamten Parkfläche und zugehörigen Rampen auftreten. Je nach Fahrzeuggröße können sie sich in Abhängigkeit von den gebremsten oder angetriebenen Rädern auf mehrere Platten verteilen. Zur anzusetzenden Horizontallast gehört natürlich auch die anteilige Vertikalkomponente des Fahrzeugs. Damit sind in der ebenen Fläche die Voraussetzung für eine Kraftaufnahme über Reibung zum Untergrund und Lastausstrahlung auf Nachbarsysteme gegeben.

Die Größe der Horizontallasten aus Fahrdynamik lassen vermuten, dass diese besser durch große, schwere Platten, als durch kleinformatige Bauteile aufgenommen und weitergeleitet werden können (siehe Abb. 7.3). Ist ein Abtrag in die Tragkonstruktion über die Abdichtung und Dämmung nicht möglich, so sind geeignete Anker anzuordnen oder über Lastausstrahlung ein Kontakt zu den Randaufkantungen herzustellen. Die letzte Methode ist kritisch zu betrachten, da hier bei behinderter Temperaturausdehnung des Fahrbahnbelages erhebliche Zwangskräfte auftreten, in deren Folge es zu Schäden der Aufkantung kommen kann (siehe Abb. 7.2).

In jedem Fall sollte die gesamte Anlage im Hinblick auf Horizontalbeanspruchung und deren Aufnahme untersucht werden. Normalerweise besteht für die reine Park- oder Stellfläche keine Forderung an die Horizontalkraftaufnahme. Anders kann es bei speziellen Rangierflächen auf Logistikcentern oder Haltestellen von Busplattformen sein. Eine Beladestation für Müllfahrzeuge, vor der regelmäßig gebremst und angefahren wird, ist anders zu bewerten als eine einfache Feuerwehrüberfahrt. Auf Rampen sind ab einem Gefälle von 5 % ($\approx 2{,}9°$) grundsätzlich Anker anzuordnen. Vorteilhafterweise ist die Horizontalkomponente in diesem Fall nur in Fahrtrichtung, also auf eine Achse bezogen, zu berücksichtigen. Die Platten werden über den seitlichen Kontakt zu den Rändern der Rampe zentriert.

7.1.1.2 Ständige Horizontalbeanspruchung

Mit Ausnahme des Nullgrad-Daches ergibt sich für alle Flachdächer aus dem vorgeschriebenen Gefälle und den Aufbaulasten eine ständige Horizontalkomponente, die parallel zur Abdichtung und Dämmung wirkt. Ein Gefälle von 2,5 % ist mit einem Neigungswinkel von $\alpha_G = \tan^{-1}\left(\frac{2{,}5}{100}\right) = 1{,}432°$ gleichzusetzen. Es ist mit einer ständigen Horizontalkraft von $H_{G,k} = G_{Auf,k} * \sin(1{,}432) = G_{Auf,k} * 0{,}025$ zu rechnen. Dieser Wert ist deutlich kleiner als der Reibungsbeiwert, $0{,}2 \leq \mu \leq 1{,}0$, der Trenn- und Gleitschicht. Die ständige Abtriebskraft aus dem Eigengewicht des Parkdachaufbaus erfordert bis zu einem Gefälle von ≤ 5 % (≤ 2,86°) bei großformatigen Betonfahrbahnplatten keine zusätzlichen Rückhaltemaßnahmen. Allerdings wurden schon bei Fahrbahnplatten in einem Gefälle von 2 % Verschiebungen am Tiefpunkt beobachtet. Sie zeigten sich durch ein leichtes Aufwölben der dauerelastischen Verfugung. Die Fuge stand offensichtlich unter Druck. Diese Beobachtung stand u. U. im Zusammenhang mit einer weit gespannten, biegeweichen Stahlverbund-Unterkonstruktion.

Zufahrtswege zu Dachparkdecks oder wärmegedämmten Verkehrsflächen auf Dächern werden häufig als separate, ungedämmte Rampen seitlich am Gebäude geplant. Diese Bauweise ist nur in speziellen Fällen Gegenstand dieses Buches. Werden ausnahmsweise wärmegedämmte Rampen über innenliegenden Räumen angeordnet, gelten hier die gleichen Konstruktionsprinzipien wie zuvor beschrieben. Die maximale Rampenneigung beträgt 15 % (8,53 °). Der Fahrbelag ist gegen Abrutschen durch Anker oder Schienen zu sichern. Die ständig wirkende Eigengewichtskomponente des Fahrbahnaufbaus bei maximaler Rampenneigung beträgt $\sin(8{,}53) * G_{Auf,k} \approx 0{,}15 * G_{Auf,k}$. Unter Berücksichtigung des normgerechten Teilsicherheitsbeiwertes von $\gamma_G = 1{,}35$ liegt die Abtriebskraft in der Größenordnung des minimalen Gleitreibungsbeiwertes einer Trenn- und Gleitschicht. Auch hier liegt es im Verantwortungsbereich des Planers/Bauherrn mit einem reduzierten Teilsicherheitsbeiwert von $\gamma_G = 1{,}2$ zu arbeiten.

7.1.1.3 Zwangsbeanspruchungen

Dieser Abschnitt betrifft eigentlich nur die Ausführungen mit Beton-Schutz- oder Nutzschichten. Von Pflasterebenen sind keine, und von Asphaltbelägen sind, wenn überhaupt, nur geringe Zwangsbeanspruchungen zu erwarten.

Schon gleich nach der Betonage erfährt der junge Beton seine erste Erwärmung infolge der Hydratationswärme aus dem Abbindeprozess, und die damit verbundene Längenänderung. Da der Beton in diesem Stadium noch relativ weich ist, ergeben sich noch keine nennenswerten Kräfte. Im Anschluss kühlt der Beton wieder ab, und zieht sich annähernd auf das ursprüngliche Maß zusammen. Der Beton hat noch nicht seine planmäßige Zugfestigkeit erreicht. Wird dieser Vorgang, z. B. durch Haftreibung zum Boden behindert, entstehen die ersten Microrisse in der Oberfläche. Schlecht platzierte, ungetrennte Einbauten und Durchdringungen, sowie fehlerhafte Verdübelungen können ebenfalls Behinderungen darstellen. Um den, im Wesentlichen für den Beton schädlichen Einflüssen entgegenzuwirken, werden die Betonschichten durch Fugen in Felder unterteilt, und von der Abdichtung durch eine Trenn- und Gleitschicht getrennt. Die Auswirkungen in dieser frühen Phase des Betons sind durch geeignete Betonrezepturen und eine intensive Nachbehandlung auf niedrigem Niveau zu halten [83].

In der späteren Nutzungsphase sind weitere Einflüsse auf die Betonebenen zu beachten.

Abb. 7.2 Attikaverschiebung infolge Temperaturausdehnung der Nutzschicht

7.1.2 Übertragung durch Reibung

Zig-Tausende Quadratmeter wärmegedämmte Verkehrsflächen liegen unbeschadet, ohne dass nur ein einziger Horizontalanker den Fahrbelag mit der tragenden Decke verbindet. Zum Teil werden die Beläge durch aufgehende Bauteile, wie Wände oder Attiken gehalten. Da es sich meistens um relativ geringe Kräfte handelt, werden die Fahrbahnplatten durch gegenseitigen Kontakt und Haftreibung in der Lage fixiert. Dass dies nicht immer dauerhaft, insbesondere bei Pflasterbelägen, gelingt, zeigt das folgende Foto (Abb. 7.3) und auch Abb. 2.5.

Bei einem Warmdachaufbau (Bauweise 2b) wird zwischen der Abdichtung und der Fahrbahnplatte eine Trenn- und Gleitschicht angeordnet. Selbst wenn in der DIN 18531-1, Abs. 4.3 vorgeschrieben wird, dass der Abdichtungsschicht planmäßig keine Übertragung von Kräften parallel zu ihrer Ebene zugewiesen werden darf, wird diese Einschränkung in der DIN 18532-1 [27], Abs. 8.6 aufgeweicht. Dort heißt es deutlich realistischer, die Fahrbahnkonstruktion muss in der Lage sein, Schubkräfte aus Verkehrs- und Eigengewichtslasten aufzunehmen. Ähnliche Einschränkungen ergeben sich auch aus Dämmstoffzulassungen oder –Normen.

Aus den bisherigen Beobachtungen und Erfahrungen zeigt sich, dass die Trenn- und Gleitschicht die Übertragung der Horizontalkräfte aus dem Fahrbelag nicht auf Null reduziert, sondern auf ein für die Unterkonstruktion verträgliches Maß verringert. Auch wenn z. B. zwei aufeinanderliegende PE-Folien einen sehr geringen Reibbeiwert aufweisen, wird eine derartige Gleitschicht auf Grund der Unebenheiten der Abdichtungslage einen Reibbeiwert von $\mu \approx 0{,}05$ bis 0,25 aufweisen. Die Horizontalkomponente des Eigengewichts einer Fahrbahnplatte, die im Gefälle von 2,5 % liegt, wird mit einer Sicherheit von über 2,0 in die Abdichtung übertragen. Geht man von einem mittleren Reibbeiwert von $\mu \approx 0{,}2$ aus, so kann eine übliche

Abb. 7.3 Pflasterverschiebung [MdB]

Fahrbahnplatte ca. $R_k = 4{,}0^2 \times 0{,}12 \times 24 \times 0{,}2 \cong 9{,}2\ kN$ durch Reibung auf die Abdichtung und Dämmung, und damit auf die tragende Decke übertragen. Bei einem Gefälle von 2,5 % steht dem eine Abtriebskraft, parallel zur Abdichtungsebene, von $H_k = 4{,}0^2 \times 0{,}12 \times 24 \times \sin 1{,}43 \cong 1{,}2\ kN$ gegenüber. Treten Horizontallasten aus Fahrdymik auf, so erfährt die betroffene Platte gleichzeitig eine Vertikallasterhöhung aus dem Fahrzeug, die mit einer Erhöhung der Reibungskomponente einhergeht. Weiter können auch Horizontalkräfte über die elastisch gedichteten Plattenfugen an Nachbarplatten, und damit auf eine größere Fläche verteilt werden.

Weder für die Abdichtungsbahnen noch für die im Parkdach gebräuchlichen Dämmstoffe werden in den offiziellen Produktinformationen Angaben zu aufnehmbaren Schubkräften gemacht. Allerdings kann man annehmen, dass die Materialien, bei geringem Gefälle und niedrigen Geschwindigkeiten, in der Lage sind, Kräfte parallel zur Abdichtungs- und Dämmebene zu übertragen.

Für die Abdichtungsebene kann man eine Horizontalkraftübertragung erwarten, da im Brückenbau bei einer der Bauweise 1a [27] entsprechenden Ausführung unter Berücksichtigung der Vorgaben nach ZTV-Ing [70], Teil 7, eine Übertragung als selbstverständlich angesehen wird.

Aus Anwendungen wie Wärmedämmverbundfassaden (WDVS), Aufsparrendämmung und Dämmungen unter Bodenplatten kann die Zulässigkeit einer Schubübertragung von Dämmstoffen wie EPS, PUR, XPS und Schaumglas (CG) abgeleitet werden. In verschiedenen Quellen gefundene Werte für die Scher- bzw. Schubfestigkeit der Dämmstoffe liegen zwischen $\tau = 20\ \mathrm{kN/m^2}$ (EPS) bis zu 20 % der zulässigen Druckfestigkeit (CG). Damit genügen die im Parkdach üblichen Dämmstoffe den durch die Gleitschicht reduzierten Horizontalbeanspruchungen. Voraussetzung ist eine einlagige Dämmstoffverlegung oder bei mehrlagiger Dämmstoffschicht eine kraftschlüssige Verbindung. Weiter sind alle Aufbauschichten kraftschlüssig mit dem tragenden Untergrund zu verkleben, so wie eine Gefälleneigung $\leq$ 2,5 % und eine auf maximal 10 km/h reduzierte Geschwindigkeit.

Obige Ansätze lassen sich auch auf höher belastete Verkehrsflächen übertragen. Hier werden dann üblicherweise festere Dämmstoffe und schwerere Fahrbahnplatten, eventuell sogar verdübelt, eingesetzt. An Neigungswechseln, Ladetaschen, Schranken und besonderen Rangierbereichen sollten spezielle Bauteile zur Horizontalkraftaufnahme angeordnet werden.

Fertigteilplatten, die über Gummiteller ihre Lasten an die Dämmung und Abdichtung abgeben, werden in den Plattenecken durch spezielle Spannelemente zu einer durchgehenden Fläche zusammengeschlossen. Von Herstellerseite wird gefordert, dass die Fläche durch Kontaktfugen zu aufgehenden Bauteilen gehalten wird. Wände und Attiken sind für eine horizontale Linienlast von 3,0 kN/m in Höhe der Fahrbahnebene auszulegen. Um die Wände und Attiken möglichst wärmebrückenverlustarm, entsprechend dem Beiblatt 2 zur DIN 4108 [10] auszubilden, sind die aufgehenden Kontaktflächen mit Wärmedämmmaterial einzupacken. Geht man von einer 10 cm dicken Fahrbahnplatte aus, ergibt sich ein Kontaktdruck von

$$p_k = \frac{3000}{100 \times 1000} = 0{,}03 \frac{N}{mm^2} = 30 \frac{kN}{m^2},$$

der von der Dämmung dauerhaft aufgenommen werden muss. Dies ist rechtzeitig bei dem Gebäudeentwurf zu bedenken.

Obige Überlegungen stellen keinen Nachweis dar, es wird damit nur erläutert, warum ein großer Teil der bisher erstellten Parkdachflächen ohne auffällige Verschiebungen vorhanden ist.

Handelt es sich bei der gedämmten Verkehrsfläche um eine Rampe oder einen besonders durch Horizontalkräfte beanspruchten Bereich, so sind konstruktive Maßnahmen, wie z. B. Horizontalanker zur Lagesicherung vorzusehen.

7.1.3 Horizontalanker

Die Anker stellen eine feste Verbindung der Fahrbahnplatte mit der tragenden Konstruktion, hier im Allgemeinen der Stahlbetondeckenplatte, dar. Dabei müssen sie die Abdichtung und Dämmung durchstoßen. Für ungedämmte und abgedichtete Bereiche bietet die Industrie eine Vielzahl von Ankersystemen, z. B. zur Befestigung von Brückenkappen, an. Sie beruhen auf dem seit langem bewährten Prinzip, die Abdichtungsebene im Durchdringungsbereich durch eine Los- Festflanschkonstruktion einzufassen [27, 28, 58, 95]. Für gedämmte Dachflächen funktioniert das einfache System „Telleranker" auf Grund der inzwischen erforderlichen Dämmstoffstärken nicht. Der Anker muss zur Aufnahme der höheren Biegebeanspruchung stärker ausgebildet werden. Für die Los- Festflanschkonstruktion sind die Vorgaben der DIN 18532-1, A-6 [27] zu beachten.

Die gedämmte Dachfläche wird durch den Horizontalanker in verschiedener Weise gestört. Es sind folgende Probleme zu untersuchen bzw. zu vermeiden:

- Um Zwangsbeanspruchungen aus Betonschwinden und Temperaturdehnungen niedrig zu halten, sollte pro Fahrbahnplatte nur ein Anker mittig angeordnet werden. Ist mehr als ein Anker pro Platte erforderlich, sollte der Abstand möglichst gering sein und die Verbindungsstrecke eine verstärkte Bewehrung erhalten.
- Für die elastisch gebettete Fahrbahnplatte wirkt der Anker als unverschiebliches Auflager. Vereinzelt wurde von einer Rissbildung über eingebauten Horizontalankern berichtet.
- Die Abdichtungsebene wird durch den Anker durchdrungen. Die Ausbildung mittels einer Los- Festflanschkonstruktion wurde oben bereits erwähnt.
- Der Anker wirkt als punktbezogene Wärmebrücke ähnlich der Verdübelung einer WDVS-Fassade oder den Konsolblechen einer Vorgehängten Hinterlüfteten Fassade (VHF). Der Anker ist wegen der geringeren Wärmeleitfähigkeit (λ = 17/50 W/(mK)) aus nichtrostendem Stahl herzustellen (z. B. Werkstoff 1.4571, V4a). Diese Forderung entspricht auch dem EC 2/NA, Abs. 10.9.9 [25] für Sandwichplatten.
- Wenn erhöhte Schallschutzanforderungen zu beachten sind (Wohnungen, Krankenräume), bilden die Anker eine erhebliche Schallbrücke. Der Schallschutz entsprechender Räume ist in diesem Fall durch separate Maßnahmen zu erbringen.
- Da die Anker meistens zentrisch in einer Fahrbahnplatte eingebaut sind, ergeben sich aus einem ausmittigen Lastangriff Torsionsmomente für die Platte. Die Platte wird dann über den Kontakt der Plattenränder zu den Nachbarplatten oder der Randeinfassung zentriert. Der Kontaktdruck in den Fugen verbleibt auf Grund der großen Abmessungen der Platten meistens in einer für die Verfugung vertretbaren Größenordnung und wird auch durch die Haftreibung der Fläche zur Abdichtung bzw. Dämmung reduziert.
- Wird die Horizontalverankerung auf einer Decke/Rampe aus Spannbetonhohldielen angeordnet, muss die Verdübelung der Anker gemäß der Zulassung der Spannbetonhohldielen unbedingt mit dem Hersteller der Deckenelemente abgestimmt werden. Zum einen dürfen durch die Dübel keine Spanndrahtlitzen beschädigt werden und zum anderen sind Dübelbefestigungen in Hohlräumen kritisch zu sehen.

Im Folgenden werden einige Praxisbeispiele vorgestellt und erläutert.

Der in Abb. 7.5 und 7.6 dargestellte, zweiteilige Halteanker wurde für eine Pkw-genutzte Warmdachfläche mit einer maximalen Dämmstoffdicke von bis zu 20 cm

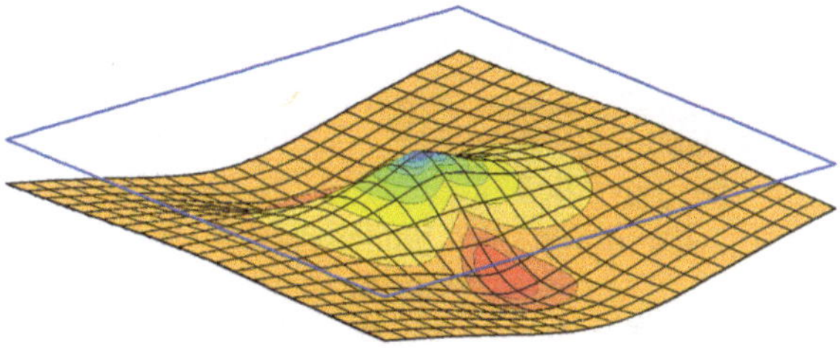

Abb. 7.4 Verformungsbild einer mittig verankerten Fahrbahnplatte mit Achslast SLW 30

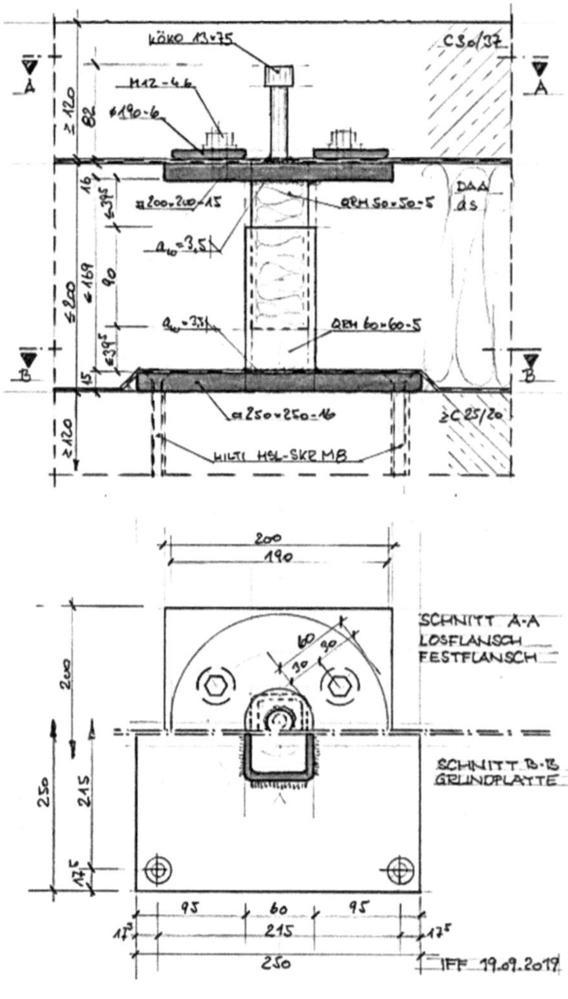

Abb. 7.5 Systemskizze eines vertikal verschieblichen Horizontalankers einer Pkw-genutzten Rampenfläche, Bauweise 2b

konzipiert. Bei einer Rampenneigung von maximal 15 % wurde ein Bemessungswert der Horizontalkraft von $H_d \approx 16$ kN angesetzt. Das in Folge der Dämmstoffstärke entstehende Versatzmoment wird durch Kontaktpressung innerhalb der Rohre übertragen.

Die zweiteilige Ausführung bietet folgende Vorteile:

- Das Setzen der Dübel der Fußplatte wird nicht durch die Platte des Festflansches gestört.
- Die Dämmung ist leichter einzubauen, da der Festflansch erst im zweiten Arbeitsgang auf die Dämmung gelegt wird.
- Durch die Teilung des Stahleinbauteils sind die Einzelbauteile jeweils leichter und damit besser zu händeln.
- Die Bildung einer vertikalen Punktlagerung wird verhindert (Abb. 7.4). Die Gefahr einer oberseitigen Rissbildung aus Biegebeanspruchung wird reduziert.

Abb. 7.6 Zweiteiliger Horizontalanker [HD]

- Durch variable Einschublängen und Neigung der Kopfplatte bzw. des Festflansches ist eine systematische Anpassung an die Abdichtungsebene auf einer Gefälledämmung leichter möglich.

Die dargestellte Ausführungsart ergibt sich aus den inzwischen angewachsenen Dämmstoffdicken, und ist da auch nur sinnvoll einzusetzen. Bei einer konstruktiven Dämmung von z. B. nur 4,0 cm ist die Übergreifungslänge der passgenau ineinander geschobenen Rohre zu kurz, um das Versatzmoment von dem Unterteil sicher in das Oberteil zu übertragen. Im Bereich der Kopfplatte bzw. des Festflansches ist in der Dämmung eine passende Vertiefung einzuarbeiten, damit die Abdichtung in einer Ebene durchgeführt werden kann.

Das gesamte Bauteil wurde aus nichtrostendem Stahl hergestellt, um die Wärmebrückenwirkung zu reduzieren. Die Wärmeleitfähigkeit von nichtrostendem Stahl liegt bei ⅓ bis ½ des Wertes von üblichen Baustählen.

Das Abb. 7.7 zeigt, dass sich unter dem Anker ein Temperaturminimum einstellt. Auf die Auswirkungen wird weiter unten, am Ende dieses Abschnittes im Zusammenhang mit Tab. 7.1 eingegangen.

Bei einem Umkehrdach fällt die Ausführung deutlich einfacher aus (siehe Abb. 7.8), da die Fußplatte in der Abdichtungsebene liegt, und somit die Los- Festflanschkonstruktion mit dieser zusammenfällt.

Für die dargestellte Ausführung wurde bei einer maximalen Rampenneigung von 15 % von einem Bemessungswert der Horizontallast von $H_d \approx 16$ kN ausgegangen. Die Dämmstoffdicke der XPS-Dämmung wurde auf 12 cm begrenzt. Um auch bei diesem Anker eine Punktlagerung der Fahrbahnplatte (siehe Abb. 7.4) zu verhindern, wurde auf der Oberseite des Ankers eine dünne Schaumstoffschicht angeordnet und die gesamte Einbindelänge mit einer gleitfähigen Folie überzogen. Anker, Los- und Festflansch werden, wie oben schon beschrieben, mit Blick auf die Wärmebrückenwirkung in nichtrostendem Stahl ausgeführt.

Mit Abb. 7.9 wird eine vergleichende Wärmebrückenberechnung[5)] für den im Abb. 7.8 dargestellten Horizontalanker in einer mit 12 cm XPS (043) gedämmten Parkdachfläche aus nichtrostendem (oben) und normalem Baustahl (unten) gezeigt. Der punktuelle Temperaturunterschied an der Deckenunterseite beträgt ca. 0,75 K. Die Berechnung des Jahresenergiebedarfs soll sich auf die Außenflächen des zu untersuchenden Gebäudes beziehen [9, 10, 30, 114]. Das gilt auch für den Nachweis der Wärmebrückenwirkungen. Nach dieser Vorgabe wird im vorliegenden Beispiel der äußere Wärmeübergang von – 5,0° C auf der Oberseite der XPS-Dämmung angesetzt. Würde man die Fahrbahnplatten auf der Oberseite berücksichtigen, ergäbe sich ein anderes Bild. Üblicherweise werden die Wärmebrücken bei der Berechnung des Wärmebedarfs durch einen pauschalen Zuschlag zum Wärmedurchgangskoeffizienten U (W/m^2K) in Abhängigkeit von der Erfüllung der

Vorgaben des Beiblattes 2 zur DIN 4108 berücksichtigt. Punktbezogene, stoffbedingte Wärmebrücken werden mittels dem hierfür berechneten χ-Wert dem Wärmedurchgang der betrachteten Fläche zugeschlagen. Allerdings ist dies nur erforderlich, wenn sich durch die Summe der punktbezogenen Wärmebrücken der flächenbezogene Wärmedurchgang um mehr als 3 % erhöht, DIN EN ISO 6946 [114]. Im Normalfall sind nur geringe Flächenanteile der meistens großen

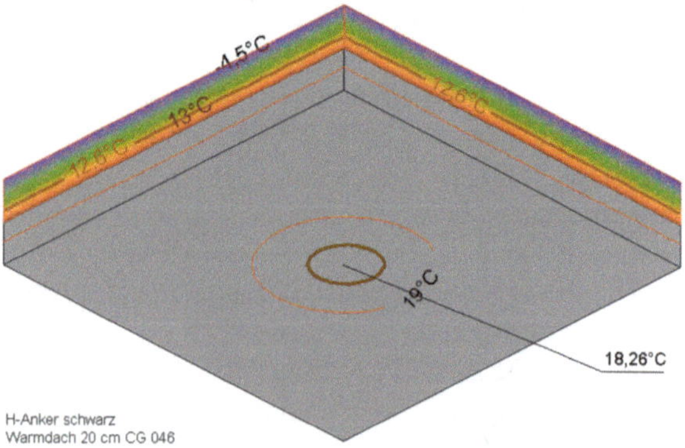

Abb. 7.7 Isothermen, H-Anker schwarz ähnlich Abb. 7.5 und 7.6

Tab. 7.1 Vergleichswerte punktbezogener Wärmebrücken/H-Anker/schwarz/korrosionsbest

Punktbezogener Wärmedurchgangskoeefizient χ				
	Ähnlich Abb. 7.5		Wie Abb. 7.8	
Bauweise DIN 18532-1	2b, Warmdach		2a, UK-Dach	
Dämmung Typ, ds	CG 046, 20 cm		XPS 043, 12 cm	
H-Anker	⌀ 60 × 5, S 235	⌀ 60 × 5, Va	□ 40 × 40 S 235	□ 40 × 40 Va
Bezugsfläche A	$A = 2{,}0 \times 2{,}0 = 4{,}00\ m^2$			
ungest. Wärmedurchg. [W/m²K]	U = 0,220		U = 0,336	
$Q_{ungest.}$ = U x A x 25K [W]	22,0		33,6	
vorhd. Wärmestrom Q_{rech} [W]	25,5141	23,12833	37,53857	35,5737
$\Delta Q = Q_{rech} - Q_{ungest}$ [W]	3,5141	1,12833	3,93857	1,9737
$\chi = \Delta Q/25K$ [W/K]	0,1406	0,0451	0,1575	0,0789
Anker/Rasterfeld, $A_R = 3{,}5^2\ m^2$	12,25			
Erhöhung: $\chi/A_R = \Delta U_\chi$ [W/m²K]	0,01147	0,00368	0,01286	0,00644
$(\Delta U_\chi \times 100)/U_{ungest}[\%] \leq 3{,}0\ \%$	5,22 %	1,67 %	3,83 %	1,92 %
Kriterium für Schimmelfreiheit an der Deckenoberfläche				
Oberflächentp. innen Θ_{si} [° C]	18,26	18,88	16,94	17,69
Innenlufttemp. Θ_i [° C]	20			
Außenlufttemp. Θ_a [° C]	– 5			
Tempfaktor: $f_{Rsi} \geq 0{,}7$	0,9304	0,9552	0,8776	0,9076

Parkdachflächen mit Ankern belegt, sodass für diese Bereiche bevorzugt rostfreie Einbauteile verwendet werden sollten, um möglichst auf eine U-Werterhöhung verzichten zu können. Unabhängig von dieser Vereinfachung ist aber für den Bereich der Anker der Mindestwärmeschutz nach DIN 4108-2 sicherzustellen, und mit einer Oberflächentemperatur von 12,6° C die Schimmelfreiheit nachzuweisen.

Normalerweise sind auf einem Projekt nur wenige Flächen vorhanden, die eine Horizontalverankerung erfordern. Rampen, Ladetaschen, Schranken etc. Somit handelt es sich bei den Ankern meistens nicht um Serienfertigungen, die z. B. industriell auf Vorrat hergestellt und geliefert werden. Jeder Einzelfall beruht auf unterschiedlichen Randbedingungen wie Dämmstoffdicke, Horizontallast, Ausführungsart und bedarf spezieller Untersuchungen. Für obiges Beispiel (Abb. 7.8) werden im Folgenden die Ergebnisse eines Tragfähigkeitsnachweises mitgeteilt.

Der Anker wird als eingespannter Stab, der in der Fahrbahnplatte gebettet ist, mit einem Stabwerksprogramm[3)] nachgewiesen. Um den Lasteintrag des Bemessungswertes der Horizontalkraft ($H_d \approx 16$ kN) über die Einbindung in die Fahrbahnplatte realistischer zu gestalten, wird für das System Aktion und Reaktion vertauscht. Die horizontale Auflagerkraft an der Einspannstelle entspricht der Horizontalkraft, und wird am verschieblichen, aber eingespannten Auflager angesetzt. Für die Stabeinbindung wird eine Einbindelänge von ca. 8,0 cm mit einer Bettungsziffer von $K = 4000\ kN/cm^3$ [108], $C = K \times b = 16.000\ kN/cm^2$ angesetzt. Auf Grund mög-

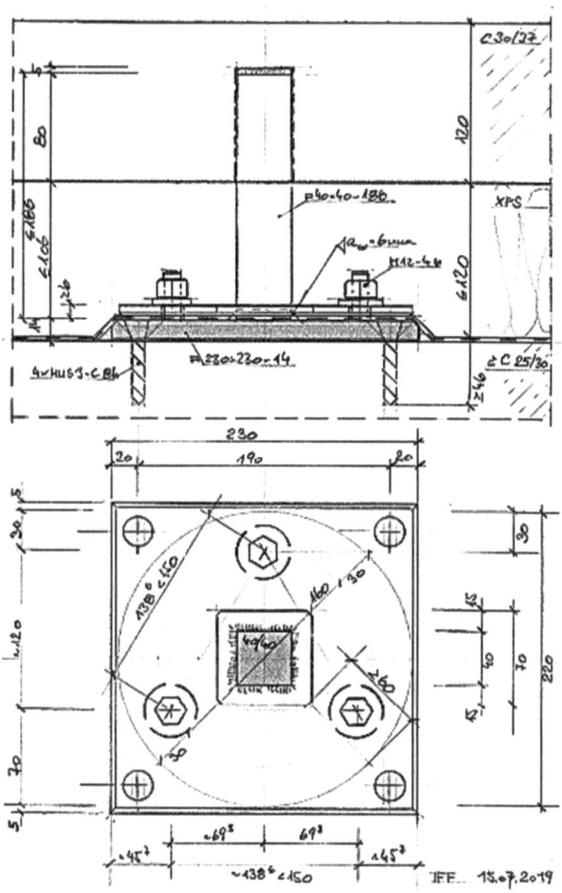

Abb. 7.8 Systemskizze eines Horizontalankers für Pkw-Nutzung auf einer Rampe eines UK-Daches, Ausführung 2a

licher Spannungsüberschreitungen am Anfang der Einbindelänge bleibt der erste Zentimeter des Stabes rechnerisch ungebettet.

Das maximale Einspannmoment ergibt sich zu $M_{y,d}$ = 1,35 kNm und führt zu einer 70 %-igen Ausnutzung. Unter charakteristischer Last ist eine Plattenverschiebung von $f_x \approx 0{,}10$ mm zu erwarten, wobei ca. 50 % auf die ständige Last infolge der berücksichtigten maximalen Rampenneigung entfallen.

Ergänzende Nachweise sind dann noch für die Teilflächenpressung im Bereich der Einbindelänge, die Verankerung der Fußplatte sowie den Schweißanschluss des Ankerstabs an der Fußplatte nach den üblichen Bemessungsregeln zu erbringen, würden aber den Rahmen dieses Buches sprengen. Wird das erforderliche Gefälle mittels eines Gefälleestrichs erzeugt, ist für die Dübelverankerung der Fußplatte darauf zu achten, dass dieser eine ausreichende Festigkeit und einen sicheren Haftverbund zur tragenden Decke aufweist.

Als letztes Beispiel wird die Konstruktionsskizze des Ankers von Abb. 2.4 erläutert (siehe auch Abb. 7.11). Dieser Anker wurde als Teil einer größeren

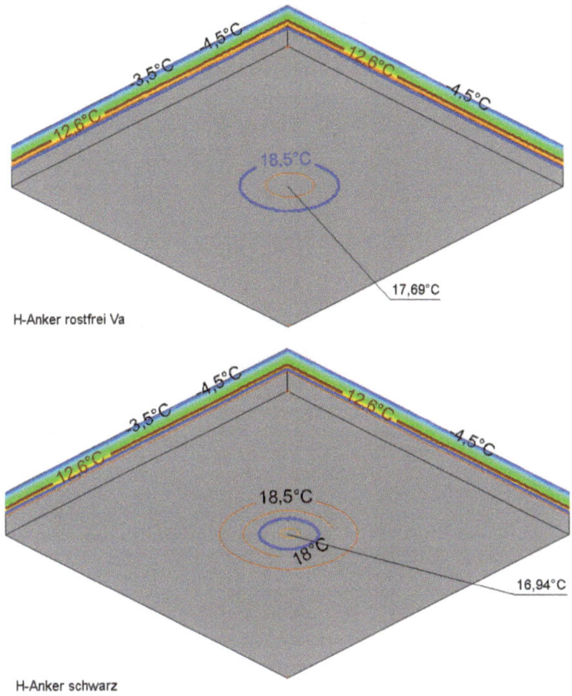

Abb. 7.9 Vergleich der Wärmebrückenwirkung, 12 cm XPS, Anker 40 × 40 mm Stahl

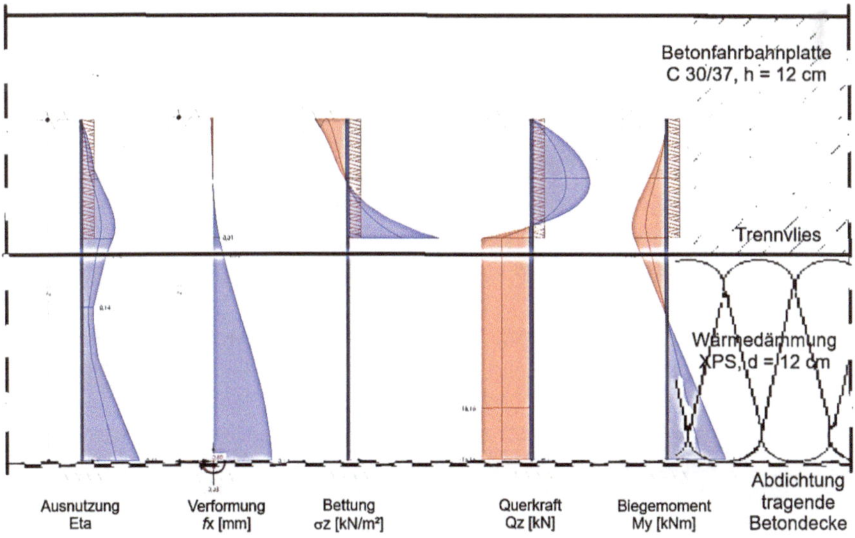

Abb. 7.10 Ergebnislinien der Stabwerksberechnung eines Horizontalkraftankers

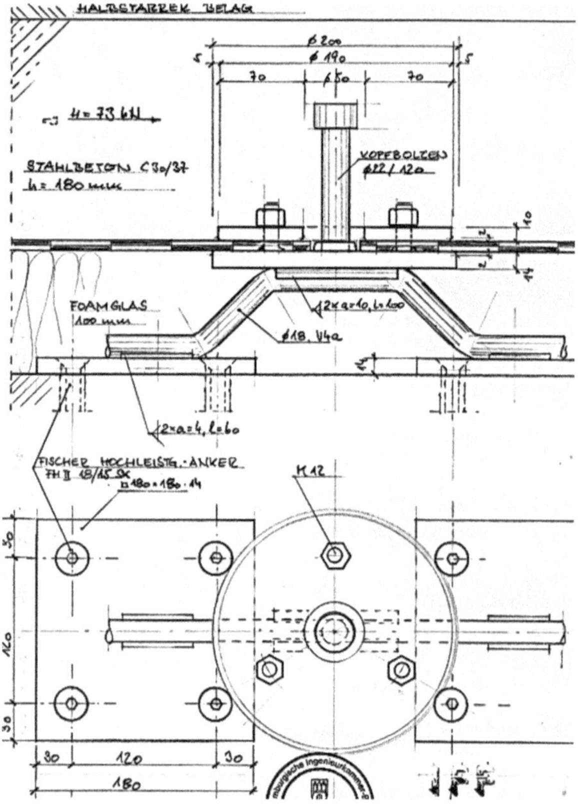

Abb. 7.11 Systemskizze eines H-Ankers mit Kraftaufnahme in Längsrichtung, Warmdach, SLW

Horizontalverankerung einer größeren Platte konzipiert. Die Druckverteilungsplatte von ca. 23,5 × 14,2 × 0,18 m mit einem „Halbstarren Belag" von 6 cm auf einem Warmdach, liegt auf einer Busplattform. Die Größe der Druckverteilungsplatte erforderte eine massive rissverteilende Bewehrung. Die zu erwartenden Risse aus Zwangsbeanspruchungen wurden durch den „Halbstarren Belag" überdeckt. Aus dem Busbetrieb war mit in der Längsachse (Fahrspuren) gerichteten Brems- und Beschleunigungskräften zu rechnen, die allerdings ausmittig angreifen. Um auch das auf die Fahrbahnplatte wirkende Torsionsmoment sicher aufzunehmen, wurden im Zentrum der Platte 9 Anker auf einer Fläche von 3,0 m × 3,0 m kreisförmig angeordnet. Jeder Anker wurde für eine maximale Horizontallast von $H_{y,d} \approx 73$ kN dimensioniert. Durch den Hutstab sollte eine in Längsrichtung bevorzugte Kraftaufnahme erzeugt werden. Quer zum Hutstab ist nur mit einer geringen Verformungsbehinderung zu rechnen, zumal bei den Ankerabständen von 1,50 m nur minimale Plattenbewegungen aus Temperaturdehnung zu erwarten sind.

Die Busplattform wurde mit 10 cm Schaumglas der höchsten Festigkeitsstufe gedämmt. Unter voller Nutzlast sind in der Mitte der Fahrbahnplatte wegen der steifen Dämmung nur geringe Einsenkungen zu erwarten (max $u_{z,d} \leq 0,10$ mm). Auf Grund der Form des Rundstahlbügels kann angenommen werden, dass dieser die Durchbiegung mitmacht, ohne ein festes Auflager, wie in Abb. 7.4 dargestellt, zu bilden.

Das in der Dämmung liegende Rundstahl-Huteisen wurde mit Blick auf die Reduzierung der Wärmebrückenwirkung ebenfalls aus korrosionsbeständigem Material geformt.

Bei früheren Ausführungen von Horizontal-Ankern wurden meistens nur dünnere, konstruktive Dämmungen eingesetzt. Eine Verschieblichkeit, wie z. B. in Abb. 7.5 vorhanden, konnte nicht ausgeführt werden, und wurde auch nicht als erforderlich angesehen. Derartige Horizontalanker bestehen aus einem kurzen Rohr, an das die Kopf- und Fußplatte angeschweißt werden. Das Rohr wird nachträglich über eine Bohrung in der Fußplatte mit Bauschaum ausgefüllt. Auch hier gilt für die Durchdringung der Abdichtungslage das Prinzip „Los- und Festflansch". Um die Verdübelung der Fußplatte unbehindert mit dem erforderlichen Werkzeug zu erstellen, ist der Dübelabstand auf die Größe des Festflansches abzustimmen, bzw. dieser für eine einwandfreie Ausführung zu optimieren.

Im Prinzip sind auch für diese „einfachen" H-Anker die bauphysikalischen und Tragfähigkeitsnachweise wie in den vorangegangenen Beispielen zu erbringen.

Die Tab. 7.1 stellt die Rechenergebnisse der oben dargestellten H-Anker für ein Warmdach und ein Umkehrdach in unterschiedlichen Ausführungen gegenüber, linke Spalte: schwarzer Stahl ($\lambda = 50$ W/mK), rechte Spalte: korrosionsbeständiger Stahl ($\lambda = 15$ W/mK). Der mit einem 3D-FEM-Programm (Psi-Therm[5)]) berechnete Gesamtwärmestrom für die betrachtete Fläche von 4,0 m^2 ergibt sich für die schwarze Version von Abb. 7.5 zu $Q_{rechn} = 25{,}5141$ W. Zieht man hiervon den ungestörten Wärmestrom ($Q_{ungest} = 22{,}0$ W) ab, und dividiert die so erhaltene Differenz durch den Temperaturunterschied von Innen nach Außen (25 K), so erhält man den punktbezogenen χ-Wert ($\chi = 0{,}1406$ W/K) eines Ankers. Bei einem H-Anker pro Fahrbahnplatte ($A_R = 3{,}50^2 = 12{,}25\ m^2$) müsste der Wärmedurchgangskoeffizient, U, dieser Fläche um 5,22 % erhöht werden. Das entspricht etwa einer zusätzlichen Dämmstoffdicke von 1,0 cm (0,125 m^3 CG). Wird der gleiche Anker korrosionsbeständig (rechte Spalte Va) ausgeführt, liegt χ bei 0,0451 W/K, und die erforderliche Erhöhung des Wärmedurchgangskoeffizienten bei 1,67 % < 3,0 %. Nach DIN EN ISO 6946 [114] kann der Einfluss dieses H-Ankers damit vernachlässigt werden.

Zum Vergleich, aus WDVS-Zulassung

Thermisch getrennter WDVS-Dübel: $\chi = 0{,}001$ *W/K*

Dämmung: $\lambda = 0{,}032$ *W/mK, 150 < d < 200 mm*

Ab 6 Dübel/m² Erhöhung der Wärmeleitfähigkeit erforderlich

Jede Ankersituation bedarf einer eigenen Überprüfung, aus der Tab. 7.1 lässt sich ableiten, dass mit einer korrosionsbeständigen Ausführung ggf. Dämmmaterial eingespart werden kann.

Mit dem Temperaturfaktor $f_{Rsi} = \dfrac{\theta_{si} - \theta_e}{\theta_i - \theta_e} \geq 0{,}7$ wird die Tauwasserfreiheit an der Deckenoberfläche, wie auch in Abb. 7.7 und 7.9 bestätigt.

7.1.4 Absturzsicherung

Wie vom Himmel gefallen, lag plötzlich am 27. Juni 2018 ein Auto über Kopf auf der Borstelreihe, hinter dem Parkhaus des EKZ Hamburger Meile. Der Fahrer hatte wahrscheinlich Gas und Bremse verwechselt, und war durch die schweren Betonlamellen der Fassade gebrochen und aus ca. 15 m Höhe auf die Straße gestürzt. Die 12 cm dicken Fassadenelemente waren für eine Anpralllast von 1,0 t (10 kN) ausgelegt, und wiesen zum Unfallzeitpunkt erhebliche Korrosionsschäden auf. Zum Zeitpunkt der Planung, 1969, war von durchschnittlichen Fahrzeuggewichten von ca. 1,10 t und Motorisierungen von 40 bis 100 PS auszugehen. Bis heute haben sich die Fahrzeugabmessungen, Leergewichte und Motorisierung deutlich gesteigert, siehe auch [19]. Es kommen vermehrt SUVs, Automatik- und E-Fahrzeuge mit schweren Batterien und deutlich mehr als 100 PS zum Einsatz. Bei dem oben geschilderten Ereignis handelt es sich nicht um einen tragischen Einzelfall. Eine Internetrecherche hat ergeben, dass man in Deutschland mit jährlich 1 bis 3 vergleichbaren Vorfällen rechnen muss.

Anders, als in Abb. 7.12 dargestellt, verlaufen derartige Unfälle meistens nicht ohne Personenschäden.

Abb. 7.12 Fassadengestaltung Verlags- bzw. Pressegebäude CTV – Toronto

In einem solchen Fall muss man als verantwortlicher Planer damit rechnen, dass die Staatsanwaltschaft die Statik der Rückhaltesysteme sehr genau prüft. Die Annahme, „wird schon nichts passieren“, bildet keine rechtssichere Grundlage für die Nachweise und Ausführung einer Absturzsicherung, und kann für die Beteiligten zu erheblichen Konsequenzen führen.

7.1.5 Horizontalkräfte aus Anprall

Grundsätzlich ist der Eigentümer bzw. Betreiber eines Parkdaches für einen sicheren Betrieb der Anlage verantwortlich, einschließlich der Sicherheit gegen Absturz. Als Bauherr muss er davon ausgehen, dass der beauftragte Architekt oder Objektplaner die augenblicklich gültigen Vorschriften für absturzsichernde Umfassungsbauteile bei der Planung und Ausführung berücksichtigt. Die erforderliche Höhe der Brüstungen oder Geländer wird in der Bauordnung, hier z. B. HBauO [7] mit zugehörigem Bauprüfdienst, BPD 3/2013, wie folgt geregelt (Tab. 7.2).

Der Tragfähigkeitsnachweis der absturzsichernden Umfassungsbauteile liegt dann üblicherweise im Verantwortungsbereich des Gebäudestatikers. In speziellen Ausführungssituationen oder im Rahmen von Instandsetzungen oder Modernisierungen bestehender Parkdächer können diese Nachweise auch in den Aufgabenbereich des ausführenden Unternehmens übertragen werden. Dies ist der Grund dafür, dass das Thema Absturzsicherung in diesem Buch behandelt wird.

Im Nationalen Anhang der DIN EN 1991-1-1/NA [18], Tabelle 6.12DE, wird die horizontale Nutzlast aus Personenverkehr in OK. Brüstung oder Geländer mit $q_k = \pm 0{,}5$ kN/m angegeben. Ein Fahrzeuganprall wird dort aufgrund konstruktiver Maßnahmen ausgeschlossen. Weiter werden in oben genannter Tabelle auch die charakteristischen, horizontalen Nutzlasten auf Zwischenwände und Absturzsicherungen anderer Lastkategorien, wie z. B. Gabelstaplernutzung und Hubschrauberlandemöglichkeit, aufgeführt.

Für Deutschland sind die äquivalenten Anprallkräfte aus Kraftfahrzeugen in der DIN EN 1991-1-7/NA [115] ausführlich geregelt. Absturzsichernde Bauteile von Pkw-genutzten Parkflächen sind im außergewöhnlichen Lastfall für eine Einzelkraft von $F_a = 40$ kN in 50 cm Höhe über OK. Fahrbahn zu bemessen. Die Kraft ist auf eine Anprallfläche von maximal b × h = 0,5 m × 0,2 m zu verteilen. Weitere

Tab. 7.2 Erforderliche Brüstungshöhen nach HBauO

Mindesthöhen h von Umwehrungen und Brüstungen		
Absturzhöhe	Umwehrung	
	< 15 cm	≥ 15 cm
1 m < h ≤ 12 m	0,90 m	0,80 m
h > 12 m	1,10 m	0,90 m

Anprallkräfte für unterschiedliche Fahrzeuge und Situationen werden ebenfalls in der DIN EN 1991-1-7/NA, Tabelle NA.2 aufgeführt.

Im Anhang B der DIN EN 1991-1-1, der im Deutschen Anhang dieser Norm nicht enthalten ist, wird für den Fahrzeuganprall auf Absturzsicherungen und Schutzplanken von Parkhäusern folgende Formel für die charakteristische Horizontallast F angegeben:

$$F = \frac{0{,}5mv^2}{\delta_c + \delta_b}$$

Erläuterungen siehe Abb. 7.13.

Die Anpralllast ist auf eine Länge von 1,50 m an der ungünstigsten Stelle der Absturzsicherung zu beziehen. Sie ist in Höhe der Stoßstange, die 375 mm über dem Boden anzunehmen ist, anzusetzen. An Zufahrtsrampen sind nur 50 % der Last, allerdings in 610 mm Höhe zu berücksichtigen.

Obige Formel wird durch den nationalen Anhang nicht berücksichtigt, ist somit in Deutschland nicht anzuwenden, und zeigt in der grafischen Auswertung deutlich den Einfluss vom Fahrzeuggewicht und der Geschwindigkeit. Die Summe der Deformationen (δ_c + δ_b) wurde in linearer Abhängigkeit zur Geschwindigkeit

Abb. 7.13 Pkw – Anprallkräfte nach DIN EN 1991-1-1 auf Absturzsicherungen

Anpralllasten auf Absturzsicherungen in Parkhäusern nach DIN EN 1991-1-1: 2010, Anhang B in kN

v km/h	v m/s	m_1 [t] 1,5	m_2 [t] 2,0	m_3 [t] 2,5	m_4 [t] 3,0
5	1,39	14,47	19,29	24,11	28,94
10	2,78	28,94	38,58	48,23	57,87
15	4,17	43,40	57,87	72,34	86,81
20	5,56	57,87	77,16	96,45	115,74
25	6,94	72,34	96,45	120,56	144,68
30	8,33	86,81	115,74	144,68	173,61

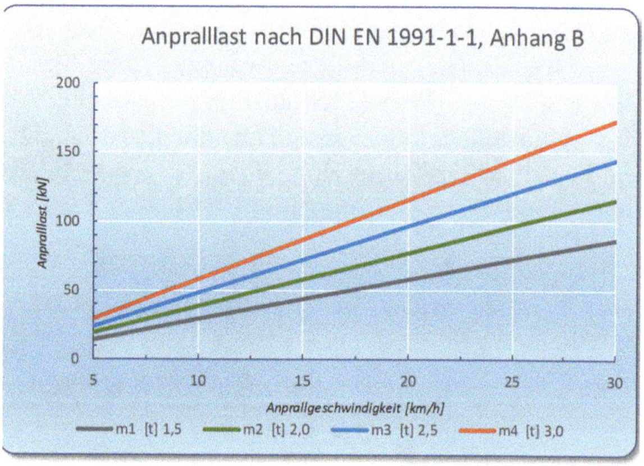

m = Fahrzeugmasse in t

δ_c = Verformung des Fahrzeugs 10 * v [mm]

δ_b = Verformung der Absturzsicherung 10 * v [mm]

Die Anpralllast darf auf eine Länge von 1,50 m verteilt werden

Berücksichtigung als außergewöhnlicher Lastfall

angenommen, was in jedem Einzelfall zu überprüfen wäre. Im vorliegenden Beispiel würde ein Fahrzeug mit einem Gesamtgewicht von 3,0 t (30 kN) bei einer Geschwindigkeit von 10 km/h (2,78 m/s) zu einer Gesamtverformung von 200 mm und einer Anpralllast von ca. 58 kN auf eine Länge von 1,50 m führen. Vergleicht man diesen Wert mit dem außergewöhnlichen Lastansatz von F_a = 40 kN des Deutschen Normenanhangs [115], so muss man erkennen, dass in Deutschland eine relativ geringe Anpralllast zulässig ist. Ein Spielraum für abweichende Sicherheitsbetrachtungen liegt nicht vor. Auf jeden Fall sollte eine Geschwindigkeitsbegrenzung auf 10 km/h durch eine entsprechende Beschilderung vorgenommen werden.

Bei der Erneuerung von bestehenden Parkbauten sind auch die Absturzsicherungen und Schutzeinrichtungen zu überprüfen und ggf. zu ertüchtigen. Die ursprünglichen Lastansätze nach der alten DIN 1055 – Teil 3, Abs. 7.4 von 1971 genügen den heutigen Anforderungen nicht mehr. Der Ansatz einer horizontalen Streckenlast von 0,2 Mp/m (2,0 kN/m) in 0,50 m Höhe ist mit obigen Werten nicht vergleichbar. Zusätzlich sollte eine Bordschwelle mit einer Höhe von mindestens 20 cm den Anprall verhindern (siehe Abb. 5.30, 5.31 und 5.32). Es ist zu klären, ob die Inanspruchnahme von Bestandsschutz noch sinnvoll ist. Eventuell wurden damals auch bauherren- oder behördenseitig schärfere Vorgaben gemacht, dies ist im Einzelfall zu prüfen.

Gleiches gilt für Schutzeinrichtungen, die auf Basis der Ersatzlasten eines Seitenstoßes nach Abschn. 5.3 und 5.4 der DIN 1072 [21] bemessen wurden. Auf Schrammborde war die Last aus Seitenstoß 5 cm unter der Oberkante des Bordsteins anzusetzen.

7.1.6 Ausführungsbeispiele

Die Art der Absturzsicherung hat erheblichen Einfluss auf den Gebäudeentwurf bzw. die Fassadenansichten. Der Architekt hat zu entscheiden, ob der obere Gebäudeabschluss als Geländer sichtbar sein soll, oder ob die Fassade mit der Wandoberkante in der Attika einen schmalen Abschluss bilden soll. Es bieten sich diverse gestalterische Möglichkeiten an. Die Fassade kann teilweise unterbrochen werden, es kann ein durchgehendes Gesims, z. B. aus Fertigteilen (Abb. 7.2) angeordnet werden, oder sogar das erforderliche Gefälle in den Dachabschluss mit aufgenommen werden. Dies hängt im Wesentlichen davon ab, ob sich das Parkdach auf einem reinen Zweckbau befindet, oder Teil eines architektonisch anspruchsvoll gestalteten, repräsentativen Bauwerks ist. Brüstung und aufgesetztes Geländer können kombiniert werden. Unabhängig von der Gestaltung des Dachrandes, müssen die bauaufsichtlichen Anforderungen erfüllt werden.

Im Vordergrund steht die oben ausführlich beschriebene Absturzsicherung, Geländerhöhe und Tragfähigkeit. Die Dachdeckerforderung, „die Abdichtung bis zur Außenkante des Gebäudes zu führen“, auch im Bereich von Fugen, ist ebenso zu beachten. Die Attika stellt als Wärmebrücke eine außenliegende Gebäudeecke, mit meistens einem positiven Ψ-Wert (längenbezogener Wärmedurchgangskoeffizient) dar. Um bei der Berechnung des Energiebedarfs dem pauschalen Zuschlag von

$\Delta U_{WB} = 0{,}05\ W/(m^2K)$ zu genügen [9, 30, 103], sollte die Dachrandausbildung mit den Bildern 319 bis 338 des Beiblattes 2 zur DIN 4108 [10, 114] übereinstimmen oder vergleichbar sein.

Die sicherste und einfachste Konstruktion einer absturzsicheren Attikaausbildung besteht darin, die Außenwand bis zur bauaufsichtlich geforderten Brüstungshöhe hochzuführen und oberseitig mit einem Attikaprofil abzuschließen. Die tragende Decke bindet in die Außenwand ein. Die Attika wird für die horizontale Anpralllast von 40 kN in 50 cm über der Fahrbahnoberseite bemessen. Die Last kann auf eine Fläche von b × h = 0,5 m × 0,2 m verteilt werden. Die Anpralllast wirkt im außergewöhnlichen Lastfall. Weiter ist in Oberkante Brüstung der Holmdruck von $q_k = \pm\ 0{,}50$ kN/m anzusetzen.

Bei dieser Ausführungsart ist die ausführende Firma des Parkdachbelags nur indirekt mit einbezogen. Der fertige Rohbau ist komplett für die Absturzsicherung geplant und erstellt. Lediglich zum Schutz der innenliegenden Fassade der Brüstung können auf die Fahrbahnplatten Bordsteinfertigteile als Radabweiser geklebt oder gedübelt werden (siehe Abb. 2.10). Diesen Bordsteinen ist keine tragende Funktion zugeordnet, sie bilden nur eine optische Barriere. Um als nicht überfahrbar zu gelten, sollten sie ca. 15 cm hoch sein [115], Tabelle NA.2, Fußnote a.

Wie oben bereits erwähnt, wird für derartige geometrische Wärmebrücken im Rahmen der Berechnung des Heizenergiebedarfs nach GEG [30, 103] gefordert, dass sie den Vorgaben des Beiblattes 2 zur DIN 4108 genügen. Abb. 7.14 ist mit dem Referenzwert für außengedämmte Flachdächer, Abschn. 7.20.2 des Beiblattes, Ausführungsart Nr. 325 zu vergleichen. Das Detail wird in die Kategorie A eingeordnet und hat einen Referenzwert von $\Psi_{ref} \leq 0{,}18$ W/(mK). Zunächst fällt auf, dass die vorhandene Brüstung deutlich höher als die Begrenzung auf ≤ 40 cm ist. Die Brüstung wirkt wie eine Kühlrippe und erfordert deshalb eine stärkere Dämmung als im Detail Nr. 325 mit d = 50 mm vorgegeben. Im Hinblick auf eine wirksame Dämpfung des Fahrzeuganpralls wurde eine 10 cm starke Dämmung auf der Innenseite der Brüstung gewählt. Das Referenzdetail sieht für das Dach eine mindestens 14 cm starke Dämmung mit einer Wärmeleitfähigkeit von $\lambda = 0{,}035$ W/(mK) vor. Für das Parkdach muss ein festerer Dämmstoff, z. B. Schaumglas mit einer Wärmeleitfähigkeit von $\lambda = 0{,}045$ W/(mK) gewählt werden. Um annähernd den gleichen Wärmedurchgangskoeffizienten wie im Referenzdetail zu erreichen, wird das Schaumglas in einer Dicke von 22 cm eingebaut. Damit ist U2 = 0,189 W/(m^2K) < 0,236 W/(m^2K). Auch für die Wand ergibt sich mit der 16 cm starken Mineralfaserdämmung ($\lambda = 0{,}035$ W/(mK)) ein besserer Wärmedurchgangskoeffizient U1 = 0,206 W/(m^2K) < 0,212 W/(m^2K) als für das Referenzdetail nach BBl. 2. Erwartungsgemäß fällt der längenbezogene Wärmedurchgangskoeffizient mit $\Psi = 0{,}138$ W/(mK) < 0,18 W/(mK) geringer als für das Referenzdetail Nr. 325 aus. Mit einer geringen Korrektur des äußeren Wärmeübergangswiderstandes kann die kritische Oberflächentemperatur zu $\Theta_{si} = 16{,}461$ °C berechnet werden. Für den Temperaturfaktor ergibt sich dann ein Wert von $f_{Rsi} = 0{,}858 > 0{,}7$, womit die Schimmelfreiheit für die Innenecke bestätigt wird (Abb. 7.15).

Die Ausführung der Absturzsicherung nach Abb. 7.16 fällt in den Arbeitsbereich der ausführenden Firma des Parkdaches. Der Gesimsquerschnitt ähnelt der

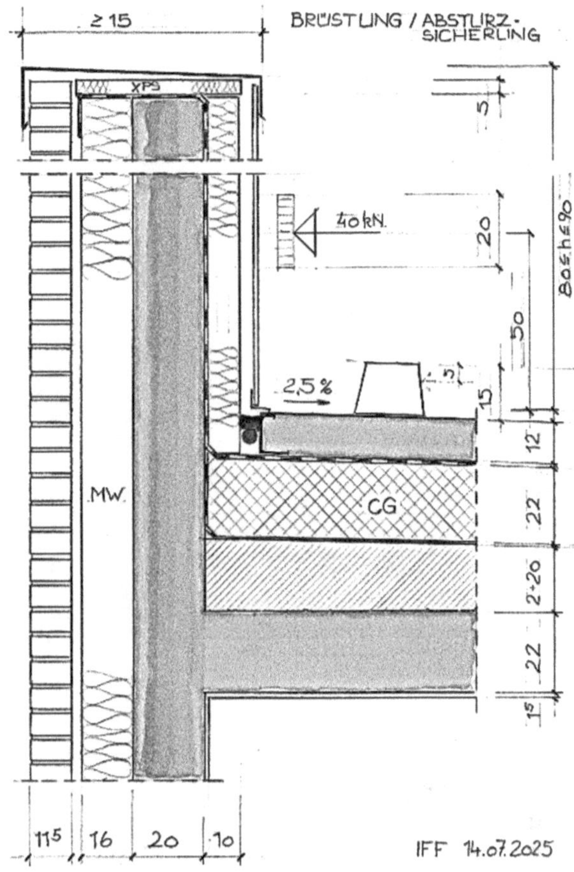

Abb. 7.14 Attika als Absturzsicherung

Ausbildung von Brückenkappen [70, 116, 117]. Die Kappe erhält ein oberseitiges Gefälle von 4 % nach Innen. Die Oberkante des Bordsteins liegt mindestens 15 cm über der Fahrbahnoberfläche.

In Längsrichtung erhält die Kappe eine rissweitenbegrenzende Bewehrung, z. B. außen ∅ 10, a = 6,5 cm. Da die Kappenoberfläche planmäßig nicht befahren wird, ist eine rissüberbrückende Beschichtung nach DIN EN 1992-1-1 [25], Tab. 4.1, Fußnote „b" nicht erforderlich. Anders verhält es sich, wenn die Kappen mit den Fahrbahnplatten verbunden werden. In diesem besonderen Fall sind dann die Fahrbahnplatten Teil des Tragwerks bzw. der Absturzsicherung und müssen dann nach EC 2 eine Beschichtung erhalten.

Auch bei dieser Ausführung wirkt die horizontale Pkw-Anpralllast von 40 kN in 50 cm über der Fahrbahnoberkante. Sie wird von einer verformbaren Distanzschutzplanke in die Kappe eingetragen. Die Kappe verhält sich wie eine liegende Scheibe. Wird sie über mehrere Telleranker mit der tragenden Decke verbunden, so sollte bevorzugt ein dem Abb. 7.11 ähnelndes Anker-System eingesetzt werden.

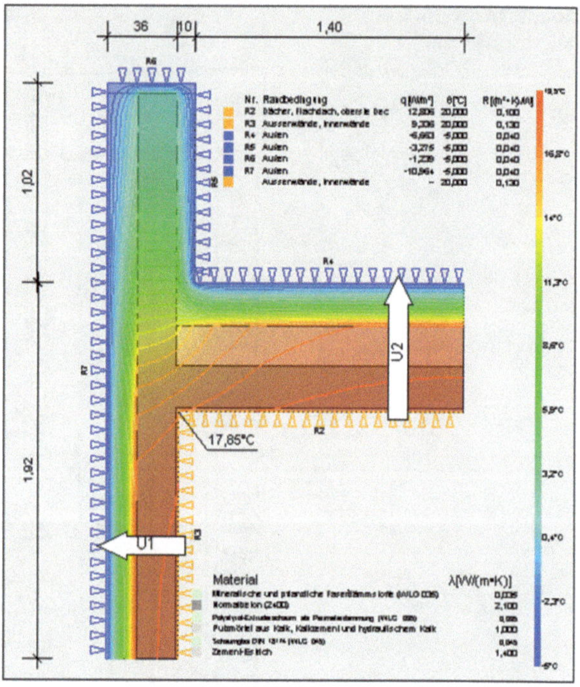

Abb. 7.15 Berechnung der Attika als Wärmebrücke zum Vergleich, Ψ = 0,138 W/(mK) < 0,18

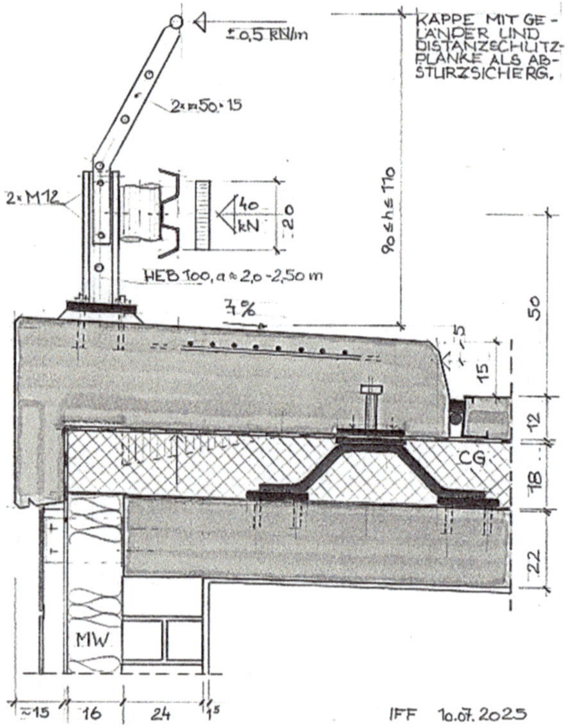

Abb. 7.16 Absturzsicherung mit Geländer und Distanzschutzplanke auf Kappe

Um auch bei dieser Ausführung sicher zu gehen, dass bei der Berechnung des Energiebedarfs der Wärmebrückenzuschlag von $\Delta U_{WB} = 0{,}05\ W/(m^2K)$ zulässig ist, sollte die Dachrandausbildung mit der Ausführungsart Nr. 326 nach Beiblatt 2 zur DIN 4108 verglichen werden. Durch die dort vorhandene thermische Trennung der Attika ist diese Ausführung am ehesten mit der durchgehenden Dachdämmung nach Abb. 7.16 vergleichbar (Abb. 7.17).

Die bis zur Vorderkante durchgehende Dämmung des Parkdaches (CG, $\lambda = 0{,}045$ W/(mK), d = 18 cm) wirkt sich günstig auf den längenbezogenen Wärmedurchgangskoeffizienten aus.

$$\text{Wand}: U1 = 0{,}196\,W/\left(m^2K\right),$$

$$\text{Dach}: U2 = 0{,}234\,W/\left(m^2K\right),$$

$$\Psi_{\text{Abb 8.16}} = -0{,}062\,W/\left(mK\right) \approx \Psi_{\text{Nr. 326}} = 0{,}05\,W/\left(mK\right).$$

Bei der Energiebedarfsberechnung werden die Gebäudeflächen grundsätzlich auf die Außenkanten des zu untersuchenden Bauwerks bezogen. Deshalb beziehen sich die Wirkungslängen der anschließenden Wärmedurchgangskoeffzienten, hier U1 und U2, auch jeweils auf die Außenflächen.

Bei den Vergleichswerten nach dem Beiblatt 2 zur DIN 4108 wurden zur Vereinfachung die Abdichtung und der Einfluss von Mauerwerks- und Fassadenankern vernachlässigt. Die Verankerung des Bordsteins sollte, wie schon im Abschn. 7.1.3

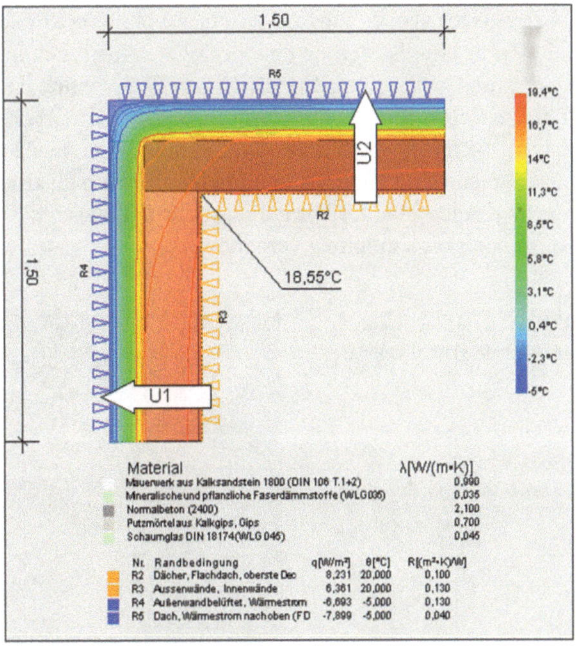

Abb. 7.17 Isothermen, Temperaturverlauf, Ψ – Wertberechnung zu Abb. 7.16

erwähnt, aus korrosionsbeständigem Stahl erfolgen, um zum einen eventuell einen vernachlässigbaren χ-Wert zu erhalten. Zum anderen wird damit die Anforderung der Dauerhaftigkeit des H-Ankers nach EC 2 erfüllt.

Auf die Darstellung von Absturzsicherungen schwer befahrener Verkehrsflächen wird im Rahmen dieses Buches verzichtet, da der Ansatz einer äquivalenten Anprallkraft von $F_{dx,y} = 100$ kN nach Tabelle NA.2, Zeile 5 der DIN EN 1991-1-7/NA [115] zu deutlich massiveren Rückhaltesystemen, unterschiedlicher Bauweise führt. Für die erforderlichen Nachweise wird empfohlen, sich an obigen Beispielen und den Richtzeichnungen für den Ingenieurbau [116] zu orientieren. Meistens ist die Planung derartiger Schutzeinrichtungen Bestandteil der Gebäudeplanung und fällt dann in den Aufgabenbereich des Tragwerksplaners für das gesamte Bauwerk.

7.2 Fugen in der Ortbetonnutzschicht

Es sind zum einen Belagsfugen und zum anderen Gebäudefugen, die in die Konstruktion des wärmegedämmten Parkdaches zu übernehmen sind (siehe Abschn. 3.2), zu unterscheiden.

7.2.1 Fugenraster/Zwangsbeanspruchungen

Abb. 7.18 zeigt wild entsorgte Zementschlempe aus der Reinigung eines Betonmischers. Die Zementschlempe, die verfahrensbedingt einen extrem hohen Wasserzementwert aufwies, ist im Laufe der Zeit ungleichmäßig ausgetrocknet. An der Oberseite hat dieser Prozess zu einer Volumenreduzierung geführt, an der Unterseite erfährt die Schlempe eine geringere Austrocknung und ist zusätzlich mit dem Untergrund verbunden. Die über den Querschnitt ungleichmäßige Austrocknung führt zu Schwindrissen und zum Schüsseln der Bruchstücke. Dieser Vorgang wird durch witterungsbedingte Temperaturunterschiede verstärkt. Ähnliche Beobachtungen sind auch bei den bindigen Böden austrocknender Flüsse und Seen zu machen. Auch eine Ortbetonnutz- oder Schutzschicht auf einem Parkdach hat das Bestreben sich ähnlich zu verhalten.

Abb. 7.18 Abgetrocknete Zementschlempe

Inzwischen wurden Maßnahmen entwickelt, die einer wilden Rissbildung der Ortbetonfahrbahnplatten entgegenwirken sollen. Angefangen mit der Betonrezeptur, dem Betonierzeitpunkt und einer effektiven Nachbehandlung der Fläche [83]. Weiter wird der Verbund der Betonschicht zum Untergrund durch eine wirksame Trenn- und Gleitschicht möglichst verhindert (siehe Abschn. 3.5). Seit Beginn des Baus wärmegedämmter Park- und Terrassendächer wurde die Ortbetonnutzschicht nicht nur aus optischen Gründen durch Fugen in Einzelfelder aufgeteilt.

Belagsfugen sind vorweggenommene Risse. Während bei Asphaltoberbelägen und gepflasterten Nutzflächen Belagsfugen nicht auftreten bzw. nicht von Bedeutung sind, wurde noch in den alten Flachdachrichtlinien von 1991 [28] ein Fugenraster von 2,50 × 2,50 m^2 für Betonnutzflächen empfohlen (siehe Abschn. 3.6.2).

Die Aufteilung der Betonfahrbahnplatte durch Fugen in möglichst quadratische Felder, sowie die Anordnung von Randfugen und der Einbau einer Trenn- und Gleitschicht ist heute Stand der Technik. In einer Vielzahl von Literaturquellen werden die unterschiedlichsten Rastermaße vorgeschlagen. Lohmeyer [24] empfiehlt für quadratische Fahrbahnplatten im Freien einen Fugenabstand von $L \leq 30$ h. Bei rechteckigen Platten sollte das Seitenverhältnis $L/b < 1{,}25$ nicht überschreiten. Eisenmann und Leykauf [36] berechnen die „kritische Länge", bei der eine temperaturbedingte Aufwölbung der quadratischen Platte mit elastischer Lagerung an den Ecken, durch einen mittigen Bodenkontakt zu einer gestörten Wölbspannung von ca. $\sigma'_w = 0{,}0196 \times h$ [N/mm^2] führt, zu $l_{krit} \approx 37 \times h$. Aufgrund durchgeführter Untersuchungen wird empfohlen, die Plattenlänge auf das 25- bis ausnahmsweise 30-fache der Plattendicke zu begrenzen. Mit diesen Angaben sind in der praktischen Umsetzung bisher gute Erfahrungen gemacht worden. Es muss allerdings berücksichtigt werden, dass diese Untersuchungen sich auf ungedämmte Straßenaufbauten (Autobahnen) mit Plattendicken von h = 160 mm bis 280 mm beziehen. Folgt man diesen Überlegungen, ergibt sich für dickere Platten eine höhere Wölbspannung. Dem entgegen wirkt, dass dickere Fahrbahnplatten einen geringeren Temperaturgradienten aufweisen sollen. Obige Berechnungen gehen von einem maximalen Temperaturgradienten von $\Delta t = -0{,}09$ K/mm (oben wärmer ⇒ Wölben) aus. Dieser wirkt nur für wenige Stunden bzw. Tage im Jahr. Der entgegengesetzte Wert, unten wärmer (⇒ Schüsseln) liegt hiernach bei $\Delta t = 0{,}06$ K/mm. Aufgrund der zeitlich deutlich eingeschränkten Zwangsbeanspruchungen erscheint nach meiner Auffassung auch ein reduzierter Kombinationsbeiwert von $\Psi_0 = 0{,}4 < 0{,}6$ gerechtfertigt zu sein.

Das Fugenraster leitet sich u. a. auch aus der zu erwartenden Längenänderung infolge Temperaturänderungen und dem Arbeitsvermögen des Verfugungsmaterials ab. In [33] wird für ein bekiestes Flachdach unter Sonneneinstrahlung in der Mittagszeit eine Oberflächentemperatur von +50 °C angegeben. Gegenüber der Fertigungstemperatur von ca. +10 °C ergibt sich hieraus eine Temperaturdifferenz von ca. 40 K. Bei einer Fugenweite von min $F_w = 8{,}0$ mm und einer zulässigen Verformung des Dichtstoffes bzw. des Fugenprofils von 25 % [118] ergibt sich damit für Betonplatten eine maximale Länge von

$$\delta_l = \alpha_T \times \delta_T \times L; \delta_l = 0,25 \times F_w$$

$$\Rightarrow L \leq \delta_l / \alpha_T \times \delta_T$$

$$\Rightarrow L \leq 0,25 \times 8 / \left(1,2 \times 10^{-5} \times 40\right)$$

$$\Rightarrow L \leq 4.166,7\ mm \approx 4,15\ m.$$

Bei größeren Plattenlängen ist die Fugenweite entsprechend zu vergrößern. Da im Bereich der Fugendichtung bzw. des Fugenprofils in den meisten Fällen eine größere Fugenweite, und damit auch Breite des Abdichtungsmaterials vorhanden ist, ist diese Betrachtungsweise ähnlich unbedeutend, wie die Beanspruchung der Platte durch gleichmäßig verteilte Druck- oder Zugspannungen in Folge des Reibungswiderstands bei linearer Temperaturänderung.

Da die Fugen einen erheblichen Anteil an den Herstellkosten haben und insbesondere die Fugenflanken und -abdichtungen einen großen Schadensanteil darstellen (siehe Abb. 7.19), ist es das Bestreben der ausführenden Firmen, den Fugenanteil durch Vergrößerung des Fugenrasters zu reduzieren (siehe Abb. 6.1) oder ganz auf Fugen zu verzichten. Letzteres ist meines Wissens bislang nicht erfolgreich gewesen. Wird die Druckverteilungsplatte durch eine Asphaltschicht überdeckt, sind größere Fugenabstände machbar.

Maßgebend für die Abschätzung eines vertretbaren Fugenrasters sind die Zwangsspannungen aus „Schüsseln" und „Wölben" und die damit verbundenen Verformungen und Dämmstoffpressungen. Diese Werte resultieren aus ungleichmäßiger Temperaturänderung sowie unterschiedlicher Feuchtigkeitsgehalte und ungleichmäßiger Schwindvorgänge über den Plattenquerschnitt. In [36] werden Formeln für die kritische Länge aus Aufwölben infolge eines Temperaturgradienten von Δt = – 0,09 K/mm für eine Kreisplatte in Abhängigkeit von Plattendicke h

ABB. 7.19 SCHADHAFTES UND SCHLECHT AUSGEFÜHRTES FUGENKREUZ

entwickelt. Hiervon wird die kritische Länge für ein in den Kreis einbeschriebenes Quadrat abgeleitet:

$$\Rightarrow l_{krit} = 37 \times h\left[mm\right]$$

Da bei der Ermittlung obiger kritischer Länge l_{krit} von einer schneidenförmigen Auflagerung ausgegangen wurde, tatsächlich aber an den Enden, bzw. den Plattenecken eine elastische Auflagerung vorliegt, wird die tatsächlich vorhandene kritische Plattenlänge L_{krit} um jeweils 2/3 der Auflagerlänge vergrößert. Die Auflagerlänge wird für einen Stab mit einer Länge von $l = 30 \times h$ [mm] und einem Bettungsmodul von C = 0,15 N/mm³ [150 MN/m³] zu á = 600 mm berechnet. Somit ergibt sich für eine quadratische Platte die tatsächliche kritische Plattenlänge zu

$$L_{krit} = l_{krit} + \frac{2}{3} \times a' = 37 \times h + 400\left[mm\right].$$

In der vorgenannten Quelle wird empfohlen, die reduzierte Wölbspannung für die um 10 % verkürzte kritische Plattenlänge 0,9 × L_{krit} nach folgender Formel zu berechnen.

$$\sigma'_w = 14{,}8 \times \frac{\left(L_{krit} - 400\right)^2}{h} \times 10^{-6} \left[\frac{N}{mm^2}\right]$$

Für eine 12 cm dicke Fahrbahnplatte ergäbe dies eine Seitenlänge von

$$L = 0{,}9 \times \left(37 \times 120 + 400\right) = 4.356 \ mm \approx 4{,}30m.$$

Es wäre mit einer reduzierten Wölbspannung von $\sigma'_w = 14{,}8 \times \frac{\left(4356 - 400\right)^2}{120} \times 10^{-6} = 1{,}93 N / mm^{\dagger}$ zu rechnen.

Weiter wird darauf hingewiesen, dass bei Fahrbahnplatten auf Wärmedämmung der Temperaturgradient auch in Abhängigkeit von der Plattendicke geringer ausfallen kann. Dies wird durch Messungen von Achtziger [34] bestätigt. Bei einer 10 bzw. 8 cm dicken Betonplatte auf PS 30 (EPS) wird ein Temperaturunterschied von 2 K zwischen Ober- und Unterseite festgestellt (⇒ $\Delta t \approx 0{,}2$ K/cm). Dieser Temperaturunterschied wird durch betontechnologische Einflüsse überlagert. Mit dem FEM- Programm 4H-ALFA[4)] werden die Verformungen und Zwangsspannungen für verschiedene Plattendicken und Plattenabmessungen mit einem ungünstigen Temperaturgradienten von $\Delta t = -0{,}9$ K/cm (Wölben, Abb. 7.20 und 7.21) und $\Delta t = 0{,}6$ K/cm (Schüsseln) berechnet. Der Verformungsberechnung wird der charakteristische Lastfall ($\gamma_G = \gamma_T = 1{,}0$) zu Grunde gelegt. Für die Schnittgrößenberechnung werden reduzierte Teilsicherheitsbeiwerte ($\gamma_G = 1{,}2$, $\gamma_T = 1{,}0$) angesetzt. Für alle Plattenabmessungen wird pauschal eine Kurzzeitbettung von $C_{max} = 40$ MN/m³ angenommen. Das entspricht etwa einer EPS-Dämmstoffdicke von d ≈ 20 cm (siehe Abb. 5.8).

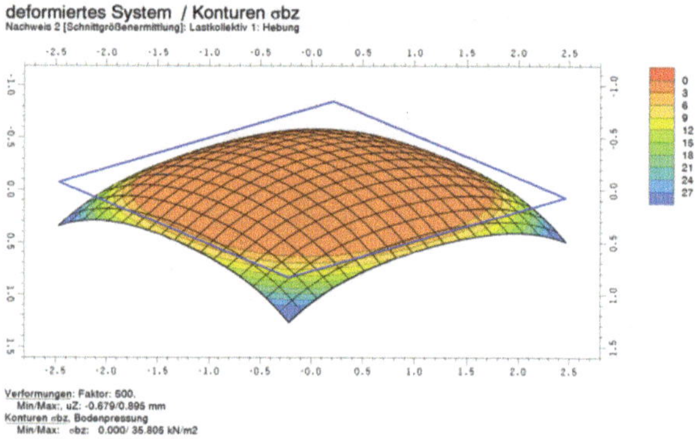

Abb. 7.20 Platte 3,50 × 3,50 m, d = 12 cm: Aufwölben bei ΔT = – 10,8 K, C = 40 MN/m³

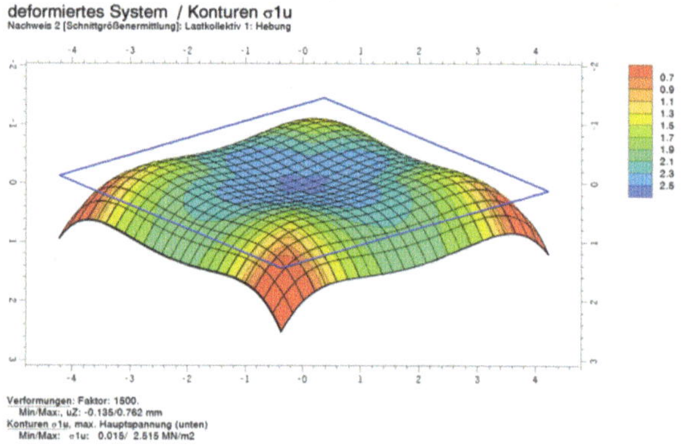

Abb. 7.21 Platte 6,0 × 6,0 m, d = 12 cm, ΔT = – 10,8 K, mittiger Bodenkontakt

Der in Folge Temperaturunterschied aufgezwungenen Verformung wirkt das Platteneigengewicht mit 25 kN/m^3 entgegen und führt zu den Zwangsspannungen. In [36] wird die „kritische Länge" so definiert, dass die Plattenmitte wieder auf dem Boden aufliegt (Abb. 7.21). Nach der Finiten Element Methode ergeben sich für diese Situation deutlich größere Längen, z. B. $d = 12\ cm \Rightarrow L_{krit,}$ [36] $\approx 4{,}8\ m < 5{,}8\ m$ (siehe Abb. 7.22). Auch die nach obigen Formeln berechneten Betonzugspannungen für $L = 0{,}9 \times L_{krit}$ liegen geringfügig über vergleichbaren FEM-Ergebnissen.

Abb. 7.22 und 7.23 zeigen, dass bei entsprechend großem Fugenraster die aufnehmbaren Biegezugspannungen und Eckpressungen durch temperaturbedingtes Plattenwölben erreicht werden kann. Bei der als „kritische Länge" bezeichneten Plattenabmessung handelt es sich lediglich um eine theoretische bzw. mathematische Betrachtung, die in der vorliegenden Thematik keinen nennenswerten Einfluss auf das bevorzugte Plattenraster hat. Entsprechend [24] sollte das sich bisher bewährte Fugenraster von 25 × h bis 30 × h gewählt werden. Das entspricht in etwa der 0,5-fachen bis 0,7-fachen kritischen Länge und führt dann zu ca. 30 % bis 60 % der maximalen Wölbspannung. Allerdings liegt die zugehörige Eckpressung dann schon in der Nähe des Maximums.

Da aber die Eingangsparameter von einer Vielzahl vereinfachender Annahmen abhängen, und die Betonzugfestigkeit erheblichen Schwankungen unterworfen ist,

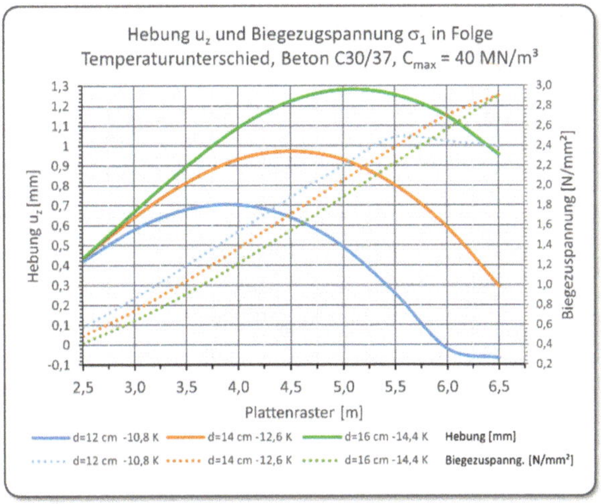

Abb. 7.22 Verformung und Biegezuspannung in Abhängigkeit vom Plattenraster, LF. Wölben

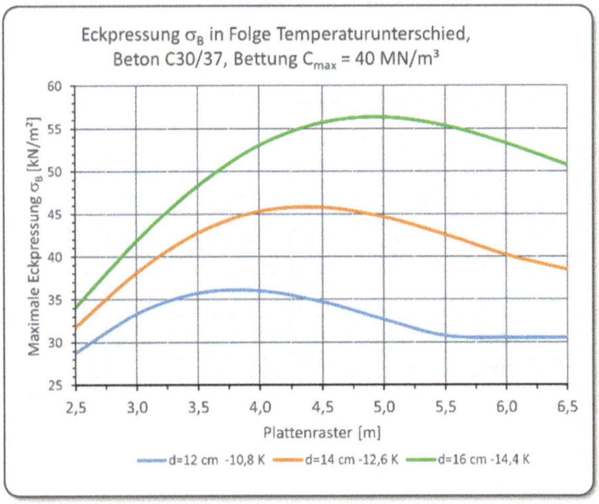

Abb. 7.23 Eckpressung zu Platten Abb. 7.22: LF Wölben

sollen diese Werte lediglich auf die Größenordnung der mit Temperaturzwang zusammenhängenden Problematik hinweisen. Immerhin liegen die errechneten Zwangsschnittgrößen für größere Fugenabstände in der Nähe der aufnehmbaren Betonzugspannung und Dämmstoffpressungen. Dies kann in Bereichen hoher Zwangsbeanspruchungen und von Schwachstellen im Betongefüge schon ohne Lasteinwirkung zu Rissen in der Platte führen.

Zusätzlich, zu den im Extremfall nahe den aufnehmbaren Betonzugspannungen liegenden Zwangsspannungen, wirken sich die Verformungen, insbesondere das Hochkommen der Plattenecken beim Schüsseln, negativ aus. Aus dem Straßenbau ist das sogenannte „Pumpen" der Plattenränder, wobei sich durch Niederschlag eingespülte Feinstoffanteile unter den aufgeschüsselten Platten ansammeln, bekannt. Durch die Feinstoffansammlungen kann die Platte nicht wieder in ihre ursprüngliche

Lage zurück, und die gleichmäßige Lagerung geht verloren. Durch Wiederholungen verstärkt sich dieser Prozess.

Die in Abb. 7.24 dargestellte, quadratische Fahrbahnplatte weist rechnerisch eine Hebung der Plattenecken von 0,798 mm auf. Die zugehörige Biegezugspannung liegt bei $\sigma_{10} \approx 1{,}1$ N/mm². Zum Vergleich, die Rechenergebnisse für eine Platte von $6{,}0 \times 6{,}0$ m², $u_z = 0{,}884$ mm, $\sigma_{10} \approx 1{,}6$ N/mm². In [36] werden rechnerische Eckaufwölbungen in Abhängigkeit vom Plattenraster, der Plattendicke und der Schwindtiefe von $f = 1{,}0$ bis 4,5 mm angegeben.

Tatsächlich wurden in der Praxis in wenigen Einzelfällen schon Eckanhebungen von 1,0 cm bis 2,0 cm bemängelt. Der Hintergrund für diese extremen Verformungen konnte nur vermutet werden, ist aber ungeklärt. Um bei einer 6,0 m langen, und 12 cm dicken Platte eine rechnerische Eckaufwölbung von ca. 2 cm zu erhalten, müsste man einen Temperaturunterschied zwischen Ober- und Unterseite von 40 K ($\Delta t \approx 3{,}33$ K/cm) in ein vergleichbares FEM-Modell eingeben. Diese Betrachtungsweise ist unrealistisch, und zeigt, dass es bislang unberücksichtigte Vorgänge innerhalb des Betonquerschnittes geben kann. Bei der rechnerischen Berücksichtigung von Zwangsbeanspruchungen in Tragfähigkeitsuntersuchungen für Parkdachplatten kann es sich nur um grobe Abschätzungen handeln, denen durch einen ausreichenden Sicherheitsabstand der Lastbeanspruchungen zu den Bemessungsgrößen zu begegnen ist. Wie eingangs schon beschrieben, sind konstruktive Maßnahmen, wie eine geeignete Betonrezeptur, die effektive Nachbehandlung, eine wirksame Trenn- und Gleitschicht und ein auf ca. $30 \times h$ begrenztes Fugenraster wichtig für die Vermeidung von zwangsbedingten Schäden.

Treffen Zwangsbeanspruchungen mit ungünstigen Laststellungen zusammen, können sich Situationen ergeben, die zum Überschreiten der Bemessungswerte des Systems führen. Nachdem die Betonfahrbahnplatten abgebunden und erhärtet sind, sind eigentlich nur witterungsbedingte Zwangslastfälle zu erwarten. Wie eingangs schon beschrieben, tritt der maximale Temperaturunterschied zwischen der Plattenober- und Unterseite nur an wenigen Stunden im Jahr auf. Gleiches kann man für unterschiedliche Feuchtezustände über den Querschnitt annehmen.

Wahrscheinlich die ungünstigste Beanspruchung für die Dämmung und Abdichtung ergibt sich aus dem Zusammenwirken einer Ecklast (Pkw = 10 kN) und dem

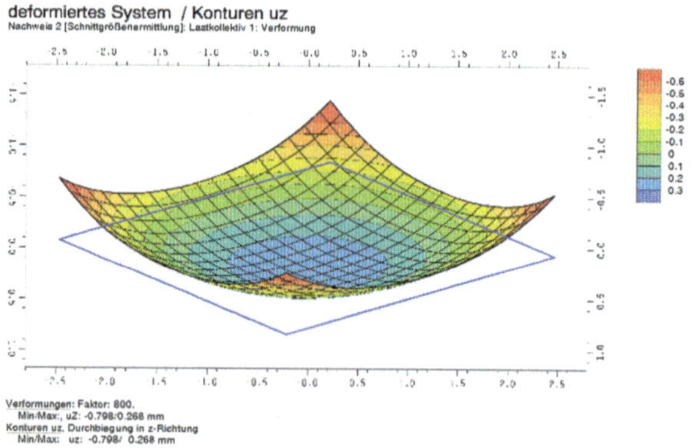

Abb. 7.24 Schüsseln, Platte d = 12 cm, 3,5 × 3,5 m, C = 40 MN/m³, ΔT = 7,2 K

Zwangslastfall Wölben bei maximalem Temperaturunterschied ($\Delta t = -10{,}2$ K). Die Eckeinsenkung wird für die charakteristische Lastkombination mit dem FEM-Programm 4H Alfa[4)] berechnet. Parallel werden die zugehörigen Dämmstoffpressungen für eine Lastkombination mit reduzierten Teilsicherheiten ($\gamma_G = 1{,}2$; $\gamma_Q = 1{,}35$, $\gamma_T = 1{,}0$) angegeben. Der Kombinationsbeiwert wird ebenfalls von $\Psi = 0{,}6$ nach EC 1 [18] auf $\Psi = 0{,}4$ herabgesetzt. Als Vergleich zu Beispiel 1a (siehe Abschn. 5.2.5) wird der Einfluss der Zwangsbeanspruchung aus Wölben für variierende Bettungsmodule in Abhängigkeit von der EPS-Dämmstoffdicke (siehe Abb. 5.8) untersucht. Es zeigt sich, dass sich bei gleichzeitiger Berücksichtigung von Ecklast und Temperaturzwang für dünne EPS-Schichten Dämmstoffpressungen ergeben können, die rechnerisch den Bemessungswert der aufnehmbaren Druckspannung überschreiten (Abb. 7.25).

Das Plattenraster hat in diesem Fall einen vernachlässigbaren Einfluss. Für dickere EPS-Schichten, wie sie zur Erlangung des Wärmedurchgangskoeffizienten für beheizte Wohngebäude erforderlich sind, ergeben sich aus der Kombination von Last und Zwang rechnerisch unvertretbare Platteneinsenkungen.

Das Maximum der Eckeinsenkungen fällt mit dem bevorzugten Rasterbereich von ca. 30 × h zusammen. Die zugehörigen Biegezugspannungen der Betonplatte liegen unabhängig vom Plattenraster im zulässigen Bereich.

Diverse, ähnliche Beanspruchungssituationen aus unterschiedlichen Lasten und Temperaturzwang ließen sich kombinieren. Eine Vielzahl von Untersuchungen wäre erforderlich, um den Einfluss von Schüsseln und Wölben auf die unterschiedlichen Laststellungen zu berechnen. Die Variationen von Platten- und Dämmstoffdicke, Dämmstoffqualität, Plattenraster und Form könnten zu einem eigenen Buch führen. Siehe z. B. Abb. 7.2, geringere Beanspruchungen beim Aufwölben einer Sechseckplatte gegenüber einer quadratischen Platte gleicher Fläche, $\sigma_{1u} = 1{,}35$ N/mm² < 1,63 N/mm²; Dämmst.pressg. $\sigma_{Bz} = 30{,}6$ N/mm² < 36,1N/mm²; Eckeinsenkung $u_z = 0{,}76$ mm < 0,92 mm.

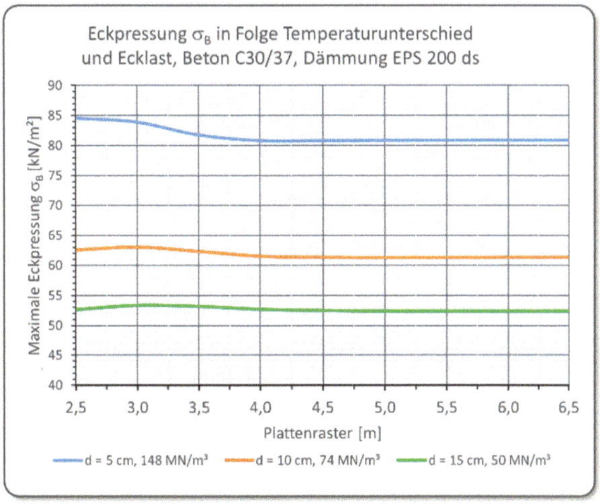

Abb. 7.25 Eckpressung aus Last und Zwang in Abhängigkeit von der Bettung und dem Raster

Wie oben schon erwähnt, ist die Übereinstimmung der örtlichen Beobachtungen mit den rechnerischen Ergebnissen der Zwangsuntersuchungen nicht in jedem Fall gegeben. Kleinste Risse bringen Veränderungen der Systemsteifigkeiten mit sich, und führen zum Abbau der Zwangsschnittgrößen. Die DIN EN 1992-1-1 [25] sieht im Abschn. 2.3.1.2 (2) auch vor, dass Temperaturauswirkungen bei Tragfähigkeitsnachweisen nur zu berücksichtigen sind, wenn sie einen wesentlichen Einfluss haben (Stabilität, Ermüdung). Aus diesem Grund wird üblicherweise bei Tragfähigkeitsuntersuchungen auf Nachweise von Last-Temperatur-Kombinationen verzichtet, aber ein ausreichender Sicherheitsabstand der Bemessungswerte zum Versagenszustand gewählt. Die zuvor erläuterten Auswirkungen der Temperaturbeanspruchungen zeigen, dass insbesondere bei weichen Dämmstoffen, wie EPS und PUR, durch Zwangseinwirkungen kritische Bauteilzustände auftreten können. Im Hinblick auf unverträgliche Eckeinsenkungen (siehe Abb. 3.10) in Folge von einer Kombination aus Wölben und Ecklast (Abb. 7.26), wird insbesondere bei großen Dämmstoffdicken, wie sie sich z. B. bei Gefälledämmung ergeben können, empfohlen weiche Dämmstoffe (EPS, PUR) durch stabileres Material (CG) zu ersetzen.

Das Plattenraster mit der 30-fachen Plattendicke vorzugeben, und die Berechnungen der „kritischen Länge" sind Überlegungen, die aus dem Industriefußbodenbau [24], dem Straßen- und Flugplatzbau [36] kommen. Im Gegensatz zum Parkdach oder der gedämmten Hofkellerdecke geht es bei diesen Betrachtungen um eine schadensfreie Betonfläche. Im vorliegenden Fall bildet diese Betonnutzfläche aber auch noch den Schutz der Abdichtung und Dämmung. Die Parkdachplatten sind nicht fest mit dem Unterbau verbunden, sondern liegen auf einer Trenn- und Gleitschicht. Die bisherigen Rasterabmessungen beruhen auf Praxiserfahrungen und Vergleichen mit obigen Untersuchungen. Es wäre wünschenswert, wenn diese Problematik auch für Besonderheiten, Wärmedämmung, Abdichtung und Trenn- und Gleitschicht, der Parkdachaufbauten wissenschaftlich abgesichert werden könnte.

Abb. 7.26 Eckeinsenkungen aus Last und Temperaturzwang

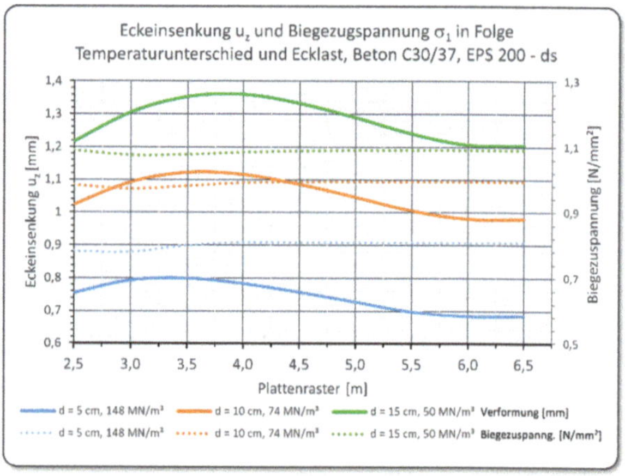

7.2.2 Fugenausbildung

Anfänglich wurden in der zweiten Hälfte des 20. Jahrhunderts die Plattenfugen von örtlich betonierten Terrassen und Parkdächern mit Hilfe sich nach unten verjüngender Metallschienen hergestellt. Es wurden unterschiedliche Schienenlängen, 60 cm (Terrasse), und bis 2,50 m (Parkdach) mit angepassten Profilhöhen vorgehalten. Für die Rasterecken wurden spezielle Verbindungsstücke entwickelt. Billiganbieter benutzten Holzschalung, zum Teil in minderwertiger Ausführungsqualität (siehe Abb. 7.19). Bei dieser Ausführungsart lag es im Erfahrungsbereich des Bauunternehmers, den richtigen Zeitpunkt für das Ausschalen, bzw. Ziehen der Fugenschalung festzulegen. Wurden die Fugenprofile zu früh gezogen, konnte es zu Flankenabbrüchen des noch jungen Betons kommen. Wurde die Schalung zu spät ausgebaut, konnte es vorkommen, dass diese zu fest in der Fuge saß, und nur mit erheblichem Kraftaufwand gezogen werden konnte. Die damit verbundenen Einwirkungen führten dann ebenfalls zu Schäden an den Fugenflanken. Es wurden Nacharbeiten (Betonkosmetik) erforderlich.

Ein weiteres Problem bestand darin, dass die Fugenschalung, egal ob Holz oder Metall, nicht vollständig durchgehend auf der unebenen Abdichtung oder Trennschicht auflag. Im unteren Fugenbereich entstanden Betonbrücken, die zu einer Druckübertragung zwischen den eigentlich getrennten Platten führte. Im schlimmsten Fall summierten sich Längenänderungen über eine große Plattenanzahl mit der Folge von Verformungsschäden (siehe Abb. 7.2). Zum Teil wurde versucht, den unteren Fugenschluss durch weiche EPS-Profile abzudichten, womit dann die Dränagewirkung des Fugenkanals verloren ging.

Die Fugenbreite obiger Ausführungsvarianten liegt bei ca. 1,0 bis 2,0 cm. Die Fuge wird über einer Schaumstoff-Rundschnur dauerelastisch abgedichtet. Dieser Fugenverschluss erfüllt nicht den Anspruch an eine wasserundurchlässige Dichtung, soll aber den Eintrag von Feinstoffen und Steinen verhindern. Es ist davon auszugehen, dass ein geringer Anteil des Niederschlags durch die Fugen und die Fahrbahnplatte auf die Abdichtungsebene gelangt. Es ist wünschenswert, dass diese Feuchtigkeit über die als Dränagekanäle wirkenden Fugen zu den Rinnen oder Abläufen gelangt. Wenn sich aber in den unteren Fugenbereichen Betonreste befinden, kann das vorgesehene System der Fugenentwässerung behindert werden. Es bildet sich im unteren Bereich der Nutzschicht eine ständig feuchte Zone aus. Die Fahrbahnplatten haben „nasse Füße" mit der möglichen Folge von Betonauswaschungen und Ausblühungen auf der Oberseite.

Eine weitere Möglichkeit der Fugenherstellung wurde aus dem Industriefußbodenbau abgeleitet. Die Fahrbahnplatten wurden im jungen Alter durch Schnittfugen in quadratische Felder aufgeteilt. Die geschnittenen Fugen haben eine Breite von ca. 8 mm. Die Schnitttiefe beträgt ca. 60 mm. Ein Durchtrennen der gesamten Platte und Beschädigung der Abdichtung (beim UK-Dach der Dämmung) muss unbedingt vermieden werden. Nach dem Abklingen der Temperaturverformungen aus dem Abbindeprozess, können die Fugen elastisch verfüllt werden. Über die Rissverzahnung des Restquerschnittes unter der Schnittfuge ergibt sich eine Querkraftübertragung der Fugenflanken ähnlich einer Verdübelung. In der Literatur werden für die

Rissverzahnung von geschnittenen Scheinfugen Querkraftübertragungen von 20 % bis 40 % angegeben. Für bewehrte Fahrbahnplatten, bei denen nur die obere Bewehrung durchtrennt ist, werden höhere Lastfaktoren genannt. Inwieweit diese Kraftübertragung auch bei regelmäßiger Überfahrung auf Dauer sichergestellt ist, wird nicht erwähnt. Als Nachteil dieses Verfahrens ist festzuhalten, dass mit einer Trennscheibe nicht bis direkt an aufgehende Bauteile herangearbeitet werden kann, und damit vor Wänden, Stützen etc. fugenlose Abschnitte entstehen, in denen sich dann der Fugenschnitt als wilder Riss in der Oberfläche fortsetzt. Bereiche mit mehreren durch Scheinfugen getrennte Platten werden zu einer größeren Einheit zusammengefasst, die durch Raumfugen die Übertragung von Zwangsverformungen auf benachbarte Dachflächen verhindert.

Inzwischen sind die Hersteller von Parkdächern dazu übergegangen, die Plattenfugen durch verlorene Schalung aus GfK-Kunstoffprofilen oder gekanteten VA-Stahlprofilen (Abb. 7.27) anzubieten. Die Materialsteifigkeit von Kunststoffen, auch Glasfaserverstärkter Kunststoff (GfK), ist begrenzt. In Abhängigkeit vom Fasergehalt und deren Ausrichtung liegt der E-Modul zwischen 13 und 44 N/mm^2 (E_{Stahl} = 210.000 N/mm^2). Gegenüber den eingesetzten Stahlprofilen wird dieser Steifigkeitsnachteil bei dem zur Anwendung kommenden Kunststoffprofil durch die Formgebung wettgemacht. Die Wandungen sind dicker, der Querschnitt wird durch zusätzliche horizontale Lamellen verstärkt. Die Lamellen ergeben einen Verbund zum Betonquerschnitt der Fahrbahnplatte. Der obere Steg erhält Entlüftungsbohrungen im Abstand von ca. 10 bis 20 cm, damit das Profil vollständig, ohne Hohllagen, in den Betonquerschnitt eingebunden ist. Um das Metallprofil satt in die Betonplatte einzubinden, ist dieses zu entfetten, und der Beton im Nahbereich intensiv zu verdichten [4]. Die horizontale Biegesteifigkeit ist so ausgelegt, dass die Nutzung als verlorene Fugenschalung möglich ist. Das Profil schützt die Plattenkante, eine Beteiligung am vertikalen Lastabtrag ist aufgrund der geringen Steifigkeit nicht vorgesehen (Abb. 7.28).

Bei den gekanteten VA-Stahlprofilen handelt es sich um 1,0 mm dicke Stahlbleche. Die Form wird so gewählt, dass die Biegesteifigkeit um die vertikale Achse

Abb. 7.27 Fugenkreuz aus Metallprofilen als verlorene Schalung, [MdB]

Abb. 7.28 Fugenprofil
h = 115 mm

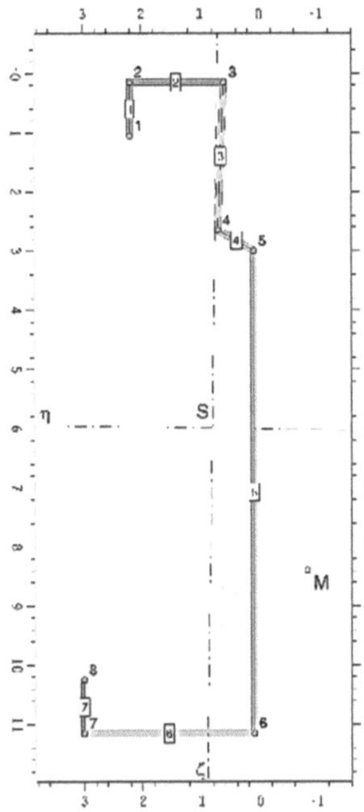

den Anforderungen an eine verlorene Fugenschalung genügt. Die Profilierung ergibt eine Tasche zur Aufnahme und Haltung eines elastischen Fugenbandes oder einer dauerelastischen Verfugung. Der obere Steg erhält ebenfalls Entlüftungsbohrungen und stellt einen Kantenschutz dar. Der untere Steg bringt eine ausreichende Standfestigkeit und verhindert zusammen mit einem Kunststoff- oder Schaumstoffstreifen das Durchtreten von Beton in den Fugenraum. So wird eine Bildung von Betonbrücken in der Fuge unterbunden. Die Fugenweite von ca. 1,0 cm wird durch Kunststoffabstandshalter gesichert. Nach der Betonage werden die Abstandshalter entfernt und die Fuge mit einem Elastomer-Fugenband geschlossen. Das Stahlprofil ist sehr glatt und geht keinen, mit einem Bewehrungsstab vergleichbaren, Verbund mit der Fahrbahnplatte ein. Für den 111,5 mm hohen Querschnitt werden folgende Querschnittswerte berechnet:

$$A = 1{,}76\,\text{cm}^2 \text{ zum Vergleich } \varnothing\ 8\ \text{mm } A = 0{,}5\,\text{cm}^2$$

$$I_y = 29{,}38\,\text{cm}^4 \text{ zum Vergleich UPN 120 } I_y = 364\,\text{cm}^4$$

$$I_z = 1{,}49\,\text{cm}^4 \text{ zum Vergleich UPN 120 } I_z = 43{,}2\,\text{cm}^4$$

Diese geringen Querschnittswerte lassen auch wegen des fehlenden Verbundes keine nennenswerte Beteiligung am Lastabtrag, ähnlich einem U-Profil als Randeinfassung einer Fertigteilplatte, erwarten. Bei dem Beispiel 1a (siehe Tab. 5.4) ergäbe sich aus der Mitnahmebiegung des Fugenprofils bei einer Randlast ein ca. 3 % geringeres Randmoment. Die Ausnutzung des Fugenprofils läge bei ca. 7 %. Die rechnerische Randverstärkung durch das gekantete Stahlprofil ist vernachlässigbar gering und liegt im Bereich der Rechengenauigkeit. Ein Schalungsprofil aus d ≥ 3 mm starken Blechen weist einen spürbar positiveren Einfluss auf die Plattenbeanspruchung am Rand auf (ca. 8,5 % Reduzierung des Randmoments).

Der Schutz der Fugenflanke durch ein ca. 1,0 mm starkes VA-Blechprofil genügt der normalen Verkehrsbeanspruchung aus luftbereiften Rädern. Für die Schneebeseitigung mit stählernen Räumschilden ist dieser Kantenschutz nicht ausreichend. Das gilt entsprechend für Stahlrollen von Staplern o. ä (Abb. 7.29).

Auch in diesem Fall ist eine Verstärkung des Profils auf ca. 3,0 mm Bleche sinnvoll.

Planung des Fugenrasters

Optimal ist das Fugenraster einer Verkehrsfläche in Abstimmung mit der Gefälle- und Entwässerungsplanung aus einer Hand zu planen. Dabei sind folgende Kriterien zu beachten bzw. zu erfüllen:

- Vor aufgehenden Wänden oder Attiken sollte ein Gefällehochpunkt liegen.
- Gleiches gilt für Gebäudedehnfugen und Zugänge zu Treppenräumen o. ä.
- Die Abläufe müssen in Gefälletiefpunkten, möglichst in Bereichen maximaler Durchbiegung liegen (Feldmitte). Leider werden sie häufig direkt neben unterstützenden Bauteilen angeordnet. Nach Eintreten der Verformungen aus Last, Schwinden und Kriechen stellen diese Bereiche Durchbiegungshochpunkte dar. Das geplante bzw. vorhandene Tragwerk ist bei der Planung der Entwässerungsdurchdringungen und Leitungen zu berücksichtigen, Abstimmung mit dem Tragwerksplaner.
- Erfolgt die Entwässerung anstatt über Einzelabläufe über Rinnen, so kann sich eine ruhigere Oberfläche ergeben, da das Quergefälle in die Rinne verlegt werden kann (siehe Abb. 2.16).

Abb. 7.29 Beschädigtes VA-Fugenprofil [MdB]

- Die Fläche ist in ein annähernd quadratisches Raster von ca. $l_x \approx l_y \approx 30 \times h$ aufzuteilen. Ergeben sich aus der gleichmäßigen Teilung schmalere Restflächen, so sollten diese in möglichst nicht befahrbaren Randbereichen angeordnet werden.
- Gebäudedehnfugen sind unbedingt in das Fugenraster zu übernehmen. Vor den aufgehenden Innen- und Außenwänden sind breitere Fugen vorzusehen.
- Über den Graten und Kehlen der Gefällehoch- und Tiefpunkte ist eine Rasterfuge anzuordnen, bzw. diese sind so zu wählen, dass sie mit dem Fugenraster übereinstimmen. Das gilt für kleinformatige Fertigteilplatten auf Gummilagern und Pflasterflächen nur eingeschränkt.
- Rechteckplatten sind möglichst zu vermeiden. Das Seitenverhältnis sollte 1: 0,8 bzw. 1: 1,25 nicht unterschreiten.
- T-Fugenstöße sind zu vermeiden, oder mindestens in nicht befahrbare Bereiche zu legen.
- Spitze Winkel (siehe Abb. 5.7) sind zu vermeiden oder, wenn unbedingt erforderlich, in unbelastete Bereiche zu legen.

Aus der Vielzahl obiger Randbedingungen ist zu erkennen, dass bei der Planung eines Parkdaches bzw. einer wärmegedämmten Verkehrsfläche möglichst frühzeitig Kontakt zum ausführenden Unternehmen aufgenommen werden sollte, um das Fugenraster, die Gefälleausbildung und Entwässerung mit der Gebäudeplanung und TGA abzustimmen. Werden von Seiten des Objektplaners die Entwässerungspunkte vorgegeben, und damit auch schon Eckpunkte für die Gefälleausbildung festgelegt, bleiben für die Planung des Fugenrasters nur noch wenige Freiheiten. Ähnliches zeigt sich auch für die Sanierung eines bestehenden Parkdaches.

Die Planung des optimal abgestimmten Fugenrasters kann zukünftig wahrscheinlich von einem auf KI basierten CAD-Planungstool übernommen werden.

Eine problematische Situation kann insbesondere für schwerlastbefahrene Flächen entstehen, wenn auf Grund der Wahl zu weicher Dämmung oder zu dünner Fahrbahnplatten versucht wird, diese Konstruktion durch verdübelte Fugen zu retten. Es ist zu bedenken, dass dann alle Platten untereinander und mit den freien Rändern verdübelt werden müssen. Auch über Rinnen hinweg. Gelingt dies nicht, so muss für einige Bereiche die Befahrbarkeit mit Schwerlastfahrzeugen ausgeschlossen werden. Freie Bereiche und Ränder sind durch Bordsteine zu sichern (siehe Abschn. 5.2.7).

7.2.3 Übernahme von Gebäudefugen in die Nutzschicht

Abschn. 3.2 erläutert das Erfordernis von Dehn-, Setzungs- und Schwindfugen, kurz Gebäudefugen, in der tragenden Dachdecke. Auch die Verformungen in der Tragebene, die mit Winkelverdrehungen an den Auflagern weitgespannter Deckenplatten oder Trägern verbunden sind, bedürfen einer Beachtung bei der Aufteilung der Nutzschicht in Einzelplatten. Aus Sicht der Abdichtung ist die damit verbundene Klaffung an der Kopffuge wie eine Bewegungsfuge zu behandeln (Abb. 3.3 und 7.30).

Abb. 7.30 FELDFUGE ÜBER DECKENGLEICHEM AUFLAGER WEIT GESPANNTER SPANNBETONHOHLDIELEN

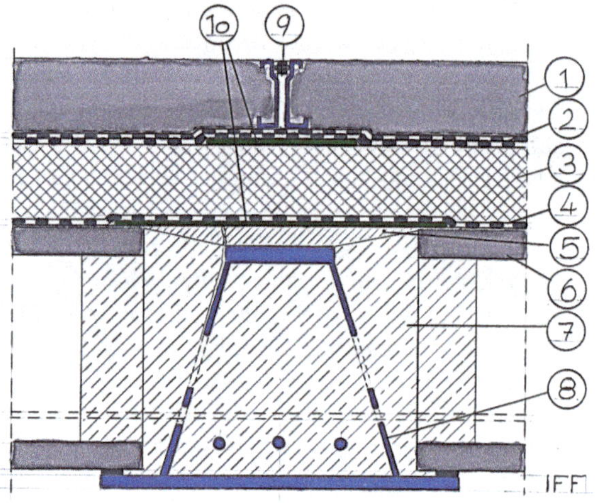

Legende und Anmerkungen zu Abb. 7.30

1) *Fahrbahnplatte, Beton C 30/37*
2) *Trenn- und Gleitschicht, bituminöse Abdichtung, zweilagig*
3) *Wärmedämmung DAA ds bzw. dx*
4) *Dampfsperre, Notabdichtung, Klebebitumen*
5) *Spachtelung und Höhenausgleich*
6) *Spannbetonhohldielen mit großer Spannweite als tragende Deckenplatte, Änderungen der Auflagerdrehwinkel können zu einer Rissbildung an der Deckenoberseite führen*
7) *Füllbeton und Betonplombe ≥ C 20/25*
8) *Deckengleicher Auflagerträger aus Stahl mit innenliegender Bewehrung, R 90*
9) *Feldfuge mit Fugenprofil*
10) *Schleppstreifen oder Stützblech l ≥ 20 cm unter der Dampfsperre und der Abdichtung*

Da zum Zeitpunkt des Aufbringens des Parkdachaufbaus schon ein Teil der Deckendurchbiegung erfolgt ist, sind nur noch Klaffungen der Kopffuge unter 5 mm zu erwarten. Das Auflager kann meistens als Fugentyp I nach DIN 18531-1 [119] behandelt werden. Um in der Dampfsperr- und Abdichtungsbahn eine ausreichend freie Länge zur Aufnahme der mit der Klaffung verbundenen Längenänderung zu erzeugen, sind diese Ebenen durch einen unverklebten Schleppstreifen oder ein Stützblech vom (gerissenen) Untergrund zu trennen. Zur Vermeidung von Hohllagen aus den gegenläufigen Auflagerdrehwinkeln, sollte möglichst über der Auflagermitte eine Feldfuge vorgesehen werden. Probleme ergeben sich, wenn das Rohbauraster nicht mit dem Plattenraster harmoniert oder die Deckenauflager schräg zum Plattenraster verlaufen. In diesem Fall wäre es sinnvoll, einen durchgehenden Aufbeton (h ≥ 5 cm) mit rissverteilender Bewehrung aufzubringen, auch wenn die Zulassungen der Spannbetonfertigteile und der Stahlauflagerträger dies nicht erfordern. Eine Variante wäre auch, durch eine Zusatzbewehrung und Ausbetonieren der Hohlkammern im Auflagerbereich über ein Stützmoment eine durchlaufende Decke herzustellen. Nur die Dampfsperre und Abdichtung durch Schleppstreifen zu verstärken, und das Auflager bei dem Raster der Fahrbahnplatten unberücksichtigt zu lassen, ist eine halbe Lösung mit der Folge von Rissen in der Nutzschicht.

Bei einem Umkehrdach mit Fertigteilplatten auf Gummitellern, ist lediglich die Abdichtung unter der Dämmung von dieser Thematik betroffen. Die lose aufliegenden Fertigteilplatten können die Drehwinkelunterschiede leicht ausgleichen. Für gepflasterte Flächen gilt das nicht uneingeschränkt.

Wenn die Längsfugen von Fertigteildeckenelementen querkraftschlüssig verbunden sind (siehe Abb. 3.2), ist deren Übernahme in die Abdichtung und die Nutzschicht nicht erforderlich. Dies gilt auch für Arbeitsfugen aus unterschiedlichen Betonierabschnitten der tragenden Decke und nachträglich ausbetonierte Schwindgassen.

Die Abdichtungsvorschriften [28, 119] unterscheiden zwei Fugentypen:

Fugentyp I: Vereinfachte Ausführung für langsam ablaufende Fugenbewegung $v_{x,y} \leq 5{,}0$ mm (z. B. aus Setzung, Schwinden und Temperaturdehnung oberseitig gedämmter Dachflächen).

Fugentyp II: Einbau von Los- und Festflanschkonstruktionen mit Fugenbändern für wiederholte, schnell ablaufende Fugenbewegungen $v_{x,y} \geq 5$ mm (z. B. aus dynamischen Verkehrslaständerungen).

Die Flachdachrichtlinien fordern für befahrene Flächen in jedem Fall die Ausbildung der Bewegungsfugen mit Los- und Festflanschkonstruktionen.

Üblicherweise sind Gebäudefugen auch als Belagsfugen auszubilden. Sind nur geringe Verformungsdifferenzen der Gebäudeteile zu erwarten (z. B. aus Auflagerdrehwinkeldifferenzen), so reicht eigentlich eine einfache Fugenausbildung mit einem Schleppstreifen, wobei die Trennung in alle Funktionsebenen zu übernehmen ist, und in der Abdichtungsebene ein ausreichendes Verformungsspiel vorzusehen ist.

Grundsätzlich sind dem ausführenden Unternehmer bzw. dem Detailplaner die Größenordnungen der zu erwartenden Verschiebungen oder Setzungen in einer Gebäudefuge anzugeben. Ergeben sich aus der Tragwerksplanung Verschiebungen oder Setzungen über ± 0,5 cm, so sollten höherwertige Fugenausbildungen unter Zuhilfenahme von Kunststofffugenbändern und Fugenprofilen ausgeführt werden (Fugentyp II). Es ist bei der Angabe der Fugenbewegungen zu berücksichtigen, dass zum Zeitpunkt der Herstellung des Parkdachbelags meist ein großer Teil der Schwindverformungen abgeklungen ist, und somit auch nicht mehr auftritt. Dies gilt ebenso für den Anteil aus Sofortsetzung infolge Eigengewichts.

Bei der Ausführung von Dehnungsfugen in der Konstruktion und der Abdichtung ist darauf zu achten, dass diese auch an den anschließenden Bauteilen hochgeführt werden, und insbesondere an den Brüstungen oder Attiken oberseitig und rückseitig wasserdicht geschlossen sind.

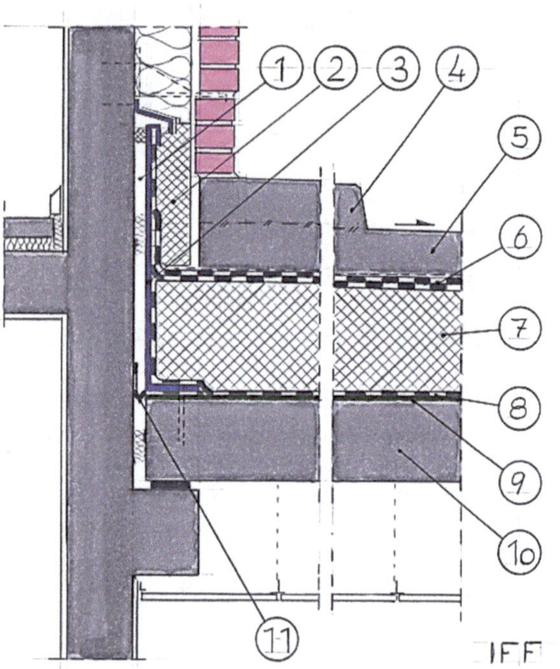

Abb. 7.31 GEBÄUDEFUGE AM ÜBERGANG ZWISCHEN WAND UND DECKE

Häufig wird zwischen einem höher aufgehenden Bauteil und dem flacheren Gebäudeteil mit Parkdach (Hofkellerdecke) eine Gebäudefuge angeordnet. Da die alten Flachdachrichtlinien [28] und die alte DIN 18195 [45] nicht zur Grundausbildung eines Schalplankonstrukteurs gehörten, traten immer wieder Gebäudefugen direkt am Übergang zwischen der aufgehenden Wand und der tragenden Decke des Parkdaches auf. Die alten Vorschriften sahen hier aber einen Abstand der Dehnungsfuge von ≥ 30 cm zur Wand vor. Hier ist allerdings anzumerken, dass die Forderung der Abdichtungsvorschriften nach einem Abstand der Fuge zum aufgehenden Gebäudeteil von mindestens 30 cm, für die Rohbaukonstruktion häufig nur mit deutlichem Mehraufwand zu erfüllen ist und nicht den Konstruktionsprinzipien des Stahlbetonbaus entspricht. Die alten Abdichtungsvorschriften empfahlen für Gebäudefugen direkt vor aufgehenden Wänden Sonderkonstruktionen unter Zuhilfenahme von Stützblechen. Dieses Konstruktionsprinzip wurde inzwischen in die aktuelle Abdichtungsnorm DIN 18532-1 [27], Bild 13 und 14 übernommen. Ähnliche Konstruktionsskizzen sind auch in den Flachdachrichtlinien (Abb. II.5.x) zu finden.

Legende und Anmerkungen zu Abb. 7.31

1) *Luftraum als Dehnbereich, ggf oberseitig mit Kompriband geschlossen und mit MiWo-Platte gefüllt, (d = 4,5 cm)*
2) *Perimeterdämmung, XPS, (d = 10 cm, λ = 0,035 W/(mK))*
3) *Stützblech, (d = 5 mm)*
4) *Bordstein als Anfahrschutz*
5) *Fahrbahnplatte, Beton C 30/37*

6) *Trenn- und Gleitschicht,*
bituminöse Abdichtung, zweilagig
7) *Gefälledämmung DAA ds bzw. dx, Hochpunkt, (d_m = 22 cm, λ = 0,045 W/(mK))*
8) *Dampfsperre, Notabdichtung, Klebebitumen*
9) *Spachtelung*
10) *Tragende Betondecke, (h = 22 cm)*
11) *Elastomerschlaufe, Ergänzung der Dampfsperre und Luftdichtebene*

*Klammerwerte entsprechen den Eingaben der Isothermenberechnung (*Abb. 7.32*).*

Im Beiblatt 2 zur DIN 4108 [10] ist kein vergleichbares Wärmebrückendetail aufgeführt. Da die erwärmten Innenflächen deutlich größer als die abstrahlenden Außenflächen sind, ergibt sich ein relativ geringer längenbezogener Wärmedurchgangskoeffizient von Ψ = 0,061 W/(mK) bis 0,078 W/(mK). Die rechnerische Innentemperatur an der Auflagervorderkante fällt mit Θ_i = 19,2 °C bis 19,6 °C ebenfalls in einen Bereich, der keine Schimmelbildung erwarten lässt. Die unterschiedlichen Werte ergeben sich aus Variationen der Stahlart des Stützblechs und der Füllung des Dehnfugenbereichs. Die Auswirkungen eines Luftraumes in der Fuge und der Ausführung des Stützbleches in schwarzem Stahl liegen im Bereich der Rechengenauigkeit.

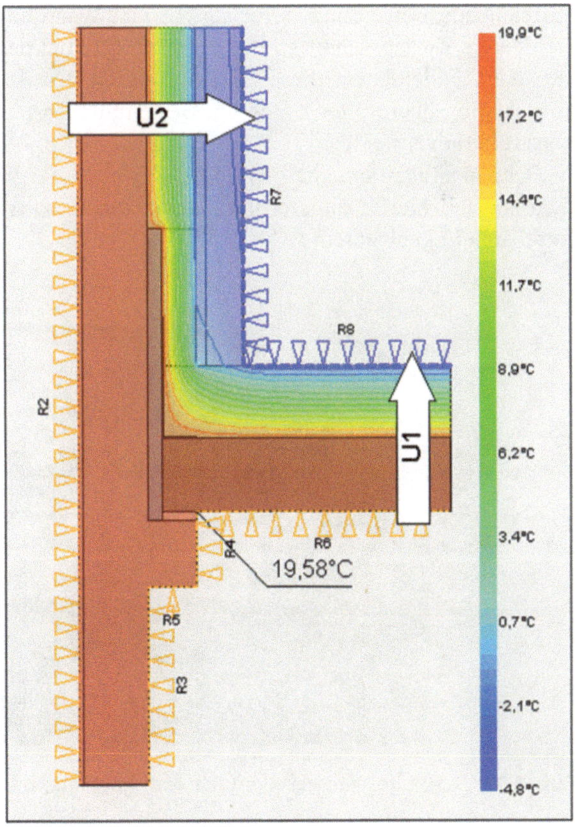

Abb. 7.32 Isothermen- und Ψ-Wertberechnung[5] zu Abb. 7.31

Obige Ergebnisse rechtfertigen den pauschalen Wärmebrückenzuschlag von $\Delta U_{WB} = 0{,}05\ W/(m^2K)$ bei der Berechnung des Gebäudeenergiebedarfs nach GEG [30, 103], bzw. früher EnEV [9] wenn ansonsten die Planungsgrundsätze nach dem Beiblatt 2 der DIN 4108 eingehalten wurden. Entsprechend den Vorgaben des Beiblattes wurden Abdichtung, Dampfsperre etc. nicht berücksichtigt. Die tatsächliche Dicke (Hochpunkt = 32 cm) der Gefälledämmung am Übergang zur Wand und der durch die Fahrbahnplatten gestörte Wärmeübergangswiderstand wirken sich positiv auf das Rechenergebnis aus. Das gilt auch für die abgehängte Decke, die den Brand- und Schallschutz verbessert.

Da der Aufwand für die Herstellung einer Gebäudefuge, nicht nur im Bereich wärmegedämmter Parkdächer, relativ hoch ist, und Gebäudefugen häufig der Ausgangspunkt für spätere Bauschäden sind, sollte schon bei der Festlegung der Rohbaukonstruktion geprüft werden, ob Dehnungs- bzw. Setzungsfugen nicht durch andere Maßnahmen zu ersetzen sind. Zum Beispiel, durch zusätzliche Bewehrung zur Rissverteilung in Folge einmaliger Zwangsbeanspruchung aus einem Setzungsunterschied. Da meistens die aufgehende Wand und das angeschlossene Endauflager einer Hofkellerdecke (siehe Abb. 7.31) auf dem gleichen Fundament gegründet sind, wird durch eine Fuge die Deckendurchbiegung nicht reduziert, zumal Sofortsetzungen aus Eigengewichtsanteilen bereits erfolgt sein können. In diesem Fall kann es sich als sinnvoll erweisen, auf eine Bewegungsfuge zwischen Wand und Decke zu verzichten, und für die Rissverteilung aus Zwangsbeanspruchung eine ausreichende Bewehrung in die Decke und Wand einzulegen. Im Laufe der Zeit werden die Zwangsschnittgrößen durch das Betonkriechen abgebaut. Es kann sich auf jeden Fall lohnen, diese Situation durch den Tragwerksplaner der Rohbaukonstruktion überprüfen zu lassen. Bestenfalls lässt sich eine aufwändige Fugenkonstruktion vermeiden.

Dehnungsfugen innerhalb von Deckenplatten, wie in Abb. 3.4 dargestellt, erfordern speziell hierfür angefertigte, stabile Stahlkonstruktionen mit dauerhaft verformbaren Fugenbändern (Abb. 7.33).

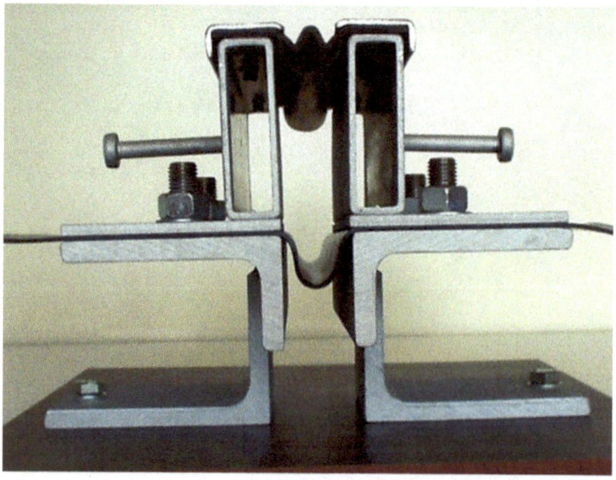

Abb. 7.33 Dehnungsfugenkonstruktion entsprechend Abb. 4.4 [MdB]

Die Fugen sind wie die Abdichtung an den aufgehenden Bauteilen mindestens 15 cm wasserdicht über die Nutzebene hochzuführen und ober- und rückseitig zu schließen. Ähnliche Profile kommen auch am Übergang von der Zufahrtsrampe zum Parkdach oder der Hofkellerdecke zum Einsatz. Ist mit Schwerlastverkehr zu rechnen, so sind die Profile anzupassen und entsprechend massiv auszubilden.

7.3 Einbauteile/Durchdringungen

Hier werden Lampen- und Fahnenmasten, Schrankenanlagen, Ladestationen und auch Absturzsicherungen als Einbauteile, die die Nutzschicht, Abdichtung, Dämmung sowie die Dampfsperre und in manchen Fällen auch die tragende Decke, zumindest für die Stromversorgung, durchdringen, als Einbauteile behandelt.

Durchdringungen wirken ebenso wie Randaufkantungen, oder aufgehende Gebäudeteile innerhalb der Nutzebene als Festpunkt. Um diese Wirkung aufzuheben, ist eine umlaufende Randfuge zur Fahrbahnebene vorzusehen. Die Abdichtung ist an dem durchdringenden Bauteil mindestens 15 cm über den Fahrbelag hochzuführen und durch eine Kappleiste zu schützen (siehe Abb. 7.34). Um die Beanspruchungen aus dem Mastanschluss sicher abzutragen, wird der massive Sockel über Anschlusseisen mit der tragenden Decke verbunden. Dieses System führt zu einer erheblichen Wärmebrücke (χ = 1,0174 W/K, Θ_i = 16,5 °C). Besser wäre eine Ausführung des Mastsockels in Stahlleichtbeton mit haufwerkporigem Zuschlagstoff (χ = 0,62 W/K, Θ_i = 17,5 °C). Je nach Masthöhe und Beleuchtungsstärke, decken die Flutlichtmasten eine beleuchtete Fläche von ca. 300 bis 500 m^2 ab. Diese Fläche ergibt sich aus einem Lichtgutachten, dass im innerstädtischen Bereich auch zur Begutachtung der Lichtimmissionen erforderlich ist. Somit ist zu erwarten, dass der Einfluss des punktbezogenen Wärmedurchgangskoeffizienten auf die gesamte Wärmemenge unter die 3 %-Regel fällt, und damit nicht zu berücksichtigen ist (siehe Tab. 7.3).

Sofern es sinnvoll möglich ist, kann die Verbindung auch über tragende Wärmedämmelemente für den unteren Anschluss von Stahlbetonstützen ausgeführt werden (χ = 0,67 W/K, Θ_i = 17,4 °C). Dieser Anwendungsfall ist durch deren Zulassung nicht abgedeckt. Es ist eine Zulassung im Einzelfall erforderlich. Auch wenn die im Abb. 7.34 ausgeführte Betonvariante nur einen vernachlässigbaren Einfluss auf den rechnerischen Wärmebedarf hat, sollten insbesondere bei dünnen Decken die Auswirkungen auf die Innentemperatur und eine mögliche Schimmelbildung untersucht werden.

Die Ausführung entsprechend Abb. 7.34 führt nicht nur zu einer massiven Wärmebrücke, sondern bildet auch eine Schwachstelle in der Abdichtungsebene und der Dampfsperre. Da „wasserundurchlässiger" Beton nicht mit „wasserdichtem" Beton gleichzusetzen ist, führen eventuell auftretende Risse zu einem Feuchteeintrag, der bis zur Deckenunterseite reichen kann. Aus diesem Grund sollte der Sockel eine Blechbekleidung oder zumindest eine Beschichtung entsprechend einer Flüssigabdichtung erhalten. Das Mastfundament liegt im Sprühnebelbereich chloridhaltiger Feuchtigkeit. Auch aus diesem Grund sollte ein Schutz der Bewehrung angeordnet werden.

Abb. 7.34 Sockel eines Lampenmastes [MdB]

Tab. 7.3 Auswirkung des punktuellen Wärmedurchgangs eines Mastsockels auf die Einflussfläche von 300 m²

Punktbezogener Wärmedurchgangskoeffizient χ			
Sockel	**Beton**	**Leichtbeton**	**WD-Element**
Bezugsfläche A	A = 4,60 x 4,60 = 21,16 m²		
ungest. Wärmedurchg.	U_{un} = 0,256 [W/m²K]		
Q_{ungest}=	$Q_{ungest} = U_{un} \times A$ = 5,417 [W/K]		
Wärmestrom Q_{rechn} [W/K]	6,434	6,037	6,0854
$\chi = Q_{rechn} - Q_{ungest}$ [W/K]	1,0174	0,6195	0,6684
Einflussfläche A_R	≥ 300 [m²]		
$\Delta U_\chi = \chi / A_R$ [W/m²K]	0,0034	0,0021	0,0022
$\Delta U_\chi \times 100 / U_{ungest}$ [%] ≤ 3 %	1,32%	0,81%	0,87%
Kriterium für Schimmelfreiheit an der Deckenunterfläche			
Oberflächentemp. Innen [° C]	16,53	17,49	17,36
Lufttemp. innen [° C]	20		
Lufttemp. außen [° C]	-5		
Temperaturfaktor: $f_{Rsi} \geq 0,7$	0,8612	0,8996	0,8944

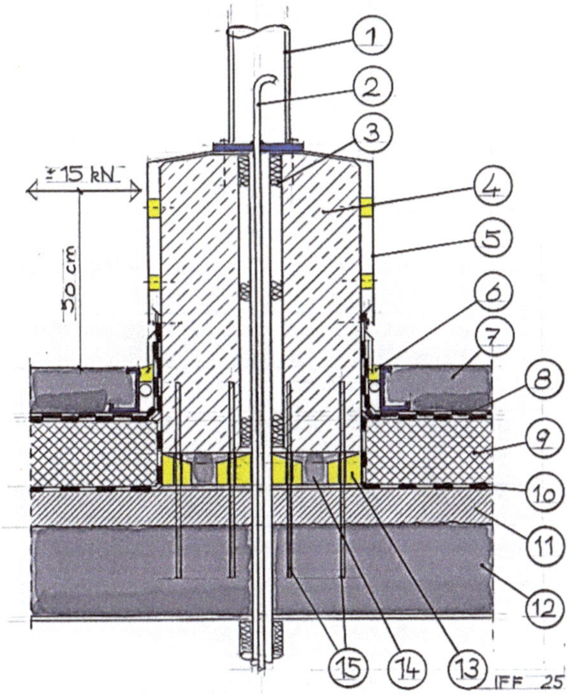

Abb. 7.35 MASTSOCKEL MIT WÄRMEDÄMMELEMENTEN (λ = 0,6 W/(MK))

Die charakteristischen Anschlussgrößen für den Mast sind durch den Hersteller, lastfallgetrennt für ständige Einwirkungen, Wind (siehe auch DIN EN 40-3-1) und Schnee, zu liefern. Ggf. ist ein Beiwert für dynamisches Verhalten zu berücksichtigen. Auf den Sockel ist 50 cm über der Fahrbahn eine horizontale Anpralllast von F_{dx} = 15 kN (F_{dy} = 8 kN) nach DIN EN 1991-1-7/NA, Tabelle NA 2 [115] im außergewöhnlichen Lastfall anzusetzen. Dies gilt für Pkw befahrene Verkehrsflächen bei einer Geschwindigkeitsbeschränkung auf v ≤ 10 km/h. Für Lkw befahrbare Hofkellerdecken wächst dieser Wert auf F_{dx} = F_{dy} = 100 kN an. In diesem Fall ist mit einem deutlich größeren Sockel oder massiveren Schutzeinrichtungen zu rechnen. Der Lkw-Anprall wirkt 1,25 m über der Fahrbahnoberkante.

Legende und Anmerkungen zu Abb. 7.35

1) *Lampen- oder Fahnenmast*
2) *Kabeldurchführung*
3) *Leerrohr gedämmt*
4) *Mastfundament C 20/25 (λ = 2,1 W/(mK)), alternativ Leichtbeton (λ = 1,0 W/mK)*
5) *Blechbekleidung, alternativ Beschichtung mit Flüssigabdichtung*
6) *Bewegungsfuge mit ausreichend Spielraum*
7) *Fahrbahnplatte C 30/37, h = 12 cm*
8) *Trenn- und Gleitschicht, bituminöse Abdichtung, zweilagig*
9) *Dämmung DAA ds/dx, (d = 18 cm, λ = 0,050 W/(mK))*

10) *Dampfsperre, Notabdichtung, Klebung*
11) *Gefälleestrich, Spachtelung (d = 10 cm, λ = 1,6 W/(mK))*
12) *Tragende Stahlbetondecke (h = 25+ 1,5 = 26,5 cm, λ = 2,5 W/(mK))*
13) *Wärmedämmelement, faserbewehrter Leichtbeton (h = 10 cm, λ_{eq} = 0,60 W/(mK))*
14) *Vergussmörtel – Pagel*
15) *Anschlussbewehrung*

*Klammerwerte entsprechen den Eingaben der Isothermenberechnung. Abdichtung und Dampfsperre werden nicht berücksichtigt (*Abb. 7.36*).*

Wird der Mast oder die Stütze direkt auf der tragenden Decke mittels einer Fußplatte befestigt, ist die Abdichtungsebene über eine Los- Festflanschkonstruktion an das durchdringende Bauteil anzuschließen.

In der DIN 18532-1, Anhang A.6 und den Flachdachrichtlinien, Absatz 4.3.2 [27, 28] werden genaue Angaben zur Planung und Ausführung von Los-Festflanschkonstruktionen gemacht. Bei den Abmessungen des Festflansches ist darauf zu achten, dass die Befestigungsmittel der Fußplatte unbehindert gesetzt werden können. Die Fußplatte der Stütze ist somit größer als der Festflansch auszuführen (siehe Abb. 7.37). Da der Losflansch nicht in jedem Fall als geschlossener

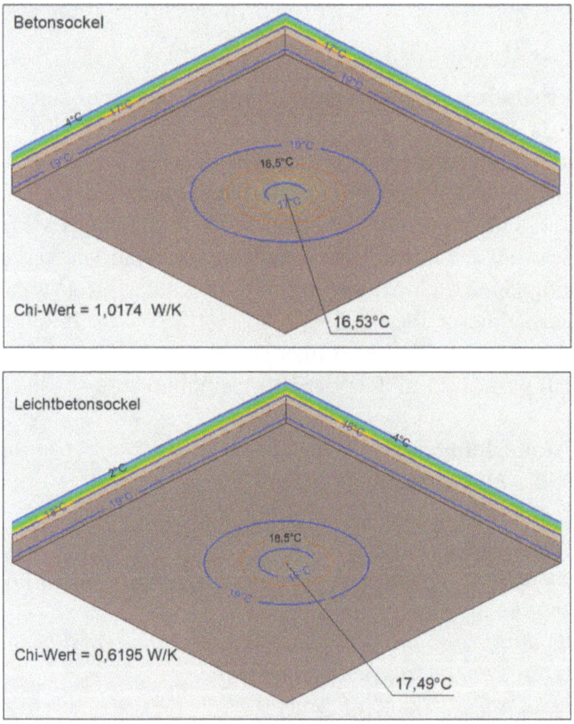

Abb. 7.36 Vergleich der Wärmebrückenwirkung, Betonsockel vs. Leichtbetonsockel, Deckenuntersicht

Ring über das Oberteil der Stütze gezogen werden kann, ist er dann in zwei Hälften zu teilen (Abb. 7.38).

Die Wärmebrückenwirkung ist vergleichbar mit der für Horizontalanker (siehe Abschn. 7.1.3) beschriebenen. Durch den Einsatz von korrosionsbeständigem Stahl kann der Wärmedurchgang deutlich reduziert werden. Auch das Ausschäumen und mit Dämmung Ummanteln des unteren Stützenabschnittes kann einen Beitrag zur Minderung der Wärmebrücke beitragen. Im Bedarfsfall ist die Höhe der Ummantelung durch eine räumliche Wärmebrückenberechnung (z. B. Psi-Therm 3D[5)]) zu bestimmen. Als Anprallschutz kann der wärmegedämmte Mast auch mit einem massiven Stahlbetonsockel, ähnlich Abb. 7.35, geschützt werden. Der Sockel wird dann direkt auf die Fahrbahnplatte betoniert, und durchringt die Abdichtung und Dämmung nicht.

Bei kleinen, gering belasteten Bauteilen, wie z. B. Pfosten für Hinweisschilder, sollte auf eine Befestigung in der Rohbaukonstruktion verzichtet werden, da Durchdringungen mit entsprechenden Anschlusskonstruktionen aufwendig sind und einen zusätzlichen Schwachpunkt in der Abdichtung sowie eine Wärmebrücke bilden. Bei dicken, schwerbefahrenen Fahrbahnplatten ist sogar die direkte Befestigung kleiner Flaggenmasten nachweisbar.

Abschließend sei nochmals darauf hingewiesen, dass die Standarddetails der Hersteller die Anforderungen an den Schall- und Brandschutz nicht vorrangig berücksichtigen. Die Erfüllung der entsprechenden Vorschriften ist durch den Planer des Gesamtbauwerkes nachzuweisen bzw. zu beachten. Dies betrifft besonders die in diesem Abschnitt behandelten Konstruktionsdetails.

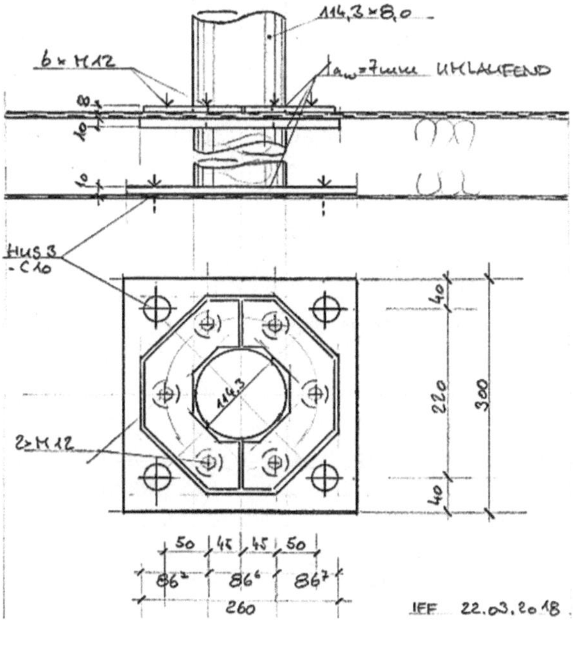

Abb. 7.37 Stütze der Unterkonstruktion eines Rückkühlgerätes mit Fussplatte und Los- Festflansch Anschluss an die Abdichtungsebene

Abb. 7.38 Stützenfuss mit Los- Festflansch Abdichtungsanschluss [MdB]

7.4 Entwässerung und Gefälle

Siehe hierzu auch die Abschn. 2.5 und 5.1.2.

In den Flachdachrichtlinien [28] wird ein Mindestgefälle von 2 % gefordert, anderenfalls ist von einem gefällelosen Dach auszugehen. Mit Ausnahme von begrünten Dächern mit einer Anstaubewässerung, entspricht diese Forderung auch der DIN 18531-1 [119]. Nach der hier maßgebenden DIN 18532-1 [27] ist die Abdichtung sowie die Nutzebene befahrbarer Dachflächen mit einem Gefälle von mindestens 2,5 % zu planen. Für gepflasterte Oberflächen wird ein Gefälle von 3,0 % [74] empfohlen. Dieses ist durch Gefälleestrich, oder besser durch eine Gefälledämmung, herzustellen (siehe Abschn. 5.1.2). Durch das geplante Gefälle ist das anfallende Niederschlagswasser auf kürzestem Wege zu den Entwässerungseinrichtungen, Bodenablauf oder Rinne mit Bodenabläufen zu führen.

Die Bodenabläufe bzw. Rinnen sind in den Gefälletiefpunkten anzuordnen, möglichst im Bereich maximaler Deckendurchbiegung. Mit einem Abflussrohr DN 100 kann eine Fläche von ca. 150 m^2 entwässert werden ([DIN 18460, zurückgezogen], Faustwerte ausgehend von einer Regenspende von $r_{5.02} = 300\ {}^{l}/_{s}$: DN 125 ⇒ 270 m^2; DN 150 ⇒ 443 m^2). Für die Berechnung der erforderlichen Ablaufquerschnitte stehen im Internet inzwischen geeignete Bemessungstools zur Verfügung. Die Länge des Entwässerungsweges vom Hochpunkt zum Ablauf oder zur Rinne sollte 7,50 m nicht überschreiten, darf aber bis zu 20 m betragen.

Wird eine Verkehrsfläche über Rinnen entwässert, so führt dies augenscheinlich zu einer ebeneren und ruhigeren Nutzfläche (siehe Abb. 2.16). Dieser Vorteil wird durch die Zusatzkosten für eine Rinne erkauft, da die Bodenabläufe in gleicher Anzahl vorhanden sein müssen. Hinzu kommt der nicht unerhebliche Aufwand für die Wartung der Rinne.

Mit Abb. 7.39 werden die zwei hauptsächlich gebräuchlichen Entwässerungsvarianten einander gegenübergestellt [58]. Die Gefälleform des Trogdachs mit

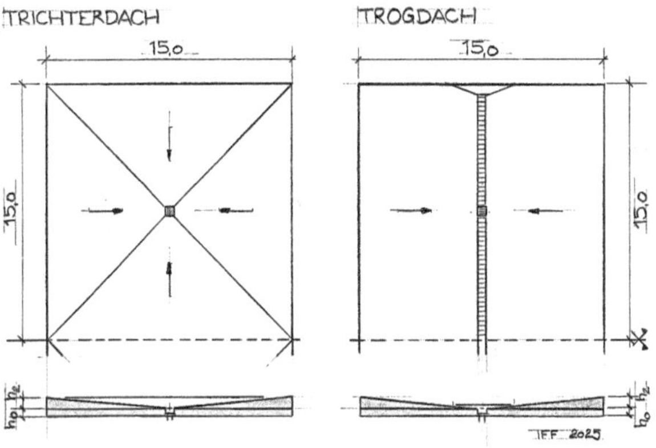

Abb. 7.39 Vergleich der Gefälle- und Entwässerungsausbildung

mittiger Rinne eignet sich auch einfach zur Herstellung im Rohbau. Die Trichterform lässt sich besser durch Gefälleestrich oder Dämmung ausbilden. Die Übernahme in einen durch Feldfugen aufgeteilten Ortbetonbelag führt zu unterschiedlich geneigten Platten im Bereich der Kehlen und Grate. Geht man von einem Auslaufen des Gefälleestrichs auf 1,0 cm aus, so ist ca. 30 % mehr Mörtel als für das Trogdach erforderlich:

Trichterdach

$$h_2 = 7{,}50 \times 0{,}025 = 0{,}1875\,m; h_0 = 0{,}01\,m$$

$$V = A \times \left(h_0 + \frac{2 \times h_2}{3}\right) = 15^2 \times \left(0{,}01 + \frac{2 \times 0{,}1875}{3}\right) = 30{,}4\,m^3$$

$$mittlere\ Dicke\ d_m = \frac{30{,}4}{225} = 0{,}135\,m$$

Trogdach

$$V = A \times \left(h_0 + \frac{h_2}{2}\right) = 15^2 \times \left(0{,}01 + \frac{0{,}1875}{2}\right) = 23{,}3\,m^3$$

$$mittlere\ Dicke\ d_m = \frac{23{,}3}{225} = 0{,}104\,m$$

Für die Dachdecke ergibt sich zusätzlich eine ständige Last von ca. 2,0 bis 3,0 kN/m², deren Summe auf alle folgenden Tragwerksteile, wie Balken, Stützen, bis zu den Fundamenten wirkt.

Im Hinblick auf die Einhaltung des Mindestwärmeschutzes nach DIN 4108-2 [10] wird von einer auf $h_0 = 6{,}0$ cm auslaufenden Gefälledämmung ausgegangen. Für das Trichterdach ergibt sich aufgrund der Mehrmasse ein besserer Wärmedurchgangskoeffizient ([12], Annahme: $\lambda = 0{,}045$ w/mK).

Trichterdach

$$R_0 = \frac{d_0}{\lambda} = \frac{0{,}06}{0{,}045} = 1{,}333 \frac{m^2 K}{W} > 1{,}2$$

$$R_2 = \frac{d_2}{\lambda} = \frac{0{,}1875}{0{,}045} = 4{,}1667 \frac{m^2 K}{W}$$

$$U_K = \frac{2}{R_2}\left[1 - \frac{R_0}{R_2} \times ln\left(1 + \frac{R_2}{R_0}\right)\right]$$

$$= \frac{2}{4{,}17}\left[1 - \frac{1{,}33}{4{,}17} \times ln\left(1 + \frac{4{,}17}{1{,}33}\right)\right] = 0{,}262 \frac{W}{m^2 K}$$

$$mittlere\ Dicke\ d_{m,K} = \frac{\lambda}{U_K} = \frac{0{,}045}{0{,}262} \cong 0{,}17\,m$$

Trogdach (interpoliert aus Tab. 5.1)

$$mittlere\ Dicke\ d_{m,K} \cong 0{,}13\,m$$

$$U_k = \frac{\lambda}{d_{m,K}} = \frac{0{,}045}{0{,}133} \cong 0{,}34 \frac{W}{m^2 K}$$

Die mittlere Dicke $d_{m,K}$ der keilförmigen Dämmschichten ist unabhängig von der jeweiligen Wärmeleitfähigkeit λ. In beiden Fällen wird der nach dem GEG [30] für die Änderung von Nichtwohngebäuden erforderliche Wärmedurchgangskoeffizient $U_{max} \leq 0{,}35$ W/m²K eingehalten. Um in der Rinne des Trogdachs ein ausreichendes Längsgefälle von 1,0 % sicherzustellen, ist die Mindestdämmstoffdicke entsprechend zu erhöhen. In diesem Fall wird auch der Wärmedurchgangskoeffizient für Wohngebäude erfüllt (siehe Abschn. 5.1.2).

Folgt man den unter Abschn. 7.2.2 aufgeführten Planungshinweisen konsequent, müssten die Bodenabläufe im Kreuzungspunkt der Rasterfugen liegen. Auch die Lage in einer Fuge entspricht näherungsweise den Planungshinweisen. Wenn der Bodenablauf in der Nähe einer Plattenecke liegt, ist auf eine Einfassung mit ausreichend breiten Stegen zu achten. Die Stegbreite sollte mindestens der elastischen Länge (siehe Abschn. 5.2) entsprechen. Anderenfalls sollte der Ablauf direkt in der Plattenecke, mit nur zweiseitiger Einfassung angeordnet werden.

Bei Gussasphaltoberflächen oder gepflasterten Verkehrsflächen ist die Planung der Lage eines Bodenablaufs flexibler. Da der Ablauf oder eine Rinne einen Festpunkt in der Nutzschicht bildet, können sich gerade diese bei Pflasterflächen im Zusammenhang mit Verschiebungen negativ auswirken (siehe Abb. 3.21 und 7.41). Es kommt zu Pflasterauflösungen. Der Fugensand wird ausgespült und findet sich im Ablauf oder den horizontal verzogenen Abflussleitungen wieder, mit der Folge von Verstopfungen oder Rückstau.

Bei Einzelabläufen müssen alle Ebenen wirksam an die Entwässerung angeschlossen werden [58]. Wird die Abdichtungsebene über als Kanalsystem ausgebildete Plattenfugen entwässert, so sind die Entwässerungspunkte möglichst in Fugenkreuzen anzuordnen. Der Aufsatzrahmen mit Rost muss für die vorgesehene Verkehrsbelastung ausgelegt sein.

Abb. 7.40 Bodenablauf in einer Plattenfuge, Ausführung Rostaufsatz, Umkehrdach

Abb. 7.41 Pflasterauflösung im Umfeld eines Bodenablaufs

Abb. 7.42 Zweiteilger Bodenablauf im Warmdachaufbau mit Gefälledämmung

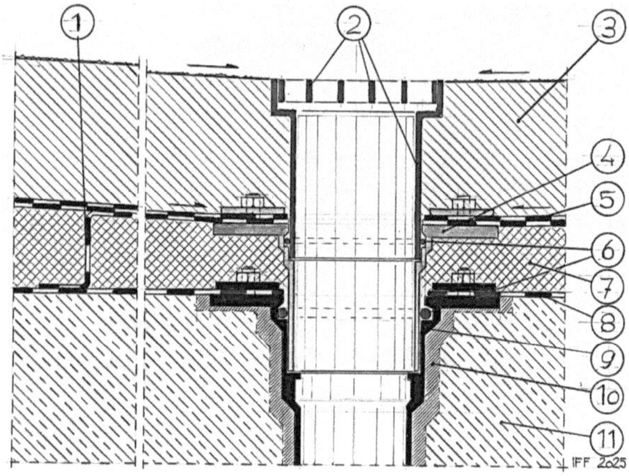

Zur direkten Vermeidung von Wärmebrücken im Deckenbereich, werden vom Hersteller der Abläufe Isolierkörper aus Schaumglas geliefert. Die im Gebäudeinneren erforderliche Rohrisolierung ist Bestandteil der Gesamtplanung.

Um bei einem Rückstau im Entwässerungssystem den Schaden lokal zu begrenzen, wird empfohlen, die untere Entwässerungsstufe zusätzlich zum Kompaktdachaufbau durch eine Dachabdichtungsbahn in der Dämmebene abzuschotten.

Legende zu Abb. 7.42

1) *Rückstauabschottung in der Dämmebene*
2) *Aufsatzrahmen mit Rost bzw. Abdeckung, (ggf. Schmutzsieb und/oder Schlammeimer)*
3) *Nutzbelag Beton C 30/37, Faser- oder Stahlbewehrt*
4) *Aufstockelement mit Los- und Festflansch*
5) *Trenn- und Gleitschicht, Abdichtung – bituminös zweilagig*
6) *Roll- und Drainagering*
7) *Gefälledämmung DAA ds/dx*
8) *Dampfsperre, Notabdichtung, Voranstrich (ggf. Gefälleestrich oder Spachtelung)*
9) *Ablaufkörper mit Los- und Festflansch, Grundelement, Anschluss an Entwässerungsleitung (ggf. Geruchsverschluss mit Brandschutz und Ablaufbeheizung)*
10) *Aussparungskörper, Dämmkörper/Vergusstasche*
11) *Tragende Stahlbetondecke mit Brandschutzanforderung*

Da der innere Bereich des Ablaufes überwiegend der Außenluft ausgesetzt ist, stellt der Bodenablauf eine massive Wärmebrücke dar, die sich auch nicht, wie z. B. bei den Horizontalankern, über die Dreiprozentregel wegdiskutieren lässt. Für den Ablauf und die anschließenden Abflussleitungen ist eine ausreichende Dämmung vorzusehen. Hierdurch sind auch Tropf- und Fließgeräusche auf ein vertretbares Maß zu reduzieren.

Abb. 7.43
Rinnenkörper im Warmdachaufbau mit Gefälledämmung

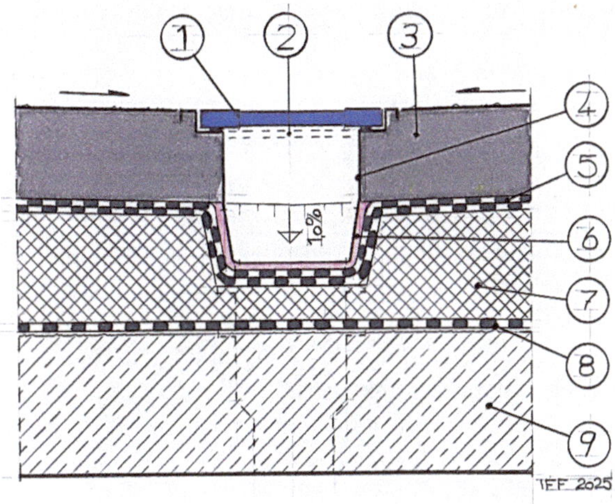

Wird die Leitung unter der Decke horizontal verzogen, ist auf ein ausreichendes Gefälle zu achten. Liegt der Bodenablauf, wie oben vorgeschlagen, in der Mitte eines Deckenfeldes, sollte bei der Gefälleplanung auch die nachträgliche Deckendurchbiegung aus dem Betonkriechen Berücksichtigung finden. Auf der sicheren Seite liegend, kann diese zu $v_k \cong l_{min}/300$, mit $l_{\min}$ = *der kürzeren Deckenspannweite*, geschätzt werden. Die Schellen der Rohrabhängung sollten durch elastische Zwischenlagen schalltechnisch getrennt werden.

Rinnen führen zu einem schnelleren Abtrocknen der Nutzfläche. Die Anbindung der Metallrahmen und die Übernahme des Fugenrasters in den Rinnenkörper bringen bei schlechter Planung Probleme mit sich. Da auch die Abdichtungsebene über die Rinne entwässert werden muss, sind hier die im Straßenbau üblichen Rinnenformsteine nicht einsetzbar. Der Rinnenkörper ist im unteren Bereich durch vertikale Schlitze wasserdurchlässig auszubilden.

Legende zu Abb. 7.43

1) *Rinnenrost/Abdeckung (≥ B 125)*
2) *Queraussteifung des Rinnenkörpers, Abstand a ≈ 50 cm*
3) *Nutzbelag Beton C 30/37, Faser- oder Stahlbewehrt*
4) *Rinnenkörper, korrosionsbeständiges Edelstahlblech, gekantet und geschlitzt*
5) *Trenn- und Gleitschicht, Abdichtung – bituminös zweilagig*
6) *Einkorn Exposidharzmörtel als Drainageschicht und Auflage des Rinnenbodens*
7) *Gefälledämmung DAA ds/dx*
8) *Dampfsperre, Notabdichtung, Voranstrich (ggf. Gefälleestrich oder Spachtelung)*
9) *Tragende Stahlbetondecke mit Brandschutzanforderung*

Um die Aufbauhöhe der Gesamtkonstruktion niedrig zu halten, wird die Dämmung im Rinnenbereich geschwächt. Es ist in Abhängigkeit von der Nutzung der darunter liegenden Räume zu prüfen, ob eine derartige lineare Wärmebrücke hinzunehmen ist. Handelt es sich um beheizte Räume, ist unter der Rinne der Mindestwärmedurchlasswiderstand von R ≥ 1,2 m^2K/W einzuhalten [10]. Im folgenden Beispiel wird diese Forderung durch eine 5 cm dicke Dämmung ($\lambda = 0{,}055$ W/mK) gerade eingehalten. Geht man von der in Abb. 7.39 dargestellten Gefälleausbildung aus, so ergibt sich für die Rinne bei 1,0 % Längsgefälle eine maximale Einschnitttiefe von 7,5 cm. Am Rinnenanschnitt ist somit mit einer Dämmstoffstärke von 12,5 cm zu rechnen. Die Gefällestrecke von 7,50 m führt bei dem erforderlichen Gefälle von 2,5 % zu einer maximalen Dicke von d_{max} = 12,5 + 750 × 0,025 = 31,2 5 cm. Entgegen dem Beiblatt 2 zur DIN 4108, Abs. 5.3 wird die Gefälledämmung mit Hoch- und Tiefpunkt auf eine verkürzte Länge berücksichtigt. Das Beiblatt sieht vor, den Gleichwertigkeitsnachweis mit der gleichmäßigen Dämmschichtdicke d_{eff} zu führen. Die Ersatzdicke entspricht dem Wert nach Tab. 5.1 ($d_{eff} \approx 0{,}21$ m). Für die Berechnung des längenbezogenen Wärmedurchgangskoeffizienten Ψ wird der ungestörte Wärmedurchgangskoeffizient U1 etwa für die Mitte der Gefällestrecker ermittelt (siehe Abb. 7.44).

Die Dämmstoffdicke geht an dieser Stelle mit $d_{eff} = 0{,}218\ m$ in die Berechnung ein, $U1 = 0{,}237\ W/m^2K$. Der Gesamtwärmestrom für obiges Detail beträgt $Q = 18{,}823\ W/m$. Bezogen auf die Temperaturdifferenz von $\Delta T = 20 - (-5) = 25\ K$

$$\Rightarrow Q / \Delta T = 18{,}823 / 25 = 0{,}753\, W / m^{\dagger}K$$

$$\Psi = 0{,}753 - 2{,}40 \times 0{,}237 = 0{,}183 \frac{W}{mK}$$

Da dieser Maximalwert nur am Tiefpunkt auftritt, wird für den Flächenbezug der lineare Wärmedurchgangskoeffizient nur mit der halben Rinnenlänge berücksichtigt.

$$\Rightarrow \Psi \times l_R = 0{,}183 \times 7{,}50 = 1{,}3725\, W / K$$

Bezogen auf die Fläche nach Abb. 7.39:

$$A = l^2 = 15{,}0^2 = 225{,}0\, m^2$$

Die Rinne würde in diesem Beispiel zu einem Wärmebrückenzuschlag von ΔU_{WB} = 1,3725/225 = 0,0061 W/m2K < 0,05 W/m2K führen. Auch wenn eine

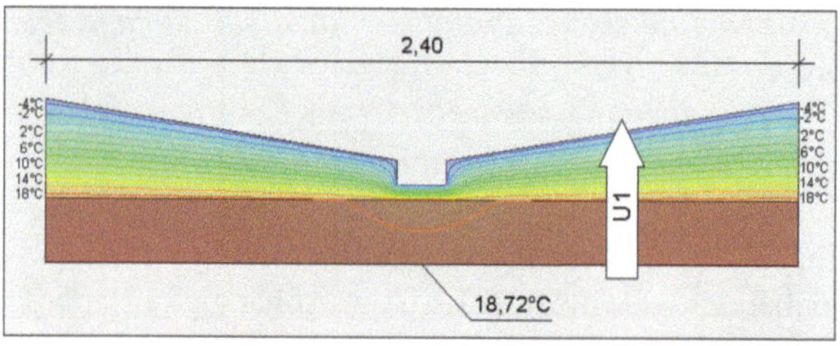

Abb. 7.44 Ψ-Wertberechnung einer Rinne mit Gefälledämmung

Rinne innerhalb eines Gefälledaches nicht Gegenstand der linearen Wärmebrücken nach Beiblatt 2 der DIN 4108 ist, kann davon ausgegangen werden, dass das vorstehende Beispiel durch den pauschalen Wärmebrückenzuschlag von $\Delta U_{WB} = 0{,}05$ W/m^{2}K abgedeckt ist.

Für den Wasserschaden von Abb. 7.45 ließ sich anhand der Bauteilgeschichte und dem Zustand der Nutzfläche die Schadensursache leicht erklären. Es muss aber nicht immer eine Leckage, die auf eingedrungenem Niederschlagswasser beruht, sein. Bei ungedämmten Abflussleitungen kann es sich auch um Tauwasser handeln.

Das kann auch für lineare Wärmebrücken gelten, wenn die Mindestanforderungen an den Wärmeschutz nicht erfüllt werden. Ein Nachweis der Schimmelfreiheit wird durch die Einhaltung des dimensionslosen Temperaturfaktors $f_{Rsi} = \frac{\theta_{si} - \theta_e}{\theta_i - \theta_e} = \frac{17{,}33 - (-5)}{20 - (-5)} = 0{,}893 \geq 0{,}7$ erbracht. Da der innere Wärmeübergangswert für diese Betrachtung von $R_{si} = 0{,}10$ m^{2}K/W auf $R_{si} = 0{,}25$ m^{2}K/W geändert wird, fällt die minimale Innentemperatur mit $\Theta_i = 17{,}33$ °C > 12,6 °C geringfügig niedriger als bei der Wärmedurchgangsberechnung aus.

Die Bauart des Entwässerungssystems muss den jeweiligen Einbaustellen genügen. Für Bodenabläufe in Gebäuden wird das durch die Belastungsklassen nach DIN EN 1253-1 bzw. 2 geregelt. Für die in diesem Buch behandelten Flächen sind die folgenden Belastungsklassen von Bedeutung:

Abb. 7.45 Soforthilfemassnahme nach einer Parkdachsanierung durch ein fachfremdes „Reinigungsunternehmen“

M 125: Flächen mit Fahrzeugverkehr, Parkdecks, Fabriken und Werkstätten (B 125; N2-V)
N 250: Industrielle Flächen mit Schwerlastverkehr durch Gabelstapler (N 250; N3-V)
P 400: Besonders hohe Beanspruchung, industrielle Gabelstapler, Aufsätze nach DIN EN 124: E 600 und F 900 für Ausstellungshallen, Fabrikhallen, Flugzeughallen etc. (D 400; N4-V).

In den Klammern werden vergleichbare Klassen nach DIN EN 1433 (Entwässerungssysteme in Verkehrsflächen) und Nutzungsklassen nach DIN 18532-1 [27] aufgeführt.

Wie bereits unter Abschn. 2.5 erwähnt, ist für eine Dachfläche mit nach innen abgeführter Entwässerung mindesten ein Notüber- Notablauf zu planen [28].

Die vorstehenden Ausführungen sind für einen Vorentwurf ausreichend. Für die Genehmigungs- und/oder Ausführungsplanung wird die Beratung durch einen Hersteller von Entwässerungssystemen empfohlen, oder besser mit einem TGA-Planungsbüro zusammenzuarbeiten.

7.5 Rampen

Bei den Rampen handelt es sich überwiegend nicht um wärmegedämmte Bauteile des Parkdaches bzw. der Verkehrsfläche. Sie sind somit nur begrenzt Gegenstand dieses Buches. Allerdings sind sie als Zu- und Abfahrt ein wesentliches Element der Nutzung und Verkehrsführung.

Je nach örtlicher Lage und zu erwartender Nutzungsfrequenz ergeben sich für den Anschluss einer wärmegedämmten Verkehrsfläche an das öffentliche Straßennetz unterschiedliche Varianten. Eine annähernd ebenerdige Hofkellerdecke wird durch eine direkte Zufahrt oder leichte Anrampung erschlossen (siehe z. B. Abb. 5.33). Für ein hochpreisiges innerstädtisches Grundstück oder die Ausstellungsfläche eines Autohändlers kann es sinnvoll sein, die Fahrzeuge mit einem dafür geeigneten Aufzug auf die Dachfläche zu befördern. Der Grundstückszuschnitt, die Verkehrsanbindung und die geplante Gebäudenutzung haben einen wesentlichen Einfluss auf die Art und Anordnung der Rampen. Die einschlägige Literatur [8, 11, 12, 15, 17, 120, 121] erläutert die Planungsrandbedingungen für innen- oder außenliegende, gerade oder gewendelte Rampen. Die Rampenbauwerke können Festpunkte der Gebäudeaussteifung bilden, oder werden durch Dehnungsfugen vom eigentlichen Gebäude getrennt, und als separates Bauwerk betrachtet.

Ähnlich wie Treppen, stellen Rampen eine Verbindung zwischen zwei Ebenen dar, und erfordern somit vom Planer ein besonderes räumliches Vorstellungsvermögen. Insbesondere bei gewendelten Rampen sind eine Vielzahl von Werten zur Erstellung der Schalpläne zu ermitteln. Der inzwischen selbstverständliche Einsatz von CAD-Programmen hat hier zu deutlicher Erleichterung geführt. Auch für die Ausführung ist zunächst zu klären, ob die Seitenwände durchgehend mit herausklappbarer Anschlussbewehrung oder mit schräger, dem Rampenverlauf folgender,

Arbeitsfuge hergestellt werden sollen. Bei gewendelten Rampen ergeben sich zudem noch windschiefe Schalungsflächen. Ab einer Neigung von $S_R \geq 5$ % sind Einbauteile zur Befestigung des Rampenbelages vorzusehen. Der Belag ist zu profilieren. Rampen im Freien sollten überdacht und mit einer Beheizung ausgerüstet werden. Diese und weitere Maßnahmen tragen dazu bei, dass für die Rampe gegenüber anderen Bauteilen mit höheren Herstellkosten, bezogen auf die Fläche, zu rechnen ist.

Wenn auch das Bauteil „Rampe" insgesamt kostenintensiver als die restliche Park- oder Verkehrsfläche ist, werden aufgrund der schrägen Decke und der im allgemeinen ungünstigen geometrischen Verhältnisse unter ihr üblicherweise nur Räume mit untergeordneter Nutzung angeordnet. Es sollte auf jeden Fall geprüft werden, ob die energetische Gebäudehülle mit der Rampenfläche zusammenfallen muss. Falls eine Dämmung der Rampe nicht nötig ist, sollte man unbedingt darauf verzichten, da hierdurch die Gesamtkonstruktion vereinfacht werden kann.

Wichtig ist bei gewendelten Rampen auch ein Quergefälle von mindestens 3 % und ein definierter Entwässerungsweg.

Die Garagenverordnung [13] begrenzt das Rampengefälle von Mittel- und Großgaragen auf maximal $S_R \leq 15$ % ($\alpha_R \leq 8{,}53$ °). Die EAR 23 [Empfehlungen für Anlagen des ruhenden Verkehrs] empfiehlt für im Freien liegende Rampen eine Gefällebegrenzung auf $S_R \leq 10$ % ($\alpha_R \leq 5{,}71$ °).

In [122] wird für Neigungswechsel am Rampenübergang eine Ausrundung der Kuppe (oben) und der Wanne (unten) zur Vermeidung des Aufsetzens der Fahrzeuge empfohlen. Für den oberen Übergang, der Kuppe, wird ein Ausrundungsradius von $r_k = 15{,}0$ m empfohlen. Ersatzweise kann der Fahrkomfort auch durch Einschalten einer Fläche mit halber Neigung auf eine Länge von $T_{RK} = 1{,}50$ m mittig über dem Brechpunkt gesichert werden (Anpassung an Plattenraster beachten). Für den unteren Übergang, der Wanne, ist ein Ausrundungsradius von $r_w = 20{,}0$ m vorzusehen. Auch hier ist mit einer Abflachung auf den halben Neigungswechsel auf eine Länge von $T_{RW} = 2{,}50$ m der Übergang besser befahrbar auszubilden [EAR 23].

Sofern der Parkdach- und Rampenaufbau bekannt ist, ermöglicht der heutige Einsatz von CAD-Programmen leicht, auch schon für die Rohbauplanung, einen ausgerundeten Rampenübergang zu konstruieren. Dies sollte ab einer Neigungsdifferenz von mehr als 8 % erfolgen. Da von relativ großen Ausrundungsradien ausgegangen werden kann, ist es auch vertretbar, die Rundung in den Nutzbelag zu übernehmen.

Da, wie schon an anderer Stelle erwähnt, zum Zeitpunkt der Rohbauplanung häufig noch keine Abstimmung mit dem Unternehmer für den wärmegedämmten Parkdachaufbau stattgefunden hat, werden die Übergänge zunächst vernachlässigt. In diesem Fall kann im Rahmen der Gefälleplanung der Dachfläche ausnahmsweise ein komfortabel befahrbarer Übergang geschaffen werden.

Wird der Übergangskeil nicht durch einen Dämmstoffkeil ausgefüllt, so ergeben sich beträchtliche Zusatzlasten infolge von Mehrdicken des Gefälleestrichs. Bei einer Rampenneigung von 15 % und einem entgegengesetzten Dachgefälle von 2,5 % ergibt sich das mittlere Gefälle zu ca. 8,5 %. Erstreckt sich dieses Gefälle auf ein Plattenraster von 2,50 m, so ist am Hochpunkt mit einer Mörteldicke von ca. 22

cm, und einem Zusatzgewicht von ca. 2,5 kN/m² zu rechnen. Auch bei einer Ausführung mit Gefälledämmung ergeben sich Dämmstoffdicken, die bei weicherem Material, wie EPS oder PUR, zu unverträglichen Einsenkungen führen können.

Diese erhöhte Aufbaudicke ist dann auch, soweit erforderlich, bei der Dimensionierung der Durchfahrtshöhen zu beachten.

Der komplette Verzicht auf Übergangsausrundungen nach dem Motto „Augen zu, und durch" entspricht nicht der Garagenverordnung, und kann für den späteren Betreiber zu Konsequenzen infolge Nutzungsbeeinträchtigung aus mangelnder Bodenfreiheit und damit verbundener Schadenersatzforderungen haben.

Die Ausrundung der Übergänge ist auch bei der Berechnung der erforderlichen Rampenlänge zu berücksichtigen. Wird die erforderliche Rampenlänge nur aus der zu überwindenden Geschosshöhe (*z. B.* $H_G = 4{,}50\ m$) und der Rampenneigung (15 %) errechnet, wird eine zu kurze Rampe, die keine Ausrundungen mehr zulässt, geplant.

$$L_R = \frac{100 \times H_G}{S_R} = \frac{100 \times 4{,}50}{15} = 30{,}0\,m$$

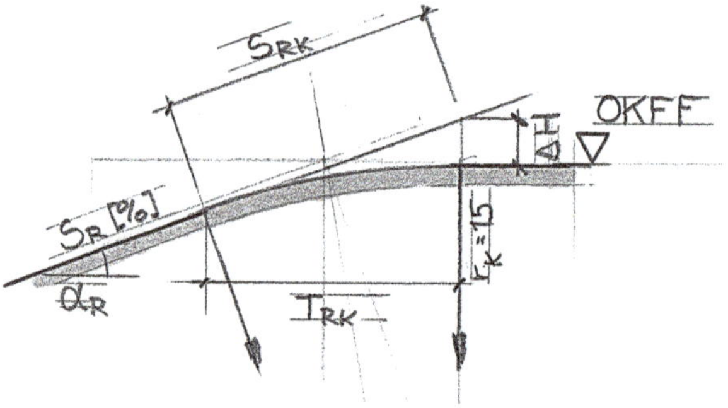

Abb. 7.46 Kuppenausrundung – Konstruktionsbezeichnungen (siehe Tab. 7.4)

Tab. 7.4 Konstruktionsparameter für ausgerundete Rampenübergänge – Kuppe/Wanne

Ausrundungsparameter für Rampenübergänge							
Kuppe Radius: 15,00 [m]					Wanne: 20,00 [m]		
S_R[%]	α_R[°]	S_{Rk}[m]	ΔH_k[m]	T_{Rk}[m]	S_{Rw}[m]	ΔH_w[m]	T_{Rw}[m]
6	*3,43*	*0,900*	*0,027*	*0,898*	*1,200*	*0,036*	*1,198*
7	*4,00*	*1,050*	*0,037*	*1,047*	*1,400*	*0,049*	*1,397*
8	4,57	1,200	0,048	1,196	1,600	0,064	1,595
9	5,14	1,350	0,061	1,345	1,800	0,081	1,793
10	5,71	1,500	0,075	**1,493**	2,000	0,100	**1,990**
11	6,28	1,650	0,090	1,640	2,200	0,121	2,187
12	6,84	1,800	0,108	1,787	2,400	0,143	2,383
13	7,41	1,950	0,126	1,934	2,600	0,168	2,578
14	7,97	2,100	0,146	2,080	2,800	0,195	2,773
15	8,53	2,250	0,168	**2,225**	3,000	0,224	**2,967**

Bei Berücksichtigung der Ausrundungen am Kopf und Fuß der Rampe, mit gleicher Neigung, errechnet sich folgende Rampenlänge:

$$L_R = \frac{100 \times \left(H_G + \Delta H_K + \Delta H_W\right)}{S_R} = \frac{100 \times \left(4{,}5 + 0{,}168 + 0{,}224\right)}{15} = 32{,}613m$$

Die Rampenlänge wird ca. 2,60 m zu kurz abgeschätzt.

Die planmäßige Übertragung von Horizontallasten über die Abdichtungs- (und Dämmebene) ist nicht zulässig und eigentlich auch nicht möglich. Bei kleinen Lasten aus Gefälle (≤ 5 %), Brems- und Anfahrvorgängen bei Langsamfahrt wird dies üblicherweise vernachlässigt (siehe Abs. 7.1.1.2). Als Rampenbelag über einer Abdichtung (und Dämmung) eignen sich verankerte Ortbetonplatten oder durch Stahlwinkel gegen Gleiten gesicherte Gussasphaltschichten mit hoher Festigkeit. Gepflasterte Nutzflächen oder aufgestelzte Fertigteilplatten sind wegen des Horizontalschubs kritisch zu sehen.

Die bei einer Rampenneigungen ab 5 % Gefälle auftretenden Horizontalschübe aus Belagseigengewicht und Fahrvorgängen sind durch Stahleinbauteile auf die tragende Unterkonstruktion definiert zu übertragen (siehe Abschn. 7.1.3). Asphaltschichten sind im Abstand von ca. 5,0 m bis 10,0 m durch Stahlwinkel gegen Abgleiten zu sichern [96, 97].

Die Anzahl der erforderlichen Anker richtet sich einerseits nach dem Gefälle und den Verkehrslasten aus Fahrvorgängen und der aufnehmbaren Beanspruchung. In Abhängigkeit von der Ausführung und der Dämmstoffdicke liegt die aufnehmbare Scherkraft in einer Größenordnung von 10,0 bis 70,0 kN/Anker. Es ist mindestens ein Anker pro Platte einzubauen. Dieser ist zentralsymmetrisch anzuordnen. Für Ankergruppen gilt das ebenfalls. Die Ankerabstände sind so zu wählen, dass einerseits durch möglichst große Abstände zur Aufnahme von Lastexentrizitäten eine ausreichende Basis vorhanden ist. Andererseits sind möglichst kleine Ankerabstände zu wählen, um die Zwangsbeanspruchungen in der Platte klein zu halten. Da es sich bei den Ankern um horizontale und vertikale Festpunkte handelt, ist ggf. eine Zusatzbewehrung erforderlich.

Tab. 7.5 Berechnung der erforderlichen Rampenlänge mit Ausrundungen

Rampenlänge mit Ausrundung [m]

	Geschosshöhe H_G [m]					
S_R [%]	2,00	2,50	3,00	4,00	4,50	5,00
6	34,38	42,72	51,05	67,72	76,05	84,38
7	29,79	36,94	44,08	58,37	65,51	72,65
8	26,40	32,65	38,90	51,40	57,65	63,90
9	23,79	29,35	34,91	46,02	51,57	57,13
10	21,75	26,75	31,75	41,75	46,75	51,75
11	20,10	24,65	29,19	38,28	42,83	47,37
12	18,76	22,93	27,09	35,43	39,59	43,76
13	17,65	21,50	25,34	33,03	36,88	40,73
14	16,72	20,30	23,87	31,01	34,58	38,15
15	15,94	19,28	22,61	29,28	**32,61**	35,94

Im Allgemeinen werden die Verankerungspunkte erst nach Fertigstellung der Rohbaukonstruktion festgelegt. In diesem Fall wird die aufnehmbare Last deutlich durch die Dübeltragfähigkeit beeinflusst.

Greift man nicht auf Ankeranordnungen, die sich in vergleichbaren Situationen bewährt haben, zurück, so ist im Einzelfall der Nachweis der Horizontalkraftaufnahme mit einer zugehörigen Lastermittlung erforderlich.

Bei einer zentrischen Ankeranordnung kann sich aus einem ausmittigen Lastangriff für die Platte ein Torsionsmoment ergeben. Die Platte wird durch den Kontakt zu den Nachbarplatten bzw. den Brüstungen zentriert. Dies wird durch folgendes Beispiel bestätigt: Eine zentrisch gelagerte Scheibe von 4,0 × 4,0 m wird durch die aus Abb. 7.1 ermittelte charakteristische Bremskraft von $H_{Br,k} = 11{,}6$ kN mit der maximal möglichen Ausmitte von e = 1,0 m belastet (Abb. 7.47). Die Scheibe verdreht sich an den Ecken um $u_{x,z} \approx 0{,}22$ mm und führt dort zu Spannungsspitzen von $p_k \approx 2{,}2$ kN/m. Bei einer Höhe der elastischen Verfugung (oder des Fugenprofils) von $h_F \approx 2$ cm erfährt diese eine maximale Druckspannung von $\sigma_k \approx 0{,}11$ N/mm^2. Diese geringe Spannung liegt deutlich unter der aufnehmbaren Druckspannung von Gummi o.ä., zumal die Berechnung weder die Torsionssteifigkeit des Ankers noch die Haftreibung durch die Auflagefläche berücksichtigt hat.

Der Übergang von der Rampe zum Parkdach, bzw. der gedämmten Verkehrsfläche, bedarf einer sorgfältigen Planung. Handelt es sich um eine innenliegende, gedämmte Rampe, die in der Rohbaukonstruktion fest mit der Dachdecke verbunden ist (Gebäudeaussteifung), so ist von einer Ausbildung ähnlich Abb. 7.30 auszugehen. Alle Anschlussgefälle sind in der Abdichtungsebene herzustellen und in den Nutzbelag zu übernehmen. Gefälleanpassungen durch eine Reduktion des Nutz-

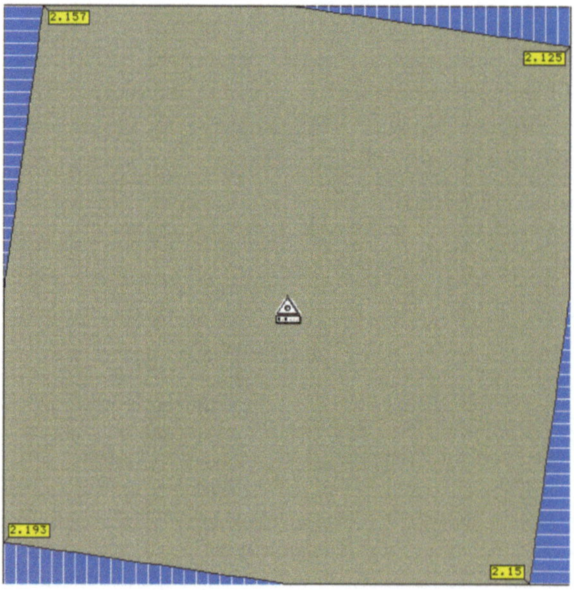

Abb. 7.47 Plattenzentrierung durch Fugenkontakt

Abb. 7.48
Dehnungsfuge am Rampenanschluss

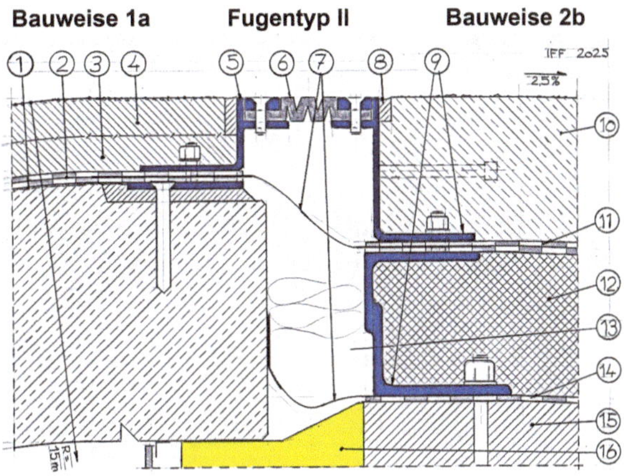

belags vorzunehmen, erweist sich meistens als schlechte Idee [1], zumal im Bereich des Neigungswechsels mit dynamischen Beanspruchungserhöhungen zu rechnen ist. Die Folge können aufwendig zu korrigierende Schadensbilder sein.

Treffen am Übergang der Rampe zum Parkdach unterschiedliche Belagsaufbauten aufeinander, und ist die Rampe als separates Bauteil durch eine Dehnungsfuge vom Hauptbauwerk getrennt, sind spezielle Fugenausbildungen erforderlich [123]. Ein wesentliches Problem liegt darin, dass zum Zeitpunkt der Ausführungsplanung des Rohbaus, Schal- und Bewehrungspläne, meistens die Höhenverhältnisse der Aufbauten noch nicht bekannt sind. Die Rohbauhöhe der Rampe ist so festzulegen, dass nach Fertigstellung der Nutzbeläge ein ebener Übergang vorliegt. Es ist von einer deutlichen Höhendifferenz zwischen den Rohbauoberkanten der Rampe und des Parkdachs auszugehen. Wird der Höhenunterschied nicht ausreichend beachtet, kann es zum oben geschilderten Ausführungsfehler, unzulässige Reduzierung der Nutzbelags- und Dämmstoffdicke, kommen.

Legende zu Abb. 7.48

1) *Epoxidharz-Grundierung*
2) *Abdichtung, Polymerbitumenbahnen, zweilagig*
3) *Gussasphalt-Schutzschicht*
4) *Gussasphalt-Deckschicht mit Abstreuung*
5) *Stahl-Klemmprofil*
6) *Elastomer-Dichtungsprofil, befahrbar*
7) *Kunststoff- Elastomerabdichtungsbahn auch als Dampfsperre*
8) *Vergussfuge, Epoxidharzmörtel*
9) *Winkelkonstruktion mit Los- Festflanschfunktion*
10) *Nutzbelag Beton C 30/37, Faser- oder Stahlbewehrt*
11) *Trenn- und Gleitschicht, Abdichtung, bituminös, zweilagig*
12) *Wärmedämmung DAA-ds/dx, alternativ Gefälledämmung*
13) *Fugenspielraum mit MiWo gedämmt*
14) *Dampfsperre, Voranstrich*

15) *Gefälleestrich oder tragende Decke im Gefälle mit Spachtelung*
16) *Gebäudedämmung, VHF, Brandriegel*

Beim Energienachweis ist auch der Rampenanschluss als lineare Wärmebrücke zu berücksichtigen. Die Länge entspricht der Rampenbreite. Das Anschlussdetail wird im Beiblatt 2 der DIN 4108 [10] nicht explizit aufgeführt. Das Ortgangdetail, Bild 314 [Abs. 7. Tabelle 2] ist aber annähernd vergleichbar. Als einfacher Nachweis kann die Gleichwertigkeit der Schichten mit dem Detail nach Bild 314 bzw. der Zeile 42 der Tabelle 108 belegt werden [114]. (hier Beispiel 1 aus Abs. 6.2):

$$\text{Dachd.}: d_m = 21\,\text{cm}, \lambda = 0{,}046 \Rightarrow R = 4{,}57\,\text{m}^2\text{K/W}$$

$$\text{Bild}\,314: d = 14\,\text{cm}, \lambda = 0{,}035 \Rightarrow R = 4{,}0\,\text{m}^2\text{K/W}$$

$$\text{Wand, VHF}: d = 16\,\text{cm} > 10\,\text{cm},$$

$$\text{Fugenraum}: d \approx 10 = 10\,\text{cm}$$

Die Gleichwertigkeit könnte mit einem einfachen Vergleich nachgewiesen werden, wären nicht die stählernen Bauteile des Fugenprofils zu berücksichtigen. Wird, wie üblich, schwarzer Stahl für die Unterkonstruktion der Klemmprofile eingebaut, ergibt sich ein linearer Wärmedurchgangskoeffizient von $\Psi = 0{,}47$ W/mK. In der Ecke liegt die minimale Oberflächentemperatur bei $\Theta_i = 15{,}0$ °C (siehe Abb. 7.49). Auch im Hinblick auf den Brandschutz ist es sinnvoll, den Fugenhohlraum mit Mineralwolle zu füllen (siehe auch Abb. 3.4).

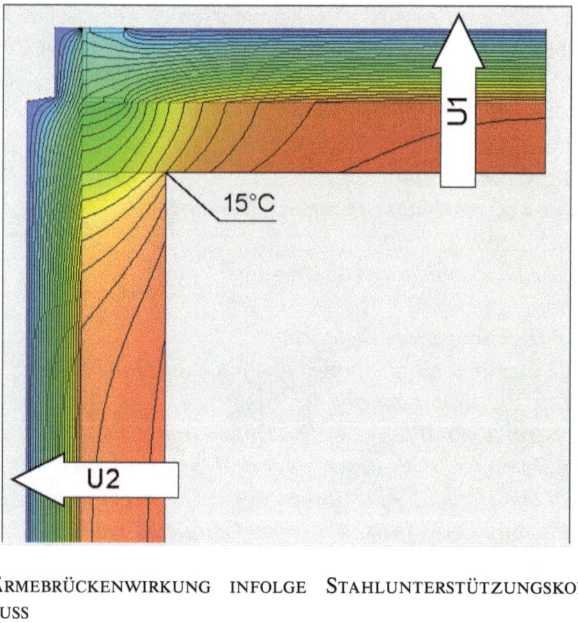

Abb. 7.49 Wärmebrückenwirkung infolge Stahlunterstützungskonstruktion – Rampenanschluss

Auch wenn es sich aufgrund der meistens im Verhältnis zur Projektgröße kurzen Länge des Rampenübergangs nur um einen geringen Wärmebrückeneinfluss handelt, wird empfohlen, die Stahlunterkonstruktion in korrosionsbeständigem Stahl auszuführen. Eine Vergleichsrechnung mit VA-Profilen führt zu einer Ecktemperatur von Θ_i = 16,4 °C und einem linearen Wärmedurchgangskoeffizienten von Ψ = 0,26 W/mK. Es zeigt sich deutlich, dass die Ausführung mit einer Stahlunterkonstruktion, wie in Abb. 7.48 dargestellt, nicht gleichwertig mit einem ähnlichen Detail des Beiblattes 2 zur DIN 4108 ist. Um trotzdem einen Wärmebrückenzuschlag von $\Delta U_{WB} \approx 0{,}05$ W/m²K bei der Energiebedarfsberechnung ansetzen zu können, ist die Summe aller längenbezogenen Ψ-Werte mit den jeweiligen Längen multipliziert auf die Gesamtfläche der Gebäudehülle zu beziehen [10].

Bei der Fugenkonstruktion handelt es sich um ein hochbeanspruchtes Bauteil. Die zum Teil dynamischen Lasten müssen sicher in den tragenden Untergrund übertragen werden. Mit Blick auf die Wärmebrückenwirkung erscheint eine thermische Optimierung der Stahlunterkonstruktion sinnvoll. Damit ist nicht nur der Einsatz von korrosionsbeständigen Stahlprofilen gemeint, sondern auch die Auflösung der unteren Standprofile in längenbegrenzte Stützwinkel [95, 96]. Die Stahlquerschnitte sind auf das Nötigste zu reduzieren.

Ist mit Schwerverkehr zu rechnen, kommen auch Fugenausbildungen, bei denen das elastische Abdichtprofil durch ein einseitig befestigtes Schleppblech geschützt wird, zum Einsatz.

Liegt oberhalb der gedämmten Verkehrsfläche eine weitere Parkebene, ist diese meistens auch durch eine Rampe zu erschließen. Für den Fuß dieser Rampe ist ebenfalls eine Ausrundung vorzusehen. Es wird ein Ausrundungsradius von r_W = 20 m empfohlen. Die in Tab. 7.4 angegebenen Konstruktionsparameter gelten dann sinngemäß, allerdings für einen entgegengesetzten Radius. Am Fuß einer Rampe sollte eine Entwässerungsrinne angeordnet werden. Diese wird meistens mit der Fugenausbildung kombiniert. Der Ablauf ist dann seitlich zu versetzen, sodass noch ausreichend Abstand zu Rändern oder aufgehenden Bauteilen vorhanden ist.

Die Fugenprofile sind in anschließenden Wänden oder Brüstungen seitlich wasserdicht mindestens 15 cm über die Nutzebene hochzuführen und rück- und oberseitig zu schließen.

7.6 An- und Abschlüsse, Übergänge

In den meisten Fällen treten die Bauschäden im Zusammenhang mit einem Parkdach nicht in der Fläche auf, sondern rühren von konstruktiv mangelhaft ausgebildeten Details wie Fugen, Durchdringungen (siehe Abschn. 7.2), Abläufen (siehe Abschn. 7.4), An- und Abschlüssen und Übergängen her. Ein wichtiger Gesichtspunkt ist, dass die Abdichtung immer bis zur Außenkante des Gebäudes zu führen ist. Das heißt, dass im Bereich von Brüstungselementen oder ähnlichen Bauteilen die Hautabdichtung der Dachfläche mit der Blechabdeckung der Brüstung überlappen sollte (siehe Abb. 5.31 und 7.14). Dies wird häufig nicht konsequent durchgeführt, sodass in Wandfugen Hinterläufigkeiten die Folge sind.

Grundsätzlich ist die Dachabdichtung an aufgehenden Wänden 15 cm über die Oberfläche zu führen. und durch eine Klemmschiene zu sichern [27, 28, 58, 119]. Bei genutzten Dächern, um die es sich in diesem Buch handelt, ist die hochgeführte Abdichtungsbahn gegen mechanische Beschädigungen zu schützen.

Dieser Schutz kann, wie in Abb. 5.30 dargestellt, durch Teile der Fassade und einen Bordstein erfolgen. In dem gezeigten Detail wird die Verblendfassade oberhalb der Nutzfläche abgefangen, sodass der Abdichtungsanschluss jederzeit ohne erheblichen Aufwand zugängig ist. Außerdem wird die Fahrbahnplatte nicht durch das Verblendmauerwerk belastet. Das Gefälle der Nutzfläche läuft von der Wand weg.

Das Prinzip, die Dachabdichtung an aufgehenden Bauteilen mindestens 15 cm über die Oberfläche zu ziehen und sicher zu befestigen, ist für alle denkbaren Parkdachaufbauten, wie unter Kap. 4 dargestellt, zwingend. Dies beruht nicht nur auf der Gefahr eines möglichen Wasseranstaus, sondern ist auch eventuellen Schneeanwehungen geschuldet. Da selbst die Darstellungen der Regeldetails in den Vorschriften und Herstellerkatalogen nicht in jedem Fall Bezug auf eine mögliche Wanddämmung nehmen können, wird diese dann vereinfachend vernachlässigt. Es liegt im Verantwortungsbereich des Planers für das gesamte Gebäude mit dem Ausführenden für die Dachabdichtung eine praktikable Lösung für die Andichtung zu entwickeln. Kommt ein Fertigteiloberbelag, wie unter Abschn. 4.1.4 und 4.2.3 beschrieben, zur Ausführung, ist zu beachten, dass einige Systemhersteller für die Anschlusskonstruktionen wie Dachränder, Wände, Attiken usw. die Aufnahme einer Horizontalkraft von mindestens 3,0 kN/m aus Verspannung der FT-Elemente und Fahrdynamik fordern. Die Wände, Brüstungen etc. sind für diese zusätzliche Last nachzuweisen (siehe Abb. 7.2). Eine durchgehende Dämmung und die hochgezogene Abdichtung müssen somit für eine charakteristische Druckspannung von ca. 0,03–0,04 N/mm^2 beständig sein (EPS/PUR $\Rightarrow f_{cd} \approx$ 0,03–0,06 N/mm^2, siehe Tab. 3.2).

Die Forderung, die Abdichtung mindestens 15 cm über die anschließende Oberfläche zu führen, gilt auch im Bereich von Türöffnungen [28, 119]. Diese Forderung steht im Widerspruch zum Bestreben, Zugänge zu öffentlich genutzten Gebäuden barrierefrei zu gestalten. Ein schwellenloser Zugang stellt im Sinne der maßgebenden Vorschriften eine Sonderlösung dar, und erfordert u. a. die schriftliche Zustimmung des Bauherrn. In [40, 58] werden Ausführungsvorschläge gemacht.

Wenn man als Architekt nicht im Entwurf einfacher Einfamilienhäuser, im Innenausbau oder Möbeldesign seine Erfüllung sieht, wird man sehr wahrscheinlich im Laufe seines Berufslebens mit der Konstruktion einer kleinen, gedämmten Verkehrsfläche und den zugehörigen Anschlüssen konfrontiert. Um bei hochpreisigen Grundstücken zumindest in den Untergeschossen die zur Verfügung stehende Fläche voll auszunutzen, werden die Kellerwände bis an die Grundstücksgrenze gezogen. So ergeben sich bei einem Hotel Wellnes- oder Fitnessräume unter der Hotelvorfahrt. Bei einem Krankenhaus können Labor- oder Behandlungsräume unter dem Anfahrtbereich liegen. Ähnlich kann es sich um Server- oder Schließfachräume im Untergeschoss eines Büro- oder Bankgebäudes unter dem Anlieferungsbereich handeln. Die Fälle ließen sich noch um diverse Beispiele erweitern. Im Gegensatz zu normalen Abstell- oder Kellerräumen haben die oben genannten Räume häufig deutlich höhere klimatische Anforderungen als in der EnEV bzw. GEG definiert.

Um bei der erstmaligen Konfrontation nicht in die im Folgenden beschriebene Fehlerkette zu tappen, ist es sinnvoll, sich vor den ersten Entwurfsentscheidungen etwas intensiver mit dem Thema gedämmte Hofkellerdecke zu befassen.

Folgende Überlegungen führen in Einzelfällen bei oberflächlicher Vorbereitung zu schwer, bis garnicht zu korrigierenden Baufehlern:

- Die Untergeschosse werden komplett in wasserundurchlässigem Beton (WU-Beton) hergestellt. Gemeint ist als „Weiße Wanne“. Das gilt auch für den befahrbaren Abschnitt der Kellerdecke.
- Sohlplatte und Wände werden mit XPS als Perimeterdämmung eingehüllt.
- Beginn der Fehlerkette: Wenn schon das gesamte Untergeschoss mit XPS gedämmt wird, sollte man auch den Zufahrtsbereich als befahrbares „Umkehrdach“ ausbilden.
- Fortsetzung der Fehlerkette: Die allgemeine Bauartgenehmigung (aBG) fordert bei einer Ausführung mit aufgestelzten Fertigteilplatten kein Gefälle. Da es sich um eine WU-Decke handelt, brauchen auch die Gefälleforderungen aus den Abdichtungsvorschriften nicht berücksichtigt zu werden. Also wird eine horizontal ebene, gefällelose Decke entworfen. Schlagwort: „Freispiegelentwässerung!“
- Nächster Fehler: Die Vorgaben der UK-Zulassung (aBG) sind inzwischen in den Hintergrund getreten, und aus gestalterischen Gründen wird der Plattenbelag in ein repräsentatives Natursteinpflaster geändert.
- Erstes Ergebnis: Natürlich wird ein barrierefreier Gebäudezugang von der Hotelvorfahrt (Anfahrts- oder Anlieferungsbereich) gewünscht (vergleiche Abb. 7.50). Entscheidend für die weitere Entwurfsplanung ist die Festschreibung des Höhenunterschieds zwischen den Rohbauhöhen innen und außen. Diese werden aus den unterschiedlichen Aufbaudicken abgeschätzt:

  Fußbodenaufbau innen: Annahme 8 cm.
  Belag Vorfahrt: Kein Gefälleestrich!!
  Dämmung $d \approx \frac{\lambda}{U} \approx \frac{0,035}{0,24} \approx 0,15\,m$
  (ohne Zuschläge $\Delta\lambda$ und ΔU).
  Fertigteilblg.: $d \approx 4 + 8 = 12$ cm.
  Differenz der Rohbauhöhen:
  $\Delta h_{OKR} \approx 15 + 12 - 8 \approx 19$ cm
  Wenn diese Höhendifferenz in die Ausführungsplanung übernommen wird, lässt sich ein Bauschaden auch in der Ausführung nicht mehr vermeiden.

Welche Fehler wurden gemacht?

- Die Herstellung als „weiße Wanne“ [48, 50] ist genauso wie die Sohl- und Wanddämmung mit XPS grundsätzlich nicht falsch, und ist auch nicht Gegenstand dieses Buches.

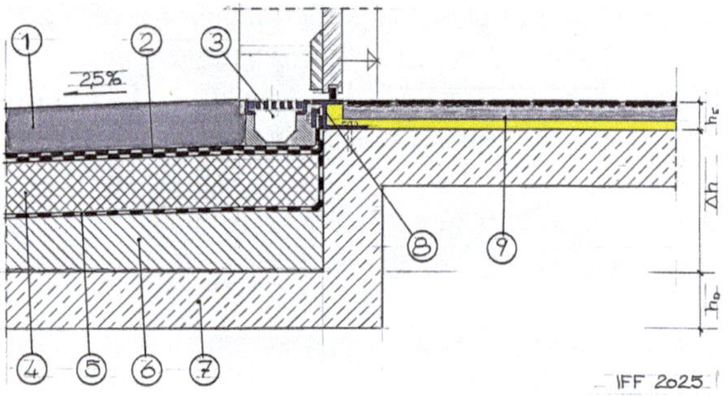

Abb. 7.50
Barrierefreier Eingang als Sonderkonstruktion mit Rinne und Vordach

- Der Bezug des Umkehrdaches zur WU-Betonkonstruktion ist bedenklich. Der in der aBG geregelte Anwendungsbereich bezieht sich auf Extruderschaumplatten oberhalb einer „**Dachabdichtung**". XPS auf WU-Beton als Abdichtung ist hierdurch nicht bauaufsichtlich zugelassen.
- Da bei den oben beschriebenen Gebäuden in allen Fällen Fahrzeuge mit einem über 3,0 t liegenden zulässigen Gesamtgewicht zu erwarten sind, sind diese durch die ABg für das Umkehrdach nicht abgedeckt.
- Aus obigen Gründen ist der Verzicht auf ein Gefälle nicht zulässig. Die Änderung von einem Fertigteilbelag auf Natursteinpflaster hätte ebenfalls nach der aBG ein Mindestgefälle der Abdichtung und der Nutzebene von ≥ 2,5 % (besser 3 %) gefordert, wobei in der aBG lediglich Verbundsteinpflaster (d ≥ 10 cm) im Splittbett erwähnt wird.
- Bei der Berechnung der Höhendifferenz zwischen innen und außen ist für den UK-Dämmstoff der Δλ und ΔU-Zuschlag nach der aBG zu berücksichtigen (siehe Abb. 5.4). Die UK-Dämmung müsste ca. 7 cm dicker sein.

Der Versuch, diese Fehler im Ausführungsfall durch eine Zulassung im Einzelfall oder eine Werksbestätigung des Dämmstoffherstellers zu retten, gelingt meistens nicht.

Legende zu Abb. 7.50
1) *Betonfahrbahnplatte C 30/37, Brückenklasse 6/6 (DIN 1072) – N3-V*
2) *Abdichtung, Polymerbitumenbahnen, zweilagig, Trenn- und Gleitschicht*
3) *Rinne, Rostbreite b ≥ 15 cm*
4) *Dämmung DAA – dx*
5) *Dampfsperre, Notabdichtung, Klebebitumen, Voranstrich*
6) *Gefälleestrich α ≥ 2,5 % – Hochpunkt*
7) *Tragende Betondecke mit Höhenversprung der Rohbauhöhen innen und außen,* Δh_{OKRF}
8) *Abschlussprofil mit Los-Festflanschkonstruktion zur Fixierung der Abdichtung und Dampfsperre, Edelstahl*
9) *Schwimmender Estrich mit Fliesenbelag*

Als besondere Maßnahmen für eine schwellenlose Eingangssituation sollte der Eingang auf einem Gefällehochpunkt liegen. Um den Zutritt von Spritzwasser in das Gebäudeinnere zu unterbinden, ist ein großflächiges Vordach zu planen. Weiterer Wassereintritt ist durch eine mindestens 15 cm breite Rinne zu verhindern.

Aus Abb. 7.50 ist zu erkennen, dass der Höhenunterschied der Rohbauhöhen innen und außen leicht $\Delta h_{OKRF} \geq 45$ cm betragen kann, und damit mehr als doppelt so groß wie in dem vorangestellten Fehlerbeispiel ist. Sollte sich im Laufe der folgenden Ausführungsplanung oder der Abstimmung mit dem ausführenden Unternehmen herausstellen, dass der ursprünglich geschätzte Versatz nicht ausreicht, so kann man die Differenzen ggf. durch die Anordnung von Gefälledämmung oder die Übernahme der Gefällegebung in die tragende Konstruktion ausgleichen (siehe Abschn. 5.1.2). Der Einsatz von Gefälledämmung kann auch bei begrenzten Höhenverhältnissen im Rahmen der Instandsetzung/Modernisierung eines bestehenden Parkdaches hilfreich sein. Höhenanpassungen über die Ausdünnung des Nutzbelags, oder Gefällebildung durch unterschiedliche Dicken des Spilttbetts einer gepflasterten Oberfläche vorzunehmen, ist keine gute Idee. Ebenfalls ist es keine gute Idee, den Übergangsbereich nach Abb. 7.50 mit einer Fuge entsprechend Abb. 7.31 zu kombinieren. Wie bereits unter Abschn. 7.2.3 erwähnt, kann es sinnvoller sein, den Anschluss der Hofkellerdecke statisch näher zu untersuchen und ggf. durch zusätzliche Bewehrung für die Aufnahme einmaliger Zwangsbeanspruchungen zu verstärken.

Zum barrierefreien Eingang vom Parkdach oder einer Terrasse liefert das Beiblatt 2 der DIN 4108 [10] kein vergleichbares Detail. Der Nachweis einer Gleichwertigkeit ist somit direkt zu führen (siehe Abb. 7.51). Das Detail wurde anhand vergleichbarer Konstruktionen der Fachliteratur sowie bestehender Regeldetails von Herstellern entwickelt. Das Stahlprofil unter der Tür mit dem Los- Festflanschanschluss der Abdichtung ist kritisch zu sehen. Die Materialänderung dieses Bauteils von korrosionsbeständigem auf schwarzen Stahl erhöht den Ψ-Wert von 1,15 W/mK auf 1,27 W/mK. Der Temperaturabfall am Fuß der Tür auf $\Theta_{si} \approx 4{,}5$ °C ist erwartbar ($f_{Rsi} = 0{,}378 < 0{,}7$!). Ihm ist durch geeignete Lüftungsmaßnahmen zu begegnen. Aufgrund der ungedämmten Fläche vor dem Stahlprofil bzw. hinter der Rinne ergibt sich für die Innenecke eine kritische Oberflächentemperatur von $\Theta_{si} \approx$ 12,96 °C. Der Temperaturfaktor von $f_{Rsi} = \frac{\Theta_{si} - (\Theta_e)}{\Theta_i - (\Theta_e)} = \frac{12{,}96 + (-5)}{20 - (-5)} = 0{,}718 > 0{,}7$ deutet bei normalen Klimaverhältnissen zwar knapp auf Schimmelfreiheit hin. Befinden sich im Untergeschoss aber Saunaräume, oder ein Schwimmbad, kann dieser Temperaturverlauf nicht hingenommen werden. Das Detail ist thermisch zu optimieren.

Ähnlich wie ein schwellenloser Türdurchgang ist der Übergang von einem ungedämmten zum gedämmten Bereich auszubilden. Auch hier ergibt sich ein Höhenunterschied der Rohbaukonstruktion. Wichtig ist, dass die Abdichtungsebene ununterbrochen durchläuft. Dies wird durch ein Metallprofil mit Los- und Festflanschkonstruktion erreicht, vorzugsweise Edelstahl.

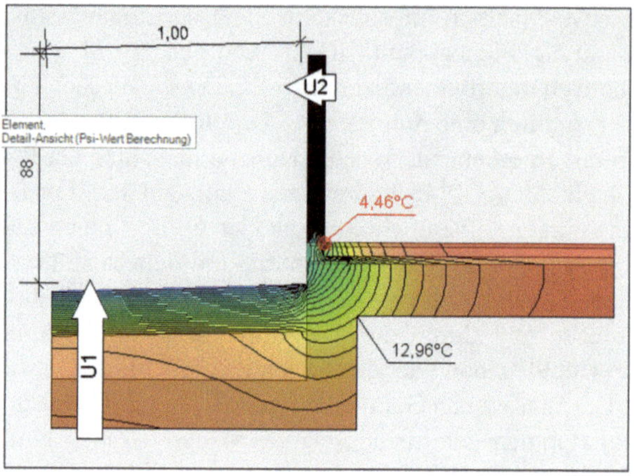

Abb. 7.51 Isothermen zu Abb. 7.50, Berechnung der inneren Oberflächentemperatur

Es ist zu berücksichtigen, dass derartige Übergänge meistens auch die Grenze unterschiedlicher Fertigungsabschnitte bilden, und aus anderen Gründen die Anordnung einer durchgehenden Gebäudefuge erforderlich ist (siehe auch Abb. 7.48).

Abb. 5.32 und 5.33 zeigen den Anschluss einer Hofkellerdecke an die umgebenden Freiflächen. Sofern der Bemessungswasserstand mindestens 25 cm unter der Arbeitsfuge zur Kellerdecke liegt, kann diese, auch wenn die Wände als „weiße Wanne“ hergestellt sind, als normale Stahlbetondecke mit Dämmung und Abdichtung, ohne Fugenband oder Injektionsschlauch im Übergang, ausgeführt werden. Die bituminöse Hautabdichtung ist mindestens 20 cm über die Auflagerfuge nach unten zu ziehen und an der Wand zu verkleben. Es wird keine Druckwasserdichtigkeit gefordert, der Schutz vor Bodenfeuchtigkeit genügt. Geht man, wie im vorangegangenen Beispiel, davon aus, dass es sich um ein beheiztes und genutztes Untergeschoss handelt, so ist auch für die Wände (und Sohle) eine Perimeterdämmung (XPS oder CG) vorzusehen. Die Perimeterdämmung bildet gleichzeitig den Schutz der heruntergezogenen Abdichtung. Anderenfalls wird der Fahrbelag als „Hakenstein“, ähnlich dem Abb. 5.33, über das untere Ende der Abdichtung gezogen. Auch diese Situation ist im Beiblatt 2 zur DIN 4108 nicht zu finden. Vergleichbare Details gehen von einem unbeheizten Keller bzw. einer Tiefgarage aus und berücksichtigen die Bodenanfüllung nicht (Abb. 7.52).

Da es sich um eine vollständig gedämmte Außenecke handelt, deren Dämmwirkung seitlich noch durch die Bodenanschüttung geringfügig erhöht wird, ergibt sich ein negativer Wärmebrückenverlustkoeffizient von $\Psi = -0{,}107$ W/mK. Der für die Ermittlung des Heizwärmebedarfs vorgesehene pauschale Wärmebrückenzuschlag von $\Delta U_{WB} = 0{,}05$ W/m²K muss wegen obiger Ausführung nicht erhöht werden, auch wenn sich im Beiblatt 2 kein vergleichbares Planungsbeispiel findet. Ebenfalls ist bei der berechneten Ecktemperatur im Normalfall nicht von einer Schimmelpilzproblematik auszugehen.

Abb. 7.52 Isothermen Übergang zur Freifläche

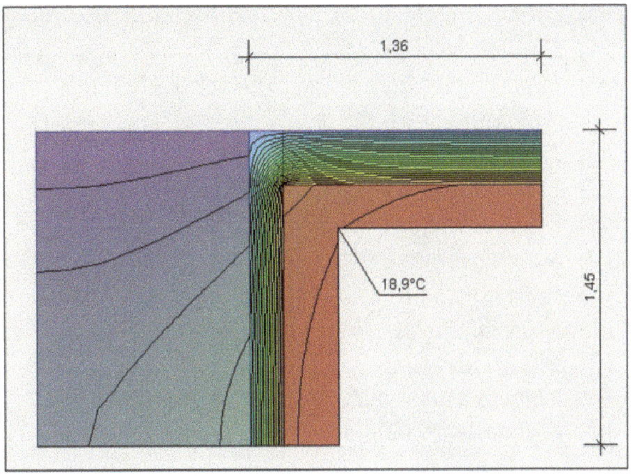

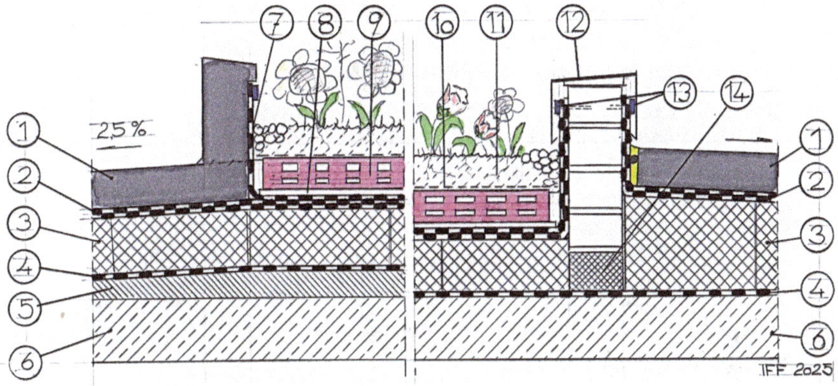

Abb. 7.53 Übergänge vom Parkdach zum Gründach

Der Übergang vom Parkdach zum Gründach benötigt ebenfalls besondere Überlegungen. Es geht nicht nur um die optische Trennung der Grünzone von der Nutzfläche, sondern es sind auch völlig unterschiedliche Anforderungen zu berücksichtigen.

So ist für das Gründach eine Wurzelschutzbahn unumgänglich. Durch die seitliche Aufkantung bildet sie gleichzeitig die Seitenwand des erforderlichen Rückstaubeckens. Um einen gleichmäßigen Anstauhorizont für die Bewässerung der Pflanzen zu erzielen, ist im Grünbereich auf ein Gefälle zu verzichten. Abb. 7.53 zeigt mögliche Trennungen zwischen Park- und Gründach.

Legende zu Abb. 7.53

1) *Betonfahrbahnplatte C 30/37, links mit Aufkantung*
2) *Abdichtung, Polymerbitumenbahnen, zweilagig, Wurzelschutz, Trenn- und Gleitschicht*

3) *Dämmung DAA – ds, dx; rechts Gefälledämmung*
4) *Dampfsperre, Notabdichtung, Voranstrich; rechts Spachtelung*
5) *Links: Gefälleestrich, Gründachbereich ohne Gefälle, (rechts Gefälledämmung)*
6) *Tragende Stahlbetondecke*
7) *Links: zusätzliche Wurzelschutzbahn*
8) *Schutzmatte, Gummigranulat*
9) *Retentionskörper*
10) *Filtervlies*
11) *Substrat, Vegetation*
12) *Blechabdeckung*
13) *Klemmschiene mit Dübelbefestigung*
14) *Fußpunktdämmung Wärmedämmstein CG $\lambda \approx 0{,}069$ W/mK*

Während der links dargestellte Übergang zum Gründach keiner weiteren energetischen Betrachtung bedarf, ist die aufgemauerte Trennwand rechts durch einen Wärmedämmstein von der Decke zu entkoppeln. Das Detail ist dann mindestens gleichwertig mit dem Planungsbeispiel 165 des Beiblattes 2 zur DIN 4108 [10] (Abb. 7.54).

Aufgrund der Anordnung eines Wärmedämmsteins unter der Trennwand liegt der lineare Wärmebrückenkoeffizient bei $\Psi = 0{,}105$ W/mK und fällt damit kleiner aus, als in dem Planungsbeispiel 165 mit $\Psi \leq 0{,}26$ W/mK. Die Ausführung genügt dem Beiblatt 2. Das wird auch durch die Oberflächentemperatur unter der Abtrennung von $\Theta_{si} = 19{,}24$ °C bestätigt. Bei Verzicht auf den Wärmedämmstein fällt die entsprechende Oberflächentemperatur auf $\Theta_{si} = 17{,}96$ °C. Der Wärmebrückenkoeffizient steigt auf $\Psi = 0{,}447$ W/mK > 0,26 W/mK. Die Gleichwertigkeit mit dem Planungsbeispiel 165 ist nicht gegeben.

Bei der konstruktiven Detailplanung, der Gestaltung des Grünbereichs und der Ausführung, sollte man unbedingt mit dieser Problematik erfahrene Firmen beauftragen, da der Anblick ständig vertrockneter Pflanzen dem Betrachter nicht den gewünschten Eindruck vermittelt. Auf die Ausführung eines Gründaches wird im Rahmen dieses Buches nicht weiter eingegangen, da das spezielle Detailwissen für diese Konstruktionen einen ähnlichen Umfang wie für wärmegedämmte Parkdächer erfordert.

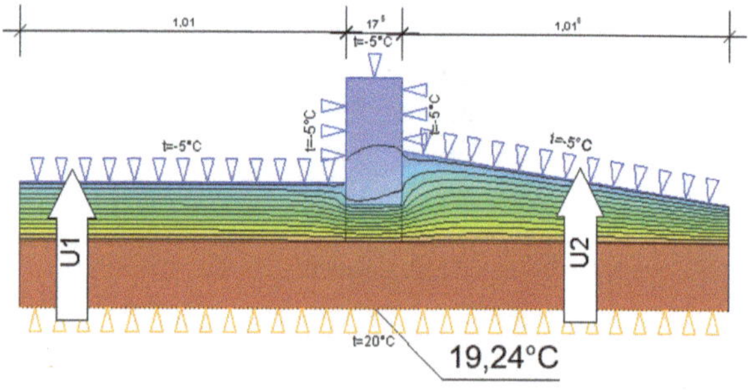

Abb. 7.54 Isothermen zu Abb. 7.53, rechts

Insbesondere dieses Kap. 7 zeigt, dass schon beim Entwurf und spätestens bei der Erstellung der Ausführungspläne für den Rohbau, Schal- und Bewehrungspläne, die Art der wärmegedämmten Verkehrsfläche (Parkdach oder Hofkellerdecke) und der damit verbundenen Details bekannt sein sollte. Dies betrifft nicht nur die Art der Lastverteilung, sondern auch die Fragen der Dämmstoffdicke und -qualität, sowie die Bewertung der detailbezogenen Wärmebrücken. Es ist rechtzeitig ein Energieberater oder Bauphysiker hinzuzuziehen.

Schlussbemerkung

8

Die Überarbeitung der 1. bzw. 2. Auflage verdeutlichte dem Verfasser, welche Entwicklung das Parkdach in den letzten 25 Jahren erfahren hat. Wurde anfänglich noch eine ca. 4 cm dicke Korkschicht als konstruktive Dämmung angeordnet, dominierte ab Ende des letzten Jahrhunderts Schaumglas die druckfeste Dämmung unter gedämmten Verkehrsflächen. Das Umkehrdach mit FCKW getriebenem, extrudiertem Polystyrol eroberte sich in dieser Zeit einige Marktanteile. Der Preisdruck führte mit mehr oder weniger Erfolg zum versuchsweisen Einsatz anderer Dämmstoffe, wie Polyurethan, expandiertem Polystyrol, mineralisch oder bituminös gebundenen Perlite- oder Glasschaumschüttungen etc.

Als Trennschicht zwischen der Abdichtung und dem lastverteilenden Nutzbelag wurden eine oder zwei Lagen Ölpapier, die am Ende meist verklebt, und als Gleitlage nicht wirksam waren, eingebaut.

Die Abdichtung wurde bevorzugt zwei- oder dreilagig mit bituminösen Abdichtungsbahnen hergestellt, meistens als Warmdach mit 1,5 % bis 2 % Gefälle.

Für die Nutz- und Schutzschicht wurde entweder ein zweilagiger Gussasphaltaufbau oder bei Pkw-Nutzung eine 8–10 cm dicke Stahlbetonplatte gewählt. Basierend auf der alten Abdichtungsnorm DIN 4122 wurden die Stahlbetonfahrbahnplatten mit Hilfe eines ausgeklügelten, mehrfach patentierten Schalungsrasters in Felder von 2,0 m x 2,0 m eingeteilt.

Wie man der 1. und 2. Auflage dieses Buches entnehmen kann, wurden Ende der 90-er Jahre auch schon andere Parkdachkonstruktionen, wie Umkehrdach mit Fertigteilplatten oder Verbundpflaster, Kaltdachsysteme etc. angeboten.

Ein wesentlicher Einfluss auf die Ausführung von wärmegedämmten Verkehrsflächen bzw. Parkdächern ergab/ergibt sich aus den kontinuierlich steigenden Wärmeschutzanforderungen. Die erforderliche Dämmstoffdicke nimmt im Takt der Regelungsintervalle regelmäßig zu und liegt inzwischen in der Größenordnung von 30 cm. Dies wurde auch, in der für das Umkehrdach vorgeschriebenen Zulassung

© Der/die Autor(en), exklusiv lizenziert an Springer Fachmedien Wiesbaden GmbH, ein Teil von Springer Nature 2026

J. -. P. Schlee, *Planung und Ausführung von wärmegedämmten Parkdächern, Hofkellerdecken und Verkehrsflächen*,
https://doi.org/10.1007/978-3-658-51926-1_8

oder Bauartgenehmigung, berücksichtigt. Extrudiertes Polystyrol (XPS) enthält seit 1994 CO_2 als Gas. Anders als bei Schaumglas (CG), expandiertem Polystyrol (EPS) und Polyurethan (PUR) kann XPS produktionsbedingt nicht als Gefälledämmung hergestellt werden. Der Einsatz von Gefälledämmung erspart das Zusatzgewicht aus dem sonst erforderlichen Gefälleestrich. Die neue Abdichtungsnorm, DIN 18532-1 schreibt für befahrbare Flächen ein Gefälle von 2,5 % vor, und bewertet damit die Entwässerung der Dachflächen höher als die Vorgängernormen. Die ständig zunehmende Dämmstoffdicke könnte sich negativ auf den zwischenzeitlich verstärkten Einsatz „weicher“ Dämmstoffe, wie EPS, auswirken, und wieder vermehrt Schaumglas und ähnlich „harte“ Dämmstoffe bevorzugen. Eventuell wird auch verstärkt das Plus- oder Duodach angeboten. Das inzwischen angestiegene Wärmeschutzniveau erfordert auch eine intensivere Bewertung der mit dem Parkdach verbundenen Wärmebrücken.

Die Qualität der Nutz- und Lastverteilungsschicht hat sich im Laufe der letzten Jahre verbessert. Gegenüber früheren Ausführungen wurden die Anforderungen an die Betonfestigkeitsklasse und die Betonüberdeckung der Bewehrungseinlagen erhöht. Auf Grund der größeren Betonüberdeckung und der dickeren Dämmstoffschichten wurde auch die Plattendicke geringfügig vergrößert. Wird Gussasphalt als Nutzschicht aufgebracht, so kann diese zum Teil auf die Betondeckung angerechnet werden.

Da die Herstellung des Fugenrasters arbeits- und kostenintensiv ist, gab es immer wieder Bestrebungen ein möglichst großes Fugenraster zu wählen. Inzwischen kann man davon ausgehen, dass sich im freibewitterten Bereich ein Fugenraster von ca. 30 x h bewährt hat. Die Anordnung einer Bewehrung ist je nach Hersteller eine Frage der Firmenphilosophie. Die Einlage von Stahlbewehrung verhindert grundsätzlich keine Risse, sondern verteilt diese auf eine vertretbare Rissbreite und verhindert nach Auftreten eines Risses den kompletten Bruch der Platte (Bemessung im Zustand II, gerissene Zugzone).

Da die Fahrbahnplatten üblicherweise so dimensioniert werden, dass die Lastbeanspruchungen über die Betonzugspannungen aufgenommen werden können, wird von einigen Herstellern auf Bewehrung verzichtet und stattdessen die Betonqualität durch die Zugabe von Kunststofffasern duktiler ausgelegt. Als Vorteil des Bewehrungsverzichts ist die Vermeidung von chloridindizierter Korrosion der Stahleinlagen zu sehen. Allerdings ist bei Auftreten eines Risses eine zeitnahe Instandsetzung erforderlich, da die Fahrbahnplatte ja den Schutz der Abdichtung sicherstellen soll.

Abgesehen von diversen kleinen Detailverbesserungen, stellt die Einfassung der Platte mit einer Edelstahlzarge, die gleichzeitig die Fugenschalung ist, bei ordnungsgemäßer Ausführung die wirksamste Verbesserung dar. Die am stärksten beanspruchten Plattenränder und -ecken werden vor unkontrollierten Schäden geschützt.

Weitere Qualitätssteigerungen können sich im Bereich der Planung durch den verstärkten Einsatz digitaler Planungsinstrumente wie CAD, FEM-Berechnungen für Tragwerk und Bauphysik unter der Voraussetzung umfassender Fachkenntnisse ergeben. Wünschenswert wäre auch, dass die Ergebnisse aus der Materialforschung und -Entwicklung durch entsprechende Publikationen einer breiten Fachwelt zugänglich gemacht werden.

Durch den Preisdruck und die Konkurrenz sind die meisten Innovationen auf dem Gebiet des Parkdachbaus den ausführenden Unternehmen, die regelmäßig Neuerungen ausprobieren, um sich von Mitbewerbern zu unterscheiden, zuzuordnen.

Hat sich der Bauherr für ein Parkdach oder eine wärmegedämmte Hofkellerdecke entschieden, sollte sich der beauftragte Planer, wenn die Bearbeitung wärmegedämmter Verkehrsflächen nicht sein Tagesgeschäft ist, umgehend um aktuelle Literatur, Normen und Prospektmaterial kümmern. Die Kontaktaufnahme zu einem oder mehreren ausführenden Unternehmen kann zusätzliche Erkenntnisse bringen.

Wie alle Bauteile, ist auch das Parkdach sich ständig ändernden Regelungen und Ansichten unterworfen. Letztendlich wird dem Planer die Entscheidung für eine favorisierte Bauweise nicht abgenommen, Voraussetzung ist die kritische Bewertung aller erhaltenen Informationen.

Insgesamt sind im Bauwesen langsam, aber stetig Verbesserungen oder neue Systeme oder Materialien zu beobachten. Als Konkurrenz für das Parkdach ergeben sich aus den verbesserten Verfahren für tiefe Baugruben, z. B. Schlitzwände, und wasserundurchlässige Betonkonstruktionen, weiße Wanne, mehrgeschossige Tiefgaragen. Durch helle Beschichtungen, ausgewogen dimensionierte Beleuchtung und diverse technische Ergänzungen, wie z. B. Belüftungssysteme, haben die unterirdischen Parkgeschosse inzwischen den „Schmuddelcharakter“ früherer Zeiten verloren. Sie bilden eine immer stärker zu beachtende Alternative zur Schaffung von Parkraum bei Ausnutzung ständig teurerer Grundstücke.

Die Bearbeitung dieser 3. Auflage erfolgte parallel zu laufenden Projektbearbeitungen. Auf Grund damit verbundener Terminzwänge musste die Überarbeitung wiederholt unterbrochen werden und erstreckte sich somit über einen längeren Zeitraum, mit der Folge, dass nicht in jeden Abschnitt die neuesten Vorschriften einflossen. Dies betrifft insbesondere die Normen bzw. Verordnungen zur Bauphysik. Dem Anwender wird somit geraten, sich in jedem Einzelfall über den aktuellen Stand der Technik, Normen und Vorschriften zu informieren.

Benutzte Software

Für die Erstellung der Grafiken, Texte und Berechnungen wurden Softwareprodukte folgender Unternehmen genutzt.

1) Microsoft
   Windows 10/11
   Office 365, Word, Excel, …
2) VEIT CHRISTOPH GMBH
   Gotthilf-Bayh-Straße 50/1
   70736 Fellbach
   VCmaster (BauText)
3) FRILO Software GmbH – BY ALLPLAN GmbH
   Stuttgarter Straße 40
   70469 Stuttgart
4) pcae GmbH
   Kopernikusstraße 4A
   30167 Hannover
5) Hottgenroth/ETU Software GmbH
   Von-Hünefeld-Straße 3
   50829 Köln

© Der/die Herausgeber bzw. der/die Autor(en), exklusiv lizenziert an Springer Fachmedien Wiesbaden GmbH, ein Teil von Springer Nature 2026
J. -. P. Schlee, *Planung und Ausführung von wärmegedämmten Parkdächern, Hofkellerdecken und Verkehrsflächen*, https://doi.org/10.1007/978-3-658-51926-1

Literatur[1]

1. R. Oswald und H. Rojahn, Schäden an genutzten Flachdächern, Bd. 35, G. Zimmermann und R. Ruhnau, Hrsg., Stuttgart: Fraunhofer IRB Verlag, 2005.
2. G. Dahmen, A. Haack, E. Hoch, R. Lamers, G. Lohmeyer, R. Oswald, H.-J. Steinhöfel, G. Wolf und G. Zimmermann, Aachener Bausachverständigentage 1986 – Genutzte Dächer und Terrassen, E. Schild und R. Oswald, Hrsg., Aachen: Bauverlag GmbH – Wiesbaden und Berlin, 1986.
3. G. Zimmermann, Bauschädensammlung, G. Zimmermann, Hrsg.
4. El Diwany, „Schäden an wärmegedämmten Parkdächern und deren Auswirkung auf die Substanz des Gebäudes," *Beton- und Stahlbeton Spezial,* p. A 32 ff, 2005.
5. H. Amend, „Risiken befahrbarer Umkehrdächer," *Bauingenieur,* Bd. 91, November 2016.
6. G. Zimmermann, „Schadenfreies Bauen – Betonverbundsteinpflaster auf Parkdächern," *Sonderdruck aus Bau-Zeitung,* p. 8 + 9, 9 97.
7. Hamburgische Bauordnung (HBauO), Hamburg, 2020.
8. G. Lohmeyer und K. Ebeling, Parkdecks – Hinweise und Empfehlungen zur Gebrauchstauglichkeit für Parkdecks aus Beton, Düsseldorf: Verlag Bau+Technik GmbH, 2011.
9. „EnEV Verordnung über energiesparenden Wärmeschutz und energieeinsparende Anlagentechnik bei Gebäuden (Energieeinsparverordnung)," 2002 bis 2014.
10. „DIN 4108-, Wärmeschutz und Energie-Einsparung in Gebäuden, Teil 2: Mindestanforderungen …, Teil 3: … Feuchteschutz, Teil 4: Wärme- …. Bemessungswerte, Teil 6: … Jahresheizwärmebedarf …, Teil 10: Anforderungen an Wärmedämmstoffe, Bbl. 2," Berlin, 2003, 2013, 2013, 2018, 2017, 2015.
11. E. Bayer, Parkhäuser – aber richtig, Ein Leitfaden für Bauherren, Architekten und Ingenieure, Düsseldorf: Beton-Verlag GmbH, 1993.
12. K.-J. Schneider, A. Goris und A. Albert, Bautabellen für Ingenieure, 25. und frühere Auflagen, A. Albert, Hrsg., Köln: Reguvis Fachmedien GmbH, 2022.
13. GarVO, HH – Verordnung über den Bau und Betrieb von Garagen und offenen Stellplätzen (Garagenverordnung), Hamburg, 2012.
14. G. Lohmeyer und K. Ebeling, Parkdecks, Düsseldorf: Verlag Bau + Technik GmbH, 2011.
15. P. Boué und R. Overlack, „Parkbauten in Stahlbauweise," in *Stahlbau Handbuch Bd. 2,* Köln, Stahlbau-Verlagsgesellschaft mbH, 1985, pp. 329–365.
16. M. Curbach, J. Ehmann, T. Köster, D. Proske, L. Schmohl und J. Taferner, „Parkhäuser," in *Beton-Kalender 2004, Bd. 2,* Berlin, Ernst & Sohn, p. 1.

[1] Die aufgeführten Euro-Codes beinhalten auch jeweils den Deutschen Nationalen Anhang /NA sowie die zugehörigen aktuellen Anlagen.

© Der/die Herausgeber bzw. der/die Autor(en), exklusiv lizenziert an Springer Fachmedien Wiesbaden GmbH, ein Teil von Springer Nature 2026

J. -. P. Schlee, *Planung und Ausführung von wärmegedämmten Parkdächern, Hofkellerdecken und Verkehrsflächen,* https://doi.org/10.1007/978-3-658-51926-1

17. DBV-Merkblatt, Parkhäuser und Tiefgaragen, Berlin: Deutscher Beton- und Bautechnik-Verein E.V, 2018.
18. „DIN EN 1991-1-1/NA; Allgemeine Einwirkungen auf Tragwerke – Wichten, Eigengewicht und Nutzlasten im Hochbau,“ 2010.
19. H. Schmidt und M. Heimann, „Anpassung der Nutzlasten für Parkhäuser nach DIN 1055-3 an die aktuelle Entwicklung gestiegener Fahrzeuggewichte,“ Fraunhofer IRB Verlag, Stuttgart, 2009.
20. J. Minnert, „Aktuelle Auslegungen und Hinweise zu Normen: DIN 1055-3 (03 / 2006) „Eigen- und Nutzlasten für Hochbauten“, „Aktuelle Informationen der mb AEC Software GmbH, mb-news, 2008.
21. „DIN 1072; Straßen- und Wegebrücken; Lastannahmen,“ 1985.
22. „DIN EN 1991-2/NA; Einwirkungen auf Tragwerke – Teil 2: Verkehrslasten auf Brücken,“ 2012.
23. W. Beitz und K.-H. Küttner, Dubbel – Taschenbuch für den Maschinenbau, Berlin Heidelberg New York: Springer-Verlag, 1990.
24. G. Lohmeyer und K. Ebeling, Betonböden für Produktions- und Lagerhallen, Planung, Bemessung, Ausführung, Erkrath: Bau+ Technik GmbH, 2019.
25. „DIN EN 1992-1-1 u. 2/NA; Bemessung und Konstruktion von Stahlbeton- und Spannbetontragwerken – Teil 1-1; Allgemeine Bemessungsregeln und Regeln für den Hochbau, – Teil 1-2; Tragwerksbemessung für den Brandfall,“ Deutsches Institut für Bautechnik, DIN-Normen und Baurecht, Berlin, 2011 / 2015.
26. A. Goris, J. Hegger und P. Mark, Stahlbetonbau aktuell, Praxishandbuch, Berlin – Wien – Zürich: Beuth Verlag GmbH, 2014.
27. „DIN 18532-1 bis 6; Abdichtung von befahrbaren Verkehrsflächen aus Beton – Teil 1: Anforderungen, Planungs- und Ausführungsgrundsätze,“ DIN, Berlin, 2017.
28. Zentralverband des Deutschen Dachdeckerhandwerks, „Fachregeln für Abdichtungen – Flachdachrichtlinie,“ Rudolf Müller, 2016.
29. A. Eggenberger, „Feuchtehaushalt des Umkehrdaches – Eine vergleichende Studie über die Übertragung der langjährigen Erfahrungen mit XPS-Hartschaum im Umkehrdach auf die neue Situation der FCKW-freien XPS-Dämmstoffe mit Zellgas Luft,“ Auftraggeber: Stadtwerke Bochum GmbH, Bochum, 1996.
30. „GEG Gesetz zur Einsparung von Energie und zur Nutzung erneuerbarer Energien zur Wärme- und Kälteerzeugung in Gebäuden (Gebäudeenergiegesetz – GEG),“ Bundesgesetzblatt, Bonn, 2020.
31. A. Maas, „KALKSANDSTEIN – Gebäudeenergiegesetz 2020,“ Verlag Bau+Technik GmbH, Erkrath, 2020.
32. J.-P. Schlee, „Parkdächer – wärmegedämmte Verkehrsflächen auf Gebäuden,“ *Deutsches Ingenieurblatt,* Nr. 12 – 2013, pp. Dämmtechnik 8, 9, 2013.
33. H.-J. Steinhöfel, Flachdächer – Sicherheit in Planung und Ausführung, Köln: Verlagsgesellschaft Rudolf Müller GmbH, 1988.
34. J. Achtziger, „Polystyrol-Hartschaum als Dämmstoff im Hochbau – 25 Jahre Forschung im Dienst der Qualitätssicherung,“ Vortragsabend anläßlich des 25 jährigen Bestehens der Güteschutzgemeinschaft Hartschaum, 1986.
35. M. Fastabend, T. Braasch und H. Amend, „Betonplatten auf gedämmten Parkdecks,“ *Beton- und Stahlbetonbau,* Bd. 2, Nr. 98, pp. 94–102, 2003.
36. J. Eisenmann und G. Leykauf, „Verkehrsflächen aus Beton,“ in *Betonkalender 2007, Teil 1,* Berlin, Ernst & Sohn, 2007, pp. 95--- ff.
37. R. Breitenbücher (Vorsitzender DAfSt), „Stellungnahme des Deutschen Ausschusses für Stahlbeton (DAfSt) zur DIN 18532-6: 2017-07 „Abdichtung von befahrbaren Verkehrsflächen aus Beton – Teil 6: Abdichtung mit flüssig zu verarbeitenden Abdichtungsstoffen“, „Deutscher Ausschuss für Stahlbeton (DAfST), Berlin, 2017.
38. M. Schäfer, „Neuordnung der DIN-Normen im Abdichtungsbereich,“ *Bauingenieur,* Bd. 88, p. A34, 2013.

39. D. Stauch, „Neue Normen in der Abdichtungstechnik," IFD – Internationale Föderation des Dachdeckerhandwerks e. V., Marburg, 2012.
40. vdd Industrieverband Bitumen Dach- und Dichtungsbahnen e. V., abc der Bitumen-Bahnen, Technische Regeln 1991, Frankfurt/Main: vdd Industrieverband Bitumen Dach- und Dichtungsbahnen e. V., 2017.
41. DIN-Normenausschuss Bauwesen (NABau), „DIN 4109-1 …; Schallschutz im Hochbau; Teil 1: Mindestanforderungen, Teil 2: Rechnerische Nachweise der Erfüllung der Anforderungen, Teil 5: Erhöhte Anforderg …, Teil 32: Daten für die rechnerischen Nachweise des Schallschutzes, Massivbau; Teil 31 + 34," Beuth Verlag GmbH, Berlin, 2016, 2018.
42. „DIN 4102-1 bis 21: Brandverhalten von Baustoffen und Bauteilen, mehrere Teile," Deutsches Institut für Normung e. V., Beuth Verlag GmbH, Berlin, 1977–2017.
43. „DIN EN 1994-1-1 und 2/NA; Bemessung und Konstruktion von Verbundtragwerken aus Stahl und Beton – Teil 1-1: Allgemeine Bemessungs- und Anwendungsregeln für den Hochbau, Teil 1-2: Tragwerksbemessung für den Brandfall," DIN Deutsches Institut für Normung e. V., Beuth Verlag GmbH, Berlin, 2010.
44. „DIN 18530: Massive Deckenkonstruktionen für Dächer," DIN Deutsches Institut für Normung e. V., Beuth Verlag GmbH, Berlin, 1997.
45. „DIN 18195, Teil 5 + 10. Bauwerksabdichtungen – Abdichtungen gegen nichtdrückendes Wasser, Bemessung und Ausführung, – Schutzschichten und Schutzmaßnahmen," Beuth-Bauverlag GmbH, Berlin, 1983.
46. DIN Deutsches Institut für Normung e. V., „DIN EN 1168; Betonfertigteile – Hohlplatten," Beuth Verlag GmbH, Berlin, 2011.
47. „DIN 18202; Toleranzen im Hochbau – Bauwerke," Normenausschuss Bauwesen (NABau) im DIN, Berlin, 2013.
48. G. Lohmeyer und K. Ebeling, Weiße Wanne, einfach und sicher, Düsseldorf: Verlag Bau + Technik GmbH, 2004.
49. P. Schießl, DAfSt-Heft 400, Grundlagen der Neuregelung zur Beschränkung der Rissbreiten, Aachen / Berlin: Beuth Verlag GmbH, 1989.
50. Deutscher Ausschuss für Stahlbeton, DAfSt Heft 555; Erläuterungen zur DAfSt-Richtlinie Wasserundurchlässioge Bauwerke aus Beton, Berlin: Beuth Verlag GmbH, 2006.
51. Pittsburgh Corning GmbH, *Produktordner: FOAMGLAS – Wärmedämmung mit System für Neu- und Altbau, Zulassungen, Veröffentlichungen und Prospekte,* Pittsburgh Corning Europe, diverse.
52. Austrotherm, BASF, DOW, Jackodur …, *XPS-Produktinformationen verschiedener Hersteller, Zulassungen, Bauartgenehmigungen z. B. Z-23.31-1292, Z-23.4-222, Z-23.4-224, Z-23.31-1540,* Hersteller, 2013–2021.
53. K. H. Schneider, A. Hoim und M. Kloth, „Zur Ausbildung bituminös abgedichteter Parkdecks mit Wärmedämmung und Betonfahrbahn, Heft 7 und Zuschrift von J.-P. Schlee (Heft 12)," *Bautechnik 69,* pp. 354–361 u. 726, 1992.
54. J.-P. Schlee, „Flachdachaufbau für den Brummi," *DDH – Das Dachdecker-Handwerk 13/94,* Juli 1994.
55. E. Lutz, Wärmedämmung für Industrieböden – Unter besonderer Berücksichtigung von extrudiertem Polystyrol-Hartschaum, Düsseldorf: Beton-Verlag GmbH, 1990.
56. H. Bangerter, Bemessungstafeln für elastisch auf Dämmstoffen gebettete Nutzbeläge und Fahrbahnplatten unter Lasten, Kloten – Zürich – Wädenswil: Weder + Bangerter AG, 1994.
57. H. König und P. Müller, Wärmedämmung – Vom Keller bis zum Dach, Bonn: Arbeitsgemeinschaft der Verbraucherverbände e. V., 2000.
58. M. Herres und G. Göker, BWA – Richtlinien für Bauwerksabdichtungen – Technische Regeln für die Planung und Ausführung von Abdichtungen > Parkdecks, Hofkellerdecken und ähnliche Konstruktionen, Dieburg: Otto Elsner Verlagsgesellschaft mbH, 2010 u. 2024.
59. N. Krollmann, „Langzeitverhalten von Polystyrol-Hartschaum bei konstanter und zyklisch wechselnder Druckbeanspruchung," *Bauphysik,* pp. 11–16, Heft 1 1995.
60. Dämmtechnik, Leistungsfähigkeit von Polystyrol-Hartschaumstoffen, „Lastabtragende Wärmedämmung," *Deutsches IngenieurBlatt,* 12 2006.

61. H. Bangerter, „Grundlagen zur Neubewertung der Bemessung des Wärmeschutzes bei Umkehrdächern und ähnlichen Systemen, Sonderdruck mit Ergänzungen/Vervollständigungen des Autors aus; Zeitschrift Bauphysik 13 Heft 1, 1991," H. Bangerter, Zürich, 1991.
62. G. Hoefer, „Extrudierter Polystyrol-Schaumstoff in Prüfung und Praxis," *Die Bautechnik,* pp. 37–46, Heft 2 1981.
63. E. Braun und D. Thun, „Abdichten von Bauwerken," in *Betonkalender 1992 und 2001*, Berlin, Ernst & Sohn, 1992 u. 2001, pp. II, 449 u. 493.
64. J. Brauns, Erdberührte Wärmedämmung, Schlussbericht, Abteilung Erddammbau und Deponiebau, Universität Karlsruhe: IRB Verlag – Stuttgart, 1992.
65. Kleser, J.; BASF AG – Krollmann, „Aus Forschung und Technik – Zeitstand-Druckverhalten von Polyurethan-Hartschaum," IVPU – Industrieverband Polyurethan-Hartschaum e.V., Ludwigshafen, 2006.
66. W. Albrecht und S. Koppold, „Langzeitverhalten von Dämmstoffen," in *Bauphysik Kalender*, Berlin, Ernst & Sohn, 2010, pp. 187–218.
67. W. Albrecht und S. Kutschera, Abschlussbericht: Langzeit-Kriechverhalten von XPS Dämmstoffen unter Druckbeanspruchung nach DIN EN 1606 – Rundversuch, Stuttgart: Fraunhofer IRB Verlag, 2014.
68. Bundesinstitut für Bau-, Stadt- und Raumforschung – BBSR, „Lebens- und Nutzungsdauer von Bauteilen," Berlin, 2011.
69. J.-P. Schlee und W. Uhr, „Fahrbahnplatten auf Wärmedämmung," *Baugewerbe,* 3 1992.
70. bast Bundesamt für Straßenwesen, „ZTV-ING, Zusätzliche Technische Vertragsbedingungen und Richtlinien für Ingenieurbauten," Verkehrsblatt – Verlag Borgmann GmbH & Co KG, Dortmund, 2012.
71. M. Curbach und T. Bösche, „Abbau von Zwangsspannungen durch die Verwendung von bituminösen Trennschichten," *Beton- und Stahlbeton 92, Heft 5 und 6,* pp. 121–126 und 165–169, 1997.
72. E. Braun, Bitumen, Anwendungsbezogene Baustoffkunde für Dach- und Bauwerksabdichtungen, Köln: Verlagsgesellschaft Rudolf Müller GmbH, 1987.
73. U. Pernette, „Umkehrdach mit XPS-Dämmstoffen," *Deutsches Architektenblatt,* pp. 69–74, 2006.
74. Forschungsgesellschaft Landschaftsentwicklung Landschaftsbau e. V. (FLL), Empfehlung zu Planung und Bau von Verkehrsflächen auf Bauwerken, Bonn: Forschungsgesellschaft Landschaftsentwicklung Landschaftsbau e. V. (FLL), 2005.
75. R. Linder, „Lastunabhängige Formänderung von plattenartigen Bauteilen," *Beton- und Stahlbetonbau,* pp. 75–81, 1988.
76. E. Cziesielski und T. Schrepfer, Schäden an Industrieböden, Stuttgart: IRB Verlag, Informationszentrum RAUM ubd BAU der Fraunhofer-Gesellschaft, 1993.
77. B. Maidl, Stahlfaserbeton, Berlin: Ernst & Sohn, 1991.
78. Fachvereinigung Faserbeton e. V., Glasfaserbeton: Konstruieren und Bemessen, Düsseldorf: Beton-Verlag, 1994.
79. P. Mark, L. Gödde, P. Heek und M. Strack, „Stahlfaserbeton," in *Stahlbetonbau aktuell*, Berlin – Wien – Zürich, Beuth Verlag GmbH, 2014, p. E.1 bis E.65.
80. W. Nell und M. Greiff, „Innovative Konstruktionsmöglichkeiten mit Stahlfaserbeton," *Beton- und Stahlbetonbau,* p. 803 bis 810, Oktober 2006.
81. J. Schütte, M. Teutsch und H. Falkner, Fugenlose Betonbodenplatten, Braunschweig: IBMB Institut für Baustoffe, Massivbau und Brandschutz, TU Braunschweig, 1996, Heft 121.
82. GRACE Bauprodukte GmbH, *Technische Mitteilungen – Produktordner Makro Kunststofffasern STRUX 90/40, Typennachweis Betonböden mit Strux 90/40 – Bemessung und Spezifizierung, Präsentation: Wirkungsweise und Einsatzgebiete für Makro Polymerfasern im Beton,* Lügde: Grace Bauprodukte GmbH, 2010, 2013.
83. E. Hiller, „Betontechnologische und Baupraktische Maßnahmen gegen die Rissbildung in jungem Beton," *Tiefbau,* p. 228 bis 237, 4 2004.
84. FGSV, RStO; Richtlinien für die Standardisierung des Oberbaus von Verkehrsflächen, Köln: FGSV; Forschungsgruppe für Straßen- und Verkehrswesen, 2012.

85. G. Zimmermann, „Gutachten über das Langzeitverhalten von Parkdecks und Gründächern," BASF Aktiengesellschaft, Ludwigshafen, 1990.
86. A. Vollpracht, H. Thomsen und F. Kind-Barkauskas, Beton-Bauteile für den Verkehrswegebau, Systembausteine in Hugh-Tech, Bonn: Informationsstelle Beton-Bauteile.
87. H. Diehl, „Parken auf Umkehrdächern – Fahrbelag aus Betonverbundsteinpflaster".*Deutsches Architektenblatt.*
88. H. Mentlein, Pflaster Atlas, Planung, Konstruktion und Herstellung, 4. Auflage, Köln: Verlagsgesellschaft Rudolf Müller GmbH & Co. KG, 2014.
89. B. Shackel, Handbuch Betonsteinpflaster: Bemessung, Konstruktion, Ausführung, Düsseldorf: Beton-Verlag GmbH, 1996.
90. Bauberatung Zement, „Betonsteinpflaster für Verkehrsflächen, Zement-Merkblatt Straßenbau," Bundesverband der Deutschen Zementindustrie e.V., Köln, 2002.
91. D. Ulonska, „Pflasterdecken regelgerecht herstellen – unter Berücksichtigung der ATV DIN 18318 „Neu" -, „Betonverband Straße, Landschaft, Garten e.V., Bonn, 2010.
92. S. Velske, Straßenbautechnik, Düsseldorf: Werner-Verlag GmbH, 1985.
93. J. Eisenmann, „Überrollversuche an Betonverbundstein-Pflaster auf Polystyrol-Extruder-Schaumstoffplatten Floormate 500 und 700 (DOW Vertriebsgesellschaft m.b.H, Frankfurt)," Prüfamt für Bau von Landesverkehrswegen, Technische Universität München, München, 1991.
94. L. Franke und G. Deckelmann, „Die Ausführung des Umkehrdaches bei erhöhten Anforderungen an den Wärmeschutz, Bauforschung für die Praxis – Band 4," IRB Verlag – Fraunhofer-Informationszentrum Raum und Bau, Stuttgart, 1994.
95. A. Haack, K.-F. Emig, K. Hilmer und G. Michallski, Abdichtungen im Gründungsbereich und auf genutzten Deckenflächen, Berlin: Ernst & Sohn Verlag für Architektur und technische Wissenschaften GmbH, 1995.
96. A. Haack und K.-F. Emig, Abdichtung von Parkdecks, Brücken und Trögen mit Bitumenwerkstoffen, Grundlagen – Planung – Bemessung – ausgewählte Details, Hamburg: Arbeitsgemeinschaft der Bitumenindustrie e.V., URBAN Verlag, 2001.
97. Reinartz, Gesamtleitung A. Haack, STUVA, Köln, Fachtagung – Bauwerksabdichtungen, Parkhäuser und Parkdecks und Systemskizzen und Details für Parkdecks mit und ohne Dämmung, Köln, Detmold: Reinartz Asphalt GmbH, Druck Media Print, 1988.
98. J.-P. Schlee, „Wärmegedämmte Parkdächer – ein Überblick über verschiedene Parkdachsysteme für Pkw-Nutzung," *DDH – Das Dachdecker-Handwerk,* pp. 31–35, 10 1991.
99. G. Hoefer, „Wärmegedämmte Parkdecks, Fallstudie zum Schichtenaufbau nach der Umkehrdach-Methode," *DDH – Das Dachdecker-Handwerk,* p. Heft 23 u. 24, 1984.
100. H. Künzel, „Zum heutigen Stand der Kenntnisse über das Umkehrdach," *Bauphysik,* p. Heft 1, Februar 1995.
101. FPX Fachvereinigung Extruderschaumstoffe, „Merkblatt für Planung und Ausführung von Umkehrdächern," 06 2022. [Online]. Available: www.xps-spezialdaemmstoff.de. [Zugriff am 03 2024].
102. U. Pernette, „Wärmeschutz von Umkehrdächern mit geschlossenen Deckschichten aus Dachbegrünung, Gehwegplatten und Ortbetonbelägen," 01 April 2006. [Online]. Available: www.pwim.ch/downloads. [Zugriff am 18 März 2024].
103. „DIN V 18599 Energetische Bewertung von Gebäuden – Berechnung des Nutz-, End- und Primärenergiebedarfs für Heizung, Kühlung, Lüftung, Trinkwarmwasser und Beleuchtung, Teile 1 bis 11," 2018.
104. H. Buss, Aktuelles Tabellenhandbuch – Feuchte, Wärme, Schall mit Formeln und Erläuterungen, Augsburg: WEKA, Bauverlage GmbH, 1994.
105. Deutscher Ausschuss für Stahlbeton, DAfst Heft 600; Erläuterungen zu DIN EN 1992-1-1 und DIN EN 1992-1-1/NA, Berlin: Beuth Verlag GmbH, 2012.
106. M. Herzog, „Die Tragfähigkeit von Platten auf nachgiebiger Unterlage," *Die Bautechnik,* p. 395 bis 398, 11 1983.
107. Deutscher Beton- und Bautechnik-Verein E.V., Beispiele zur Bemessung nach Eurocode 2, Band 1: Hochbau, Berlin: Ernst & Sohn, 2011.

108. H. PASCHEN und t. Schönhoff, DAfSt-Heft 346, Untersuchung über in Beton eingelassene Scherbolzen aus Betonstahl, Berlin – München: Wilhelm Erns & Sohn, 1983.
109. D. Friedrich, „Auf eine Formel gebracht: Senkfederwerte für Schwerlastdorne," *STATIKUS, Schöck – Informationen für den Planer,* Nr. 02/2007, 2007.
110. H. Falkner und J.-P. Grunert, „Faserbeton," in *Betonkalender, Bd. 2*, Stuttgart, Ernst & Sohn, Berlin, 2011, p. 3 bis 17.
111. K. Holschemacher, F. Dehn und Y. Klug, „Grundlagen des Faserbetons," in *Betonkalender Bd. 2*, Leipzig, Ernst & Sohn, Berlin, 2011, p. 21 bis 88.
112. M. Empelmann, M. Teutsch und M. Wiechers, „Baukonstruktionen aus Faserbeton," in *Betonkalender, Bd. 2*, Braunschweig, Ernst & Sohn, Berlin, 2011, p. 91 bis 139.
113. H. Sommer, „Was ändert sich in den Regelwerken der Abdichtung? Vortragsveranstaltung 2012," Berlin, 2012.
114. T. Schoch, Wärmebrückenberechnung, 2. Auflage, Berlin: Bauwerk, – Beuth Verlag GmbH, 2015.
115. DIN EN 1991-1-7/NA – Einwirkungen auf Tragwerke – Teil 1-7: Allgemeine Einwirkungen – Außergewöhnliche Einwirkungen, 2019.
116. Bundesanstalt für Straßenwesen – bast, „Richtzeichnungen für Ingenieurbauten – RiZ-ING," Bundesministerium für Digitales und Verkehr, 2023.
117. W. Neumann und T. Rauert, „Fahrzeugrückhaltesysteme auf Brücken, Berichte der Bundesanstalt für Straßenwesen – bast – Heft B 108," Carl Schünemann Verlag GmbH, Bergisch Gladbach, 2014.
118. H. Bachmann, M. Tillmann und S. Urban, „Bauen mit Betonfertigteilen im Hochbau," in *Betonkalender Band 1*, Berlin, Ernst & Sohn, 2021, p. 51 bis 303.
119. „DIN 18531 Teil 1 bis 5: Abdichtung von Dächern sowie von Balkonen und Laubengängen, Teil 1: Nicht genutzte und genutzte Dächer – Anforderungen, Planungs- und Ausführungsgrundsätze," Beuth Verlag GmbH, Berlin, 2017.
120. B. Beer, „Planung kundenfreundlicher und wirtschaftlicher Parkbauten," in *Betonkalender Band 2*, Karlsruhe, Ernst & Sohn GmbH & Co.KG., 2019, p. 479 bis 503.
121. K. Raps, D. Schmidt und K. Rohr-Suchalla, Schutz und Instandsetzung von Parkhäusern und Tiefgaragen, Stuttgart: Fraunhofer IRB Verlag, 2013.
122. L. Dunker, „Rampen-Neigungswechsel," *Die Parklücke, Otto Wöhr GmbH,* Nr. 5/90, p. 2 und 3, 1990.
123. Bergel, K.; Buchberger Profilsysteme GmbH, „Die richtige Auswahl von Fugenprofilsystemen bei der Planung und Instandsetzung von Parkbauten," in *Tagungshandbuch 2006, 2. Kolloquium Verkehrsbauten – Schwerpunkt Parkhäuser*, Technische Akademie Esslingen – TAE, 2006.

Stichwortverzeichnis

© Der/die Herausgeber bzw. der/die Autor(en), exklusiv lizenziert an Springer Fachmedien Wiesbaden GmbH, ein Teil von Springer Nature 2026
J. -. P. Schlee, *Planung und Ausführung von wärmegedämmten Parkdächern, Hofkellerdecken und Verkehrsflächen*, https://doi.org/10.1007/978-3-658-51926-1

FSC
www.fsc.org
MIX
Papier | Fördert
gute Waldnutzung
FSC® C083411

Kolibri 360 GmbH
Ferdinand-Jühlke-Straße 7
99095 Erfurt, Deutschland
produktsicherheit@kolibri360.de